Studienbücher Wirtschaftsmathematik

Herausgegeben von
Prof. Dr. Bernd Luderer, Technische Universität Chemnitz

Die Studienbücher Wirtschaftsmathematik behandeln anschaulich, systematisch und fachlich fundiert Themen aus der Wirtschafts-, Finanz- und Versicherungsmathematik entsprechend dem aktuellen Stand der Wissenschaft.

Die Bände der Reihe wenden sich sowohl an Studierende der Wirtschaftsmathematik, der Wirtschaftswissenschaften, der Wirtschaftsinformatik und des Wirtschaftsingenieurwesens an Universitäten, Fachhochschulen und Berufsakademien als auch an Lehrende und Praktiker in den Bereichen Wirtschaft, Finanz- und Versicherungswesen.

Torsten Becker

Mathematik der privaten Krankenversicherung

Torsten Becker
Wirtschaftsmathematik
Hochschule für Technik und Wirtschaft
Berlin, Deutschland

Die Originalversion des Frontmatters wurde revidiert: Korrekturen wurden ausgeführt. Ein Erratum zum Frontmatter ist verfügbar unter:
https://doi.org/10.1007/978-3-658-16666-3_13

Studienbücher Wirtschaftsmathematik
ISBN 978-3-658-16665-6 ISBN 978-3-658-16666-3 (eBook)
https://doi.org/10.1007/978-3-658-16666-3
Die Deutsche Nationalbibliothek verzeichnet diese Publikation in der Deutschen Nationalbibliografie; detaillierte bibliografische Daten sind im Internet über http://dnb.d-nb.de abrufbar.

Springer Spektrum

Planung: Ulrike-Schmickler-Hirzebruch

Gedruckt auf säurefreiem und chlorfrei gebleichtem Papier

Springer Spektrum ist Teil von Springer Nature
Die eingetragene Gesellschaft ist Springer Fachmedien Wiesbaden GmbH
Die Anschrift der Gesellschaft ist: Abraham-Lincoln-Strasse 46, 65189 Wiesbaden, Germany

Vorwort

Die Absicherung eines Menschen gegen die finanziellen Belastungen durch Heilbehandlung in Folge von Krankheiten oder Verletzungen gehört in Deutschland seit Ende des 19. Jahrhunderts zu den wichtigsten Errungenschaften des Sozialstaates. Ärztliche Grundversorgung, Pflege und Heilung waren damit nicht mehr nur den Wohlhabenden vorbehalten, sondern konnten auch von weniger betuchten Personen, vor allem Arbeitern, in Anspruch genommen werden. Seit diesen – für die damalige Zeit sicherlich revolutionären – Tagen hat sich das System der Krankenversicherung stetig gewandelt und weiter entwickelt. Ist es in den letzten Jahren und Jahrzehnten immer wieder auch zu einschneidenden Maßnahmen gekommen, so gehört das deutsche System der Krankenversicherung sicherlich noch immer zu den leistungsstärksten weltweit.

Dieses System ruht heute auf zwei Pfeilern, der gesetzlichen Krankenversicherung (GKV) und der privaten Krankenversicherung (PKV). Jede in Deutschland lebende Person muss in einem der beiden Teilsysteme einen Versicherungsschutz mit einer gegebenen Mindestausstattung besitzen. Die Möglichkeit einer Versicherung in der PKV ist jedoch an Bedingungen geknüpft, die im Wesentlichen mit dem beruflichen Status der Person oder ihrem Einkommen verbunden sind. Derzeit ist in Deutschland etwa jeder zehnte Bürger privat versichert.

Die private Krankenversicherung kann aus ökonomischer, juristischer oder mathematischer Sicht betrachtet werden. In diesem Buch steht die mathematische Behandlung der PKV im Zentrum. Die Krankenversicherungsmathematik ist ein Teilgebiet der angewandten Mathematik. Aus diesem Blickwinkel gehört sie zur Personenversicherung, hat also kalkulatorisch viele Gemeinsamkeiten mit der Lebens- und Pensionsversicherung. Dies macht sich in der Verwendung des zentralen finanzmathematischen Konzepts der Bewertung von Zahlungsströmen bemerkbar. Vom Leser werden daher Grundkenntnisse in Analysis, elementarer Finanzmathematik und Stochastik erwartet. Einige ausgewählte Grundlagen werden im Anhang zusammengefasst, auf den bei Bedarf hingewiesen wird. Kenntnisse der Lebensversicherungsmathematik sind nicht nötig, erleichtern aber das Verständnis an einigen Stellen.

Aus praktischer Sicht wird eine rein mathematische Behandlung des Themas aber der Tatsache nicht gerecht, wonach vor allem juristische Vorgaben erst den Ausschlag für einen Großteil der letztlich verwendeten Formeln und Ansätze geben. Daher werden wir immer wieder auf diese Vorgaben eingehen. Im Text tauchen demnach häufig Ausschnitte aus Gesetzes- und Verordnungstexten auf. Diese kann der Leser vollständig z. B. auf der Webseite *Gesetze im Internet* finden. Oft wird nicht der gesamte Text des angegebenen Paragrafen bzw. Absatzes zitiert. Auslassungen werden durch das Symbol [. . .] angezeigt.

Die Literatur zur Mathematik der privaten Krankenversicherung ist sehr übersichtlich. Da die PKV mehr als jede andere Versicherungssparte von häufigen politisch oder juristisch motivierten Anpassungen betroffen ist, ist es für jedes Fachbuch schwierig, auf dem neuesten Stand zu sein. Die beiden Bücher von Bohn[1] und Milbrodt[2] besprechen die Kalkulationsprinzipien der PKV ausführlich und seien als weitere Lektüre auf jeden Fall empfohlen. Sie enthalten aber nicht die Neuerungen der letzten Jahre, wie z. B. den Übertragungswert oder die Unisextarife. Der vorliegende Text orientiert sich inhaltlich sowohl an diesen beiden Werken als auch an den Lernzielen des Grundwissens der Aktuarausbildung im Bereich Krankenversicherung. Das Buch kann somit auch als Begleittext für die Aktuarausbildung dienen.

Zudem sind über 70 Übungsaufgaben enthalten. Ein großer Teil der Aufgaben stammt mit freundlicher Genehmigung der Deutschen Aktuar Akademie (DAA) aus den Grundwissenprüfungen der Aktuarausbildung zur Krankenversicherungsmathematik (die seit 2011 in die Prüfung zur Personenversicherungsmathematik integriert ist)[3]. Dabei wurden die Aufgabentexte wörtlich übernommen, wobei aber – soweit notwendig – Anpassungen an zwischenzeitlich veränderte Gesetze und Verordnungen vorgenommen wurden. Die Darstellungsweise der Texte und Tabellen sowie einige Notationen wurden zudem an die Spezifika des Buches angepasst. Alle DAA-Prüfungsaufgaben und deren Lösungen seit 1997 sind auch auf der Webseite der DAV einsehbar[4]. Für die restlichen Aufgaben ist am Ende des Buches eine Liste der numerischen Ergebnisse beigefügt.

Einige der in diesem Buch getroffenen Aussagen basieren auf konkreten Erfahrungen des Autors in der Praxis. Sie können daher nicht ohne Einschränkung auf alle PKV-Unternehmen ausgedehnt werden. Insofern kann es bei allen Themen, die nicht eindeutig durch Gesetze oder Verordnungen festgelegt sind oder dem allgemein anerkannten versicherungsmathematischen Vorgehen entsprechen, durchaus zu unterschiedlichen Auslegungen und Vorgehensweisen in der Praxis kommen.

---

[1] Bohn, K.: *Die Mathematik der deutschen Privaten Krankenversicherung*. Schriftenreihe Angewandte Versicherungsmathematik Heft 11. Verlag VVW, Karlsruhe, 1980.

[2] Milbrodt, H.: *Aktuarielle Methoden der deutschen Privaten Krankenversicherung*. Schriftenreihe Angewandte Versicherungsmathematik Heft 34. Verlag VVW, Karlsruhe, 2005.

Im Dezember 2016 erschien die erweiterte Neuauflage:

Milbrodt, H. und Röhrs, V.: *Aktuarielle Methoden der deutschen Privaten Krankenversicherung*. Aktualisierte Neufassung. Verlag Versicherungswirtschaft (VVW), 2. Auflage 2016.

Diese enthält auch die wesentlichen Neuerungen der letzten Jahre, wie etwa den Übertragungswert oder die Unisextarifierung.

[3] Die entsprechenden Aufgaben haben Überschriften wie DAV 2009/1. Das bedeutet, dass es sich um die 1. Aufgabe der Prüfung im Jahr 2009 handelt.

[4] Geben Sie im Suchfeld der Webseite den Begriff *Lösungsvorschläge* ein.

Noch ein Hinweis zu den Beispielen und Aufgaben: Die verwendeten Zuschlags- und Kostenparameter sind für Beispielzwecke ausgewählt worden, für alle weiteren Rechnungsgrundlagen kommen Daten der Bundesanstalt für Finanzdienstleistungsaufsicht (BaFin) zum Einsatz. Welche Werte einzelne Versicherungsunternehmen für ihre Kalkulation verwenden, ist Bestandteil der internen Geschäftspläne und nicht öffentlich zugänglich. Insofern können die berechneten Prämien und Rückstellungen dieses Buches nicht als Argumentationsgrundlage für einen Vergleich mit tatsächlichen Werten dienen.

In den meisten Grafiken des Buches ist die Abhängigkeit einer Größe vom Alter der betrachteten Person(en) abgebildet. Wenn die horizontale Achse keine andere Beschriftung besitzt, ist dort also immer das Alter aufgetragen. Die Größe auf der vertikalen Achse ist der entsprechenden Bildunterschrift zu entnehmen. Beweise werden mit dem üblichen Symbol ■ abgeschlossen, Beispiele mit ▲.

Oft ist von Versicherungsnehmern die Rede. Damit sind immer sowohl versicherte Männer als auch Frauen gemeint.

Die Kapitel können in der gegebenen Reihenfolge bearbeitet werden. Beim ersten Lesen können die Abschn. 4.4, 5.7, 5.9, 6.5, 8.5, 9.4 und 10.2 aber ohne Nachteil übergangen werden.

Ich möchte dem Springer Verlag, vor allem Frau Schmickler-Hirzebruch und Frau Gerlach, für die Unterstützung während der Entstehung des Buches herzlich danken. Auch der Deutschen Aktuar Akademie danke ich für die Möglichkeit, die bisherigen Prüfungsaufgaben hier verwenden zu dürfen. Schließlich gilt mein besonderer Dank Herrn Prof. Dr. Bernd Luderer für seine vielen wertvollen inhaltlichen und auch technischen Hinweise und die Aufnahme dieses Buches in die Reihe Wirtschaftsmathematik.

Berlin
im November 2016

Torsten Becker

Inhaltsverzeichnis

1 Historie, Produkte, Gesetze

Versicherungsmathematische Sachverhalte bewegen sich immer im Schnittbereich von angewandter Mathematik, Versicherungswirtschaftslehre und Versicherungsrecht. Man kann viele Formeln nur dann wirklich verstehen, wenn man die zugrunde liegenden rechtlichen, ökonomischen und zum Teil auch historischen Fakten kennt. Bevor wir uns mit den mathematischen Methoden der Kalkulation in der PKV beschäftigen, müssen wir uns also zunächst einen Überblick verschaffen über

- die Geschichte und aktuelle Situation der Krankenversicherung in Deutschland; dies ist wichtig, um die PKV im System der Krankenversicherung einordnen zu können und somit die Unterschiede zur GKV zu verstehen.
- die Produkte der PKV; die Produktgestaltung hat wesentlichen Einfluss auf die Kalkulation von Prämien und Rückstellungen.
- die gesetzlichen Grundlagen der PKV; aus diesen Vorgaben ergeben sich viele der später dargestellten Formeln und Zusammenhänge.

1.1 Eine kurze Historie der Krankenversicherung in Deutschland

Wir beginnen mit einem kurzen Abriss der Geschichte der Krankenversicherung. Einen guten Überblick über die Historie des zweigliedrigen Systems in Deutschland findet man z. B. in [1] und den dort angegebenen Quellen. Über die Entwicklung des PKV-Systems aus der Sicht des Aktuars sei auf das lesenswerte Buch [3] verwiesen.

Die Anfänge

Vorformen einer Krankenversicherung findet man bereits im späten Mittelalter im Rahmen von Selbsthilfeeinrichtungen der Gilden und Zünfte in den Städten. Aber erst die Industrialisierung im 19. Jahrhundert war Auslöser für die Entwicklung der regulierten

T. Becker, *Mathematik der privaten Krankenversicherung*,
Studienbücher Wirtschaftsmathematik, https://doi.org/10.1007/978-3-658-16666-3_1

Krankenversicherung. Das Krankheitsrisiko von Industriearbeitern wurde anfangs von (weit über Tausend) dezentralen Selbsthilfeeinrichtungen abgesichert, man nannte sie auch Hilfskassen. Otto von Bismarcks „Gesetz betreffend die Krankenversicherung der Arbeiter" aus dem Jahr 1883 kann als das eigentliche Gründungsereignis der deutschen Krankenversicherung angesehen werden (obwohl es schon zuvor einige Regularien für die Hilfskassen gab). Das Gesetz führte eine Versicherungspflicht (und damit auch **Pflichtkassen** – die heutigen gesetzlichen Kassen) für gewisse Gruppen von Fabrikarbeitern und Gewerbetreibenden ein. Die bereits in den Hilfskassen Versicherten wurden i. Allg. von der Pflicht der Mitgliedschaft in den Pflichtkassen befreit. Zudem gab es unter bestimmten berufsständischen Bedingungen die Möglichkeit statt in der Pflichtkasse ersatzweise in einer der Hilfskassen versichert zu sein. Man nannte diese daher auch **Ersatzkassen**. Diese Hilfskassen sind also im Prinzip die ersten privaten Krankenversicherer. Unter das 1901 erlassene Gesetz über private Versicherungsunternehmen, das später zum Versicherungsaufsichtsgesetz (VAG) wurde, fielen sie aber erst 1911.

Der Aufschwung

Da die Versicherungsleistungen der privaten Kassen nur geringen Umfang hatten und die Kosten im medizinischen Bereich nicht mit dem heutigen Niveau vergleichbar waren, zogen sie kaum andere Teile der Bevölkerung an, vor allem keine besser Verdienenden. Dies änderte sich erst in der Rezessionsphase der 1920er Jahre, in der die Anzahl der Versicherten sprunghaft anstieg. Aus versicherungsmathematischer Sicht waren die 1930er Jahre wichtig, denn hier kamen erstmals Ideen für eine Kalkulation nach Art der Lebensversicherung auf (z. B. durch die Berücksichtigung des Eintrittsalters oder den Aufbau einer Rückstellung); das bis dato verwendete Umlageverfahren stellte sich immer mehr als ungeeignet dar. Wichtige Vertreter dieser neuen Art der Kalkulation waren etwa Rusam, Feddersen und Tosberg. Aber erst nach dem zweiten Weltkrieg wurden die versicherungsmathematischen Grundlagen der Kalkulation, wie sie im Prinzip noch heute gelten, im VAG festgeschrieben.

In den 1930er Jahren wurden die Ersatzkassen, die mittlerweile auch als Pflichtkassen anerkannt waren, vollständig in die gesetzliche Krankenversicherung integriert. Dabei wurde der Kreis der Personen, die sich bei diesen Kassen versichern konnten, stark eingeschränkt (im Wesentlichen nur Arbeiter oder Angestellte). Um weiterhin allen anderen Personen Versicherungsschutz anbieten zu können, gründeten einige der Ersatzkassen neue private Versicherungsunternehmen (die Barmer gründete z. B. die Barmenia) bzw. kamen gänzlich neue private Versicherer auf den Markt. Die alten Bezeichnungen haben sich bis heute gehalten, obwohl zwischen Pflicht- und Ersatzkassen heute keine wesentlichen Unterschiede mehr bestehen.

Gesundheitsreformen und sonstige Änderungen

Die letzten Jahrzehnte waren geprägt von einer Reihe sozialpolitischer Reformen und Verordnungen, die anfangs meist nur das gesetzliche Gesundheitssystem betrafen, sich in den letzten Jahren aber auch stark auf die Kalkulation in der PKV auswirkten. Wir werden einige dieser Auswirkungen in diesem Buch besprechen (wie den Basistarif, den Übertragungswert oder die Unisextarifierung). Die meisten Reformen hatten Kostendämpfungen zum Ziel, die oft aber nur kurzfristig erreicht wurden. Es sollen stichpunktartig die wesentlichen Inhalte dieser Änderungen genannt werden (die sich, wenn nichts anderes gesagt wird, auf die GKV beziehen). Einzelheiten entnimmt man etwa [2]. Einige Punkte werden auch im nächsten Abschn. 1.2 besprochen.

- 1977: Das Kostendämpfungsgesetz führte Zuzahlungen auf Leistungen der ambulanten und Arzneimittelversorgung ein. Im Vergleich zu späteren Reformen waren die Eigenanteile der Versicherten aber noch eher gering.
- 1983: Das Haushaltsbegleitgesetz verpflichtet nun auch Rentner, sich in Abhängigkeit von ihrem Einkommen zu versichern (bis dahin waren sie kostenlos versichert).
- 1989: Das Gesundheitsreformgesetz erhöhte die Selbstbeteiligung der Versicherten drastisch, vor allem im Bereich Arzneimittel (durch Einführung eines einheitlichen Höchstbetrages der Kassenzuzahlungen) und Zahnersatz (bis zu 50 %).
- 1993: Mit dem Gesundheitsstrukturgesetz werden die Eigenleistungen der Versicherten ein weiteres Mal angehoben. Zudem wird die freie Wahl der gesetzlichen Krankenkasse eingeführt.
- 1999: Beim GKV-Solidaritätsstärkungsgesetz werden erstmals Eigenbeteiligungen der Versicherten gesenkt und einige weitere Einschränkungen vorhergehender Reformen abgeschwächt.
- 2003/2004: Das GKV-Modernisierungsgesetz hebt die Belastungen für die Versicherungsnehmer wieder an. Ein wesentlicher Punkt war die Einführung der Praxisgebühr, wonach bei Arztbesuchen 10 € pro Quartal fällig waren. Sie wurde 2013 wieder abgeschafft. Weiterhin wurden Leistungen für Sehhilfen weitgehend gestrichen. Die Krankenkassen werden übergreifend zu einer kostensparenden Verwaltung angehalten.
  Eine weitere bis heute gültige Änderung betraf die Aufhebung der paritätischen Finanzierung der Krankenkassenbeiträge, nach der diese jeweils zur Hälfte von Arbeitgebern und Arbeitnehmern getragen wurden. Die Arbeitnehmer bezahlen nun einen zusätzlichen Betrag über der 50 %-Grenze.
- 2007/2009: Das GKV-Wettbewerbsstärkungsgesetz (GKV-WSG) wird verabschiedet. Es handelt sich um eine der umfangreichsten Reformen, die auch drastisch in die PKV eingreift. Drei Punkte sollen erwähnt werden:
  - Die Einführung des Übertragungswertes in der PKV ab 2009. Dabei handelt es sich um eine finanzielle Mitgabe, die einem Versicherten bei einem Wechsel zu einem anderen PKV-Unternehmen zusteht und zu einer Reduktion der Prämie beim neuen Unternehmen führt. Bis dahin ging bei einem Wechsel die Rückstellung vollständig an das verbleibende Kollektiv über und der Versicherungsnehmer musste beim neuen Unternehmen eine seinem Alter entsprechende höhere Prämie zahlen.
  - Das Finanzierungsmodell der GKV wurde neu aufgestellt durch Einführung des Gesundheitsfonds.

  - Schließlich wurde die ab 2009 geltende allgemeine Versicherungspflicht beschlossen. Dies zog auch die Einführung des Basistarifs in der PKV nach sich.
- 2011: Neben einer reformierten Preisgestaltung für neue Arzneimittel wird der Beitragssatz für Arbeitgeber eingefroren. Sämtliche Erhöhungen werden nun allein von den Versicherten getragen. Die Dreijahresfrist für das Überschreiten der Grenze für die Versicherungspflicht, die bislang für die Aufnahme in die PKV galt, wurde auf ein Jahr verkürzt.
- 2012: Keine nationale Gesundheitsreform, sondern ein Urteil des Europäischen Gerichtshofs zwingt private Versicherer ab Ende 2012 zu einer geschlechtsunabhängigen Kalkulation der Tarife. Dies führt zu den sog. Unisextarifen und einer Neuordnung der Tariflandschaft in der PKV.
- 2016: Die neuen EU-weiten Risikokapitalbestimmungen für private Versicherer nach Solvency II treten in Kraft. Diese Vorgaben greifen tief in die Kapitalanlagestruktur, Datenführung und Tarifgestaltung der Unternehmen ein.

1.2 Das aktuelle System der Krankenversicherung in Deutschland

In Deutschland besteht seit 2009 eine Krankenversicherungspflicht, wonach jede Person mit Wohnsitz im Inland einen vollen Versicherungsschutz in der GKV oder der PKV besitzen muss. In welchem dieser beiden Systeme man sich versichert, ist nicht beliebig, sondern von gewissen Bedingungen abhängig. Diese allgemeine Pflicht ist nicht zu verwechseln mit der Versicherungspflicht speziell in der GKV; die gleichlautenden Bezeichnungen können zu Verwirrung führen. Der Begriff „versicherungspflichtig" wird hier der üblichen Konvention folgend im Sinne der Pflicht einer Versicherung in der GKV verstanden.

Wer versicherungspflichtig und wer versicherungsfrei ist bzw. sich von der Versicherungspflicht befreien lassen kann[1], regelt das Sozialgesetzbuch (SGB) V in §§ 5–8. Ist eine Person nicht versicherungspflichtig oder befreit, muss sie sich zwar krankenversichern, aber nicht unbedingt in der GKV. Das Versicherungsvertragsgesetz (VVG) regelt dies wie folgt:

§ 193 (3) VVG

Jede Person mit Wohnsitz im Inland ist verpflichtet, bei einem in Deutschland zum Geschäftsbetrieb zugelassenen Versicherungsunternehmen [...] eine Krankheitskostenversicherung, die mindestens eine Kostenerstattung für ambulante und stationäre Heilbehandlung umfasst [...], abzuschließen und aufrechtzuerhalten. [...] Die Pflicht nach Satz 1 besteht nicht für Personen, die

[1] Es gibt einen Unterschied zwischen Personen, die zwar versicherungspflichtig sind, aber einen Antrag auf Befreiung stellen können und solchen, die automatisch versicherungsfrei sind. Wir wollen diesen Punkt nicht vertiefen.

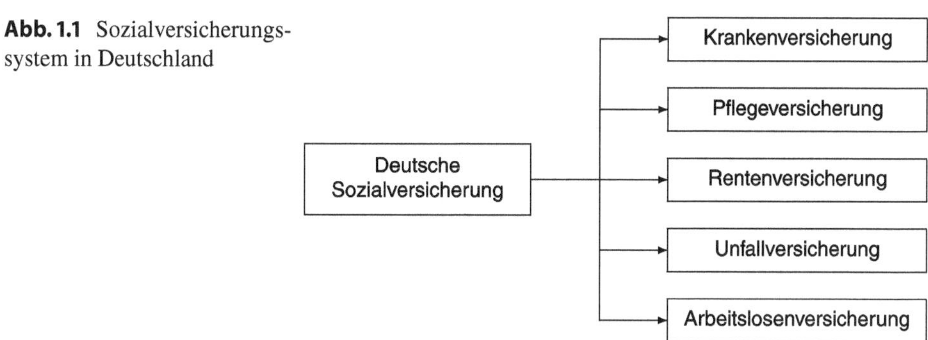

Abb. 1.1 Sozialversicherungssystem in Deutschland

1. *in der gesetzlichen Krankenversicherung versichert oder versicherungspflichtig sind oder*
2. *Anspruch auf freie Heilfürsorge haben, beihilfeberechtigt sind oder vergleichbare Ansprüche haben im Umfang der jeweiligen Berechtigung [...]*

Die im ersten Satz genannte Krankheitskostenversicherung bezieht sich auf eine Vollversicherung mit Mindestanforderungen bei einem privaten Krankenversicherer. Dem wurde durch Einführung des Basistarifs Rechnung getragen (die weiteren Begriffe werden in Abschn. 1.2.2 geklärt). Im Folgenden besprechen wir einige der Grundsätze zur Versicherung in der GKV bzw. PKV. Dabei werden nur die wichtigsten Regelungen angesprochen und die meisten Details und Sondervorschriften übergangen. Die vielfältigen (juristischen) Einzelheiten dieses Themengebietes würden den Rahmen und die Zielsetzung des Buches weit sprengen.

1.2.1 Die gesetzliche Krankenversicherung in Deutschland

Sozialversicherungssystem

Die gesetzliche Krankenversicherung gehört zu den fünf Zweigen der Sozialversicherung in Deutschland, wie sie in Abb. 1.1 zu sehen sind. Die Rechtsgrundlagen sind daher im Sozialgesetzbuch (SGB), speziell Teil V, zu finden. Im dortigen § 1 wird geregelt, dass die gesetzliche Krankenversicherung die Aufgabe hat, „die Gesundheit der Versicherten zu erhalten, wiederherzustellen oder ihren Gesundheitszustand zu bessern“. Weiterhin haben die Krankenkassen „den Versicherten dabei durch Aufklärung, Beratung und Leistungen zu helfen und auf gesunde Lebensverhältnisse hinzuwirken“.

Gesetzliche Krankenkassen

Die Krankenkassen der GKV sind als sog. Körperschaften des öffentlichen Rechts organisiert. Als solche besitzen sie eine Satzung und dürfen Beiträge von ihren Mitgliedern einfordern. Sie unterstehen der Rechtsaufsicht des Bunderversicherungsamtes. Wie in

Abschn. 1.1 bereits erwähnt wurde, sind die unterschiedlichen Bezeichnungen der gesetzlichen Kassen historisch bedingt. Die folgenden Angaben über Namen und Anzahl der Krankenkassen sowie deren ungefähre Mitgliederanzahl sind Stand Oktober 2016[2].

- 6 Ersatzkassen (26,8 Mio.)
- 11 Allgemeine Ortskrankenkassen (25,4 Mio.)
- 92 Betriebskrankenkassen (11,8 Mio.)
- 6 Innungskrankenkassen (5,3 Mio.)
- Landwirtschaftliche Krankenkasse (0,7 Mio.)
- Knappschaft-Bahn-See (1,7 Mio.)

Während in früherer Zeit eine automatische Zuordnung zu einer der Kassen aufgrund des ausgeübten Berufes stattfand, sind heutzutage bis auf die landwirtschaftliche Krankenkasse alle Kassen offen für jeden gesetzlich Versicherten (mit gewissen regionalen Einschränkungen). Zudem haben gesetzlich Versicherte das Recht, bei Einhaltung bestimmter Regelungen die Kasse jederzeit zu wechseln.

Mitgliedschaft in der GKV
Eine Person ist Mitglied in der GKV, weil sie

- pflichtversichert oder
- als Familienmitglied mitversichert oder
- freiwillig versichert

ist. In § 5 SGB V ist detailliert beschrieben, wer versicherungspflichtig ist:

> **§ 5 (1) SGB V**
>
> *Versicherungspflichtig sind*
>
> 1. *Arbeiter, Angestellte und zu ihrer Berufsausbildung Beschäftigte, die gegen Arbeitsentgelt beschäftigt sind,*
> 2. *Personen in der Zeit, für die sie Arbeitslosengeld oder Unterhaltsgeld [...] beziehen [...]*
>
> 2a. *Personen in der Zeit, für die sie Arbeitslosengeld II [...] beziehen [...]*
>
> 9. *Studenten, die an staatlichen oder staatlich anerkannten Hochschulen eingeschrieben sind, [...] bis zum Abschluss des vierzehnten Fachsemesters, längstens bis zur Vollendung des dreißigsten Lebensjahres [...]*
> 11. *Personen, die die Voraussetzungen für den Anspruch auf eine Rente aus der gesetzlichen Rentenversicherung erfüllen und diese Rente beantragt haben, wenn sie*

[2] Entnommen aus dem Dokument *Gesetzliche Krankenversicherung – Mitglieder, mitversicherte Angehörige und Krankenstand* des Bundesgesundheitsministeriums, erhältlich auf der Internetseite des Ministeriums.

seit der erstmaligen Aufnahme einer Erwerbstätigkeit bis zur Stellung des Rentenantrags mindestens neun Zehntel der zweiten Hälfte des Zeitraums Mitglied [...] waren [...]

13. *Personen, die keinen anderweitigen Anspruch auf Absicherung im Krankheitsfall haben und*
    a) *zuletzt gesetzlich krankenversichert waren oder*
    b) *bisher nicht gesetzlich oder privat krankenversichert waren [...]*

Die im ersten Punkt genannten Arbeiter und Angestellten sind allerdings nur bis zu einer gewissen Arbeitsentgeltgrenze versicherungspflichtig. Andere Personen wie z. B. Studenten können sich von der Versicherungspflicht befreien lassen (siehe Abschn. 1.2.2).

Eine der wichtigsten Eigenschaften der gesetzlichen Krankenversicherung ist die **Familienversicherung**. Dabei sind Familienmitglieder wie Kinder und Partner ohne wesentliches eigenes Einkommen automatisch versichert ohne zusätzlichen Mehrbeitrag. Näheres regelt wieder das SGB. Zunächst gilt allgemein

§ 10 (1) SGB V

Versichert sind der Ehegatte, der Lebenspartner und die Kinder von Mitgliedern sowie die Kinder von familienversicherten Kindern, wenn diese Familienangehörigen

2. *nicht nach § 5 Abs. 1 Nr. 1, 2, 2a, 3 bis 8, 11 oder 12 oder nicht freiwillig versichert sind,*
3. *nicht versicherungsfrei oder nicht von der Versicherungspflicht befreit sind [...]*
4. *nicht hauptberuflich selbständig erwerbstätig sind [...]*

Ein verbreiteter Fall ist z. B., dass der Ehe- oder Lebenspartner keinen Beruf mehr ausübt und sich um Haushalt und Kindererziehung kümmert. War diese Person früher (etwa als Arbeitnehmer/in) versicherungspflichtig und hat sie nun keinen anderen Anspruch auf Absicherung im Krankheitsfall, fällt sie unter Punkt 13 von § 5 Abs. 1 SGB V und hat daher nach Punkt 2 des § 10 Abs. 1 SGB V Anspruch auf Familienversicherung.

Speziell zur Familienversicherung für Kinder macht Absatz 2 desselben Paragrafen weitere Angaben:

§ 10 (2) SGB V

Kinder sind versichert

1. *bis zur Vollendung des achtzehnten Lebensjahres,*
2. *bis zur Vollendung des dreiundzwanzigsten Lebensjahres, wenn sie nicht erwerbstätig sind,*
3. *bis zur Vollendung des fünfundzwanzigsten Lebensjahres, wenn sie sich in Schul- oder Berufsausbildung befinden [...]*

Allerdings schränkt der darauf folgende Absatz die Kinderversicherung wieder ein:

§ 10 (3) SGB V

Kinder sind nicht versichert, wenn der mit den Kindern verwandte Ehegatte oder Lebenspartner des Mitglieds nicht Mitglied einer Krankenkasse ist und sein Gesamteinkommen regelmäßig im Monat ein Zwölftel der Jahresarbeitsentgeltgrenze übersteigt und regelmäßig höher als das Gesamteinkommen des Mitglieds ist [. . .]

Das heißt insbesondere, dass Kinder extra versichert werden müssen (gesetzlich oder privat), wenn eines der Elternteile privat versichert ist und das höhere Einkommen hat, welches noch eine gewisse Grenze überschreitet. Wir kommen darauf in Abschn. 1.2.2 zurück.

Wer nicht versicherungspflichtig im Sinne des § 5 SGB V ist, der kann unter Umständen freiwillig Mitglied in der GKV werden:

§ 9 (1) SGB V

Der Versicherung können beitreten

1. *Personen, die als Mitglieder aus der Versicherungspflicht ausgeschieden sind und in den letzten fünf Jahren vor dem Ausscheiden mindestens vierundzwanzig Monate oder unmittelbar vor dem Ausscheiden ununterbrochen mindestens zwölf Monate versichert waren [. . .]*
2. *Personen, deren Versicherung nach § 10 erlischt [. . .]*
3. *Personen, die erstmals eine Beschäftigung im Inland aufnehmen und [. . .] versicherungsfrei sind [. . .]*

Kontrahierungszwang

Die gesetzlichen Krankenkassen unterliegen dem sog. Kontrahierungszwang. Das bedeutet, dass sie zur Aufnahme neuer Mitglieder verpflichtet sind, unabhängig vom Gesundheitszustand oder den finanziellen Mitteln der Person, sofern für diese die Verpflichtung bzw. Möglichkeit einer Versicherung in der GKV besteht.

Leistungen der GKV

In der GKV gilt das sog. **Sachleistungsprinzip**:

§ 2 SGB V

(1) Die Krankenkassen stellen den Versicherten [. . .] Leistungen unter Beachtung des Wirtschaftlichkeitsgebots [. . .] zur Verfügung, soweit diese Leistungen nicht der Eigenverantwortung der Versicherten zugerechnet werden.

(2) Die Versicherten erhalten die Leistungen als Sach- und Dienstleistungen [...] Über die Erbringung der Sach- und Dienstleistungen schließen die Krankenkassen [...] Verträge mit den Leistungserbringern. [...]

Die versicherte Person nimmt also die angebotenen Sach- und Dienstleistungen in Anspruch, ohne dafür von den Erbringern der Leistungen eine Rechnung zu bekommen oder diese direkt bezahlen zu müssen (im Gegensatz zum Kostenerstattungsprinzip bei der PKV). Die angesprochenen Verträge werden zwischen der Vereinigung der gesetzlichen Krankenkassen und der kassen(zahn)ärztlichen Bundesvereinigung abgeschlossen und beinhalten einen Leistungskatalog, in dem sämtliche von den Kassen finanzierte Leistungen aufgeführt sind. Darüber hinausgehende Leistungen kann der Versicherte nicht verlangen. Er muss diese entweder aus eigener Tasche bezahlen oder dafür eigenständige Zusatzversicherungen abschließen.

Dieses System der Sachleistungen bringt eine gewisse Intransparenz mit sich, da dem Versicherten nicht offengelegt wird, welche Kosten die von ihm in Anspruch genommenen Leistungen verursacht haben. Somit ist auch eine Kontrolle des Abrechnungsvorgangs nicht direkt möglich.

Die Leistungsarten der GKV sind in § 11 festgelegt:

§ 11 (1) SGB V

Versicherte haben nach den folgenden Vorschriften Anspruch auf Leistungen

1. *bei Schwangerschaft und Mutterschaft [...],*
2. *zur Verhütung von Krankheiten und von deren Verschlimmerung sowie zur Empfängnisverhütung, bei Sterilisation und bei Schwangerschaftsabbruch [...],*
3. *zur Erfassung von gesundheitlichen Risiken und Früherkennung von Krankheiten [...],*
4. *zur Behandlung einer Krankheit [...]*

Die Einzelheiten der aufgeführten Leistungsarten folgen in den weiteren Paragrafen des SGB V. Es sei noch erwähnt, dass nach Absatz 5 dieses Paragrafen kein Anspruch auf Leistungen besteht, „wenn sie als Folge eines Arbeitsunfalls oder einer Berufskrankheit im Sinne der gesetzlichen Unfallversicherung zu erbringen sind".

Finanzierung der GKV

Die gesetzlichen Kassen erhalten ihre jährlichen Mittel derzeit im Wesentlichen aus zwei Quellen:

- Den Zahlungen aus dem **Gesundheitsfonds**;
- den **Zusatzbeiträgen**, welche die bei den Kassen versicherten Personen an diese zahlen müssen.

Das Modell des Gesundheitsfonds wurde 2009 im Rahmen des GKV-WSG eingeführt. In diesem werden die Beiträge aller Beitragszahler an diese vom Bundesversicherungsamt verwaltete zentrale Stelle überwiesen, die dann für die weitere Verteilung der Gelder an die einzelnen Krankenkassen sorgt[3]. Die Kassen müssen mit den so erhaltenen Geldern alle Ausgaben (Leistungen und Verwaltungskosten) bestreiten. Falls dieser Betrag nicht ausreicht, muss eine Kasse von ihren Mitgliedern einen Zusatzbeitrag erheben. Dieser ist also ein von der Kasse individuell abhängiger Betrag, der sich auch wettbewerbsfördernd auswirkt.

Beitragszahlungen und Umlageverfahren

Die gesetzlichen Krankenkassen erheben monatliche Mitgliedsbeiträge von den bei ihnen versicherten Personen (mit Ausnahme der Mitglieder eine Familienversicherung). Der Beitrag richtet sich dabei nach dem versicherungspflichtigen Brutto-Monatseinkommen, auch Arbeitsentgelt genannt (dieses ist in § 14 SGB V genauer definiert; bei Rentnern, Empfängern anderer Bezüge und freiwillig Versicherten sind entsprechend andere Berechnungsgrundlagen anzusetzen). Dabei erhebt jede Kasse einen Betrag, der einem festgelegten Prozentsatz s des Arbeitsentgelts A entspricht. Dieses Entgelt wird aber nur bis zur sog. **Beitragsbemessungsgrenze** BBG angerechnet. Der ermittelte Wert wird bei abhängig Beschäftigten sodann je zur Hälfte auf Arbeitnehmer und Arbeitgeber verteilt[4]. Wie oben angedeutet erhebt jede Krankenkasse noch einen Zusatzbeitrag, der ebenfalls prozentual vom Arbeitsentgelt abhängt, gegeben durch den Satz s^{zus}. Der Versicherte zahlt also insgesamt den monatlichen Beitrag

$$B = 0{,}5 \cdot s \cdot \min\{A, \text{BBG}\} + s^{\text{zus}} \cdot \min\{A, \text{BBG}\}.$$

Im Jahr 2016 sind $s = 14{,}6\,\%$[5] sowie $\text{BBG} = 4237{,}50\,€$. Der maximale monatliche Gesamtbeitrag ohne Beachtung des Zusatzbeitrags beträgt in 2016 somit

$$GB_{\max} = s \cdot \text{BBG} = 0{,}146 \cdot 4237{,}50\,€ = 618{,}75\,€. \tag{1.1}$$

Für s^{zus} ergeben sich (im Jahr 2016) Werte bis zu 1,9 %[6]. In den vergangenen 15 Jahren bewegte sich s zwischen 13,5 % und 15,5 %. Die BBG stieg in den vergangenen Jahren jeweils bis zu 3 % an. Beide Größen werden jährlich von der Bundesregierung festgelegt; dabei werden die erwarteten Gesamtausgaben geschätzt und auf die Beitragszahler entsprechend ihres Bruttolohns umgelegt. Daher nennt man das GKV-Verfahren auch **Umlageverfahren**.

[3] Ausgenommen ist hier die landwirtschaftliche Krankenkasse.

[4] Selbständige oder Beamte, die freiwillig gesetzlich versichert sind, zahlen den gesamten Beitrag selbst. Bei Rentnern wird der Arbeitgeberanteil vom Rentenversicherungsträger übernommen.

[5] Es gibt noch einen ermäßigten Beitragssatz von 14 %, auf den wir nicht weiter eingehen.

[6] Eine detaillierte Liste kann man z. B. auf der Internetseite des GKV-Spitzenverbandes unter dem Suchbegriff *Krankenkassenliste* finden.

In der GKV werden bis auf sog. Schwankungs- und Liquiditätsreserven keine Rückstellungen gebildet. Das durch die Beiträge eingehende Geld wird ohne große Zeitverzögerung über den Gesundheitsfonds wieder ausgeschüttet. Die Beitragszahler tragen daher die anfallenden Kosten aller Versicherten, egal ob oder wie viel diese in die GKV einzahlen. Dies wird auch unter dem Begriff des **Solidarprinzips** zusammengefasst.

1.2.2 Die private Krankenversicherung in Deutschland

Im Gegensatz zur GKV beruht die PKV auf privatrechtlichen Verträgen zwischen den versicherten Personen und den Versicherungsunternehmen. Daher sind viele Einzelheiten des Versicherungsschutzes in den einzelnen Verträgen bzw. den allgemeinen Vertrags- und Versicherungsbedingungen des Unternehmens geregelt. Darüberhinaus gibt es die sog. Musterbedingungen des PKV-Verbandes, die in Abschn. 2.1 besprochen werden. Nur allgemeine Rahmenbedingungen und versicherungsmathematische Kalkulationsgrundlagen sind gesetzlich (bis zu einem gewissen Punkt) vorgeschrieben.

Private Krankenversicherungsunternehmen
Die Anbieter der privaten Krankenversicherung sind privatrechtliche Unternehmen. Sie kommen in zwei Rechtsformen vor, als Aktiengesellschaft (AG) und als Versicherungsverein auf Gegenseitigkeit (VVaG). Laut PKV-Verband[7] waren es im Jahr 2016

- 18 Versicherungsvereine auf Gegenseitigkeit,
- 24 Aktiengesellschaften.

Dazu kommen noch zwei sog. verbundene Einrichtungen (Krankenversorgung der Bundesbahnbeamten und Postbeamten) sowie 7 außerordentliche Unternehmen, welche die Krankenversicherung mit anderen Versicherungszweigen zusammen betreiben. Im Jahr 2015 hatten bei diesen Unternehmen 8,8 Mio. Versicherte eine Krankenvollversicherung. Weiterhin gab es 24,8 Mio. Zusatzversicherungen. Die PKV-Unternehmen werden beaufsichtigt durch die Bundesanstalt für Finanzdienstleistungsaufsicht (BaFin). Innerhalb der Unternehmen tragen der sog. **verantwortliche Aktuar** und der **Treuhänder** die Verantwortung bei konkreten Fragen der Kalkulation und Mittelverwendung (für den Treuhänder siehe auch die Abschn. 8.4 und 11.4). Die allgemeinen gesetzlichen Grundlagen verteilen sich auf mehrere Quellen wie das HGB, VAG und VVG sowie weitere Verordnungen (siehe Abschn. 1.4).

Mitgliedschaft in der PKV
Wie bereits bemerkt, muss jede in Deutschland lebende Person einen Krankenversicherungsschutz besitzen, der gewissen Mindeststandards genügt (Kostenübernahme von am-

[7] Siehe z. B. die Internetseite des PKV-Verbandes.

bulanten und stationären Heilbehandlungen nach § 193 VVG). Wird dieser Versicherungsschutz von einem PKV-Unternehmen übernommen, spricht man von einer **substitutiven Krankenversicherung** oder **Krankenvollversicherung**. Nur wer nicht versicherungspflichtig ist bzw. sich von der Versicherungspflicht hat befreien lassen, darf sich in der PKV voll versichern. Dies regelt im Detail wieder das SGB. Für Selbständige gilt:

§ 5 (5) SGB V

Nach Absatz 1 Nr. 1 oder 5 bis 12 ist nicht versicherungspflichtig, wer hauptberuflich selbständig erwerbstätig ist. [. . .]

Für alle anderen besagt der nachfolgende Paragraf:

§ 6 (1) SGB V

Versicherungsfrei sind

1. *Arbeiter und Angestellte, deren regelmäßiges Jahresarbeitsentgelt die Jahresarbeitsentgeltgrenze [. . .] übersteigt [. . .]*
2. *Beamte, Richter, Soldaten auf Zeit sowie Berufssoldaten der Bundeswehr und sonstige Beschäftigte [. . .] wenn sie nach beamtenrechtlichen Vorschriften oder Grundsätzen bei Krankheit Anspruch auf Fortzahlung der Bezüge und auf Beihilfe oder Heilfürsorge haben,*
3. *Personen, die während der Dauer ihres Studiums als ordentliche Studierende einer Hochschule oder einer der fachlichen Ausbildung dienenden Schule gegen Arbeitsentgelt beschäftigt sind [. . .]*
6. *die in den Nummern 2 [. . .] genannten Personen, wenn ihnen ein Anspruch auf Ruhegehalt oder ähnliche Bezüge zuerkannt ist und sie Anspruch auf Beihilfe im Krankheitsfalle nach beamtenrechtlichen Vorschriften oder Grundsätzen haben [. . .]*

Im Wesentlichen können sich also

- Beamte, Richter und Soldaten,
- selbständig und freiberuflich Tätige,
- abhängig Beschäftigte, deren Brutto-Jahreseinkommen die Jahresarbeitsentgeltgrenze überschreitet,
- Studenten,
- Rentner, die als Erwerbstätige in der PKV waren,

privat versichern. Die **Jahresarbeitsentgeltgrenze** trennt für abhängig Beschäftigte die gesetzliche von der privaten Krankenversicherung ab[8]. Um von der Versicherungspflicht

[8] Bei Beamten, Richtern sowie Selbständigen und Freiberuflern ist die Höhe des Arbeitsentgeltes nicht von Bedeutung für die Versicherungsfreiheit.

befreit zu werden, muss die Person diesen Betrag i. Allg. bis zu einem Jahr überschreiten. Im Jahr 2016 lag die Grenze bei 56.250 €. Sie wird jährlich vom Bundesarbeitsministerium neu festgelegt und soll nach § 6 Abs. 6 SGB V der Entwicklung der Bruttolöhne folgen. Sie stieg in den letzten Jahren immer um mindestens 2 % an.

Die Mitgliedschaft in der PKV ist immer eine **individuelle Versicherung**, es gibt keine Familienversicherung wie in der GKV. Jede versicherte Person ist auch ein eigener Versicherungsnehmer. Daher sollen noch zwei weitere Personengruppen besondere Erwähnung finden:

- Kinder können grundsätzlich gesetzlich oder privat versichert werden, unabhängig davon, in welchem System die Eltern sind. Allerdings wurde bereits in Abschn. 1.2.1 angedeutet, dass eine Familienversicherung in der GKV nicht in Frage kommt, wenn etwa der besser verdienende Elternteil über der Jahrsarbeitsentgeltgrenze liegt und privat versichert ist. Dann muss das Kind entweder freiwillig in der GKV oder in der PKV als eigenständige Person versichert werden.
- Studierende sind versicherungspflichtig und können sich in den ersten drei Monaten ab Einschreibung entscheiden, ob sie in die GKV oder PKV gehen. Wollen sie sich privat versichern, können sie sich von der Versicherungspflicht befreien lassen (siehe § 8 Abs. 1 SGB V). Ansonsten werden sie automatisch gesetzlich versichert (auch wenn sie als Kind in der PKV waren). Falls vorhanden, läuft die Familienversicherung der Eltern oft einfach weiter (siehe § 10 Abs. 2 SGB V). Die Mitgliedschaft als Student in der PKV ist natürlich zeitlich begrenzt, dies wird anhand der absolvierten Semester oder des Alters festgelegt.

Die eben genannten Voraussetzungen für eine Mitgliedschaft in der PKV gelten – das sei nochmals betont – für einen Vollversicherungsschutz. Unabhängig von diesen Voraussetzungen und der GKV-Versicherungspflicht kann jede Person neben ihrer jeweiligen GKV- oder PKV-Vollversicherung ergänzenden Versicherungsschutz bei der PKV abschließen. Mehr dazu in Abschn. 1.3.

Rückkehr in die GKV

Eine Rückkehr von der PKV in die GKV ist nur sehr eingeschränkt möglich. Ist die versicherte Person 55 Jahre oder älter, so kann sie im Wesentlichen nur dann zurück wechseln, wenn

- sie in den 5 Jahren davor mindestens zweieinhalb Jahre in der GKV versichert war, oder
- eine Familienversicherung über den Ehe- oder Lebenspartner möglich ist und das eigene Einkommen unter 415 € (Stand 2016) liegt.

Für unter 55-jährige Personen sind die wichtigsten möglichen Gründe für eine Rückkehr in die GKV:

- Bei abhängiger Beschäftigung das Unterschreiten der Jahresarbeitsentgeltgrenze, insbesondere auch der Übergang in die Arbeitslosigkeit;
- Wechsel von einer selbständigen oder freiberuflichen Tätigkeit in eine abhängige Beschäftigung mit Entgelt unter der Jahresarbeitsentgeltgrenze;
- Aufgabe einer selbständigen oder freiberuflichen Tätigkeit und Rückkehr in die Familienversicherung;
- bei Kindern der Beginn des Studiums oder einer Berufsausbildung.

Weitere Details wollen wir hier übergehen. Eine im Vergleich zum Einkommen zu hohe Prämie und daraus resultierende finanzielle Engpässe (die Prämie ist nicht wie bei der GKV an das Einkommen gebunden) sind kein Grund, die PKV verlassen zu dürfen. Diese Problematik werden wir in Abschn. 1.3 beim Thema Basistarif sowie in Abschn. 8.6 und Kap. 11 weiter vertiefen.

Aufnahmepraxis

Ein PKV-Unternehmen muss einen Antrag auf Versicherungsschutz i. Allg. nicht annehmen, es gibt also keinen allgemeinen Kontrahierungszwang wie in der GKV. Ausnahmen sind etwa Erstverbeamtungen und Versicherung von Neugeborenen. Vor der Aufnahme wird normalerweise eine Gesundheitsprüfung durchgeführt. Bei Vorerkrankungen des Antragstellers oder solchen in seiner näheren Verwandtschaft kann das Unternehmen – nach Einwilligung des Antragstellers – bei behandelnden Ärzten und Kliniken weitere Informationen einholen. Am Ende dieses Prozesses kann entweder eine Ablehnung des Antrags auf Versicherungsschutz stehen oder die Aufnahme in das PKV-Unternehmen, je nach Ergebnis der Gesundheitsprüfung evtl. mit Zahlung zusätzlicher Risikozuschläge oder mit Leistungsausschlüssen.

Leistungen der PKV

Prinzipiell wird der Umfang des Versicherungsschutzes durch den Versicherungsvertrag festgelegt. Es gibt also keinen einheitlichen Katalog, der für alle gleichermaßen gilt. Abgesehen von gewissen grundsätzlichen Leistungen, die eine substitutive Krankenversicherung enthalten muss, ist jede Form der Absicherung – soweit sie vom Unternehmen angeboten wird – als Vertragsbestandteil abschließbar. Das bedeutet andererseits aber auch, dass einmal vertraglich vereinbarte Leistungen im Prinzip bis zum Lebensende Gültigkeit haben, während sich der Leistungskatalog der GKV immer wieder ändern kann (vgl. mit den Anmerkungen in der Liste der Gesundheitsreformen).

Die Leistungen der PKV bestehen in der **Kostenerstattung**. Anders als GKV-Versicherte erhalten PKV-Versicherte von der behandelnden Stelle eine Rechnung, die sie zunächst aus eigener Tasche zahlen müssen[9]. Die Rechnung wird sodann an das PKV-Unternehmen weitergeleitet, das – im Rahmen der versicherten Leistungen – den

[9] Bei sehr hohen Rechnungen, wie sie z. B. im Rahmen stationärer Behandlungen auftreten können, erstattet das PKV-Unternehmen auch direkt an den Leistungserbringer.

Versicherungsnehmern diesen Betrag erstattet. Üblich sind vertraglich vereinbarte **Selbstbehalte**, die einen gewissen Eigenanteil der Versicherten an den Leistungen bewirken und dadurch die Prämien senken.

Wie viel eine konkrete medizinische Leistung kostet, ist festgelegt in entsprechenden **Gebührenordnungen**. Diese gibt es für Ärzte (GOÄ), Zahnärzte (GOZ) und für Psychologische Psychotherapeuten und Kinder- und Jugendlichenpsychotherapeuten (GOP) sowie für Heilpraktiker (GebüH). In diesen Listen sind einzelne Leistungen aus den genannten Bereichen mit einem Geldbetrag versehen[10]. All diese Positionen sind in der Rechnung für den Versicherten aufgelistet.

Da ein und dieselbe Leistung je nach Fall unterschiedlich aufwändig sein kann, darf der Leistungserbringer den in den Gebührenordnungen angegebenen Betrag mit einem Faktor (Multiplikator) zwischen 1 und 3,5 versehen, der Schwierigkeitsgrad und Zeitaufwand abbilden soll. Üblich sind die Faktoren 1, 1,8, 2,3 und 3,5. Der Faktor 3,5 wird nur in außergewöhnlichen Fällen verwendet und muss in der Rechnung begründet werden.

Beitragszahlungen und Anwartschaftsdeckungsverfahren

Anders als in der GKV, wo der Beitrag vom Bruttolohn abhängt, wird in der PKV eine risikogerechte, nach dem **Äquivalenzprinzip** ermittelte Prämie berechnet, die das krankenversicherungstechnische Risiko des Versicherten widerspiegeln soll. Dies macht sich darin bemerkbar, dass die Prämienhöhe z. B. vom Eintrittsalter, den Vorerkrankungen oder dem gewählten Versicherungsumfang abhängt (siehe Kap. 5). Die Versicherungsnehmer bauen mit ihrer Prämie anfangs eine Rückstellung auf, aus der in den späteren, kostenintensiveren Jahren der Mehraufwand im Mittel gedeckt werden soll (siehe Kap. 6). In der PKV herrscht also kein Solidarprinzip; allerdings hat das Versichertenkollektiv aufgrund seiner Größe durchaus Einfluss auf die Höhe und Stabilität der Prämien; der Ausgleich im Kollektiv funktioniert umso besser, je größer die Personengruppe ist (siehe Abschn. 2.2).

Wie bei der GKV gibt es für abhängig Beschäftigte eine Aufteilung der Prämie zwischen Arbeitgeber und Arbeitnehmer. Grundsätzlich übernimmt der Arbeitgeber 50 % der Versicherungsprämie, aber nie mehr als den maximalen Versichertenanteil in der GKV, nach (1.1) im Jahr 2016 also höchstens $\frac{1}{2} \cdot GB_{\max} = 309{,}37\,€$[11]. Solange der Zuschuss diesen Betrag nicht überschreitet, trägt der Arbeitgeber auch entsprechende Anteile der Prämien PKV-versicherter Kinder. Damit der Arbeitgeber diesen Zuschuss auch gewähren darf, muss das PKV-Unternehmen bestimmte Voraussetzungen erfüllen, die im SBG V vermerkt sind:

[10] So wird z. B. im Abschnitt *Konservierende Leistungen* der GOZ mit der Nummer 2190 die Leistung *Vorbereitung eines zerstörten Zahnes durch gegossenen Aufbau mit Stiftverankerung zur Aufnahme einer Krone* mit einem Betrag von 25,31 € angesetzt.

[11] Bei Rentnern wird dieser Betrag wie bei der GKV vom Rentenversicherungsträger übernommen.

§ 257 (2a) SGB V

Der Zuschuss [...] wird [...] für eine private Krankenversicherung nur gezahlt, wenn das Versicherungsunternehmen

1. *diese Krankenversicherung nach Art der Lebensversicherung betreibt,*
2. *einen Basistarif im Sinne des § 152 Absatz 1 des Versicherungsaufsichtsgesetzes anbietet, [...]*
4. *sich verpflichtet, den überwiegenden Teil der Überschüsse, die sich aus dem selbst abgeschlossenen Versicherungsgeschäft ergeben, zugunsten der Versicherten zu verwenden,*
5. *vertraglich auf das ordentliche Kündigungsrecht verzichtet,*
6. *die Krankenversicherung nicht zusammen mit anderen Versicherungssparten betreibt, wenn das Versicherungsunternehmen seinen Sitz im Geltungsbereich dieses Gesetzes hat.*

Der Begriff *Krankenversicherung nach Art der Lebensversicherung* bedeutet z. B., dass man Prämien nach dem Äquivalenzprinzip ermittelt und Rückstellungen bildet[12]. In diesem Buch werden wir nur solche Versicherungen betrachten.

Selbständige zahlen ihre gesamte Versicherungsprämie selbst. Für Beamte gelten wiederum andere Regelungen.

Beihilfe

Beamte und Richter haben keinen Arbeitgeber, der einen Zuschuss für die Versicherungsprämie übernehmen würde[13]. Privat versicherte Beamte und Richter (und deren Angehörige, wenn sie nicht versicherungspflichtig sind und kein wesentliches eigenes Einkommen haben) haben aber Anspruch auf Beihilfe, eine staatliche finanzielle Unterstützungsleistung, die je nach Bundesland unterschiedlich ausfallen kann. Dabei wird ein festgelegter Prozentsatz der eingereichten Rechnungen medizinischer Leistungen von der Beihilfestelle beglichen. Üblicherweise beträgt dieser Satz 50 % für aktive Beamte und Richter und bis zu 80 % abhängig vom sonstigen familiären Status (z. B. bei Pensionären). Oftmals sind Beihilfeleistungen mit einem absoluten Selbstbehalt versehen, d. h. es werden nur Beträge ab einer gewissen Rechnungssumme berücksichtigt.

Als Folge benötigen privat versicherte Beamte und Richter Versicherungstarife, die nur die restlichen 20–50 % der Rechnungsbeträge erstatten (auch Quoten- oder Ergänzungstarife genannt). Zudem unterscheiden sich einige der in die Kalkulation eingehenden Parameter für Beamte von denen anderer Versicherungsnehmer (siehe Kap. 3), so dass es eigene Beihilfetarife gibt.

[12] Eine Reisekrankenversicherung erfüllt dies z. B. nicht.

[13] Es gibt zwar einen Dienstherrn, der aber kein Arbeitgeber im eigentlichen Sinne ist.

Gesetzlich versicherte Beamte haben keinen Beihilfeanspruch für GKV-Leistungen, da keine Rechnungen ausgestellt werden. Sie zahlen daher den kompletten Versicherungsbetrag selbst, höchstens aber $GB_{\max}$.

1.3 Produkte der PKV

Bei der Gestaltung von Produkten in der PKV sind nur gewisse versicherungsmathematische Grundlagen und rechtliche Rahmenbedingungen zu beachten, ansonsten sind die einzelnen Vericherungsunternehmen frei bei der Gestaltung der Einzelheiten. Ausgenommen davon sind nur die brancheneinheitlichen Angebote für Basistarif, Standardtarif und Notlagentarif. Als erstes Unterscheidungsmerkmal der vielfältigen Tariflandschaft dient die Einteilung in Vollkostentarife und Zusatztarife:

- **Vollkostentarife** oder **substitutive Tarife** sind solche, die mindestens ambulante und stationäre Heilbehandlungen im Umfang der GKV beinhalten (gemäß § 193 Abs. 3 VVG), i. Allg. aber auch noch Leistungen im Bereich Zahnbehandlung und Zahnersatz. Die weiteren Einzelheiten sind unternehmensindividuell, was zu einer Vielzahl von Varianten bei ambulanten, stationären und Zahntarifen führt. Dies betrifft z. B. die Höhe von Selbstbehalten, Wahl der Zimmer bei stationärer Behandlung (Einzel, Doppel- oder Mehrbett), evtl. Chefarztbehandlung, therapeutische Leistungen (etwa Massagen), Leistungen und Selbstbeteiligung beim Zahnersatz und vieles mehr. Vollkostentarife als Ersatz für die GKV-Versicherung können Personen nur unter gewissen Voraussetzungen abschließen, wie im letzten Abschnitt beschrieben wurde.
- **Zusatztarife** sind für alle Personen offen. GKV-Versicherte können dadurch Leistungen, die von der GKV nicht oder nur eingeschränkt abgedeckt werden, auf eigene Rechnung versichern. Weit verbreitet sind etwa Zusatztarife für Zahnersatz oder Sehhilfen und stationäre Leistungen.

Die Vollkostentarife können zusätzlich zu den oben genannten Leistungen noch weitere Bereiche enthalten. In den sog. **Modultarifen** kann der Versicherungsnehmer seinen Versicherungsschutz wie in einem Baukastensystem zusammenstellen. Er wählt also aus den vorhandenen Varianten für ambulante, stationäre und zahnspezifische Leistungen aus und kann dazu noch Module aus folgenden Bereichen hinzunehmen (die Auflistung ist nicht vollständig, Pflegetarife werden hier nicht betrachtet):

- **Krankentagegeld**: Hier wird für jeden Krankheitstag eine festgelegte Pauschale gezahlt. Dieser Baustein ist vor allem für Selbständige wichtig, da sie im Krankheitsfall keine Lohnfortzahlung des Arbeitgebers erhalten. Krankentagegeldversicherungen enden regelmäßig mit dem Lebensjahr, in dem die gesetzliche Rente beginnt[14].

[14] Im Gegensatz zu allen anderen Bausteinen, die lebenslang laufen.

- **Krankenhaustagegeld**: Hier wird für jeden Tag Aufenthalt im Krankenhaus eine festgelegte Pauschale gezahlt.
- **Kurkosten**- und **Kurtagegeld**: Hier werden Kosten, die bei einer Kur anfallen, bis zu einer festgelegten Höhe beglichen, bzw. pro Kurtag ein fester Satz gezahlt (analog zum Krankenhaustagegeld).

Das Gegenstück zu den Modultarifen sind die **Kompakttarife**. Hier werden dem Versicherungsnehmer bereits vorgefertigte Pakete aus Bausteinen angeboten. Diese sind weniger flexibel als Modultarife, dafür aber besser zu kalkulieren und zu vermarkten, was sie vergleichsweise günstiger macht.

Von all diesen Angeboten sind noch weitere Spezialtarife zu unterscheiden, wie etwa Studententarife oder die im Folgenden beschriebenen Tarife.

Basistarif

Eine wichtige Rolle spielt der **Basistarif**. Er wurde 2009 im Zuge der der allgemeinen Pflicht zur Krankenversicherung eingeführt und wird brancheneinheitlich kalkuliert. Er wurde geschaffen mit dem Ziel, älteren PKV-Versicherten mit stark angestiegenen Prämien einen bezahlbaren Krankenversicherungsschutz in der PKV zu bieten, da diese nach aktueller Gesetzeslage meist keine Möglichkeit haben in die GKV zu wechseln und auch ein Kündigen des Vertrages zwecks Ausscheiden aus dem Krankenversicherungssystem nicht mehr möglich ist. Der Basistarif spielt zudem eine wichtige Rolle bei der Bestimmung des Übertragungswertes (siehe Kap. 9).

Laut Angaben des PKV-Verbandes[15] waren 2014 ca. 28.700 Personen im Basistarif versichert, knapp über die Hälfte davon zahlte wegen Hilfsbedürftigkeit nur den halben Beitrag. Etwa 20 % der im Basistarif Versicherten waren beihilfeberechtigt.

In § 152 VAG werden die gesetzlichen Grundlagen des Basistarifs festgelegt. Die wichtigsten Fakten sind in Kurzform:

- Die Leistungen des Basistarifs entsprechen denen des GKV-Leistungskatalogs. Da sich dieser immer wieder ändert (in der Vergangenheit waren es meist Kürzungen), gilt das auch für den Basistarif. Das steht im Gegensatz zu anderen Tarifen der PKV, die vertraglich zugesicherte Leistungen bis zum Vertragsende garantieren. Mit der kassenärztlichen Vereinigung wurden entsprechende Absprachen über die Rechnungsbeträge getroffen (z. B. welche Multiplikatoren verwendet werden). Die genaue tarifliche Umsetzung obliegt dem PKV-Verband[16], der dahingehend vom Bundesfinanzministerium beaufsichtigt wird. Es müssen Selbstbehaltstufen von 300, 600, 900 und 1200 € sowie Varianten für Beihilfe und Kinder bzw. Jugendliche angeboten werden. Bei finanzieller Hilfebedürftigkeit einer Person halbiert sich der Beitrag.
- Weitere GKV-Spezifika finden hier keine Anwendung. Die Prämie wird nicht in Abhängigkeit vom Einkommen berechnet, sondern prinzipiell nach denselben Kriterien

[15] Siehe den *PKV-Zahlenbericht* 2014 [4].

[16] Die allgemeinen Versicherungsbedingungen des Basistarifs sind im Internet verfügbar.

wie bei anderen PKV-Tarifen (also etwa durch Anwendung des Äquivalenzprinzips und mit Aufbau einer Rückstellung), allerdings mit zwei wesentlichen Einschränkungen: Vorerkrankungen in Form von Risikozuschlägen werden nicht berücksichtigt, und Prämien werden maximal erhoben bis zum Betrag GB_{max}[17], siehe (1.1).

- Auch schließt der Basistarif keine Familienmitglieder ein. Partner und Kinder müssen eine eigenständige Versicherung im Basistarif abschließen.
- Versicherte mit Beginn ab dem 1.1.2009 dürfen jederzeit in den Basistarif des eigenen oder eines anderen PKV-Unternehmens wechseln. Bei Versicherungsbeginn vor dem 1.1.2009 gibt es Einschränkungen (etwa ein Alter von mindestens 55 Jahren oder Rentenbezieher).
- Die oben genannten Vorgaben zur Prämie führen i. Allg. zu einer Unterfinanzierung des Basistarifs, der somit nicht risikogerecht kalkuliert ist. Der Ausgleich geschieht in zwei Schritten:
  - Die Unterfinanzierung aufgrund fehlender Risikozuschläge tragen alle im Basistarif Versicherten gleichmäßig. Je mehr Personen mit Vorerkrankung im Basistarif sind, desto höher wird dieser Zuschlag sein. Dadurch erreichen viele der Versicherten bereits den genannten Höchstbeitrag.
  - Die Unterfinanzierung aufgrund der Deckelung der Prämie tragen alle PKV-Versicherten, die Anrecht auf Wechsel in den Basistarif haben.

  Man siehe dazu auch § 154 VAG. Diese Punkte werden in Abschn. 5.3 bei der Bestimmung der Bruttoprämie nochmals aufgegriffen. Zur Durchführung der genannten Ausgleichsvorgänge wurde die Gesellschaft „Basis-Pool" gegründet.

Standardtarif

Der Standardtarif ist dem Grunde nach ähnlich konzipiert wie der Basistarif, wurde aber nicht vom Gesetzgeber verordnet, sondern von den PKV-Unternehmen entwickelt. Nur Personen, die bereits vor dem 1.1.2009 privat versichert waren, können ein Anrecht haben, in diesen Tarif zu wechseln. Die Voraussetzungen dafür sind aber restriktiver als beim Basistarif. Wie dieser bildet der Standardtarif die GKV ab und besitzt eine Beitragsobergrenze.

Notlagentarif

Im Jahr 2013 wurde der Notlagentarif eingeführt. Dieser ist für äußerst finanzschwache Personen gedacht, die große Beitragsschulden bei ihrem Versicherer angesammelt haben. Diese sind meist schon im Basistarif eingestuft, aber selbst dieser hat mit GB_{max} eine unter Umständen sehr hohe Prämie. Um dem Versicherten die Möglichkeit zu geben, seine Rückstände abzubezahlen, erhält er im Notlagentarif eine rudimentäre Absicherung (z. B. Behandlung akuter Fälle oder Schmerzbehandlung), die zur Zeit (2016) zwischen 100 und 150 € monatlich kostet. Siehe auch § 153 VAG.

[17] Zuzüglich des durchschnittlichen Zusatzbeitrags über alle GKV-Unternehmen.

Anwartschaften
Wird der private Krankenversicherungsschutz für eine gewisse Zeit aufgegeben (z. B. durch einen Auslandsaufenthalt oder eine zeitlich begrenzte Versicherungspflicht), können durch den Abschluss einer Anwartschaft gewisse Vorteile oder ein Teil der bereits vorhandenen Rückstellungen bewahrt werden. Eine kleine Anwartschaft garantiert den Eintritt in die PKV oder die Wiederaufnahme eines Versicherungsschutzes ohne (neuerliche) Gesundheitsprüfung, aber zum dann aktuellen Eintrittsalter, während eine große Anwartschaft einen bereits vorhandenen Vertrag auf eine Art Ruhemodus umschaltet, so dass man bei Wiederaufnahme Prämien zum ursprünglichen Eintrittsalter zahlt.

1.4 Gesetzliche Grundlagen der PKV

Im Verlauf der folgenden Kapitel werden wir uns immer wieder an den gesetzlichen Vorgaben der PKV orientieren. Im Gegensatz zu den anderen Sparten der Versicherungswirtschaft hat der Gesetzgeber im Fall der PKV recht detaillierte Gesetze und Verordnungen verabschiedet, die zum Teil konkrete Berechnungsformeln und Vorgaben für statistische Auswertungen beinhalten. Es ist ein Ziel dieses Buches, die entsprechenden Texte zu verstehen und die angegebenen Formeln aus den Grundsätzen der Versicherungsmathematik herzuleiten.

Die Vorgaben sind auf mehrere Quellen verteilt, die kurz erläutert werden sollen.

Versicherungsaufsichtsgesetz (VAG)
Das VAG wurde zum 1.1.2016 neu gestaltet, vor allem aufgrund der in Kraft getretenen Vorschriften zur Risikokapitalbestimmung nach Solvency II. Dies hatte auch Auswirkungen auf abgeleitete Rechtsverordnungen. Die private Krankenversicherung wird in den Paragrafen §§ 146–160 behandelt. Die wichtigsten Paragrafen, die in den folgenden Kapiteln eine Rolle spielen werden, sind

§ 146 Substitutive Krankenversicherung,
§ 149 Prämienzuschlag in der substitutiven Krankenversicherung,
§ 150 Gutschrift zur Alterungsrückstellung; Direktgutschrift,
§ 151 Überschussbeteiligung der Versicherten,
§ 155 Prämienänderungen,
§ 157 Treuhänder in der Krankenversicherung.

Das VAG bezieht sich im Wesentlichen auf die substitutive Krankenversicherung.

Krankenversicherungsaufsichtsverordnung (KVAV)
Diese war bis Ende 2015 auf zwei Verordnungen aufgeteilt, die Kalkulationsverordnung und die Überschussverordnung. Sie trat 2016 im Rahmen der Neufassung des VAG in Kraft. Sie besteht aus

Kapitel 1: Methoden zur Berechnung der Prämien und Rückstellungen (§§ 1–11),
Kapitel 2: Tarifwechsel (§§ 12–14),
Kapitel 3: Prämienanpassung (§§ 15–17),
Kapitel 4: Alterungsrückstellung (§§ 18–22),
Kapitel 5: Mitteilungspflichten und Ordnungwidrigkeiten (§§ 23–24),
Kapitel 6: Schlussvorschriften (§§ 25–28),
Zwei Anlagen, welche konkrete Berechnungsformeln enthalten.

Die KVAV ist die wichtigste Quelle für detaillierte Kalkulationsvorgaben der PKV. Wir werden viele der darin enthaltenen Paragrafen und Formeln mathematisch aufarbeiten.

Versicherungsvertragsgesetz (VVG)
Hier findet man die Krankenversicherung in §§ 192–208. Einige Passagen werden in den Kap. 7 und 8 zur Prämienänderung eine Rolle spielen.

Verordnung über die Rechnungslegung von Versicherungsunternehmen (RechVersV)
Die Rechnungslegung von Versicherungsunternehmen unterscheidet sich in vielen Punkten von der anderer Unternehmungen. In dieser Verordnung werden diese Spezifika festgehalten. Insbesondere werden Aufbau und Inhalt von Bilanz sowie Gewinn- und Verlustrechnung dargestellt. Wir kommen in Kap. 11 darauf zurück.

Literatur

1. Milbrodt, H., Röhrs, V.: Getrennt finanzieren, vereint gestalten: Zur Geschichte der dualen Krankenversicherung in Deutschland. Vortrag Universität Rostock (2012)
2. Preusker, U.: Das deutsche Gesundheitssystem verstehen: Strukturen und Funktionen im Wandel (Gesundheitsmarkt in der Praxis). medhochzwei, Heidelberg (2015)
3. Rudolph, J.: Von der Alterungsrückstellung bis zum Basistarif. Verlag Versicherungswirtschaft, Karlsruhe (2009)
4. Verband der Privaten Krankenversicherung: Zahlenbericht der Privaten Krankenversicherung 2014 (2014)

2 Krankenversicherung als Risiko

Bevor wir uns mit der Kalkulation im Detail beschäftigen, soll die Krankenversicherung ganz allgemein aus risikotheoretischer Sicht betrachtet werden. Dazu müssen zunächst die Begriffe Versicherungsfall und Erstattung konkretisiert werden. Die zentrale Idee des Versicherungsgedankens, der Ausgleich im Kollektiv, wird im Anschluss quantitativ behandelt. Die theoretischen Voraussetzungen dieses Ausgleichs müssen für die Praxis in handhabbare Kriterien verwandelt werden, was schließlich zu den Risiko- und Tarifmerkmalen führt.

2.1 Versicherungsfall und Erstattungsbetrag

In Abschn. 1.2.2 wurde bereits erwähnt, dass die Versicherungsunternehmen bei der Ausgestaltung ihrer Tarife im Wesentlichen freie Hand haben. Neben den gesetzlichen Rahmenbedingungen (VAG, KVAV u. ä.) haben sich die PKV-Unternehmen darauf geeinigt, in ihre Allgemeinen Versicherungsbedingungen (AVB) neben den individuellen Vertrags- und Tarifbedingungen auch übergreifende Grundbedingungen aufzunehmen, die für alle Unternehmen gleich sind. Dies sind die **Musterbedingungen**[1]. Sie decken alle Tarife der PKV ab und existieren unter anderem in folgenden Ausführungen:

- MB/KK 2009: Krankheitskosten- und Krankenhaustagegeldversicherung,
- MB/KT 2009: Krankentagegeldversicherung,
- MB/PSKV 2009: Private Studentische Krankenversicherung,
- AVB/BT 2009: Basistarif,

[1] Ursprünglich stammen diese noch aus der Zeit, als die PKV nicht im VVG als eigenständige Sparte enthalten war und daher auf anderer Ebene verbindliche Regelungen festgelegt werden mussten. Mit der Deregulierung 1994 ist die PKV ins VVG aufgenommen worden, aber die Musterbedingungen werden weiterhin allgemein akzeptiert.

T. Becker, *Mathematik der privaten Krankenversicherung*,
Studienbücher Wirtschaftsmathematik, https://doi.org/10.1007/978-3-658-16666-3_2

- AVB/NLT 2013: Notlagentarif,
- MB/ST 2009: Standardtarif.

Die Musterbedingungen legen z. B. den allgemeinen Umfang des Versicherungsschutzes und die Pflichten des Versicherungsnehmers fest. Beispielhaft sollen die MB/KK betrachtet werden. Der Versicherungsfall ist wie folgt definiert:

§ 1 (2) MB/KK

Versicherungsfall ist die medizinisch notwendige Heilbehandlung einer versicherten Person wegen Krankheit oder Unfallfolgen. Der Versicherungsfall beginnt mit der Heilbehandlung; er endet, wenn nach medizinischem Befund Behandlungsbedürftigkeit nicht mehr besteht. Muss die Heilbehandlung auf eine Krankheit oder Unfallfolge ausgedehnt werden, die mit der bisher behandelten nicht ursächlich zusammenhängt, so entsteht insoweit ein neuer Versicherungsfall. Als Versicherungsfall gelten auch

(a) Untersuchung und medizinisch notwendige Behandlung wegen Schwangerschaft und die Entbindung,
(b) ambulante Untersuchungen zur Früherkennung von Krankheiten nach gesetzlich eingeführten Programmen (gezielte Vorsorgeuntersuchungen),
(c) Tod, soweit hierfür Leistungen vereinbart sind.

Für jeden Versicherungsfall wird dem Versicherungsnehmer eine Rechnung ausgestellt. Die Versicherungsleistung besteht dann in der Erstattung dieser Rechnung.

§ 1 (1) MB/KK

[. . .] Im Versicherungsfall erbringt der Versicherer

(a) in der Krankheitskostenversicherung Ersatz von Aufwendungen für Heilbehandlung und sonst vereinbarte Leistungen, [. . .]

Unter Umständen kann der Erstattungsbetrag auch niedriger als der Rechnungsbetrag ausfallen. Neben vertraglich vereinbarten Selbstbehalten (die sich oft auf die Summe aller Rechnungen eines Jahres beziehen) und sog. Wartezeiten, die bewirken, dass gewisse Leistungen erst erstattet werden, wenn sie nach Ablauf einer Frist erbracht werden (z. B. Kuren oder Zahnersatz), gilt z. B. auch

§ 5 (2) MB/KK

[. . .] Übersteigt eine Heilbehandlung oder sonstige Maßnahme, für die Leistungen vereinbart sind, das medizinisch notwendige Maß, so kann der Versicherer seine Leistungen auf einen angemessenen Betrag herabsetzen.

Der Erstattungsbetrag kann also kleiner oder gleich dem Rechnungsbetrag sein. Üblicherweise werden die einzelnen Erstattungsbeträge, die innerhalb eines Jahres für einen

Versicherungsnehmer anfallen, addiert zum Jahresgesamtbetrag. Wir werden diesen im Folgenden als zufällige Größe betrachten, womit die Werkzeuge der Wahrscheinlichkeitstheorie zur Verfügung stehen.

2.2 Risikotheorie der Krankenversicherung

Man kann die Krankenversicherung aus risikotheoretischer Sicht zwischen der Personen- und der Schadenversicherung ansiedeln. Mit der Personenversicherung hat sie die langlaufenden (i. Allg. sogar lebenslänglichen) Vertragsdauern gemein, welche Zins- und Überschusseffekte, Aufbau einer Rückstellung und ein vergleichsweise komplexes Kapitalanlagemanagement implizieren. Was Anzahl, Zeitpunkt und Höhe der Schäden angeht ist sie aber mit dem Modell einer klassischen Schadenversicherung vergleichbar.

Grundlage der allgemeinen Risikotheorie ist der einzelne Schaden. Dieser macht sich für das Krankenversicherungsunternehmen durch Zahlung des Erstattungsbetrages bemerkbar. Ob, wann, wie oft und in welcher Höhe eine solche Erstattung zu leisten ist, ist zufällig. Allerdings existieren ausreichende Datensätze, die sich statistisch auswerten lassen und damit die Basis der Kalkulation bilden, wie in den nachfolgenden Kapiteln dargestellt wird. Wir werden statt von Erstattungen auch oft – wie es in der Risikotheorie üblich ist – von Schäden sprechen, die der Versicherer zu tragen hat.

Üblicherweise werden Schäden immer auf Jahresebene betrachtet, wobei das Kalenderjahr zugrunde gelegt werden soll. Für eine konkrete versicherte Person i und ein gegebenes zukünftiges Jahr ist der Jahresschaden S_i, also die Summe aller einzelnen Schäden von i innerhalb des betrachteten Jahres, eine Zufallsvariable. Risikotheoretische Betrachtungen und Kalkulationen basieren auf der Kenntnis der Verteilung der S_i, statistische Auswertungen auf bereits realisierten Werten der Vergangenheit.

Homogenes Kollektiv

Versicherung basiert prinzipiell auf Ausgleichsprozessen. Der Jahresschaden einer einzelnen Person kann Null oder nur sehr gering sein, er kann in seltenen Fällen aber auch einen sehr hohen Wert annehmen. Für die einzelne Person ist dies ein kaum abschätzbarer Unsicherheitsfaktor, denn er kann im schlimmsten Fall zum finanziellen Ruin führen bzw. dazu, die erforderlichen Maßnahmen nicht bezahlen und damit auch nicht erhalten zu können.

Betrachtet man eine Gruppe mehrerer versicherter Personen (in der Versicherungstechnik **Kollektiv** genannt), so wird diese mögliche aber vergleichsweise seltene hohe Belastung mit den häufiger vorkommenden niedrigeren Belastungen kombiniert und auf das gesamte Kollektiv umverteilt. Daraus resultiert dann ein sehr viel geringeres Risiko für die einzelne Person und damit auch eine erträgliche Prämie pro Person im Kollektiv. Das ist der **Ausgleich im Kollektiv**.

Eine Möglichkeit, diese Prämie zu realisieren, wäre etwa, am Jahresende die entstandenen Kosten zu ermitteln und auf alle Teilnehmer des Kollektivs nach einem festgelegten Schlüssel zu verteilen. Dieses Verfahren hat aber offensichtliche Nachteile:

- Am Jahresende sind nicht immer alle angefallenen Kosten wirklich bekannt, da Abrechnungen von Leistungen recht komplex sein können. Zudem führt eine Überprüfung der Rechtmäßigkeit der entstandenen Kosten sowie der Ansprüche auf Ausgleich durch die Versicherung evtl. zu weiteren Verzögerungen.
- Die Leistungserbringer (Ärzte, Krankenhäuser usw.) ihrerseits erwarten eine zügige Begleichung der Kosten, so dass aufgrund des vorigen Punktes der Versicherungsnehmer in eine unter Umständen lange währende Vorleistung treten muss, was für die meisten finanziell kaum zu leisten ist.
- Es besteht die Gefahr, dass Leistungsempfänger nicht mehr aufkommen für ihren Anteil an den Kosten, etwa weil sie vorher versterben oder aus anderen Gründen ausscheiden. Selbst wenn eine vertragliche Pflicht auf nachträgliche Beitragsleistung bestünde, würde ein erheblicher Aufwand in der Verfolgung säumiger ausgeschiedener Zahler entstehen. Hier würde auch die oben angesprochene Abgrenzungsproblematik auftreten: Wer ist wann für welche Kosten beitragspflichtig? Was passiert bei Personen, die bereits lange ausgeschieden sind, bevor die endgültigen Werte bekannt sind?

Sinnvoller ist somit eine vorgelagerte Prämienzahlung: Die Versicherungsnehmer entrichten ihre Prämien zu Beginn des Jahres, in dem die Erstattungen zu leisten sind bzw. dem Grunde nach anfallen. Da diese dann noch nicht bekannt sind, müssen wir mit den Zufallsvariablen S_i der Jahresschäden und deren Eigenschaften arbeiten, um eine sinnvolle Prämie und weitere damit verbundene Größen zu bestimmen.

Zunächst stellt sich in dieser Situation die Frage, unter welchen Voraussetzungen der kollektive Ausgleich funktioniert und wie man ihn quantitativ beschreiben kann. Betrachten wir ein Kollektiv von L Personen, so dass jeder Person $i = 1, \ldots, L$ die Zufallsvariable S_i des Jahresschadens zugeordnet ist. Der **Gesamtschaden des Kollektivs** in dem Jahr lautet dann

$$S := \sum_{i=1}^{L} S_i .$$

Eine einfache, risikotheoretisch sinnvolle Prämie pro Person ist der erwartete Schaden $P_i := \mathrm{E}[S_i]$. Für das ganze Kollektiv ist die somit eingenommene Prämie

$$P := \sum_{i=1}^{L} P_i = \sum_{i=1}^{L} \mathrm{E}[S_i] = \mathrm{E}\left[\sum_{i=1}^{L} S_i \right] = \mathrm{E}[S]$$

gleich dem erwarteten Wert des kollektiven Gesamtschadens. Da der tatsächlich entstehende Schaden S unbekannt ist, muss mit einer Abweichung von P gerechnet werden, die entweder zu einem Überschuss führt oder aber zu einer Unterfinanzierung, die das Unternehmen tragen muss, falls es keine anderweitigen Vorkehrungen getroffen hat[2]. Eine einfache Möglichkeit, diese Abweichung zu quantifizieren, ist der **Variationskoeffizient** des Gesamtschadens

$$\mathrm{vk}[S] := \frac{\sqrt{\mathrm{Var}[S]}}{\mathrm{E}[S]},$$

also eine normierte Standardabweichung. Eine erste wichtige Annahme bei der weiteren Berechnung von $\mathrm{vk}[S]$ lautet, dass die Jahresschäden der Personen voneinander stochastisch unabhängig sind. Eine Abhängigkeit würde etwa vorliegen, wenn Krankheitskosten mehrerer Personen durch ein einziges Ereignis ausgelöst würden, z. B. eine Epidemie. Die Unabhängigkeit ist tatsächlich sehr schwer nachzuprüfen, zu groß ist die Anzahl möglicher Einflussgrößen auf den Jahresschaden einer einzelnen Person. Wenn aber keine außergewöhnlichen Anlässe gegeben sind, kann praktisch von einer höchstens geringen Abhängigkeit ausgegangen werden, was in den Berechnungen wie eine Unabhängigkeit gewertet wird. Diese ist wichtig, denn für unabhängige Zufallsvariablen ist die Varianz additiv, d. h. die Varianz der Summe ist gleich der Summe der Varianzen[3]:

$$\mathrm{Var}[S] = \mathrm{Var}\left[\sum_{i=1}^{L} S_i\right] = \sum_{i=1}^{L} \mathrm{Var}[S_i].$$

Es zeigt sich nun, dass die weiteren Annahmen

$$\mathrm{E}[S_i] =: \mu \qquad \text{und} \qquad \mathrm{Var}[S_i] =: \sigma^2 \qquad \text{für alle } i = 1, \ldots, L \tag{2.1}$$

personenunabhängiger Erwartungswerte und Varianzen des Jahresschadens der Versicherten hilfreich sind, denn daraus und aus der Unabhängigkeit ergibt sich

$$\mathrm{E}[S] = L \cdot \mu \qquad \text{und} \qquad \mathrm{Var}[S] = \sum_{i=1}^{L} \sigma^2 = L \cdot \sigma^2$$

und daher

$$\mathrm{vk}[S] = \frac{\sqrt{L} \cdot \sigma}{L \cdot \mu} = \frac{1}{\sqrt{L}} \cdot \mathrm{vk}[S_1], \tag{2.2}$$

so dass der Variationskoeffizient mit steigender Kollektivgröße abnimmt.

Die Abweichung

$$S - P = \sum_{i=1}^{L} S_i - L \cdot \mu = L \cdot \left(\frac{1}{L} \cdot \sum_{i=1}^{L} S_i - \mu\right)$$

[2] Z. B. die in Kap. 3 zu besprechenden Sicherheitszuschläge.

[3] Das ist die Gleichung von Bienaymé.

beschreibt, inwieweit die kollektive Prämie $P = L \cdot \mu$ den entstandenen Schaden finanziert. Da dieser Punkt erhebliche Bedeutung hat, wollen wir diese Abweichung nun noch etwas konkreter beschreiben.

Über den Ausdruck $|\frac{1}{L} \cdot \sum_{i=1}^{L} S_i - \mathrm{E}[S_1]|$ macht das **Gesetz der großen Zahlen** in seinen vielfältigen Versionen Aussagen. Es besagt im Wesentlichen, dass dieser Ausdruck (eine Zufallsvariable) auf gewisse Art gegen Null konvergiert, wenn L gegen unendlich wächst (siehe Anhang). Somit wird es immer sicherer, dass die Prämie P für die Schäden ausreichen wird, wenn L wächst[4]. Der Ausgleich im Kollektiv basiert in diesem Sinne also auf dem Gesetz der großen Zahlen.

Eine quantitativere Abschätzung der Abweichung des tatsächlichen kollektiven Gesamtschadens von dem erwarteten gelingt auf Grundlage der Tschebyscheff'schen Ungleichung[5]. Sie lautet für eine Zufallsvariable X mit endlicher Varianz und $t > 0$

$$\mathrm{P}[|X - \mathrm{E}[X]| < t] \geq 1 - \frac{\mathrm{Var}[X]}{t^2}$$

oder gleichbedeutend

$$\mathrm{P}[\mathrm{E}[X] - t < X < \mathrm{E}[X] + t] \geq 1 - \frac{\mathrm{Var}[X]}{t^2}.$$

Setzt man $X = S$ und $t = r \cdot \mathrm{E}[S]$, dann folgt

$$\mathrm{P}[(1-r) \cdot \mathrm{E}[S] < S < (1+r) \cdot \mathrm{E}[S]] \geq 1 - \frac{\mathrm{Var}[S]}{r^2 \cdot \mathrm{E}[S]^2} \overset{(2.2)}{=} 1 - \frac{1}{L} \cdot \frac{\mathrm{vk}[S_1]^2}{r^2}.$$

Diese Ungleichung besagt, dass die Wahrscheinlichkeit einer Schwankung von S um den Erwartungswert von höchstens $100 \cdot r\,\%$ umso näher bei eins liegt, je größer L ist. Dies ist die mathematische Formulierung des Ausgleichs im Kollektiv.

Die wesentlichen Bedingungen aus (2.1) sind erfüllt, wenn man annimmt, dass alle S_i die gleiche Verteilung haben. Gilt dies sowie die Unabhängigkeit der S_i für alle Personen i im betrachteten Kollektiv, dann spricht man von einem **homogenen** Kollektiv. Für weitere Einzelheiten siehe [1].

Konkrete Verteilung der Schäden

In der Praxis spielt die genaue Verteilung der S_i keine vorherrschende Rolle. Daher sollen hier nur wenige Worte gesagt werden. Bei S_i handelt es sich um eine Zufallsvariable mit einer sog. Mischverteilung, d. h. die Verteilungsfunktion F_{S_i} von S_i lässt sich schreiben als Summe $F_{S_i} = q \cdot F_1 + (1-q) \cdot F_2$ zweier anderer Verteilungsfunktionen F_1 und F_2.

4 Da nur der Betrag der Abweichung betrachtet wird, kann es auch bei großem L trotzdem zu Verlusten kommen. Daher sind die erwähnten Sicherheitszuschläge auf die Prämie unausweichlich.

5 Diese ist die Beweisgrundlage zumindest des schwachen Gesetzes der großen Zahlen. Siehe auch Aufgabe 2.1.

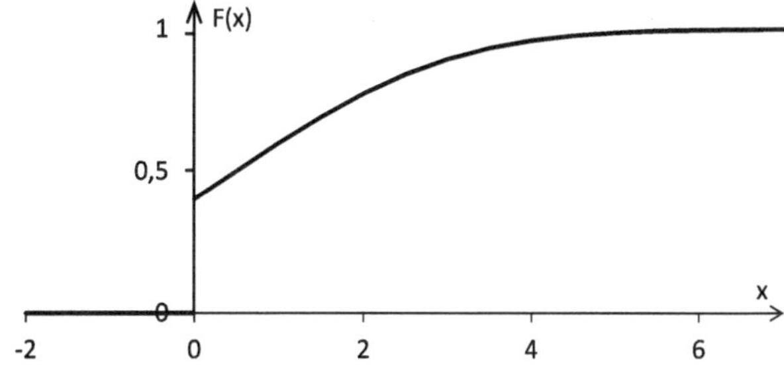

Abb. 2.1 Verlauf der Verteilungsfunktion des Erstattungsbetrages mit positiver Wahrscheinlichkeit für Schadenfreiheit

Dabei ist

$$F_1(t) = \begin{cases} 0, & \text{falls } t < 0 \\ 1, & \text{falls } t \geq 0 \end{cases}$$

die sog. Einpunkt-Verteilung in $t = 0$. Mit $q = \mathrm{P}[S_i = 0]$ wird durch den Summanden $q \cdot F_1$ die Schadenfreiheit beschrieben, also das Ereignis, dass keine Erstattungsbeträge zu zahlen sind. Die Funktion F_2 ist die Verteilung der Zufallsvariablen S_i unter der Bedingung $S_i > 0$. Das Ereignis $\{S_i > 0\}$ tritt entsprechend mit der Wahrscheinlichkeit $1 - q$ ein. Die Verteilungsfunktion hat dann eine Form wie in Abb. 2.1 angedeutet. Der Sprung im Nullpunkt hat genau die Höhe $\mathrm{P}[S_i = 0]$.

Hat S_i eine solche Gestalt, dann gilt[6]

$$\mathrm{E}[S_i] = (1 - q) \cdot \mathrm{E}[S_i \mid S_i > 0] = (1 - q) \cdot \int_0^\infty (1 - F_2(t))\,\mathrm{d}t. \tag{2.3}$$

Datenanalysen zeigen, dass die Verteilungsfunktion F_2 häufig durch eine Gammaverteilung oder eine logarithmische Normalverteilung angenähert werden kann. Siehe auch Aufgabe 3.2.

2.3 Risiko- und Tarifmerkmale

Für die Praxis ist es wichtig zu wissen, wie man die oben angesprochene Gleichheit der Verteilungen der Jahresschäden zweier Personen feststellen kann, vor allem, wenn es nicht ausreichend viele konkrete Daten für die betreffenden Personen gibt (wie es bei Neuabschlüssen der Fall ist). Gelöst wird dieses Problem durch Angabe sog. **Risikomerkmale**. Dazu wird eine Reihe von objektiv feststellbaren, meist quantitativen Größen ausgewählt, die erfahrungsgemäß den Jahresschaden S_i signifikant beeinflussen und damit

[6] Für das Integral und bedingte Erwartungswerte siehe den Anhang.

auch charakterisieren. Ist diese Auswahl getroffen, müssen die Ausprägungen der Merkmale festgelegt werden (beide Fragen sind nicht zu unterschätzende statistische Probleme; die Auswahl der Merkmale und Ausprägungen kann sich im Laufe der Zeit auch ändern). Die Zufallsvariablen S_i und S_j zweier Personen i und j werden als gleichverteilt angesehen, wenn sie in sämtlichen Risikomerkmalen die gleichen Ausprägungen haben.

Nun wird nicht jedes Risikomerkmal bzw. jede mögliche Ausprägung für die tarifliche Einordnung verwendet. So ist es z. B. durchaus plausibel, dass S_i abhängig davon ist, ob die Person in einer Großstadt wohnt oder auf dem Land, aber dieses geografische Merkmal wird nicht verwendet (entweder, da es nicht objektiv genug ist oder die Auswirkung auf S_i nicht genau genug quantifiziert werden kann; aber auch Strategie- oder Wettbewerbsgründe könnten eine Rolle spielen). Ein anderes Beispiel ist die Abhängigkeit vom Lebensalter, das meist gegeben ist durch eine natürliche Zahl, aber aus unterschiedlichen Gründen werden manchmal Altersgruppen statt diskrete Alter als Merkmalsausprägungen gebildet. Die Merkmale (und deren Ausprägungen), die letztendlich für die Tarifierung verwendet werden, nennt man **Tarifmerkmale**. Neben der Verwendung als Tarifmerkmal werden einige Risikomerkmale indirekt auch bei der Herleitung der Rechnungsgrundlagen verwendet.

Im Folgenden sind wesentliche Risikomerkmale und mögliche Ausprägungen aufgelistet. Die Begriffe und Abgrenzungen sind aber nicht immer einheitlich in der Praxis. Die meisten werden im folgenden Kapitel über Rechnungsgrundlagen detaillierter besprochen.

- **Versicherte Leistungen**
  Diese werden durch den Versicherungsvertrag definiert. Das Krankenversicherungsunternehmen bietet ausgearbeitete Vertragsgerüste an, in denen die Leistungen und die (maximale) Höhe der Erstattungsbeträge sowie weitere Voraussetzungen für die Erstattung festgelegt werden. Auch ein möglicher Selbstbehalt wird angegeben. Wir verwenden im Zusammenhang mit diesem Tarifmerkmal die folgenden Begriffe:
  - **Leistungsbereich**: Es werden die Bereiche ambulant, stationär, Zahnbehandlung, Zahnersatz, Krankentagegeld und Krankenhaustagegeld unterschieden. Für uns entscheidend sind dabei die Unterschiede dieser Bereiche bez. der Erwartungswerte $\mathrm{E}[S_i]$. In jedem Leistungsbereich kann man wiederum weitere Unterscheidungsmerkmale wie z. B. Selbstbehalte oder betrachtete Personengruppe angeben. In dieser Form sind die Leistungsbereiche bzw. Kombinationen davon die eigentlichen Ausprägungen des Merkmals Versicherte Leistungen.
    In späteren Kapiteln werden wir oft Beispiele auf Grundlage eines konkreten (vereinfachten) Leistungsbereiches berechnen. Gerade bei privaten Zusatzversicherung kann ein einzelner Versicherungsvertrag aus nur einem solchen Leistungsbereich bestehen.
  - **Tarif**: Ein Tarif zeichnet sich aus durch eine Zusammenstellung von sog. **Tarifbausteinen** (man stellt sich dabei am einfachsten die o. g. Leistungsbereiche vor) und pro Baustein durch Angabe der konkreten Leistungen, die abgedeckt sind. So bestehen substitutive Krankenversicherungstarife auf jeden Fall aus gewissen Grund-

bausteinen wie ambulante und stationäre Leistungen. Der Begriff Tarif kommt an vielen unterschiedlichen Stellen vor (in technischen Berechnungsgrundlagen, Gesetzen und Verordnungen), ist aber nicht allgemein einheitlich definiert.
  - **Tarifstufe**: In einem gegebenen Tarif müssen noch weitere Parameter festgelegt werden, etwa Höchstsätze für die Erstattungen, Wartezeiten, Selbstbehalte, Rabatte, Gruppentarifierung und Ähnliches. In den Tarifstufen des Tarifs sind diese mit vorgegebenen Werten belegt.
  - **Beobachtungseinheit**: Für gewisse Zwecke werden ähnliche Tarifstufen bzw. Tarife zusammengefasst zu temporären Beobachtungseinheiten, wobei die Ähnlichkeiten je nach Zweck der Zusammenfassung festgelegt werden. Es gibt daher keine einheitliche Definition dieses Begriffes. Wir verwenden ihn z. B. in Abschn. 5.9 in einem sehr weit gefassten Sinn, in den Abschn. 8.2 und 8.3 in engerem Sinne. In Bezug auf das Untersuchungsobjekt ist bei der Bildung von Beobachtungseinheiten auf vergleichbare Risikoaspekte zu achten. Dies bedingt bei Tarifen aus der Zeit vor der Unisexanpassung fast immer mindestens eine Unterscheidung nach dem Geschlecht.

- **Alter**
  Das Alter der versicherten Person ist meist die natürliche Zahl

$$\text{aktuelles Kalenderjahr} - \text{Geburtsjahr},$$

  auch versicherungstechnisches Alter genannt. Eine andere mögliche Ausprägung definiert sog. Altersgruppen des versicherungstechnischen Alters, etwa $\{26,\ldots,30\}$, $\{31,\ldots 35\},\ldots$ Die Signifikanz des Alters bei Bestimmung des Erwartungswertes der Schäden ist hinreichend belegt.
- **Geschlecht**
  Auch das Geschlecht ist ein signifikantes Merkmal. In einem Urteil des EuGH wurde die Verwendung des Geschlechts als Tarifmerkmal für alle Neuverträge untersagt; dies wurde in Deutschland zum 21.12.2012 umgesetzt. Trotzdem werden intern alle vom Geschlecht abhängigen Größen auch weiterhin getrennt bestimmt. Wir gehen hierauf besonders in Kap. 10 ein. Für die anderen Kapitel ist eine Unterscheidung des Geschlechts nicht notwendig, da alle Formeln geschlechstunabhängig sind, nur die verwendeten Parameter und Zahlenwerte der Rechnungsgrundlagen sind davon abhängig.
- **Bisherige Versicherungsdauer**
  Bei der Herleitung der Kopfschäden und Stornowahrscheinlichkeiten wird die bisherige Versicherungsdauer ein wichtiges Unterscheidungsmerkmal sein.
- **Vorerkrankungen und Krankengeschichte**
  Der erwartete Schaden ist abhängig von Vorerkrankungen des Versicherungsnehmers und auch der Krankengeschichte seiner näheren Familienangehörigen. Ist bei Vertragsabschluss z. B. bekannt, dass es in der Familie verstärkt zu Herz-Kreislauferkrankungen gekommen ist oder gar der Antragsteller bereits Erkrankungen dieser Art hat, so wird diesem Umstand Rechnung getragen durch sog. **Risikozuschläge**, welche die Grund-

prämie weiter erhöhen. Die Ausprägungen dieses Merkmals sind Prozentzahlen (aber auch Absolutbeträge sind möglich). Die Zuordnung von Vorerkrankungen zu diesen Prozentzahlen ist Teil der Verwaltungstätigkeiten vor einem Vertragsabschluss.
Unter Umständen führt eine Vorerkrankung auch zu einem vollständigen Ausschluss gewisser Leistungen oder sogar zu einer Ablehnung des Antrags auf Versicherung bei dem Versicherungsunternehmen.

- **Beruf**
  Auch der ausgeübte Beruf spielt eine wichtige Rolle, was plausibel ist, wenn man an die unterschiedlichen Krankheitsbilder verschiedener Berufsgruppen denkt. So werden Büroangestellte häufiger an Rückenkrankheiten leiden, während viele Fliesenleger schon frühzeitig Probleme mit den Knien haben. Wie bei den Vorerkrankungen wird dieses Merkmal durch einen Risikozuschlag berücksichtigt.

Ein vereinfachtes Beispiel für die Risikomerkmale eines Versicherungsvertrages bzw. der versicherten Person[7]:

- **Versicherte Leistungen** nach Tarif *ABC-plus, Tarifstufe II*: Erstattungsfähige Aufwendungen sind
  - Ambulante Heilbehandlungen einschließlich Vorsorgeuntersuchungen wie ärztliche Leistungen bis zu den Höchstregelsätzen der GOÄ, Arzneien und Verbandmittel, Heilmittel;
  - stationäre Heilbehandlungen wie allgemeine Krankenhausleistungen, belegärztliche Leistungen bis zu den Höchstregelsätzen der GOÄ, Zweibettzimmer, notwendige Transporte zum und vom Krankenhaus bis zu einer Entfernung von 50 km;
  - Zahnprophylaxe und Zahnbehandlung (außer Kronen) bis zu den Höchstregelsätzen der GOZ;
  - Zahnersatz und Zahnkronen (ab Zahn 3 ohne Verblendung) bis zu den Höchstregelsätzen der GOZ.

  Umfang der Leistungen:
  - Heilmittel zu 80 %,
  - Zahnersatz und Zahnkronen zu 50 %,
  - alles andere zu 100 %;
  - die Leistungen für Zahnersatz und Zahnkronen sind begrenzt auf 400 € im ersten Versicherungsjahr, auf 1200 € im zweiten Versicherungsjahr und auf 4000 € ab dem dritten Versicherungsjahr. Bei unfallbedingtem Zahnersatz entfallen die genannten jährlichen Begrenzungen.

  Die nach den obigen Ausführungen anfallenden für das Kalenderjahr summierten Beträge werden nach Abzug der Selbstbeteiligung erstattet. Diese beträgt für Männer 650 €, für Frauen 550 €.
- **Geschlecht** weiblich, **Alter** 45, **Versicherungsdauer** 12 Jahre.

[7] Der dargestellte Leistungsumfang ist hypothetisch aber realitätsnah.

- Vorerkrankungen: Chronisches Asthma und Neurodermitis. Beides zusammen führt zu einem **Risikozuschlag** von 35 %. Kein weiterer Risikozuschlag aufgrund der Berufsgruppe.

2.4 Aufgaben

A. 2.1 (DAV 2003/1)

(a) Sei X eine reellwertige Zufallsvariable über einem Wahrscheinlichkeitsraum (Ω, A, P). Es sei $\varepsilon > 0$. Beweisen Sie die Tschebyscheff'sche Ungleichung:

$$\mathrm{P}[|X - \mathrm{E}[X]| \geq \varepsilon] \leq \frac{\mathrm{Var}[X]}{\varepsilon^2}.$$

(b) Man betrachte ein homogenes Kollektiv von n Versicherten eines Tarifs. Der Aktuar nimmt an, dass der Variationskoeffizient (d. h. das Verhältnis zwischen Standardabweichung und Erwartungswert) der vom einzelnen Versicherten jährlich verursachten Leistungen den Wert 2 nicht überschreitet. Er möchte die Mindestgröße n herleiten, für die die Wahrscheinlichkeit, dass die Jahresgesamtleistung des Kollektivs von ihrem Erwartungswert um mehr als 10 % abweicht, entsprechend der Tschebyscheffschen Ungleichung höchstens 5 % beträgt. Wie sieht seine Herleitung aus? Welche Voraussetzungen macht er dabei?

(c) Welche besondere Bedeutung hat die 10 %-Grenze in der nach Art der Lebensversicherung betriebenen Krankenversicherung?[8]

A. 2.2 (DAV 2005/1)

(a) Man betrachte ein homogenes Kollektiv von 10.000 Versicherten eines Tarifs. Die Unabhängigkeit der Risiken sei gegeben. Der Aktuar möchte eine möglichst gute obere Schranke für die Wahrscheinlichkeit ableiten, dass die Jahresgesamtleistung des Kollektivs von ihrem Erwartungswert um mehr als 10 % abweicht. Der Aktuar nimmt zusätzlich nur an, dass die Leistung pro versicherte Person 500 € jährlich nicht überschreiten kann. Es sind also alle Wahrscheinlichkeitsverteilungen über dem Intervall [0,500] möglich. Zeigen Sie, dass unter diesen Voraussetzungen für die oben beschriebene Wahrscheinlichkeit keine obere Schranke angegeben werden kann, die kleiner als 1 ist.

(b) Bei welchen im Versicherungsvertragsgesetz aufgeführten Krankenversicherungsarten kann die maximale jährliche Versicherungsleistung für jeden Vertrag unmittelbar aus den vertraglichen Vereinbarungen abgeleitet werden?

[8] Diese Frage kann erst nach der Lektüre von Abschn. 8.2 beantwortet werden.

Hinweise zu (a):

- Die Zahlen 10.000 und 500 wurden hier nur beispielhaft gewählt. Die Aussage gilt auch für beliebige andere Zahlen.
- Man muss hier nicht nach komplizierten Wahrscheinlichkeitsverteilungen suchen. Die Aussage gilt sogar dann, wenn zusätzlich angenommen wird, dass die Wahrscheinlichkeitsverteilungen auf nur zwei Werte konzentriert sind und Schadenfreiheit möglich ist.

A. 2.3 (DAV 2006/1)

(a) X sei eine reellwertige Zufallsvariable über einem Wahrscheinlichkeitsraum (Ω, A, P). Es sei $\lambda > 0$. Beweisen Sie die Ungleichung von Cantelli:

$$\mathrm{P}[X < \mathrm{E}[X] - \lambda] \leq \frac{\mathrm{Var}[X]}{\lambda^2 + \mathrm{Var}[X]}.$$

Hinweis: Zeigen Sie zunächst:

$$\mathrm{P}[X < \mathrm{E}[X] - \lambda] \leq \frac{\mathrm{E}[(X - \mathrm{E}[X] - c)^2]}{(\lambda + c)^2} \quad \text{für jedes } c > 0$$

und folgern Sie daraus die Behauptung durch geeignete Wahl von c.

(b) Ein Aktuar betrachtet die Schäden eines Jahres eines homogenen Kollektivs von n 50-jährigen Männern in einer stationären Kostenversicherung. Er geht davon aus, dass die Unabhängigkeit der Risiken gegeben ist und dass der Variationskoeffizient, also das Verhältnis zwischen Standardabweichung und Erwartungswert, durch 2 nach oben begrenzt ist. Er bildet das arithmetische Mittel der Schäden als Schätzer für den Erwartungswert der Schäden. Mit Hilfe der Ungleichung von Cantelli ermittelt er eine obere Schranke $h(n)$ für die Wahrscheinlichkeit, dass der Schätzer um mehr als 10 % unter dem Erwartungswert liegt. Leiten Sie $h(n)$ her.

(c) Die sich aus der gegebenen Kollektivgröße n ergebende Schranke $h(n)$ ist dem Aktuar zu groß. Der Aktuar beobachtet daher die gleichen Personen noch ein weiteres Jahr und verfügt dann über die doppelte Anzahl von Beobachtungen. Er ermittelt nun (ohne weitere Untersuchungen) das arithmetische Mittel aus der verdoppelten Anzahl von Beobachtungen und kommt für diese gemäß (b) zu der niedrigeren Schranke $h(2n)$. Diese Vorgehensweise ist aus drei Gründen nicht korrekt. Stellen Sie kurz diese Gründe dar.

A. 2.4 (DAV Okt. 2007/1)

Man betrachte ein nicht homogenes Kollektiv von n Versicherten. Die jährliche Versicherungsleistung kann pro Person die Grenze von M € nicht überschreiten. Zeigen Sie: Die

Wahrscheinlichkeit, dass die Jahresgesamtleistung S des Kollektivs ihren Erwartungswert um mehr als 10 % überschreitet, hat als untere Schranke

$$\frac{\mathrm{E}[S^2] - (1{,}1 \cdot \mathrm{E}[S])^2}{(n \cdot M)^2}.$$

Tipp: Beginnen Sie mit einer geeigneten Zerlegung des Erwartungswertes von S^2.

Literatur

1. Albrecht, P.: Gesetz der großen Zahlen und Ausgleich im Kollektiv. ZVersWiss 71, S. 501–538 (1982)

Rechnungsgrundlagen 3

In der Versicherungsmathematik werden Berechnungen zumeist auf zwei Ebenen durchgeführt: Entweder auf Ebene des einzelnen Versicherungsvertrages (z. B. für eine Prämie oder Rückstellung) oder auf Ebene eines ganzen Kollektivs von versicherten Risiken (z. B. für die Bestimmung von Überschüssen oder Risikokapital). Auf jeder Ebene spielen bestimmte Parameter eine entscheidende Rolle, wobei die Kollektivparameter auch Verwendung auf der Vertragsebene finden. Werden etwa für einen konkreten Versicherungsschutz Prämie und Rückstellung kalkuliert, so fließen neben vertragseigenen Größen (wie z. B. dem Alter des Versicherungsnehmers, dem gewählten Selbstbehalt usw.) auch allgemeinere Werte ein wie Zins oder Kostenzuschläge. Man nennt diese kollektiven Parameter die Rechnungsgrundlagen. In § 2 Abs. 1 und 2 KVAV werden die für die PKV relevanten benannt:

> **§ 2 KVAV**
>
> *(1) Rechnungsgrundlagen sind:*
>
> 1. *der Rechnungszins,*
> 2. *die Ausscheideordnung,*
> 3. *die Kopfschäden,*
> 4. *der Sicherheitszuschlag,*
> 5. *die sonstigen Zuschläge,*
> 6. *die Übertrittswahrscheinlichkeiten zur Berechnung des Übertragungswertes [...]*
>
> *(2) Weitere Rechnungsgrundlagen sind die Krankheitsdauern und die Leistungstage, die Anzahl der Krankenhaus- und der Pflegetage [...]*

Wie wir sehen werden, basieren viele der Rechnungsgrundlagen auf Zufallsvariablen. Aus diesen muss aber erst ein numerischer Werte abgeleitet werden, der sich für die konkreten Berechnungen verwenden lässt. Der Erwartungswert ist die einfachste dieser Kenn-

T. Becker, *Mathematik der privaten Krankenversicherung*,
Studienbücher Wirtschaftsmathematik, https://doi.org/10.1007/978-3-658-16666-3_3

zahlen. Der Wert der Zufallsvariablen, der sich letztlich (im Verlauf eines betrachteten Jahres) realisiert, wird von diesem aber abweichen. Er kann mit nicht vernachlässigbarer Wahrscheinlichkeit sowohl kleiner als auch größer als der erwartete Wert sein[1]. Für das Versicherungsunternehmen (und damit auch für den Kunden) hat immer eine der beiden Richtungen eine negative Auswirkung. Der Erwartungswert als Rechnungsgrundlage ist damit viel zu unsicher.

§ 2 (3) KVAV

Die Rechnungsgrundlagen sind mit ausreichenden Sicherheiten zu versehen.

Somit müssen also geeignete Zu- oder Abschläge auf den Erwartungswert als Sicherheiten eingebaut werden, um auch ungünstige Entwicklungen jenseits der erwarteten abfangen zu können. Dies kann auf unterschiedliche Weise geschehen. Bei der Herleitung der PKV-Sterbetafel in Abschn. 3.3.1 werden wir exemplarisch einen Quantilansatz kennenlernen.

Dauerhafte (im obigen Sinne negative) Abweichungen der realisierten Werte von den erwarteten können natürlich trotz der eingebauten Sicherheiten problematisch werden, wenn man die Erwartung nicht nachträglich korrigieren kann. Anders als in der Lebensversicherung sind die Rechnungsgrundlagen (und somit die Prämie) eines konkreten Versicherungsvertrages in der PKV nicht unveränderbar festgelegt, sobald dieser in Kraft tritt. Dieses wichtige Recht auf Beitragsanpassung hat entscheidende Konsequenzen und wird detailliert in Kap. 8 besprochen.

In einigen Situationen ist folgende Unterscheidung nötig: Wir nennen Rechnungsgrundlagen wie Kopfschäden oder Sterbewahrscheinlichkeiten

- **rechnungsmäßige** Rechnungsgrundlagen, falls sie für die Tarifierung verwendet werden,
- **beobachtete** oder **tatsächliche** Rechnungsgrundlagen, falls sie direkt aus den Daten der Vergangenheit gebildet wurden.

Die rechnungsmäßigen Rechnungsgrundlagen für die Tarifierung ab einem Jahr t werden i. Allg. aus den beobachteten Rechnungsgrundlagen der Jahre vor t abgeleitet, indem sie mit Sicherheitszuschlägen oder Korrekturen aufgrund besonderer Umstände versehen werden. Dies wird in den folgenden Abschnitten zu Kopfschäden und Sterbetafeln im Detail besprochen.[2]

[1] Siehe auch Abschn. 2.2. Bei Zufallsvariablen mit extrem schiefen Verteilungen kann der Erwartungswert sehr weit vom Median entfernt liegen, so dass hauptsächlich Abweichungen zu einer Seite hin auftreten werden. Solche Verteilungen werden aber hier keine Rolle spielen.

[2] Diese und die meisten der folgenden Themen in diesem Buch sind Inhalt der **technischen Berechnungsgrundlagen**, welche die Versicherungsunternehmen für all ihre Tarife anlegen müssen. Sie bilden das vollständige unternehmensindividuelle Formelwerk ab. Ein Vorschlag für einen generellen Aufbau dieser technischen Berechnungsgrundlagen wurde in einem Fachgrundsatz der DAV zusammengestellt, siehe [7].

3.1 Rechnungszins

Zur Bestimmung von versicherungsmathematischen Barwerten ist ein Diskontierungsfaktor v nötig, der sich via

$$v := \frac{1}{1+i}$$

aus einem sog. Rechnungszins i ableitet. Der Rechnungszins bzw. der Diskontierungsfaktor wird immer als Wert auf Jahresbasis verwendet (siehe Anhang), unterjährige Verzinsung bzw. Diskontierung wird nicht benötigt. Zudem werden keine vom Zeitpunkt der Zahlungen abhängige Rechnungszinsen für die Diskontierung verwendet. Solche spielen z. B. im Rahmen des internen Risikomanagements (z. B. Solvency II oder Embedded Value) eine Rolle.

§ 4 KVAV

Der Rechnungszins für die Prämienberechnung und die Berechnung der Alterungsrückstellung darf 3,5 Prozent nicht übersteigen.

Hier wird eine **obere** Grenze von 3,5 % für i angegeben. Dies ist sinnvoll, da mit steigendem Rechnungszins die Prämie fällt (dies wird in den Sätzen 5.5 und 5.11 bewiesen). Somit könnte ein nach oben offener Rechnungszins als Wettbewerbsinstrument missbraucht werden, um niedrige Beiträge anzubieten. Das ist insofern gefährlich, da das eingenommene Kapital dauerhaft auch diesen Zinssatz als Rendite erwirtschaften sollte, damit die Prämien für die zugesagten Leistungen ausreichen.

Im Gegensatz zur Lebensversicherung (wo der maximale Rechnungszins seit Jahren fällt und im Jahr 2016 den Wert 1,25 % hat) liegt der Wert bei der PKV schon seit vielen Jahrzehnten konstant bei 3,5 %. Bis vor wenigen Jahren verwendeten auch die meisten Gesellschaften diese Obergrenze als Rechnungsgrundlage[3]. Aufgrund des kritischen Finanzmarkt-Umfeldes in den letzten Jahren wurde ab 2005 von der DAV das sog. **AUZ-Verfahren**[4] entwickelt. Die PKV-Unternehmen sind heute dazu verpflichtet, auf Grundlage dieses Verfahrens jährlich eine Prognose ihrer künftigen Kapitalanlage-Performance zu erstellen (im Wesentlichen wird ein Renditesatz ermittelt, der im übernächsten Jahr mit 90 % Wahrscheinlichkeit erreicht oder überschritten wird). Liegt der so ermittelte AUZ-Wert unter 3,5 %, wird dieser als neuer Höchstrechnungszins des Unternehmens festgelegt. Aufgrund dieses Verfahrens sind einige Gesellschaften mittlerweile dazu gezwungen, mit einem niedrigeren Satz zu kalkulieren (für die Unisex-Tarife ab 2013

[3] Siehe dazu auch die anfängliche Bemerkung zur Beitragsanpassung: Ein Lebensversicherer hat keine Möglichkeit, einen zu hoch angesetzten Zins im Nachhinein zu reduzieren (und gibt somit eine langfristige Zinsgarantie), ein PKV-Unternehmen dagegen schon. Daher wurde lange Zeit keine Notwendigkeit gesehen, dem sinkenden Zinsniveau bei der Tarifierung eine entsprechende Aufmerksamkeit zu schenken.

[4] AUZ = Aktuarieller Unternehmenszins.

sind bereits Werte ab 2,5 % üblich). Details zum AUZ-Verfahren findet der Leser in den zugehörigen DAV-Fachgrundsätzen [6] und [8].

Die in § 2 Abs. 3 KVAV geforderte Sicherheit der Rechnungsgrundlage Zins wird dadurch erreicht, dass man für i einen niedrigeren Wert ansetzt als für die Kapitalanlagerendite des Unternehmens erwartet[5].

3.2 Kopfschäden

Die Kopfschäden gehören zu den wesentlichen Bestandteilen der Kalkulation im PKV-Bereich. Ihre Ermittlung ist in den PKV-Unternehmen mit einigem Aufwand verbunden. Die jährlich stattfindenden Neuberechnungen sind in vielen Fällen der Auslöser von Beitragssteigerungen. Zu unterscheiden ist zwischen

- der Bestimmung der (Grund-)Kopfschäden als Kenngröße zur Überprüfung der Notwendigkeit von Beitragsanpassungen gemäß den Vorschriften des VAG bzw. der KVAV und
- der Festlegung der Kopfschäden als Rechnungsgrundlage für die Tarifierung nach einer Beitragsanpassung bzw. bei Einführung eines neuen Tarifs.

Während die aufsichtsrechtliche Bestimmung nach genauen Vorgaben stattfinden muss, hat das Unternehmen bei den Berechnungen der Kopfschäden zum Zwecke der Tarifierung eine gewisse Freiheit. Im Folgenden beschreiben wir – nach einer Einführung der Begrifflichkeiten – den zweiten Punkt, der erste ist Inhalt von Kap. 8.

3.2.1 Grundkopfschaden und Profil

Erste Details zu den Kopfschäden findet man in § 6 KVAV:

§ 6 (1) KVAV

Kopfschäden sind die im Beobachtungszeitraum auf einen Versicherten entfallenden durchschnittlichen Versicherungsleistungen, die für jeden Tarif in Abhängigkeit vom Alter des Versicherten zu ermitteln sind. Der Beobachtungszeitraum erstreckt sich auf zusammenhängende zwölf Monate [. . .]

Wir wollen diese (juristische) Definition mathematisch aufarbeiten. Dazu sei an den Begriff des Risikomerkmals aus Abschn. 2.3 erinnert, hier speziell die wesentlichen Einflussgrößen der medizinischen Kosten. Ein solches Risikomerkmal sind die versicherten

---

[5] Man vergleiche dies auch mit der Festlegung des Rechnungszinses für die Lebensversicherung in der Deckungsrückstellungsverordnung.

Leistungen. Der in dem zitierten Paragrafen genannte Tarif ist gemäß unserer Begriffsbildung in Abschn. 2.3 nicht einheitlich definiert. Wir verstehen darunter eine kalkulatorische Einheit; dies können Leistungsbereiche bzw. Tarifbausteine sein oder auch eine als Paket angebotene Zusammenstellung gewisser Bausteine (Kompakttarife). Insofern können diese Einheiten durchaus unternehmensindividuell sein. Die Statistiken der BaFin, die die Kopfschäden nach Leistungsbereichen aufteilt und die wir für spätere numerische Beispiele heranziehen, werden im Detail in Abschn. 3.2.3 behandelt.

Wir wählen als grundlegenden Beobachtungszeitraum das Kalenderjahr und betrachten das Versichertenkollektiv des gewählten Tarifs über mehrere Kalenderjahre hinweg. Für ein solches Jahr t sei

$$J(t) := \text{ Menge der im Jahr } t \text{ versicherten Personen,}$$

wobei hier bereits eine Abgrenzungsproblematik auftaucht: Welche Personen zählt man dazu? Müssen diese im Jahr t eine Mindestdauer im Bestand aufweisen, oder bereits ab Jahresbeginn dabei sein? Je nachdem, wie man diese Fragen beantwortet, bieten sich unterschiedliche Definitionen an: Man kann den Bestand genau zu Jahresbeginn zählen, oder den mittleren Bestand als Mittelwert aus Jahresbeginn und -ende berechnen. Wir wollen diese Fragen hier nicht weiter vertiefen.

Für eine Person $i \in J(t)$ mit Geburtsjahr g und Eintrittsjahr in das Kollektiv e sei

$$x_i(t) := \text{ versicherungstechnisches Alter im Jahr } t := t - g$$

(wobei auch andere Definitionen möglich sind) und

$$m_i(t) := \text{ bisherige Versicherungsdauer im Jahr } t := t - e.$$

In der PKV werden die Versicherten in drei Kalkulationsgruppen eingeteilt:

- Kinder, welche Personen mit Alter bis maximal 15 Jahre sind;
- Jugendliche, welche Personen mit Alter bis maximal 20 Jahre und keine Kinder sind;
- Erwachsene, welche alle übrigen Personen sind. Dabei wird ein kalkulatorisches Höchstalter ω eingeführt, das in unseren Ausführungen bei $\omega = 100$ Jahren liegt.

Wir werden uns in diesem Buch im Wesentlichen nur mit der Gruppe der Erwachsenen beschäftigen, Besonderheiten bei Kindern und Jugendlichen werden in den Abschn. 3.2.5 und 5.5 angesprochen[6]. Die betrachteten ganzzahligen Alter stammen also aus dem Altersbereich $A := \{21, \ldots, 100\}$.

In Bezug auf die Schäden, die eine Person aus $J(t)$ im Jahr t verursacht, ist das Kollektiv $J(t)$ noch zu inhomogen (bzw. stimmen nicht alle Risikomerkmale überein). Daher

[6] Trotzdem werden in den Grafiken altersabhängige Größen, sofern möglich bzw. sinnvoll, ab Alter 0 dargestellt.

wird eine weitere Zerlegung (auch Segmentierung genannt) vorgenommen, die sich nach Alter, Geschlecht[7] und Versicherungsdauer richtet. Dahinter steckt – wie bereits in Abschn. 2.3 erwähnt – der Gedanke, dass Versicherungsnehmer eines Leistungsbereiches mit gleichem versicherungstechnischem Alter, gleichem Geschlecht und gleicher Versicherungsdauer auch identische oder zumindest hinreichend ähnliche Risiken darstellen. Die Abhängigkeit von Alter und Geschlecht ist plausibel, die Versicherungsdauer spielt aus zweierlei Gründen eine Rolle:

1. Ein Neukunde muss sich einerseits fast immer einer Gesundheits- und Risikoprüfung unterziehen, was dazu führt, dass ein x-jähriger Neukunde im Mittel ein besser einschätzbares und auch niedrigeres Risiko darstellt als ein x-jähriger Bestandskunde (nachträgliche Risikoprüfungen eines Bestandskunden sind nicht erlaubt). Man nennt dies auch den **Selektionseffekt**. Dieser klingt im Laufe der ersten Versicherungsjahre soweit ab, dass er nicht mehr signifikant ist.
2. Andererseits gibt es bei Neuverträgen oft Wartezeiten für gewisse Leistungen, z. B. werden Kuren erst nach einer bestimmten Versicherungsdauer erstattet. Dies sind die **Wartezeiteffekte**.

In beiden Fällen muss man unterscheiden zwischen Dauern $m \in \{0, \dots, m^* - 1\}$ und $m \geq m^*$ für ein gewisses m^*, das für beide Effekte gleich gewählt wird. Man definiert daher für $x \in A$[8]

$$J_{x,m}(t) := \{i \in J(t) \, : \, x_i(t) = x, \, m_i(t) = m\}$$

und

$$J_x(t) := \bigcup_{m \geq 0} J_{x,m}(t), \qquad J_x^*(t) := \bigcup_{m \geq m^*} J_{x,m}(t).$$

Die Personen aus $J_x^*(t)$ stellen daher den typischen x-jährigen (d. h. er vollendet innerhalb des Jahres t sein x-tes Lebensjahr) Versicherungsnehmer des Bestandes dar, bei dem Selektions- und Wartezeiteffekte keine Rolle mehr spielen.

Neben Alter und Versicherungsdauer sind natürlich noch weitere Faktoren entscheidend für die künftigen Schäden, etwa Vorerkrankungen, Beruf sowie Lebensumstände oder Essgewohnheiten. Einige davon (z. B. Vorerkrankungen oder Beruf) werden durch die Risikozuschläge berücksichtigt. Das bedeutet, dass dem Einfluss dieser Größen nicht

---

[7] In dem zitierten Paragrafen der KVAV ist das Geschlecht aufgrund der Unisex-Tarifierung nicht mehr als Unterscheidungsmerkmal genannt. Allerdings werden die Kopfschäden intern zunächst geschlechtsabhängig ermittelt und anschließend Unisex-Kopfschäden daraus abgeleitet. Näheres dazu in Kap. 10.

[8] Das Alterssymbol x steht in der Versicherungsmathematik immer für Männer, y für Frauen. Wir verwenden – bis auf wenige Ausnahmen – der Einfachheit halber in diesem Buch nur das x, meist ohne dabei auf das Geschlecht anzuspielen, denn alle Formeln sind unabhängig davon.

bei der Modellierung der Schäden, sondern erst am Ende der Prämienkalkulation durch (prozentuale) Zuschläge Rechnung getragen wird. Andere (wie etwa Essgewohnheiten) können nicht berücksichtigt werden, da sie kaum objektiv zu messen und zu bewerten sind.

Für $i \in J(t)$ sei

$$Y_i(t) := \text{ Summe der Erstattungsbeträge für Person } i \text{ im Jahr } t.$$

Der Begriff Erstattungsbetrag wurde in Abschn. 2.1 eingeführt. Ist t ein zukünftiges Jahr, so ist $Y_i(t)$ eine Zufallsvariable (für bereits vergangene Jahre und daher bekannte Schäden notieren wir die Realisierung von $Y_i(t)$ als $y_i(t)$).

Die Annahmen über den ausreichenden Informationsgehalt der verwendeten Risikomerkmale kulminieren also in der identischen Verteilung der Zufallsvariablen $\{Y_i(t) : i \in J_x^*(t)\}$, womit die Bedingungen (2.1) für ein homogenes Kollektiv erfüllt sind. Daneben setzen wir noch für je zwei Personen i, j des Kollektivs die in Abschn. 2.2 geforderte stochastische Unabhängigkeit von $Y_i(t)$ und $Y_j(t)$ für hinreichend viele künftige Jahre t voraus.

Definition 3.1 (Kopfschäden)
Der Kopfschaden *eines x-jährigen Versicherungsnehmers im Kalenderjahr t ist definiert als*

$$K_x(t) := \mathrm{E}[Y_i(t)]$$

für $i \in J_x^*(t)$.

Aufgrund der Voraussetzungen ist die konkrete Person i bei der Angabe des Kopfschadens nicht mehr entscheidend, sondern nur noch ihr Alter und Geschlecht. Man beachte, dass nur solche Versicherungsnehmer betrachtet werden, die die Versicherungsdauer m^* überschritten haben, um so Selektions- und Wartezeiteffekte zu eliminieren und dass es nur um Schäden innerhalb des betrachteten Tarifs geht.

Ein Vergleich dieser Definition mit der aus § 6 Abs. 1 KVAV zeigt auch eine begriffliche Unstimmigkeit des dortigen Textes: Der Begriff *durchschnittlich* wird eigentlich nur im Zusammenhang mit bereits gemessenen Werten verwendet (im Sinne eines arithmetischen Mittels). Für die Zwecke der Kalkulation benötigt man aber eine künftige Leistung, welche nur durch einen *erwarteten* Wert abgebildet werden kann. Im Übrigen werden wir sehen, dass zwischen den Durchschnittswerten der Vergangenheit und den erwarteten Werten der Zukunft noch weitere Unterschiede bestehen.

Die oben eingeführten Kopfschäden hängen sowohl vom Alter als auch dem Kalenderjahr ab. Zur weiteren Modellierung wird nun der **Ansatz von Rusam**[9] betrachtet, wonach

[9] Friedrich Rusam, geb. 1907, im Zweiten Weltkrieg vermisst, führte diese Methode in den 1930er Jahren ein.

sich die von zwei Parametern abhängige Größe $K_x(t)$ als Produkt schreiben lässt, in dem jeder Faktor von genau einem Parameter abhängt:

$$K_x(t) = G(t) \cdot k_x. \tag{3.1}$$

Eine solche Darstellung ist einerseits vom mathematischen Standpunkt sehr vorteilhaft, andererseits spiegelt sie wider, welche unabhängigen Einflüsse den Wert der Kopfschäden bestimmen und diese im Lauf der Zeit verändern. Dies ist zum einen das allgemeine Preisniveau im Gesundheitssystem, das sich relativ schnell ändert (abhängig von t, man spricht von der **medzinischen Inflation**) und für den betrachteten Leistungsbereich durch den Euro-Betrag $G(t)$ repräsentiert wird, zum anderen die relative Abhängigkeit der Schäden nur vom Alter, die im Modell durch von t unabhängige Werte k_x (reelle Zahlen) beschrieben wird.

Man nennt

- $G(t)$ den **Grundkopfschaden** und
- $\{k_x\}_{x \in A}$ das **Kopfschadenprofil**.

Beispiel 3.1 Sind $k_{30} = 0{,}7$ und $k_{60} = 2{,}3$ gegeben, so sind die erwarteten Erstattungskosten für einen 60-jährigen Versicherungsnehmer $2{,}3/0{,}7 \approx 3{,}3$ mal so hoch wie die eines 30-jährigen im selben Tarif. Beträgt der Grundkopfschaden $G(t) = 200\,€$, dann lauten die absoluten Kopfschäden

$$K_{30} = 200 \cdot 0{,}7 = 140\,€, \qquad K_{60} = 200 \cdot 2{,}3 = 460\,€. \qquad \blacktriangle$$

Da k_x eine relative Größe ist, hat man eine Freiheit bei der Wahl eines Normierungsalters, für das $k_{x_0} = 1$ gilt. Meist ist $x_0 = 28, 40$ oder 43. Wir folgen den Veröffentlichungen der BaFin und wählen

$$k_{40} := 1.$$

Somit ist

$$G(t) = K_{40}(t)$$

der Kopfschaden eines 40-jährigen Versicherungsnehmers im Jahr t.

Es soll nochmals erwähnt werden, dass es sich hier um einen modellhaften Ansatz für die Kopfschäden handelt. In der Tat ändert sich die Alterabhängigkeit ebenfalls im Laufe der Zeit, im Gegensatz zum Preisniveau aber nur in einem mittelfristigen Zeitraum. Daher wird in der Praxis der Grundkopfschaden häufiger angepasst als das Profil. Dies drückt sich im Modell in der Unabhängigkeit der k_x von t aus.

Ein weiterer Vorteil dieses multiplikativen Ansatzes ergibt sich daraus, dass Kopfschadenprofile oft über viele Tarifstufen bzw. Tarife hinweg verwendet werden können, da die Unterschiede bezüglich der Altersabhängigkeit oftmals nur gering sind. Dies reduziert den Aufwand bei der Erstellung von Kopfschadenreihen. Der Grundkopfschaden ist dagegen nur auf eine konkrete Tarifstufe zugeschnitten.

Krankentagegeld

Beim Leistungsbereich Krankentagegeld ist die Rechnungsgrundlage nach § 2 Abs. 2 KVAV die Krankheitsdauer bzw. Anzahl der Leistungstage $LT_x(t)$ im Jahr t, an denen das Krankentagegeld für die x-jährige Person fällig wird. Entsprechend ist $G(t)$ dann als die erwartete Anzahl der Leistungstage für einen 40-jährigen Versicherten zu interpretieren. Die Bedeutung der Profile ist dieselbe wie zuvor. Um den erwarteten Erstattungsbetrag zu erhalten, muss $LT_x(t)$ mit dem Tagessatz des Krankentagegelds multipliziert werden. Man spricht bei Krankentagegeld zwar nicht von Kopfschäden, inhaltlich entsprechen die $LT_x(t)$ diesen aber; wir wollen daher die Bezeichnung $K_x(t)$ auch hier verwenden. Ähnliche Überlegungen gelten für das Krankenhaustagegeld.

S-Kosten

Unter S-Kosten werden alle Erstattungsbeträge zusammengefasst, die in Zusammenhang mit Schwangerschaft, Geburt und Mutterschutz stehen. In den Kopfschadenreihen der BaFin (siehe Abschn. 3.2.3) sind diese S-Kosten auf die einzelnen Leistungsbereiche heruntergebrochen. Im Rahmen des Allgemeinen Gleichbehandlungsgesetzes (AGG) wurden sie bereits seit 2009 auf beide Geschlechter (und Alter) umgelegt, so dass Frauen nicht mehr einseitig belastet wurden. Durch Einführung der Unisex-Tarifierung wird ohnehin die Unterscheidung nach dem Geschlecht aufgehoben, so dass eine solche besondere Form der Umlage für die neueren Tarife hinfällig ist.

Kopfschäden künftiger Jahre

Eine letzte aber wichtige Anmerkung betrifft die Abhängigkeit der Kopfschäden vom Kalenderjahr. Für einen im Jahr 2016 30-jährigen Versicherungsnehmer benötigt man für die Berechnung von Barwerten Kopfschäden wie z. B. $K_{60}(2046)$, den Kopfschaden eines 60-Jährigen im Jahr 2046. Es gibt keine sinnvolle Methode, die Kopfschäden so viele Jahrzehnte im Voraus zu schätzen, vor allem wenn man berücksichtigt, wie sich die medizinische Inflation in der Vergangenheit entwickelte. Die folgende Tabelle zeigt einige Grundkopfschäden zwischen 2002 und 2011 für einen ambulanten Leistungsbereich (aufgrund eines neuen Erhebungsverfahrens der BaFin ab 2013 passen aktuellere Zahlen nicht mehr zu dieser Zeitreihe).

2002	2005	2008	2011
976 €	1076 €	1197 €	1282 €

Diese Werte zeigen Anstiege der Grundkopfschäden von über 11 % innerhalb von drei Jahren. Abgesehen davon, dass die konkreten Werte von Jahr zu Jahr durchaus stark schwanken, würde die Einrechnung einer solchen Dynamik in die Kopfschadenreihen zu extremen Steigerungen der aktuellen Prämien führen (siehe Aufgabe 5.7).

Wir nehmen daher an, dass die Zufallsvariablen der Erstattungsbeträge eine vom Kalenderjahr unabhängige Verteilung haben. Daraus folgt insbesondere, **dass die rechnungsmäßigen Kopfschäden in allen künftigen Jahren gleich denen des aktuellen Jahres sind**:

$$K_x(t) \equiv K_x(t_{\text{akt}}) =: K_x \qquad \text{für alle } t \geq t_{\text{akt}}.$$

Dies ist natürlich vollkommen unrealistisch, lässt sich aber mit Hilfe der bereits erwähnten Beitragsanpassungen immer wieder korrigieren. Beim dynamischen Ansatz wird die Steigerung im Laufe der Zeit zumindest im Prinzip vorweggenommen, was zu i. Allg. moderateren Beitragsanpassungen führt.

3.2.2 Selbstbehalte

Selbstbehalte sind eine entscheidende Einflussgröße für Kopfschäden. Hier ist es wichtig, den Erstattungsbetrag (also die jährliche Schadenhöhe des Versicherten, die der Versicherer trägt) vom Rechnungsbetrag (den tatsächlich für den Versicherungsnehmer angefallenen jährlichen Ausgaben) zu unterscheiden (siehe auch Abschn. 2.1). In Tarifen ohne Selbstbehalt kann man beide Größen praktisch als identisch ansehen. Wir bezeichnen den zufälligen Rechnungsbetrag des Versicherungsnehmers i im Jahr t mit $R_i(t)$. Die Verteilungseigenschaften hängen auch bei $R_i(t)$ wieder nur von Alter und Geschlecht des Versicherten und dem Kalenderjahr ab. Das Jahr t wird bis auf eine Ausnahme in der Notation unterdrückt.

Relative Selbstbehalte

Von einem Tarif mit relativem Selbstbehalt der Höhe $q \in (0, 1)$ spricht man, wenn der Erstattungsbetrag des Jahres t für eine versicherte Person $i \in J^*$ die Höhe

$$Y_i^{(q)} := (1 - q) \cdot R_i$$

hat. Man nennt q auch die Quote des Selbstbehalts; sie wird häufig als Prozent-Wert angegeben und besagt, welchen Anteil des Rechnungsbetrages der Versicherungsnehmer selbst zu tragen hat. Der Wert $1-q$ drückt somit aus, welchen Anteil das Krankenversicherungsunternehmen übernimmt.

Man definiert nun für $x_i = x$

$$K_x^{(q)} := \mathrm{E}[Y_i^{(q)}] = (1 - q) \cdot \mathrm{E}[R_i].$$

Unter der Annahme, dass die Zufallsvariable R_i nicht durch das Vorhandensein des Selbstbehaltes beeinflusst wird, gilt für zwei verschiedene Quoten q_1, q_2

$$\frac{K_x^{(q_1)}}{K_x^{(q_2)}} = \frac{1-q_1}{1-q_2},$$

die Kopfschäden verhalten sich also wie die Anteile, die das Krankenversicherungsunternehmen trägt.

Reale Datensätze bestätigen diese Beziehung allerdings nicht, da R_i tatsächlich durch den Selbstbehalt beeinflusst wird: Je höher der Selbstanteil des Versicherten ist – was aus Sicht des Versicherers einem geringeren subjektiven Risiko entspricht – umso seltener wird er medizinische Versorgung in Anspruch nehmen. Daher gilt mit der minimal angebotenen Quote $q_{\min}$ (welche nicht unbedingt Null sein muss)

$$\frac{K_x^{(q)}}{K_x^{(q_{\min})}} = \frac{1-q}{1-q_{\min}} \cdot h(q),$$

mit dem sog. Schadenhäufigkeitsparameter $h(q)$, der i. Allg. kleiner Eins ist.

Für Beihilfetarife ist meist $h(q) = 1$, da unterschiedliche Quoten durch verschiedene Beihilfesätze bedingt sind und für den Versicherungsnehmer dadurch keine Konsequenzen bei der Kostenübernahme entstehen. Ansonsten muss $h(q)$ aus Daten geschätzt werden.

Absolute Selbstbehalte

Die meisten Tarife beinhalten absolute Selbstbehalte. Ist a die Höhe des Selbstbehaltes (in Euro), dann berechnen sich die resultierenden Erstattungsbeträge Y_i^a aus den Rechnungsbeträgen R_i als

$$Y_i^a = \max\{R_i - a, 0\}.$$

Ein absoluter Selbstbehalt der Höhe a bewirkt also, dass der Versicherungsnehmer von der Summe seiner Rechnungsbeträge einen Betrag bis zur Höhe a selbst trägt, während der Versicherer nur den Teil der Jahresschäden größer a übernimmt. Die Kopfschäden unter einem absoluten Selbstbehalt a lauten daher (für $x_i = x$)

$$K_x^a := \mathrm{E}[\max\{R_i - a, 0\}].$$

Ein absoluter Selbstbehalt a reduziert nun nicht einfach die Kopfschäden ohne Selbstbehalt um den Betrag a. Vielmehr hängt es von der Verteilung der Zufallsvariablen R_i ab, wie sich K_x^a zu K_x^0 verhält (siehe dazu auch Aufgabe 3.2). Im Weiteren werden Verteilungen von Rechnungsbeträgen aber keine Rolle spielen.

Im Rahmen der Beitragsanpassung ist das Verhalten der Profile in Abhängigkeit von den absoluten Selbstbehalten wichtig. Unter plausiblen (aber nicht allgemeingültigen) Zusatzannahmen kann man folgende Zusammenhänge ableiten (siehe dazu auch [4]):

(a) *Je höher der Selbstbehalt, um so steiler die Profile*: Ist $b > a$, so gilt für alle $x_1 < x_2$

$$\frac{k_{x_2}^b}{k_{x_1}^b} > \frac{k_{x_2}^a}{k_{x_1}^a}.$$

Insbesondere ist das Profil mit Selbstbehalt steiler als das Profil ohne Selbstbehalt[10].

(b) *Die relative Änderung des Schadenniveaus in Tarifen mit gleichbleibendem Selbstbehalt liegt über der relativen Änderung der Rechnungsbeträge*: Gilt für die erwarteten Rechnungsbeträge der Jahre t und $t+1$

$$\mathrm{E}[R_i(t+1)] = \lambda \cdot \mathrm{E}[R_i(t)]$$

für ein $\lambda > 1$ und alle i, so ist für alle Alter x

$$K_x^a(t+1) \geq \lambda \cdot K_x^a(t).$$

In Selbstbehalt-Tarifen ist also die Steigerungsrate der erwarteten Rechnungsbeträge von der Steigerungsrate der Kopfschäden zu unterscheiden.

(c) *Bei gleichbleibendem Selbstbehalt flachen die Profile mit der Kostensteigerung ab*: Unter der Annahme von Punkt (b) und $x_1 < x_2$ gilt

$$\frac{k_{x_2}^a(t+1)}{k_{x_1}^a(t+1)} < \frac{k_{x_2}^a(t)}{k_{x_1}^a(t)}.$$

Wir wollen Teil (b) noch etwas konkretisieren. Es gilt[11]

$$\begin{aligned}
&K_x^a(t+1) \\
&= \mathrm{E}[\max\{R_x(t+1) - a, 0\}] = \mathrm{E}[\max\{\lambda \cdot R_x(t) - a, 0\}] \\
&= \mathrm{E}[\max\{\lambda \cdot R_x(t) - a, 0\} \cdot \mathbf{1}_{\{a < R_x(t)\}}] + \mathrm{E}[\max\{\lambda \cdot R_x(t) - a, 0\} \cdot \mathbf{1}_{\{a < \lambda \cdot R_x(t) \leq \lambda \cdot a\}}] \\
&= \mathrm{E}[(\lambda \cdot R_x(t) - a) \cdot \mathbf{1}_{\{a < R_x(t)\}}] + \mathrm{E}[\max\{\lambda \cdot R_x(t) - a, 0\} \cdot \mathbf{1}_{\{a < \lambda \cdot R_x(t) \leq \lambda \cdot a\}}].
\end{aligned}$$

Für den ersten Summanden folgt wegen $\mathrm{E}[\mathbf{1}_{\{a < R_x(t)\}}] = \mathrm{P}[a < R_x(t)]$

$$\begin{aligned}
&\mathrm{E}[(\lambda \cdot R_x(t) - a) \cdot \mathbf{1}_{\{a < R_x(t)\}}] \\
&= \mathrm{E}[\lambda \cdot R_x(t) \cdot \mathbf{1}_{\{a < R_x(t)\}}] - a \cdot \mathrm{E}[\mathbf{1}_{\{a < R_x(t)\}}] \\
&= \lambda \cdot \mathrm{E}[(R_x(t) - a) \cdot \mathbf{1}_{\{a < R_x(t)\}}] + a\lambda \cdot \mathrm{P}[a < R_x(t)] - a \cdot \mathrm{P}[a < R_x(t)] \\
&= \lambda \cdot K_x^a(t) + a(\lambda - 1) \cdot \mathrm{P}[a < R_x(t)].
\end{aligned}$$

[10] Siehe dazu auch Abb. 3.3.

[11] Für die Zufallsvariable $\mathbf{1}_A$ siehe auch den Anhang.

Also

$$\begin{aligned} &K_x^a(t+1) \qquad (3.2)\\ &= \lambda \cdot K_x^a(t) + \mathrm{E}[\max\{\lambda \cdot R_x(t) - a, 0\} \cdot \mathbf{1}_{\{a<\lambda \cdot R_x(t) \leq \lambda \cdot a\}}] + a(\lambda - 1) \cdot \mathrm{P}[a < R_x(t)]. \end{aligned}$$

Daraus folgt bereits Teil (b). Der neue Kopfschaden bei konstantem Selbstbehalt a setzt sich also additiv aus drei Teilen zusammen:

- Der Steigerung des alten Kopfschadens um die Steigerungsrate λ der Rechnungsbeträge;
- den Erstattungsbeträgen, die vor der Steigerung unter der Grenze a lagen, nun aber den Wert a übersteigen;
- einem Betrag, der die überproportionale Steigerung der Kopfschäden im Vergleich zu den Rechnungsbeträgen bei Anwesenheit eines fixen Selbstbehaltes beschreibt.

Wir werden diese Überlegungen in Abschn. 8.5 wieder benötigen. Für Teil (c) siehe Aufgabe 3.3.

Karenztage
Für Krankentagegeld sind die Karenztage das Analogon zum absoluten Selbstbehalt. Sie bestimmen, ab welchem Krankheitstag das Krankentagegeld gezahlt wird. Ist N_i die Anzahl der Krankheitstage der x-jährigen Person i im betrachteten Jahr und k die Anzahl der Karenztage, so gilt bei einem Tagessatz T für den Erstattungsbetrag der Person i

$$Y_i^k = T \cdot \max\{N_i - k, 0\}$$

und für die Leistungstage

$$K_x^k := \mathrm{E}[\max\{N_i - k, 0\}].$$

Wie bei den relativen und absoluten Selbsbehalten gibt es auch hier eine Abhängigkeit der N_i von der Anzahl der Karenztage, die zu den sog. Reduktionsfaktoren führt. Details findet man in [5] oder [11], Kap. 3.10.

3.2.3 Beispiele für Kopfschadenreihen

Die BaFin veröffentlicht jährlich Kopfschadenreihen, die auf den aggregierten Daten der PKV-Unternehmen basieren[12,13]. Als Unterscheidungsmerkmale dienen in diesen Tafeln neben Alter, Geschlecht und dem Leistungsbereich, wie er als Tarifmerkmal in Abschn. 2.3 definiert wurde, noch

---

[12] Tragen Sie im Suchfeld der BaFin-Webseite den Begriff *Wahrscheinlichkeitstafeln pkv* ein.
[13] Auch in den *Zahlenberichten der PKV* [12] findet man Kopfschadenstatistiken.

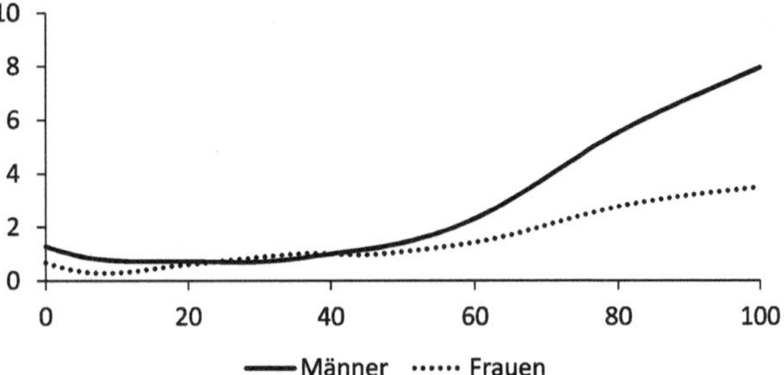

Abb. 3.1 Profile beim Ambulanttarif mit Selbstbehalt 0–100 €, getrennt nach Männern und Frauen

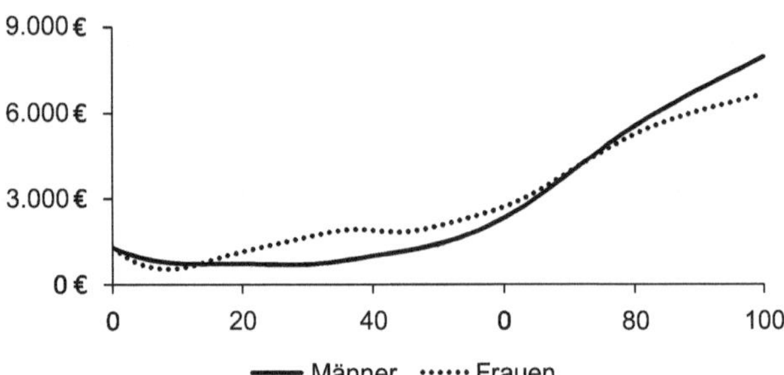

Abb. 3.2 Kopfschäden beim Ambulanttarif mit Selbstbehalt 0–100 €, getrennt nach Männern und Frauen

- die Beihilfeberechtigung (nicht Beihilfeberechtigte werden sonstige oder normale Versicherte genannt);
- der Selbstbehalt in den Bereichen ambulant und Zahnersatz;
- Ein-, Zwei- und Mehrbettzimmer im Bereich stationär;
- die Karenzzeit bei Krankentagegeld.

Die von einem PKV-Unternehmen ermittelten Kopfschadenreihen sind sehr individuell und beinhalten noch viele konkretere Angaben über die abgedeckten Leistungen als nur eine Angabe wie *stationäre Leistungen im Zweibettzimmer*. Für die BaFin-Tafeln muss aufgrund der unterschiedlichen Datengrundlagen der einzelnen Unternehmen eine Zusammenfassung ähnlicher Leistungsarten stattfinden. Die Aggregation ist z. B. auch daran zu erkennen, dass Selbstbehaltstufen dabei immer in Intervallen angegeben werden.

In den folgenden Abbildungen sind einige Profil- und Kopfschadenverläufe aus den Statistiken der BaFin des Jahres 2014 beispielhaft dargestellt.

Die Abb. 3.1 und 3.2 zeigen zunächst den grafischen Unterschied zwischen einem Profil und der zugehörenden Kopfschadenreihe. Dazu sind Profile und Kopfschäden des Ambulanttarifs mit Selbstbehalt 0–100 € dargestellt, wobei zwischen Männern und Frauen unterschieden wird. Die Grundkopfschäden lauten $G = 1001$ € bei Männern und $G = 1898$ € bei Frauen.

Abb. 3.3 zeigt, dass ein höherer Selbstbehalt ein steileres Profil bewirkt. Allerdings ist diese Regel (formuliert in (a) von Abschn. 3.2.2) nicht universell gültig und kann auch verletzt sein. In Abb. 3.4 erkennt man, dass die zugehörigen Kopfschäden im Allgemeinen

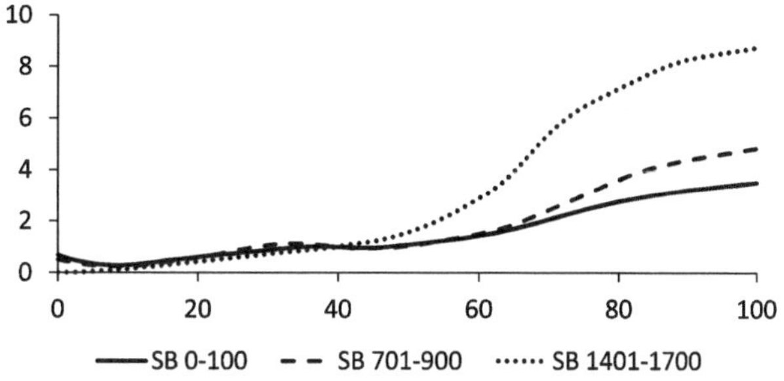

Abb. 3.3 Profile beim Ambulanttarif für Frauen mit Selbstbehalten von 0–100, 701–900 und 1401–1700 €

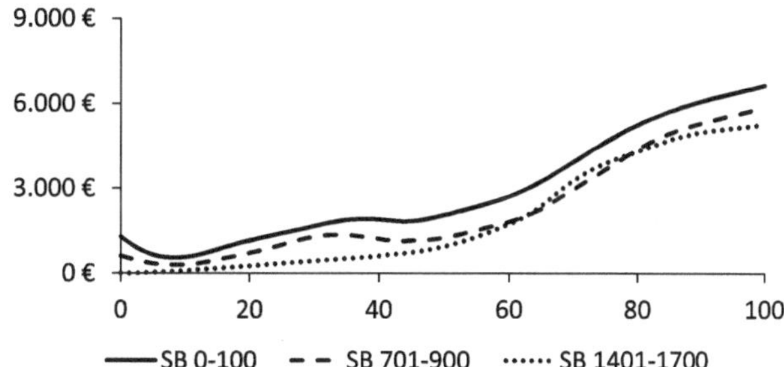

Abb. 3.4 Kopfschäden beim Ambulanttarif für Frauen mit Selbstbehalten von 0–100, 701–900 und 1401–1700 €

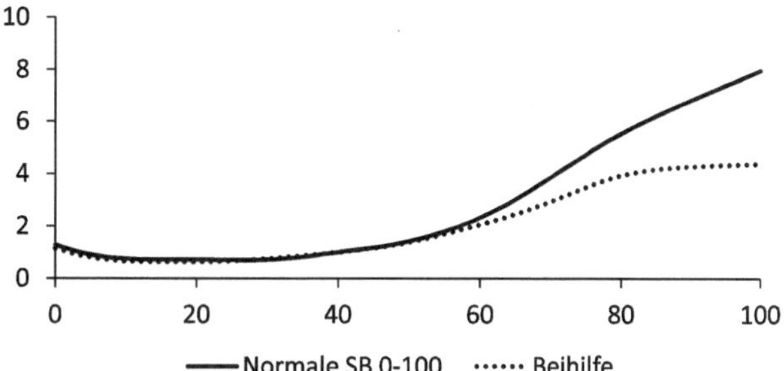

Abb. 3.5 Profile beim Ambulanttarif für normale Männer mit Selbstbehalt von 0–100 € und beihilfeberechtigte Männer

mit steigendem Selbstbehalt abnehmen, wie man es auch erwartet. Aber auch für diese Regel kann es Ausnahmen geben, wie hier speziell im Altersbereich 65–80 zu sehen ist.

Den Unterschied in den Profilen zwischen Beihilfeberechtigten und normalen Versicherten zeigt Abb. 3.5. Zu erkennen ist ein deutlich schwächerer Anstieg der Kosten in höheren Altern bei Beihilfeberechtigten.

In Abb. 3.6 ist für normale Frauen der Kopfschadenverlauf stationär dargestellt für Ein-, Zwei- und Mehrbettzimmer.

Ganz anders sehen die Kopfschadenreihen im Bereich Zahnmedizin aus. Abb. 3.7 zeigt einige Beispiele.

Auch Krankentagegeld weicht vom ambulanten und stationären Verlauf ab, vor allem da hier bei Alter 65 ein natürliches Ende des Versicherungsschutzes liegt. Unterschiede ergeben sich durch die versicherten Karenztage, siehe Abb. 3.8.

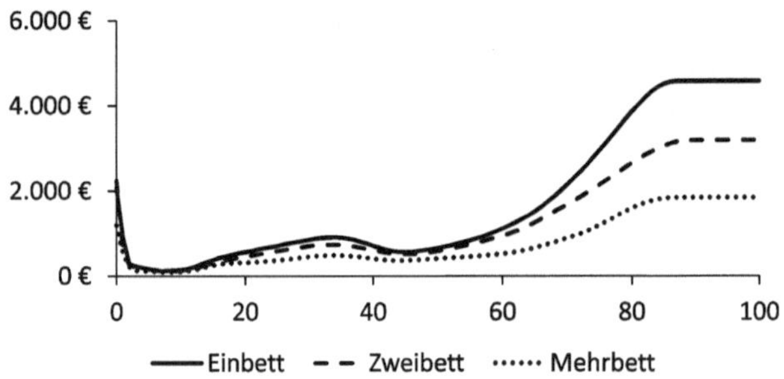

Abb. 3.6 Kopfschadenreihen stationär für normale Frauen mit Ein-, Zwei- und Mehrbettzimmer

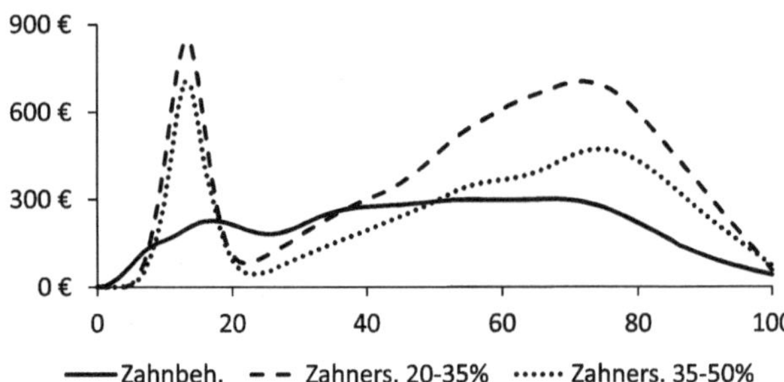

Abb. 3.7 Kopfschadenreihen Zahnbehandlung und Zahnersatz mit Selbstbeteiligung von 20–35 % und 35–50 % für normale Männer

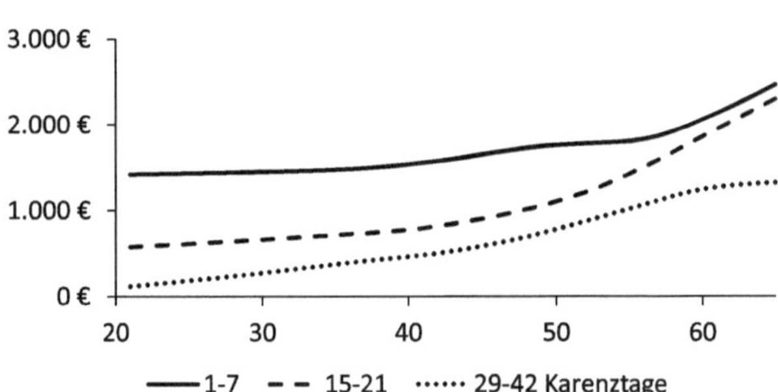

Abb. 3.8 Kopfschadenreihen Krankentagegeld Frauen für 0–7, 15–21 und 29–42 Karenztage

3.2.4 Herleitung von Kopfschäden für die Tarifierung

Für bereits existierende Tarife werden bei Beitragsanpassungen aktualisierte rechnungsmäßige Kopfschadenreihen benötigt. Sie basieren auf Daten der Vergangenheit, wie die KVAV vorschreibt:

§ 6 (3) KVAV

Bei der Ermittlung der rechnungsmäßigen Kopfschäden für einen bestehenden Tarif sind für die einzelnen Bestandsgruppen die tatsächlichen Schadenergebnisse früherer Jahre mit einzubeziehen und mathematisch-statistische Verfahren zum Ausgleich von Zufallsschwankungen zu verwenden. Ist wegen geringer Bestandsgröße der Ausgleich von Zufallsschwankungen auf diese Weise nicht zu erreichen, so sind Stützta-

rife zu verwenden. Liegen auch keine Stütztarife vor, so ist der Schadenbedarf nach mathematisch-statistischen Grundsätzen zu schätzen.

Bei der Neueinführung eines Tarifes existieren solche Werte natürlich nicht. Für eine Erstkalkulation gilt

§ 6 (2) KVAV

Werden bei Neueinführung eines Tarifs andere als die von der Bundesanstalt für Finanzdienstleistungsaufsicht (Bundesanstalt) veröffentlichten Wahrscheinlichkeitstafeln verwendet, so sind die ihnen zugrundeliegenden Annahmen durch geeignete Statistiken zu belegen. Weichen die tariflichen Leistungen von denen ab, die den von der Bundesanstalt veröffentlichten Tafeln zugrunde liegen, so sind die für den neuen Tarif vorgesehenen Kopfschäden entsprechend abzuändern.

Die genannten Wahrscheinlichkeitstafeln wurden in Abschn. 3.2.3 besprochen. Die geeigneten Statistiken können insbesondere darin bestehen, bereits existierende Tarife heranzuziehen, deren Leistungsversprechen denen des neuen Tarifs ähnlich bzw. einfach abzuändern sind.

Nach dem Rusam-Ansatz (3.1) werden Profile und Grundkopfschäden getrennt ermittelt. Im Folgenden wird eine mögliche Vorgehensweise bei Vorliegen früherer tatsächlicher Schadenergebnisse skizziert. Es sei betont, dass es – im Gegensatz zu den Berechnungen der Grundkopfschäden für den Auslösenden Faktor (vergleiche dazu auch mit Abschn. 8.2) – keine gesetzlichen Vorgaben für die Details dieser Herleitung gibt, sofern aktuarielle und mathematisch-statistische Grundsätze eingehalten werden und alle wesentlichen Einflussfaktoren berücksichtigt sind (siehe auch die Bemerkung am Ende dieses Unterabschnitts).

Für die Ermittlung von Profilen werden beobachtete Kopfschäden bestimmt und ausgeglichen, Grundkopfschäden ergeben sich aus einer Extrapolation vergangener Werte.

Ermittlung rechnungsmäßiger Profile

1. Schritt: Beobachtete Kopfschäden

Grundlage für die Berechnungen sind die Beobachtungswerte der vergangenen Jahre, meist sind es die drei letzten. Der Bereich kann bei Bedarf aber auch auf mehr als drei Jahre ausgedehnt werden (z. B. wenn kein eindeutiger Trend vorliegt). Mit t_0 bezeichnen wir das letzte Beobachtungsjahr, so dass $t_0 + 1$ das aktuelle Jahr ist; $BJ = \{t_0 - n, \dots, t_0 - 1, t_0\}$ sei die Menge der Beobachtungsjahre. Die zu ermittelnden rechnungsmäßigen Werte sollen ab dem Jahr $t_0 + 2$ verwendet werden. Folgende Größen sind von Belang:

- Die mittlere Anzahl der x-jährigen Versicherungsnehmer im Jahr $t \in BJ$ mit genügend langer Versicherungsdauer, die wir definieren können als[14]

$$n_x(t) = |J_x(t)| \quad \text{oder} \quad n_x(t) = |J_x^*(t)|.$$

Welchen Wert man wählt hängt z. B. davon ab, ob in $J_x^*(t)$ genügend Personen sind für eine statistisch stabile Untersuchung.

- Die Summe der für diese Versicherungsnehmer tatsächlich erstatteten Beträge

$$y_x(t) = \sum_{i \in J_x^*(t)} y_i(t) \quad \text{oder} \quad y_x(t) = \sum_{i \in J_x(t)} y_i(t). \tag{3.3}$$

Dabei können bei Bedarf Altersgruppen gebildet werden, d. h. die obigen Größen werden über alle Alter einer Gruppe summiert. Ist etwa $\overline{23} := \{21, \ldots, 25\}$ die Altersgruppe der 21- bis 25-Jährigen, dann definiert man

$$n_{\overline{23}}(t) = \sum_{x=21}^{25} n_x(t), \qquad y_{\overline{23}}(t) = \sum_{x=21}^{25} y_x(t).$$

Bei der Bestimmung von $y_x(t)$ ist auf die Abgrenzungsproblematik zu achten. Wie bereits erwähnt, ist der Zeitpunkt des Schadenanfalls für die Zuordnung zu einem Beobachtungsjahr entscheidend. In der Praxis stehen aber zum Zeitpunkt der Berechnung von $y_x(t)$ v. a. für das letzte Beobachtungsjahr t_0 nicht immer alle erforderlichen Daten zur Verfügung. In solchen Fällen wird eine monatsweise Kalkulation vorgenommen, wobei die unbekannten Gesamtschäden der letzten Monate durch Vorjahreswerte geschätzt werden.

Der beobachtete Kopfschaden eines x-jährigen Versicherungsnehmers über die Beobachtungsjahre in BJ wird nun in seiner Grundform berechnet als[15]

$$\frac{\sum_{t \in BJ} y_x(t)}{\sum_{t \in BJ} n_x(t)} =: \frac{y_x}{n_x}.$$

Mehrere Effekte müssen bei der Bestimmung des Zählers aber noch Berücksichtigung finden:

- Risikozuschläge: Wir erinnern daran, dass die Kopfschäden keine Leistungen aufgrund von Vorerkrankungen oder erhöhtem Krankheitsrisiko beinhalten, denn dies wird durch die nachträglichen Risikozuschläge ausgeglichen, die für jeden Versicherungsnehmer

[14] Für eine Menge A bezeichne $|A|$ die Anzahl der Elemente in A.

[15] Dass hier zuerst über t summiert und danach dividiert wird, liegt am Ziel der Berechnung: Man will den (rohen) Kopfschaden der Vergangenheit bestimmen, und fasst Beobachtungsdaten mehrerer Jahre zusammen zu einer größeren Datenbasis; es geht noch nicht um die Bestimmung eines durchschnittlichen Kopfschadens einzelner Beobachtungsjahre.

individuell sind. In den tatsächlich gezahlten Erstattungen sind diese erhöhten Leistungen aber enthalten, so dass eine technische Bereinigung statistisch angebracht ist. In der Tat ist es aber nahezu unmöglich, den exakten Teil der Erstattungsbeträge zu identifizieren, der auf diesen Vorerkrankungen beruht. Daher wird alternativ die Größe $r_x(t)$ = *Summe der eingenommenen Risikozuschläge für diese x-jährigen Versicherungsnehmer* als Abzugsterm angesetzt.

- Änderung des Leistungsniveaus während des Beobachtungszeitraumes: Als Beispiel sei angenommen, dass ab Jahr t_0 das Preisniveau bei Zahnbehandlungen durch eine neu ausgehandelte GOZ um 10 % gestiegen ist. Um Vergleichbarkeit der Beobachtungsdaten zu gewähren, müssen die entsprechenden Erstattungsbeträge der Jahre $t_0 - n$ bis $t_0 - 1$ um 10 % erhöht werden. Auf diese Weise kommen also evtl. additive Zu- oder Abschlagsterme $le_x(t)$ hinzu.
- Einmalige oder temporäre Sonderausgaben: Hier kann man sich etwa eine besonders starke Grippewelle in einem der Jahre vorstellen, die für die weiteren Schritte herausgerechnet werden muss, oder einmalige Zahlungen als Folge von Gerichtsurteilen, Gesetzesänderungen oder Änderungen der Schadenregulierungspraxis. Dies generiert den Zuschlags- oder Abzugsterm $so_x(t)$.
- Effekte aus Selektion und Wartezeit: Wird die Gruppe $J_x(t)$ aller Versicherungsnehmer (und nicht nur die mit genügend langer Versicherungsdauer) zugrunde gelegt, so müssen auch die Effekte aus Selektion und Wartezeit der letzten Zugangsjahre berücksichtigt werden. Diese werden separat durch $sw_x(t)$ abgeschätzt.

Der modifizierte Schaden lautet schließlich

$$s_x(t) = y_x(t) - r_x(t) \pm le_x(t) \pm so_x(t) + sw_x(t) \tag{3.4}$$

und wir enden also bei folgender Definiton des **beobachteten Kopfschadens**:

$$\overline{K}_x := \frac{\sum_{t \in BJ} s_x(t)}{n_x}. \tag{3.5}$$

2. Schritt: Statistischer Ausgleich

Die Werte $\{\overline{K}_x\}_{x \in A}$ enthalten in natürlicher Weise Schwankungen, die mittels eines statistischen Verfahrens herausgeglättet werden. Viele Methoden kommen dafür in Frage, wir wollen eine gewichtete Regression mit einer Regressionsfunktion f_γ vorstellen, die von einem Parametervektor $\gamma = (\gamma_0, \ldots, \gamma_m) \in \Gamma \subseteq \mathbb{R}^{m+1}$ abhängt (siehe Anhang). Der zu den gegebenen Daten passende Wert von γ wird dann über

$$\operatorname{argmin} \left[\sum_{x \in A} n_x \cdot \left(\overline{K}_x - f_\gamma(x) \right)^2 : \gamma \in \Gamma \right]$$

bestimmt. Ist $\widehat{\gamma}$ dieser Wert, dann lautet der **ausgeglichene Kopfschaden** für das Alter x

$$\widetilde{K}_x := f_{\widehat{\gamma}}(x).$$

Kommt für f_γ z. B. ein Polynom vom Grad zwei zum Einsatz, führt dies zu

$$(\widehat{a},\widehat{b},\widehat{c}) = \operatorname{argmin}\left[\sum_{x=21}^{100} n_x \cdot \left(\overline{K}_x - (a + b \cdot x + c \cdot x^2)\right)^2 : (a,b,c) \in \mathbb{R}^3\right].$$

Dieser Ansatz liefert ein lineares Gleichungssystem und somit existiert eine Lösungsformel für die Parameter (siehe Anhang und auch Aufgabe 3.5). Praktisch wird das allgemeine Minimierungsproblem meist mit Hilfe geeigneter Software gelöst.

Man setzt damit

$$\widetilde{K}_x := \widehat{a} + \widehat{b} \cdot x + \widehat{c} \cdot x^2.$$

3. Schritt: Beobachtete und rechnungsmäßige Profile

Für das Alter x definiert man in Anlehnung an (3.1) den beobachteten Profilwert

$$\widetilde{k}_x := \frac{\widetilde{K}_x}{\widetilde{K}_{40}}.$$

Dieses Profil kann bei Bedarf als rechnungsmäßiges Profil für die kommende Tarifierung in $t_0 + 2$ dienen. Gerade in hohen Altersbereichen ist die Anzahl der versicherten Personen nicht groß genug für eine ausreichend stabile Statistik. Dann werden oft Stütztarife bzw. Daten des PKV-Verbandes herangezogen. Dabei werden eigene Profilbestimmungen bis zu einem Grenzalter x_0 mit Daten aus anderen Quellen ab x_0 zusammengesetzt.

Verfahren von Bahr

Die geschilderten Schritte werden oft nicht nur auf Daten eines einzigen Tarifs angewandt. Es wurde bereits erwähnt, dass Profile tarifübergreifend verwendet werden. Zudem werden auch unternehmensübergreifende Profile ermittelt und veröffentlicht. Problematisch daran ist, dass die den Daten zugrunde liegenden Tarife meist keine identischen Leistungsniveaus und Bestandszusammensetzungen haben (wohl aber angenommene identische Profile). Hier müssen die einzelnen Kopfschäden erst umskaliert werden, um vergleichbar zu sein. Die Profilermittlung nach Bahr im Fall von S zugrunde liegenden Tarifen funktioniert wie folgt:

- Bestimme für jeden Tarif $s \in \{1,\ldots,S\}$ wie im 1. Schritt die Werte $n_x^{(s)}$ und $\overline{K}_x^{(s)}$.
- Bilde einen Modellbestand, in dem die Altersgruppengrößen z. B. durch $n_x^{\text{Mod}} := \sum_{s=1}^{S} n_x^{(s)}$ definiert sind.
- Bestimme Faktoren $\lambda_1,\ldots,\lambda_S$ so, dass

$$\sum_{x\in A} n_x^{\text{Mod}} \cdot \lambda_1 \cdot \overline{K}_x^{(1)} = \ldots = \sum_{x\in A} n_x^{\text{Mod}} \cdot \lambda_S \cdot \overline{K}_x^{(S)}.$$

Der **gleichgerichtete Kopfschaden** von Alter x aus Tarif s ist dann gegeben durch $\lambda_s \cdot \overline{K}_x^{(s)}$. Man kann zeigen, dass die gleichgerichteten Kopfschäden genau dann übereinstimmen, wenn die Profile übereinstimmen (siehe Aufgabe 3.4).

- Bilde ein gewichtetes Mittel der gleichgerichteten Kopfschäden:

$$\overline{K}_x := \sum_{s=1}^{S} \frac{n_x^{(s)}}{n_x^{\text{Mod}}} \cdot \lambda_s \cdot \overline{K}_x^{(s)}.$$

- Fahre fort mit den Schritten 2 und 3 von oben (statistischer Ausgleich und Quotientenbildung).

Bestimmung des rechnungsmäßigen Grundkopfschadens

Die eben bestimmten Kopfschadenprofile sind aus den Beobachtungen der letzten Jahre entstanden. Der rechnungsmäßige Grundkopfschaden sollte dagegen nicht als $\widetilde{K}_{40}$ gewählt werden, denn dieser Wert bildet nur die Vergangenheit ab, was für das sich schneller ändernde Niveau der medizinischen Kosten unter Umständen nicht angemessen ist. Stattdessen sollten Grundkopfschäden der einzelnen Beobachtungsjahre geeignet in das folgende Jahr extrapoliert werden. Wie viele Beobachtungsjahre in die Extrapolation einfließen und welche Methode verwendet wird (Regressionsmethode oder Zeitreihenanalyse), sollte sich nach aktuariellen und statistischen Gegebenheiten richten. Die folgenden Überlegungen sind aber in jedem Fall zu beachten.

Zunächst ist der Grundkopfschaden im Gegensatz zu den Profilen eine tarifindividuelle Größe. Wir bewegen uns also wieder in dem ausgesuchten Tarif. Eine Extrapolation basiert auf beobachteten Grundkopfschäden der verwendeten $n+1$ Beobachtungsjahre $t_0 - n, \ldots, t_0$. Anders als im 1. Schritt der Profilermittlung sollte hier jedes Beobachtungsjahr einzeln untersucht werden. Die erste und einfachste Definition des beobachteten Grundkopfschadens im Jahr t wäre

$$\frac{s_{40}(t)}{n_{40}(t)}.$$

Sie hat aber Schwachpunkte. So wird der Wert von unbekannten statistischen Schwankungen überlagert. Man könnte natürlich wie bei den Profilen eine komplette Kopfschadenreihe samt Ausgleich erstellen. Dies wäre aber vergleichsweise aufwändig (und führt bei vielen schwach besetzten Altern zu Problemen). Es bietet sich ein anderer Weg an, der ebenfalls sämtliche Bestandsinformationen verwendet. Der Gesamtschaden des Bestandes des Jahres t bezogen auf das in t rechnungsmäßige Profil $\{k_x(t)\}_{x \in A}$ und einen Grundkopfschaden $G(t)$ lässt sich nach dem Ansatz von Rusam schreiben als[16]

$$\sum_{x \in A} \sum_{i \in J_x^*(t)} K_x(t) = G(t) \cdot \sum_{x \in A} n_x(t) \cdot k_x(t)$$

[16] Wir wählen hier ohne Einschränkung $J_x^*(t)$ für die verwendete Personengruppe aus.

mit dem Grundkopfschaden $G(t)$. Setzt man diesen Schaden gleich dem beobachteten Schaden des Bestandes

$$S^{(b)}(t) = \sum_{x \in A} s_x(t),$$

so ergibt sich daraus der **beobachtete Grundkopfschaden des Jahres** t zu

$$G^{(b)}(t) := \frac{\sum_{x \in A} s_x(t)}{\sum_{x \in A} n_x(t) \cdot k_x(t)}.$$

Diese Definition hat den weiteren Vorteil, dass sie auf veränderte Profile reagieren kann. Hat sich das rechnungsmäßige Profil im Verlauf der vergangenen Jahre geändert oder wird ab Jahr $t_0 + 2$ das neu ermittelte Profil $\{\widetilde{k}_x\}_{x \in A}$ verwendet, so lässt sich dieser Unterschied auf die Grundkopfschäden umrechnen. Man könnte von einer Umskalierung auf das in $t_0 + 2$ verwendete Profil sprechen. Bezeichnen wir das letztendlich verwendete Profil mit $\{k_x\}_{x \in A}$, dann wird für die Extrapolation der umskalierte Wert

$$\widetilde{G}(t) := \frac{\sum_{x \in A} s_x(t)}{\sum_{x \in A} n_x(t) \cdot k_x} \tag{3.6}$$

verwendet.

Der rechnungsmäßige Grundkopfschaden, der ab Jahr $t_0 + 2$ gelten soll, basiert dann auf dem Wert

$$\widetilde{G} := Extrapolation(\widetilde{G}(t_0 - n), \ldots, \widetilde{G}(t_0)),$$

wobei *Extrapolation* eine geeignete Extrapolationsmethode auf den Zeitpunkt $t_0 + 2$ auf Basis der angegebenen Daten ist. Welche Art der Extrapolation geeignet ist, hängt von der Datenlage ab. Abb. 3.9 zeigt zwei verschiedene Extrapolationen basierend auf vier Datenpunkten, einmal mit Hilfe einer linearen Regression (gestrichelte Linie) und einmal mit einer logarithmisch linearen Regression (durchgezogene Linie); siehe dazu auch Aufgabe 3.1. Man erkennt die deutlich unterschiedlichen Werte von $\widetilde{G}$ (die schwarzen Quadrate) je nach verwendeter Methode.

Der rechnungsmäßige Grundkopfschaden $G^{(r)}(t_0 + 2)$, der am Ende tatsächlich in die Tarifierung eingeht, wird aus $\widetilde{G}$ bestimmt, indem man noch einen Sicherheitszuschlag und evtl. weitere besondere Einflussfaktoren auf die Höhe der Kopfschäden des folgenden Jahres berücksichtigt, denn die KVAV verlangt in § 10 Abs. 1 die Kalkulation **risikogerechter** Prämien. Solche Einflussgrößen können z. B. schon jetzt feststehende zukünftige Änderungen in der Erstattungspraxis oder Schadenregulierung sein oder Bestandsbewegungen, die das Risikoprofil des Bestandes signifikant verändern: So könnten stark steigende Kopfschäden in der Vergangenheit zu einer erhöhten Abwanderung gesunder Versicherungsnehmer führen, so dass mit vergleichsweise höheren Erstattungsbeträgen der verbliebenen

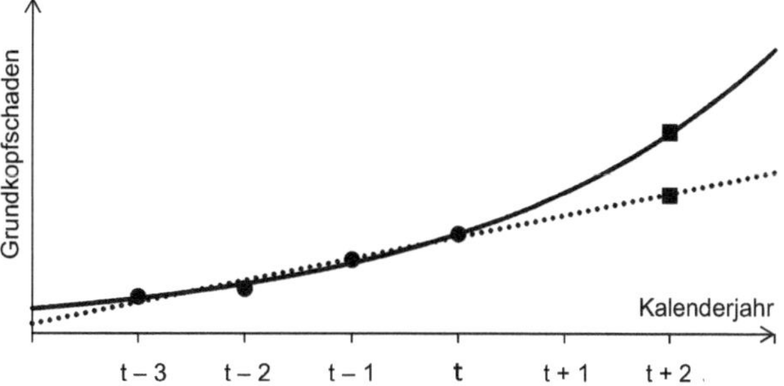

Abb. 3.9 Extrapolation auf den Zeitpunkt $t + 2$ der Grundkopfschäden aus vier Beobachtungsjahren auf Basis linearer bzw. logarithmisch-linearer Regression

Versicherungsnehmer im Folgejahr zu rechnen ist. Die Berücksichtigung aller risikorelevanten Tatsachen kann im Einzelfall recht komplex sein.

Wir wollen den Unterabschnitt mit einem konkreten Rechenbeispiel zur Erstellung der Profile abschließen.

Beispiel 3.2 Gegeben seien die folgenden Daten (Leistungen und Risikozuschläge in €). Der Einfachheit halber betrachten wir nur wenige Alter, die in Altersgruppen zusammengefasst sind und nur ein Beobachtungjahr t:

Altersbereich $\overline{x}$	30–34	35–39	40–44	45–49	50–54
Mittlerer Bestand	420	398	409	445	444
Leistungen	300.420	325.910	321.000	375.740	386.340
Risikozuschläge	31.200	27.990	29.810	30.010	32.250

Als Normierungsalter wählen wir den Altersbereiches $\overline{42} = 40 - 44$. In folgender Tabelle sind der modifizierter Schaden $s_{\overline{x}}(t)$ gemäß (3.4) und die beobachteten Kopfschäden $\overline{K}_{\overline{x}}$ gemäß (3.5) zusammengefasst (beide in €). Das beobachtete Profil ist $\widetilde{k}_{\overline{x}} = \overline{K}_{\overline{x}}/\overline{K}_{\overline{42}}$.

Altersbereich $\overline{x}$	30–34	35–39	40–44	45–49	50–54
$s_{\overline{x}}(t)$	269.220	297.920	291.190	345.730	354.090
$\overline{K}_{\overline{x}}$	736,24	748,54	711,96	776,92	797,5
$\widetilde{k}_{\overline{x}}$	0,900	1,051	1,000	1,091	1,120

Wir übergehen den statistischen Ausgleich und bestimmen gleich den beobachteten Grundkopfschaden $\widetilde{G}(t)$ gemäß (3.6) zu

$$\begin{aligned}\widetilde{G}(t) &= \frac{269.220 + 297.920 + 291.190 + 345.730 + 354.090}{0{,}900 \cdot 420 + 1{,}051 \cdot 398 + 1{,}000 \cdot 409 + 1{,}091 \cdot 445 + 1{,}120 \cdot 444} \\ &= 711{,}96\,€.\end{aligned}$$

Den hier ausgelassenen statistischen Ausgleich kann der Leser in Aufgabe 3.5 durchführen. ▲

3.2.5 Kopfschäden von Kindern und Jugendlichen

Kopfschäden von Kindern und Jugendlichen müssen nicht getrennt von den Erwachsenen kalkuliert werden. Man kann sie in die Erwachsenengruppe mit einbeziehen (z. B. bei den Ausgleichsrechnungen), meist werden sie aber abgetrennt und innerhalb dieser Gruppe nochmals nach Kindern und Jugendlichen aufgeteilt. Die Altersgrenzen 16 für Kinder und 21 für Jugendliche sind maximale Werte, sie können auch kleiner sein. Die Gruppe der Kinder muss aber mehr Alter umfassen als die der Jugendlichen:

§ 10 (3) KVAV

Abweichend von Absatz 1 dürfen Versicherte bis zur Vollendung des 16. Lebensjahres in der Altersgruppe der Kinder, bis zur Vollendung des 21. Lebensjahres in der Altersgruppe der Jugendlichen geführt werden. Dabei darf die Altersgruppe der Jugendlichen nicht mehr Alter umfassen als die der Kinder. [. . .]

Innerhalb der Gruppen der Kinder und der Jugendlichen wird oftmals ein geschlechtsunabhängiger Kopfschaden ermittelt, da die Abhängigkeit vom Geschlecht noch nicht so ausgeprägt ist wie bei Erwachsenen. Zudem können innerhalb der Gruppe weitere Altersgruppen mit dann konstanten Kopfschäden angesetzt werden. Dies gilt auch für Ausbildungstarife mit Altern bis 39.

3.3 Ausscheideordnungen

Die Ausscheideordnungen bestehen aus den beiden Kategorien Sterbe- und Stornowahrscheinlichkeiten. Eine mathematisch exakte Behandlung wird dadurch erschwert, dass eine Person aus zwei Gründen das Kollektiv verlassen kann. Kurz gefasst gilt:

- Die Größe q_x bezeichnet die Wahrscheinlichkeit, dass eine x-jährige Person innerhalb des folgenden Jahres durch Tod aus dem Kollektiv ausscheidet.
- Die Größe w_x bezeichnet die Wahrscheinlichkeit, dass eine x-jährige Person innerhalb des folgenden Jahres durch Storno aus dem Kollektiv ausscheidet.
- Die Wahrscheinlichkeit, dass eine Person des Alters x innerhalb des folgenden Jahres im Kollektiv verbleibt, lautet $1 - q_x - w_x$.

Dabei unterscheiden sich die Zahlenwerte nicht nur nach dem Alter sondern auch nach dem Geschlecht. Die Stornowerte werden auch noch nach weiteren Merkmalen unterschieden, wie in Abschn. 3.3.2 ausgeführt wird.

Wir gehen im Folgenden davon aus, dass es zwei Ursachen für das Ausscheiden aus dem Kollektiv gibt, den Tod und das Storno. Das Ereignis, das als erstes eintritt, wird der Grund des Ausscheidens. Es wird angenommen, dass ein gleichzeitiges Eintreten beider

Ereignisse nicht möglich ist. Wir betrachten zu einem bestimmten (ganzzahligen) Zeitpunkt t eine Person i des Versichertenbestandes des aktuellen Alters x und definieren die beiden Zufallsvariablen

$$X_i^{\text{Tod}}(t) := \text{ Alter bei Eintritt des Todes von } i$$

und

$$X_i^{\text{St}}(t) := \text{ Alter bei Eintritt des Stornos von } i.$$

3.3.1 Sterbewahrscheinlichkeiten

Wir beginnen mit der Definiton der Sterbewahrscheinlichkeiten und skizzieren im Anschluss die Vorgehensweise bei der Erstellung von Sterbetafeln.

Die Sterbewahrscheinlichkeit ist die Wahrscheinlichkeit, aus dem Grunde Tod aus dem Kollektiv auszuscheiden. Als Zeithorizont wird ein Jahr zugrunde gelegt, da das gesamte Kalkulationsmodell der PKV auf einer jährlichen Betrachtungsweise beruht. Es ist plausibel (und statistisch untermauert), dass die Zufallsvariable $X_i^{\text{Tod}}(t)$ vor allem von Alter und Geschlecht der Person abhängt. Alter x und Zeitpunkt t bedingen sich bei einer konkreten Person i natürlich gegenseitig, bei Verwendung personenunabhängiger Werte spielt der betrachtete Zeitpunkt t aber wieder eine eigenständige Rolle, da die Lebenserwartung eindeutig mit dem Geburtsjahr wächst. Wir schreiben daher $X_x^{\text{Tod}}(t)$ für das Todesalter eines zu Beginn des Jahres t genau x Jahre alten Versicherungsnehmers im Kollektiv.

Für einen im Jahr 2016 30-Jährigen benötigt man für die Berechnung von Barwerten z. B. die Sterbewahrscheinlichkeit eines 60-Jährigen im Jahr 2046. Diese Werte können kaum vernünftig projiziert werden. Vor diesem Problem standen wir auch schon bei den Kopfschäden in Abschn. 3.2.1. Wie dort wird die Abhängigkeit vom Jahr t – und damit dem Geburtsjahr – ignoriert und ausgegangen von **im Zeitablauf unveränderlichen Sterbewahrscheinlichkeiten**, wir schreiben also X_x^{Tod}. Dieselben Überlegungen gelten später auch für das Alter bei Storno.

Weitere Einflussfaktoren für die restliche Lebensdauer existieren (z. B. ob die Person Raucher ist, ihr Beruf oder Wohnort usw.), werden aber bei der Kalkulation nicht weiter berücksichtigt (siehe auch die Anmerkungen zu den Tarifmerkmalen in Abschn. 2.3).

Definition 3.2 (Sterbewahrscheinlichkeiten)
Die (einjährige) Sterbewahrscheinlichkeit *einer x-jährigen Person des Kollektivs mit ganzzahligem x ist definiert als*

$$q_x := \mathrm{P}[X_x^{\text{Tod}} < \min\{x+1, X_x^{\text{St}}\}].$$

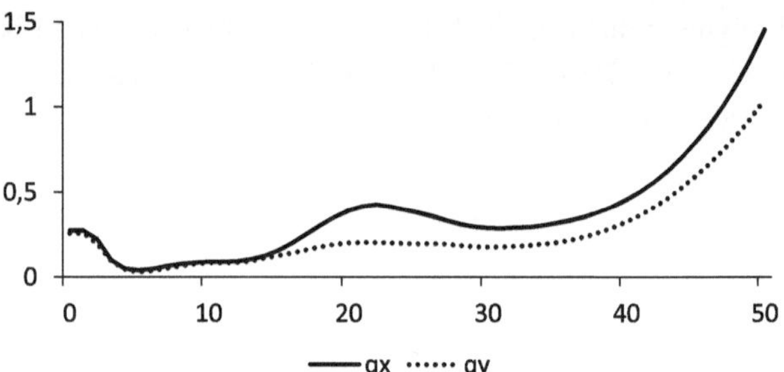

Abb. 3.10 Sterbewahrscheinlichkeiten der PKV 2016 in Promille für Alter bis 50, q_x für Männer, q_y für Frauen

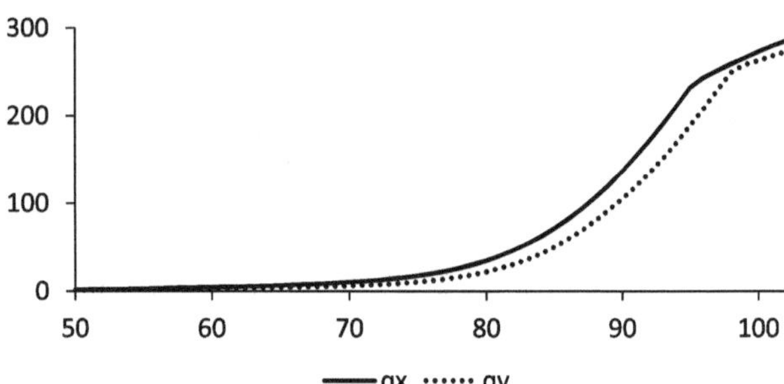

Abb. 3.11 Sterbewahrscheinlichkeiten der PKV 2016 in Promille für Alter ab 50

Die Werte q_x werden bis zu einem bestimmten Höchstalter angegeben, in der PKV lautet dieses derzeit 102. Es gilt also $q_{103} = 1$. Man nennt die Auflistung aller Sterbewahrscheinlichkeiten $q_0, \ldots, q_{102}$ eine **Sterbetafel**. Wird wie hier nur das Alter (und das Geschlecht) als Unterscheidungsmerkmal berücksichtigt, spricht man von einer Periodentafel. Kommt auch noch das Geburtsjahr hinzu (und somit der Zeitpunkt t), dann nennt man dies eine Generationentafel (die in vielen Lebensversicherungsprodukten und der betrieblichen Altersvorsorge verwendet werden).

In den Abb. 3.10 und 3.11 sind die Werte q_x und q_y der Sterbetafel PKV 2016 grafisch dargestellt[17], wie üblich bei Sterbetafeln in Promille. Die Aufteilung in die Bereiche vor und nach Alter 50 dient der besseren Darstellbarkeit.

Eine anschauliche Größe, die aus der Sterbetafel berechnet werden kann, ist die mittlere restliche Lebenserwartung $e_x := \mathrm{E}[X_x^{\mathrm{Tod}}] - x$ einer x-jährigen Person. Man berechnet sie näherungsweise mit der Rückwärtsrekursion

$$e_x = (1 - q_x) \cdot (1 + e_{x+1}) + \tfrac{1}{2} \cdot q_x. \qquad (3.7)$$

und Startwert $e_{103} = \frac{1}{2}$. (Siehe dazu auch Aufgabe 3.6.) In folgender Tabelle sind die Werte e_x und e_y für einige Alter notiert auf Basis der Sterbetafel PKV 2016 und im Vergleich auf Basis der PKV 1995. (1995 wurden für die Alter 0–2 keine Werte bestimmt.) Man erkennt deutlich die Zunahme der Lebenserwartung.

[17] Dies ist eine der wenigen Stellen im Buch, wo das Alter von Männern und Frauen mit unterschiedlichen Buchstaben (x und y) bezeichnet wird, denn nun stehen die konkreten Werte und deren Vergleich im Vordergrund.

x, y	0	20	40	60	80
e_x 2016	84,5	64,7	45,1	26,2	9,9
e_y 2016	87,7	67,9	48,1	28,9	11,5
e_x 1995	–	59,0	40,1	21,8	7,9
e_y 1995	–	64,1	44,9	26,1	9,9

Herleitung der Sterbetafel

In der PKV wurde bis zum Jahr 1995 die allgemeine Sterbetafel 87R für private Rentenversicherungen verwendet. Eine Sterbetafel basiert auf dem Beobachtungsmaterial vergangener Jahre. Die Personengesamtheit, die der Tafel 87R zugrunde lag, enthielt auch Teile der Bevölkerung, die i. Allg. nicht Mitglied einer privaten Krankenversicherung werden können, deren Todesfallzahlen aber in die Berechnung der Wahrscheinlichkeiten eingingen. Das führte zu einer ungewollten Verzerrung hin zu höheren Werten (siehe [9], wonach in der PKV versicherte Personen meist eine höhere Lebenserwartung besitzen als die anderer Krankenversicherungen). Seit 1996 werden daher Tafeln auf Basis reiner PKV-Statistiken erstellt, seit 2007 sogar im jährlichen Rhythmus. Daten zur Sterblichkeit müssen die PKV-Unternehmen ohnehin laut § 23 KVAV jedes Jahr an die BaFin liefern:

§ 23 (1) KVAV

Zur Aufstellung von Wahrscheinlichkeitstafeln haben Versicherungsunternehmen [...] der Bundesanstalt anhand der Daten ihrer Versicherungsbestände jährlich folgende auf das jeweils vorangegangene Kalenderjahr bezogene Daten für die inländischen Versicherungsbestände mitzuteilen:

1. aus allen nach Art der Lebensversicherung betriebenen Versicherungstarifen unter Eliminierung der Abgänge der erst während des Kalenderjahres zugegangenen Personen:
   a) die Anzahl der zu Beginn des Kalenderjahres versicherten natürlichen Personen der Krankenversicherung [...] des Unternehmens und die zugehörigen Abgänge durch Tod jeweils getrennt nach erreichtem Einzelalter und Geschlecht [...]

Folgende Schritte sind zur Erstellung der PKV-Sterbetafel nötig:

1. Bestimmung roher Sterbewahrscheinlichkeiten,
2. Ausgleich der rohen Werte,
3. Trendermittlung,
4. Einrechnung eines Sicherheitsabschlages,
5. Projektion,
6. Restriktion auf die Vorjahreswerte.

Im Folgenden sollen diese Punkte skizziert werden. Die Darstellung folgt den Arbeiten von Bleckmann und Mnich [3] sowie Gartmann [10], in denen viele weitere Einzelheiten zu finden sind.

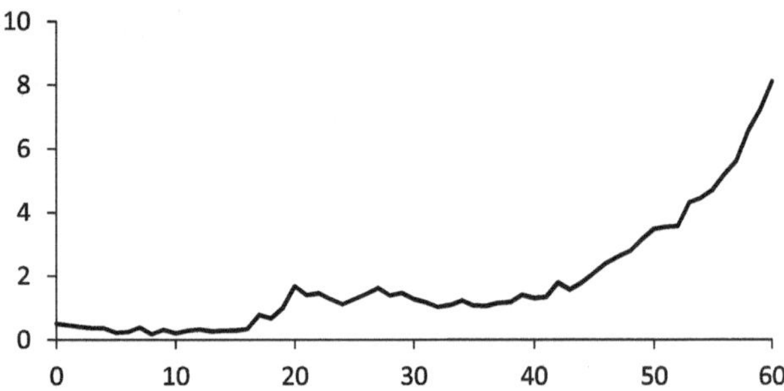

Abb. 3.12 Rohe Sterbewahrscheinlichkeiten für Alter bis 60 in Promille

1. Schritt: Bestimmung roher Sterbewahrscheinlichkeiten
Als Grundlage dienen Unternehmensstatistiken, die getrennt nach Geschlecht und Alter pro Beobachtungsjahr

- die Anzahl $n_x(t)$ der Personen des versicherungstechnischen Alters x und des gegebenen Geschlechts der betreffenden Personengesamtheit zu Beginn des Beobachtungsjahres[18] $t \in \{t_1, \ldots, t_n\}$ mit einer Mindestversicherungsdauer,
- die Anzahl $t_x(t)$ der aus dieser Gruppe im Jahr t verstorbenen Personen

enthalten (das Geschlecht als Unterscheidungsmerkmal werden wir im Weiteren nicht mehr extra ansprechen). Das erste Beobachtungsjahr ist zurzeit $t_1 = 1996$, das letzte t_n liegt i. Allg. zwei Jahre vor dem aktuellen Jahr, da die Festellung aller relevanten Daten nur zeitverzögert erfolgen kann. Der Altersbereich geht bei den offiziellen Tafeln bis zum Endalter 102, da höhere Altersbereiche noch zu wenige auswertbare Daten enthalten.

Mit diesen Daten definiert man die rohen Sterbewahrscheinlichkeiten

$$\widehat{q}_x(t) := \frac{t_x(t)}{n_x(t)}, \qquad \text{für } x \in \{0, \ldots, 102\},\ t \in \{t_1, \ldots, t_n\},$$

für die in Abb. 3.12 ein beispielhafter Verlauf gezeigt wird.

Wie alle Methoden zur Bestimmung von Bestandsgrößen hat auch diese ihre Schwächen; ob eine Person des versicherungstechnischen Alters x tatsächlich auch im echten Alter x verstirbt, ist nicht sicher, da ihr x-ter Geburtstag innerhalb des Jahres liegt und der Todesfall auch davor eintreten kann. Man kann von dieser Ungenauigkeit absehen, wenn die Sterbefälle über das Jahr gleichmäßig verteilt auftreten (was genau genommen aber auch nicht der Fall ist).

Eine weitere Einschränkung ergibt sich durch die Auswahl des Personenkreises. Gezählt werden nicht alle versicherten Personen zu Beginn des Jahres t, sondern nur solche, die bereits eine Mindestversicherungsdauer von $m^* = 2$ Jahren haben (tatsächlich werden alle Versicherten gezählt, die mindestens 2 Jahre in der PKV versichert sind, nicht unbedingt 2 Jahre beim aktuellen Unternehmen). Damit soll verhindert werden, dass eine

[18] In Anlehnung an die Vorgabe des eben zitierten § 23 Abs. 1 KVAV.

verminderte Sterblichkeit gerade erst eingetretener Versicherter, die sich aufgrund der Selektion durch die ärztliche Voruntersuchung ergibt, das Ergebnis verfälscht (so wie auch bei den Kopfschäden verfahren wird). Diese Vorausetzung wird bei der (verpflichtenden) Aufnahme von Kindern im Rahmen der Kindernachversicherung allerdings nicht mehr berücksichtigt, weshalb der Altersbereich nun bei $x = 0$ beginnt.

Noch ein weiterer Aspekt sei genannt. Ob eine Person verstirbt oder nicht, kann natürlich nur dann festgestellt werden, wenn sie zum Todeszeitpunkt Mitglied im Kollektiv ist und nicht vorher durch Storno ausgeschieden ist. In der Definition der Größen q_x und $t_x(t)$ ist diese Bedingung explizit enthalten. Dies ist insofern unbefriedigend, da Wechsler in andere PKV-Unternehmen, die im selben Jahr versterben, im Sinne der Bedeutung einer Sterbewahrscheinlichkeit von PKV-Versicherten berücksichtigt werden müssten (beachte, dass dieser Todesfall in dem neuen Unternehmen nach unserer Definition von $t_x(t)$ nicht gezählt wird, da die Person zu Beginn des Jahres nicht Mitglied des aufnehmenden Kollektivs war). Da die resultierenden Sterbewahrscheinlichkeiten dadurch unterschätzt werden, ist dieser Effekt aber nicht nachteilig (siehe dazu auch den 4. Schritt).

2. Schritt: Ausgleich der rohen Werte

Die rohen Werte sind von statistischen Schwankungen überlagert. Diese Schwankungen hängen auch von den Größen $n_x(t)$ ab, die der Ermittlung der jeweiligen Werte zugrunde liegen. Ist $n_x(t)$ vergleichsweise gering, so muss mit einer größeren Abweichung vom wahren Wert gerechnet werden. Mit einem Ausgleichsverfahren sollen diese Abweichungen geglättet werden.

Aktuare kennen gerade für Ausscheidetafeln eine Vielzahl von Methoden zu diesem Zweck (siehe Kap. 7.4 in [2]). Bei den Kopfschäden haben wir bereits die Regressionsmethode kennengelernt. Hier wollen wir ein sog. mechanischen Verfahren vorführen. In unserer Situation wird es durch eine lineare Abbildung

$$F : \mathbb{R}^{103} \longrightarrow \mathbb{R}^{103}, \qquad \widehat{q} := (\widehat{q}_0, \dots, \widehat{q}_{102})^t \mapsto A \cdot \widehat{q} =: q^a = (q_0^a, \dots, q_{102}^a)^t$$

mit einer 103×103-Matrix A definiert. Die konkrete Wahl der Matrix A begründet unterschiedliche Verfahren. Für die PKV-Sterbetafel wird das Verfahren von **Whittaker-Henderson** verwendet, das nun kurz vorgestellt wird. Der Übersichtlichkeit wegen soll das Jahr t bei der Herleitung unterdrückt werden.

Die Matrix wird in diesem Verfahren aus zwei Vorgaben konstruiert. Man möchte für die ausgeglichenen Werte sowohl eine möglichst glatte „Kurve“ als auch eine möglichst gute Anpassung an die rohen Werte erreichen. Als Maß für diese Ziele betrachtet man

- für die Glattheit die Summe der k-ten Differenzen

$$\sum_{x=0}^{102-k} (\Delta^k q_x^a)^2$$

mit $k \in \mathbb{N}_0$ und

$$\Delta^k q_x^a := \sum_{j=0}^{k} (-1)^j \cdot \binom{k}{j} \cdot q_{x+j}^a.$$

Für $x = 30$ und $k = 4$ etwa ist

$$\Delta^4 q_{30}^a = q_{30}^a - 4 \cdot q_{31}^a + 6 \cdot q_{32}^a - 4 \cdot q_{33}^a + q_{34}^a.$$

- für die Anpassung an die rohen Werte die gewichtete Summe der quadratischen Fehler

$$\sum_{x=0}^{102} w_x \cdot (q_x^a - \widehat{q}_x)^2$$

mit den Gewichten

$$w_x := \frac{n_x}{\sum_{s=0}^{102} n_s}.$$

Die Gewichte sorgen dafür, dass $\widehat{q}_x$-Werte für Alter x mit einem großen Bestand, die als vertrauenswürdiger gelten, einen stärkeren Einfluss haben (wie bei der gewichteten Regression der Kopfschäden).

Die beiden Maße werden nun kombiniert zu folgender Zielgröße, die wegen $q^a = A \cdot \widehat{q}$ über sämtliche reellen 103×103-Matrizen A minimiert werden soll:

$$\sum_{x=0}^{102} w_x \cdot (q_x^a - \widehat{q}_x)^2 + g \cdot \sum_{x=0}^{102-k} (\Delta^k q_x^a)^2. \tag{3.8}$$

Die Matrix A, die zu diesem Minimum führt, ist die gesuchte Matrix für die Ausgleichsmethode. Der Faktor $g > 0$ bestimmt, wie stark der Wunsch nach Glätte in die Zielgröße eingeht. Ein großes g führt zu einer starken Glättung.

Einige Worte zum Begriff der Glattheit sind angebracht. Wir verstehen darunter Folgendes: Die Anpassung an die rohen Werte ist perfekt, wenn man eine Interpolation durch die Punkte $(0, \widehat{q}_0), \ldots, (102, \widehat{q}_{102})$ durchführt. In Abb. 3.13 ist exemplarisch das interpolierende Polynom sechsten Grades durch die rohen Werte $\widehat{q}_{16}, \ldots, \widehat{q}_{22}$ dargestellt.

Diese Interpolationsfunktion hat offenbar an mehreren Stellen starke Steigungen und Krümmungen, d. h. betragsmäßig große erste, zweite oder gar höhere Ableitungen. Wir nennen eine Funktion glatt, wenn ihre Ableitungen bis zu einer gewissen Ordnung existieren und die höchste Ableitung betragsmäßig klein ist. Welche maximale Ordnung man nimmt und was *klein* bedeutet, hängt vom Kontext ab. Nun haben wir es hier nicht mit differenzierbaren Funktionen sondern mit diskreten Werten zu tun. In der diskreten Mathematik und Numerik verwendet man in ähnlichen Situationen die k-ten Differenzen als

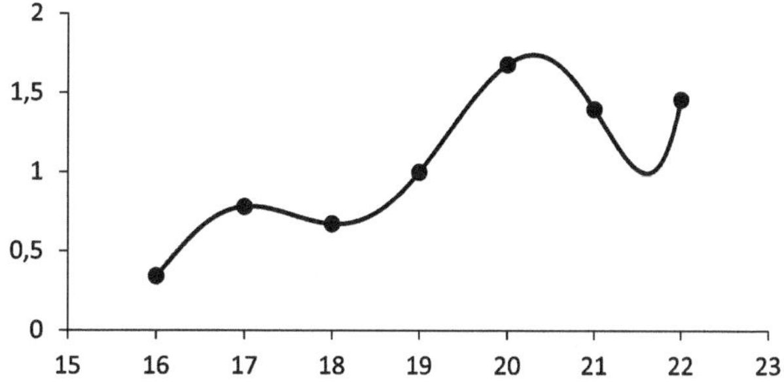

Abb. 3.13 Interpolationspolynom durch sieben rohe q_x-Werte

diskretes Gegenstück zu den k-ten Ableitungen (siehe z. B. Kap. 2 in [1]). Dies motiviert ihre Verwendung an dieser Stelle.

Definiert man

$$W := \begin{pmatrix} w_0 & 0 & \cdots & 0 \\ 0 & w_1 & \cdots & 0 \\ \vdots & \vdots & \ddots & \vdots \\ 0 & & \cdots & w_{102} \end{pmatrix}$$

und

$$D := \begin{pmatrix} \binom{k}{0} & -\binom{k}{1} & \cdots & (-1)^k\binom{k}{k} & 0 & 0 & \cdots & 0 \\ 0 & \binom{k}{0} & -\binom{k}{1} & \cdots & (-1)^k\binom{k}{k} & 0 & \cdots & 0 \\ \vdots & & \ddots & \ddots & & \ddots & & \vdots \\ 0 & \cdots & 0 & \binom{k}{0} & -\binom{k}{1} & \cdots & & (-1)^k\binom{k}{k} \end{pmatrix} \in \mathbb{R}^{103\times 103},$$

so kann man (3.8) schreiben als

$$[(A-I)\cdot\widehat{q}]^t \cdot W \cdot [(A-I)\cdot\widehat{q}] + g\cdot[D\cdot A\cdot\widehat{q}]^t\cdot[D\cdot A\cdot\widehat{q}]$$

mit der 103×103-Einheitsmatrix I.

Das Minimierungsproblem besitzt die eindeutige Lösungsmatrix (siehe Abschn. 7.4.3 in [2])

$$A_{\min} = (W + g\cdot D^t\cdot D)^{-1}\cdot W,$$

so dass sich die ausgeglichenen Sterbewahrscheinlichkeiten als $q^a = A_{\min}\cdot\widehat{q}$ ergeben.

Für die PKV-Sterbetafeln wird $g = 1$ und $k = 4$ gewählt. Die mit diesem Verfahren gewonnenen Werte seien mit

$$q_x^a(t), \qquad \text{für } x \in \{0,\ldots 102\},\ t \in \{t_1,\ldots,t_n\}$$

bezeichnet. Der Effekt des Ausgleiches kann in Abb. 3.14 betrachtet werden.

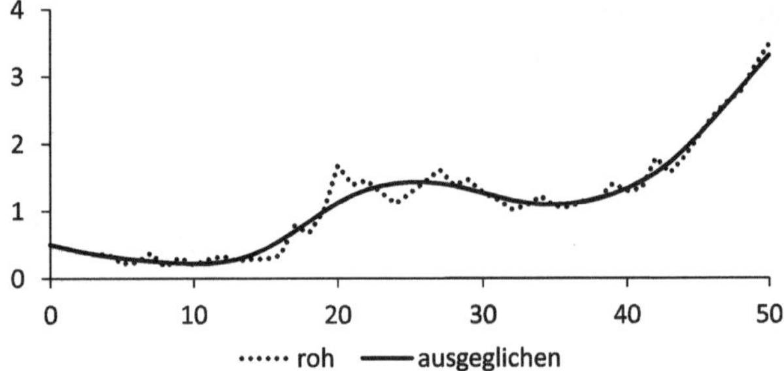

Abb. 3.14 Rohe und ausgeglichene Sterbewahrscheinlichkeiten im Altersbereich bis 50 in Promille

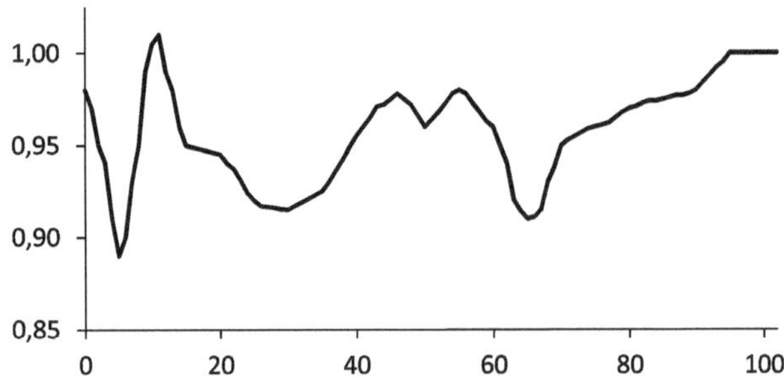

Abb. 3.15 Beispielhafter Verlauf von Trendfaktoren in Abhängigkeit vom Alter

3. Schritt: Trendermittlung

Hier wird ermittelt, ob und wie sich die $q_x^a(t)$ für festes x über die betrachteten Jahre $t \in \{t_1, \ldots, t_n\}$ entwickelt haben. Dazu wird der logarithmisch-lineare Ansatz verfolgt, wonach für jedes Alter x getrennt für die Werte $\ln(q_x^a(t_1)), \ldots, \ln(q_x^a(t_n))$ eine lineare Regression durchgeführt wird[19]. Sie liefert lineare Funktionen

$$-F_x \cdot t + B_x, \qquad x = 0, \ldots, 102$$

als Ausgleichsfunktionen für die logarithmierten Werte. Nach der Rücktransformation erhält man pro Alter die Größen

$$q_x^*(t) := \exp(-F_x \cdot t + B_x).$$

Die Werte F_x sind tatsächlich fast immer positiv. Man nennt die von t unabhängige Abnahme der Sterblichkeit $q_{x,t+1}^*/q_{x,t}^* = \exp(-F_x)$ pro Alter und Jahr auch den Trendfaktor. Hat etwa der Trendfaktor F_{60} den Wert 0,95, dann nimmt die Sterbewahrscheinlichkeit 60-jähriger Männer pro Jahr um 5 % ab. Die Schreibweise des Koeffizienten vor t als $-F_x$ soll die Abnahme der Werte im Zeitverlauf unterstreichen. Ist $F_x > 1$ in hohen Altern, werden die Werte mit Eins minimiert (siehe Abb. 3.15).

Die Trendfaktoren variieren stark mit dem Alter, daher werden sie ausgeglichen durch eine (stückweise lineare) Funktion G_x, wir ersetzen also $\exp(-F_x)$ durch G_x bzw. $-F_x$

[19] Vergleiche auch mit Aufgabe 3.1.

durch $\ln(G_x)$. Dies führt zu den mit Trendfaktor versehenen Werten[20]

$$q_x^{\text{Trend}}(t) := \exp(\ln(G_x) \cdot t + B_x), \qquad \text{für } x \in \{0, \dots 102\},\ t \in \{t_1, \dots, t_n\}.$$

Für ein **künftiges** Jahr $t = t_n + m$ $(m > 2)$ würde man die Sterbewahrscheinlichkeit per Extrapolation definieren als

$$\exp(\ln(G_x) \cdot (t_n + m) + B_x) = G_x^m \cdot \exp(\ln(G_x) \cdot t_n + B_x) = G_x^m \cdot q_x^{\text{Trend}}(t_n). \quad (3.9)$$

Daher konzentrieren wir uns nun nur noch auf die ausgeglichenen Werte zum Zeitpunkt t_n. Bevor der modellierte Trend aber in eine abschließende Projektion mündet, muss der folgende Punkt abgearbeitet werden.

4. Schritt: Einrechnung eines Sicherheitsabschlages
Die bisher ermittelten Werte stellen ungeachtet aller Ausgleichsverfahren erwartete Werte dar, man spricht auch von Best Estimate Werten. Werden diese unterschritten, ergibt sich eine höheren Lebenserwartung und damit höhere Leistungen für den Versicherer (vgl. mit Satz 5.6). Aus Gründen der Sicherheit wird daher eine Reduktion der $q_x^{\text{Trend}}(t_n)$ durchgeführt, um dieses für das Unternehmen negative Ereignis kalkulatorisch bereits vorwegzunehmen. Hier wird § 2 Abs. 3 KVAV Rechnung getragen, der ja solche Sicherheiten für alle Rechnungsgrundlagen verlangt (siehe auch die entsprechende Bemerkung zu Beginn des aktuellen Kapitels).

Der Abschlag wird mittels eines Konfidenzansatzes bestimmt, der im Folgenden allgemein skizziert wird. Die erwartete Anzahl der Verstorbenen des Alters x eines künftigen Jahres beträgt

$$n_x \cdot q_x,$$

wenn q_x ein Best Estimate Wert ist und n_x die Bestandsgröße zu Jahresbeginn.
Die wahre Anzahl der Verstorbenen sei mit T_x bezeichnet, ist nun aber eine Zufallsvariable mit $\mathrm{E}[T_x] = n_x \cdot q_x$. Es ist plausibel, dass T_x einer Binomialverteilung $B(n, p)$ mit Erwartungswert $n \cdot p$ folgt[21]. In diesem Fall lauten die Parameter $n = n_x$ und $p = q_x$, so dass also

$$\mathrm{P}[T_x \leq l] = \sum_{j=0}^{l} \binom{n_x}{j} \cdot q_x^j \cdot (1 - q_x)^{n_x - j}$$

[20] Bei diesen Untersuchungen ist immer darauf zu achten, ob es Sondereffekte im Datenmaterial gibt, die sich auf die Ausgleichungen und Trends auswirken können, wie etwa Grippewellen oder Epidemien.

[21] Siehe Anhang. Man vergleiche mit dem klassischen Experiment *Ziehen aus einer unendlich großen Urne*. Es wird n_x-mal gezogen, wobei die Trefferwahrscheinlichkeit q_x ist. Dieses Modell wird durch die Binomialverteilung $B(n_x, q_x)$ beschrieben.

für ganzzahliges $0 \leq l \leq n_x$. Die Wahrscheinlichkeit des für den Versicherer negativen Ereignisses $T_x < \mathrm{E}[T_x]$ ist dann ca. 50 %. Um sie zu verringern, werden Abschlagsterme s_x eingeführt derart, dass gilt

$$\mathrm{P}\left[T_x < n_x \cdot (q_x - s_x)\right] = \alpha', \qquad \text{für } x \in \{0, \ldots 102\}$$

mit einem Konfidenzniveau α' nahe 0. Rechnen wir also von Beginn an mit den reduzierten Sterbewahrscheinlichkeiten $q_x - s_x$, wird das negative Ereignis, dass die Anzahl der Verstorbenen des Alters x unter der kalkulatorisch erwarteten liegt, höchstens mit der Wahrscheinlichkeit α' auftreten.

In den verschiedenen Altern kann es nun sowohl zu einer Über- als auch Unterschreitung des Best Estimate Wertes kommen. Summiert man über alle Alter, dann heben sich viele dieser Abweichungen auf, so dass eine Unterschreitung des Erwartungswertes der Summe mit geringerer Wahrscheinlichkeit vorkommt als Unterschreitungen in einzelnen Altern. Definiert man die Anzahl aller Verstorbenen

$$T := \sum_{x=0}^{102} T_x,$$

so will man daher eher die Wahrscheinlichkeit

$$\mathrm{P}\left[T < \sum_{x=0}^{102} n_x \cdot (q_x - s_x)\right] \tag{3.10}$$

klein halten. Soll diese einen vorgegebenen Wert α nahe Null haben, so wird das mit einem vergleichsweise viel größeren α' zu erreichen sein. Dies ist wichtig, da mit größerem α' kleinere s_x einhergehen.

Um weiter argumentieren zu können müssen wir etwas über die Verteilung von T wissen. Summen von Binomialverteilungen haben i. Allg. keine Verteilungsfunktion in geschlossener Form. Nach dem Satz von Moivre-Laplace (siehe Anhang) lässt sich eine Binomialverteilung $B(n, p)$ aber hinreichend gut durch eine Normalverteilung $N(n \cdot p, n \cdot p \cdot (1-p))$ annähern, wenn $n \cdot p \cdot (1-p) > 9$ ist (diese Bedingung ist beim verwendeten Datenmaterial erfüllt). Also ist[22]

$$\mathrm{P}[T_x \leq l] \approx \Phi\left(\frac{l - n_x \cdot q_x}{\sqrt{n_x \cdot q_x \cdot (1 - q_x)}}\right).$$

Damit lässt sich s_x bereits durch eine Formel ermitteln, die allerdings noch das unbekannte α' enthält:

$$\begin{aligned} \alpha' &= \mathrm{P}\left[T_x < n_x \cdot (q_x - s_x)\right] \\ &\approx \Phi\left(\frac{n_x \cdot q_x - n_x \cdot s_x - n_x \cdot q_x}{\sqrt{n_x \cdot q_x \cdot (1 - q_x)}}\right) \\ &= \Phi\left(\frac{-n_x \cdot s_x}{\sqrt{n_x \cdot q_x \cdot (1 - q_x)}}\right), \end{aligned}$$

[22] Mit Φ wird die Verteilungsfunktion der Standardnormalverteilung bezeichnet; siehe Anhang.

so dass für das α'-Quantil $u_{\alpha'} := \Phi^{-1}(\alpha')$ der Standard-Normalverteilung gilt

$$u_{\alpha'} = \frac{-n_x \cdot s_x}{\sqrt{n_x \cdot q_x \cdot (1 - q_x)}},$$

bzw.

$$s_x = -u_{\alpha'} \cdot \sqrt{\frac{q_x \cdot (1 - q_x)}{n_x}}. \tag{3.11}$$

Die Normal-Approximation der T_x hat den weiteren Vorteil, dass man nun auch eine (approximative) explizite Verteilung der Summe T angeben kann, sofern die stochastische Unabhängigkeit der Zufallsvariablen T_x für $x = 0, \ldots, 102$ vorausgesetzt wird. Denn die Summe unabhängiger normalverteilter Zufallsvariablen ist wieder normalverteilt, wobei die μ- und σ^2-Parameter einfach addiert werden (siehe Anhang). Daher gilt approximativ

$$T = \sum_{x=0}^{102} T_x \sim N\Big(\sum_{x=0}^{102} n_x \cdot q_x, \sum_{x=0}^{102} n_x \cdot q_x \cdot (1 - q_x)\Big).$$

Bringt man dies mit (3.10) und (3.11) zusammen, so ergibt sich folgender Zusammenhang zwischen α und α' (siehe Aufgabe 3.7):

$$u_{\alpha'} = u_\alpha \cdot \frac{\sqrt{\sum_x n_x \cdot q_x \cdot (1 - q_x)}}{\sum_x \sqrt{n_x \cdot q_x \cdot (1 - q_x)}}, \tag{3.12}$$

und daher endgültig

$$s_x = -u_\alpha \cdot \frac{\sqrt{\sum_s n_s \cdot q_s \cdot (1 - q_s)}}{\sum_s \sqrt{n_s \cdot q_s \cdot (1 - q_s)}} \cdot \sqrt{\frac{q_x \cdot (1 - q_x)}{n_x}}.$$

Auf Basis der Werte für $n_s = n_s(t_n)$ und $q_s = q_s^{\text{Trend}}(t_n)$ des Jahres t_n und dem Wert $\alpha = 0{,}01$ können nun alle s_x berechnet werden. Sie hängen natürlich stark von den Bestandszahlen ab. Der Wert von α' liegt unter Zugrundelegung aktueller Bestandszahlen bei etwa 0,4 (mit leichten Unterschieden zwischen Männern und Frauen). In Abb. 3.16 sind beispielhafte Promillewerte von s_x aufgetragen (bis Alter 80, da die Werte danach stark ansteigen). Man erkennt deutlich, dass in Altersbereichen mit großen Beständen (zwischen 30 und 60) nur kleine absolute (wie auch relative) Abschläge nötig sind.

Die mit Sicherheitsabschlag s_x versehenen Werte des Jahres t_n werden bezeichnet mit

$$q_x^s(t_n) := q_x^{\text{Trend}}(t_n) - s_x.$$

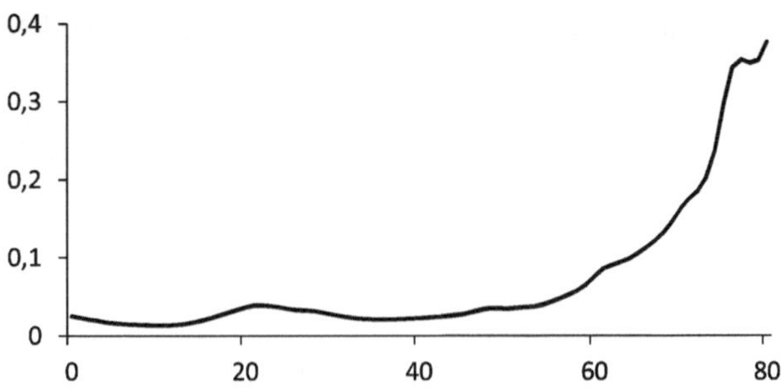

Abb. 3.16 Beispielhafte Sicherheitsabschläge s_x bis Alter 80 in Promille

5. Schritt: Projektion
Jede Sterbetafel ist ausgerichtet auf ein Zieljahr, bis zu dem die Werte für die Tarifierung verwendbar sein sollen. Das Zieljahr liegt üblicherweise 5 Jahre nach dem aktuellen Jahr, also bei $t_{n+7} = t_n + 7$. Dazu werden die mit dem Abschlag versehenen Werte des Jahres t_n mittels der Trendfaktoren wie in (3.9) auf das Zieljahr extrapoliert. Es ergibt sich die Sterbewahrscheinlichkeit

$$q'_x := G_x^7 \cdot q_x^s(t_n).$$

6. Schritt: Restriktion auf die Vorjahreswerte
Es kann vorkommen, dass einige der bis hierhin ermittelten Werte größer sind als die der vorherigen Sterbetafel. Aus Vorsichtsgründen setzt man daher maximal diesen vorherigen Wert an. Damit erhalten wir die endgültigen Sterbewahrscheinlichkeiten

$$q_x := \min\{q'_x, q_x^{\text{Vorjahr}}\}.$$

3.3.2 Stornowahrscheinlichkeiten

Die Stornowahrscheinlichkeit ist die Wahrscheinlichkeit, aus dem Grunde Storno aus dem Kollektiv auszuscheiden. Als Zeithorizont wird wieder ein Jahr zugrunde gelegt. Die Unterscheidungsmerkmale dieser Wahrscheinlichkeiten sind abhängig von

- Alter und Geschlecht der Person,
- tarifbezogenen Merkmalen wie Beihilfeanspruch sowie Unterscheidung zwischen Krankheitsvollkosten-, Krankentagegeld- und Zusatzversicherung,
- der bisherigen Versicherungsdauer.

Da sich die beruflichen Rahmenbedingungen bei Beamten in viel geringerem Maße ändern als bei anderen Versicherten (und vor allem als bei den Selbständigen), ist ein von diesem Status abhängiges Storno verständlich. Die bisherige Versicherungsdauer ist in jungen und mittleren Altern viel signifikanter als das Alter. Da ein Wechsel des Versicherers mit zunehmender Dauer immer unattraktiver wird, sind die Stornowahrscheinlichkeiten bei geringen Dauern stark erhöht. Trotzdem ist die Dauer nicht als Merkmal in den endgültigen Werten enthalten, sie spielt aber bei der Herleitung eine wichtige Rolle.

Weitere Einflussfaktoren für das Storno existieren (z. B. Kundenzufriedenheit in Abhängigkeit von Service und Kulanz, Wettbewerberangebote, Häufigkeit und Höhe von Beitragsanpassungen), werden aber bei der Kalkulation nicht weiter berücksichtigt (siehe auch die Anmerkungen zu den Tarifmerkmalen in Abschn. 2.3).

Auf einen wichtigen Unterschied zu den Sterbewahrscheinlichkeiten sei noch hingewiesen: Anders als beim Sterbealter ist die Kenntnis des Stornoalters unsymmetrisch zwischen Versicherer und Versichertem verteilt; der Stornovorgang ist ein bewusster Akt des Versicherungsnehmers. Insofern ist das Stornoalter nur aus Sicht des Unternehmens vollständig zufällig. Daher ist auch eine Abhängigkeit vom Kalenderjahr t in keiner Weise sinnvoll zu modellieren, da die Einflussgrößen nicht projizierbar sind. Dies und die Unabhängigkeit von der Einzelperson zugunsten der obigen Risikomerkmale macht sich bemerkbar in der Schreibweise X_x^{St} für das Alter bei Storno.

Definition 3.3 (Stornowahrscheinlichkeiten)
Die einjährige Stornowahrscheinlichkeit *einer x-jährigen Person des Kollektivs für ganzzahliges x ist definiert als*

$$w_x := \text{P}[X_x^{\text{St}} < \min\{x + 1, X_x^{\text{Tod}}\}].$$

In den Abb. 3.17, 3.18 und 3.19 sind die Stornowahrscheinlichkeiten der BaFin für das Jahr 2014 aufgetragen[23]. Der unregelmäßige Verlauf des Stornos bei Beihilfe und Normalen in jungen Altern ist der Tatsache geschuldet, dass das wesentliche Merkmal Versicherungsdauer in w_x indirekt verarbeitet ist. Zudem ist ein starker Abfall des Stornos ab Alter 55 erkennbar. Dies liegt an der Tatsache, dass Versicherungsnehmer ab diesem Alter nur unter sehr restriktiven Bedingungen aus der PKV in die GKV zurück wechseln können (siehe Abschn. 1.2.2). Desweiteren erkennt man das stark erhöhte Storno bei

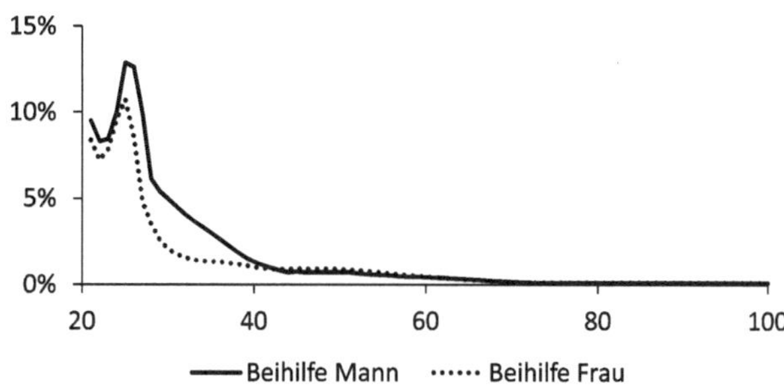

Abb. 3.17 BaFin-Stornowahrscheinlichkeiten 2014 für Beihilfeberechtigte in Prozent

[23] Diese sind Bestandteil der PKV-Wahrscheinlichkeitstafeln, die auch die Kopfschadenreihen enthalten.

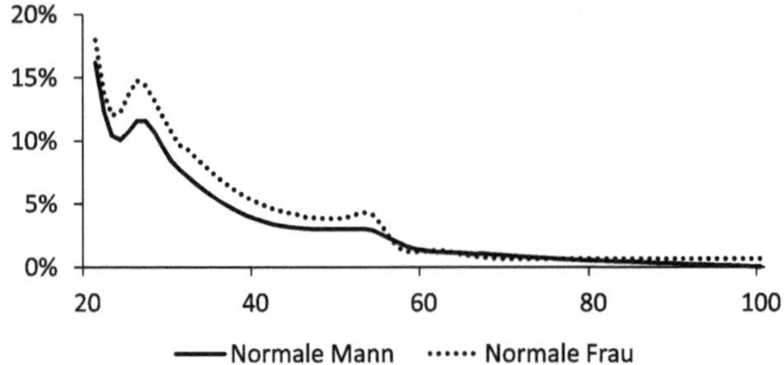

Abb. 3.18 BaFin-Stornowahrscheinlichkeiten 2014 für normale Versicherungsnehmer in Prozent

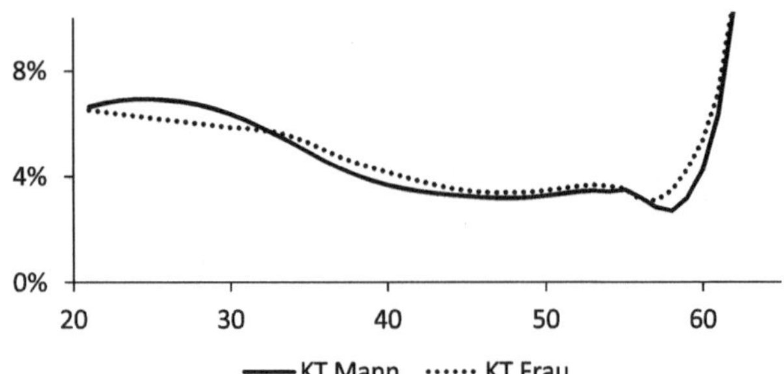

Abb. 3.19 BaFin-Stornowahrscheinlichkeiten 2014 für Krankentagegeld in Prozent

Krankentagegeld für Alter ab 60. Der Grund hierfür liegt einerseits in der Überlegung einiger Versicherungsnehmer, die letzten Berufsjahre auch ohne eine solche Versicherung zu überstehen und andererseits darin, dass ein Eintritt in die Rente oft auch vor dem Alter 65 stattfindet.

Die Herleitung von konkreten Stornotafeln wird auf Abschn. 6.5 verschoben. Der naive Ansatz, das rohe Storno als Verhältnis der Anzahl der stornierten Personen zur Gesamtanzahl zu Jahresbeginn zu definieren (wie bei den rohen Sterbewahrscheinlichkeiten), missachtet wichtige Zusammenhänge und führt unter Umständen zu finanziellen Verlusten.

3.3.3 Zusammengesetzte Ordnung und Bestandsentwicklung

Wir beantworten nun noch die Frage, wie die beiden Ausscheidegründe zusammenwirken, denn zunächst ist der Grund des Ausscheidens nicht wichtig für die weitere Verwendung der angesammelten Rückstellung ausgeschiedener Personen. Wir definieren für ein ganzzahliges Alter x

$$X_x := \min\{X_x^{\mathrm{Tod}}, X_x^{\mathrm{St}}\},$$

das Alter einer jetzt x-jährigen Person des Kollektivs bei Ausscheiden aus dem Kollektiv, egal aus welchem Grund, und für $k \in \mathbb{N}$

$$_k p_x := \mathrm{P}[X_x \geq x + k] \tag{3.13}$$

die sog. k-jährige Verbleibewahrscheinlichkeit der x-jährigen Person. Es handelt sich also um die Wahrscheinlichkeit, dass eine x-jährige Person mindestens k Jahre im Bestand verbleibt. Man setzt noch $p_x := {}_1p_x$ und ${}_0p_x := 1$.

Satz 3.4 (Verbleibewahrscheinlichkeiten)
Es gelten die folgenden Zusammenhänge:

(a) $p_x = 1 - q_x - w_x$

(b) ${}_kp_x = \prod_{t=0}^{k-1} p_{x+t}$

(c) ${}_kp_x = {}_mp_x \cdot {}_{k-m}p_{x+m}$ *für* $m < k$

▷ *Beweis:*

(a) Wir betrachten die Größe $1 - p_x$:

$$\begin{aligned} 1 - p_x &= \mathrm{P}[\min\{X_x^{\mathrm{Tod}}, X_x^{\mathrm{St}}\} < x + 1] \\ &\overset{(12.1)}{=} \mathrm{P}[\{X_x^{\mathrm{Tod}} < x + 1\} \cup \{X_x^{\mathrm{St}} < x + 1\}]. \end{aligned}$$

Die beiden Ereignisse $\{X_x^{\mathrm{Tod}} < x + 1\}$ und $\{X_x^{\mathrm{St}} < x + 1\}$ sind nicht disjunkt, wohl aber

$$\{X_x^{\mathrm{Tod}} < x + 1\} \cap \{X_x^{\mathrm{Tod}} \leq X_x^{\mathrm{St}}\} \quad \text{und} \quad \{X_x^{\mathrm{St}} < x + 1\} \cap \{X_x^{\mathrm{St}} \leq X_x^{\mathrm{Tod}}\}.$$

Da

$$\begin{aligned} &\{X_x^{\mathrm{Tod}} < x + 1\} \cup \{X_x^{\mathrm{St}} < x + 1\} \\ &= \left[\{X_x^{\mathrm{Tod}} < x + 1\} \cap \{X_x^{\mathrm{Tod}} \leq X_x^{\mathrm{St}}\}\right] \cup \left[\{X_x^{\mathrm{St}} < x + 1\} \cap \{X_x^{\mathrm{St}} \leq X_x^{\mathrm{Tod}}\}\right], \end{aligned}$$

folgt[24]

$$\begin{aligned} &1 - p_x \\ &= \mathrm{P}[\{X_x^{\mathrm{Tod}} < x + 1\} \cap \{X_x^{\mathrm{Tod}} \leq X_x^{\mathrm{St}}\}] + \mathrm{P}[\{X_x^{\mathrm{St}} < x + 1\} \cap \{X_x^{\mathrm{St}} \leq X_x^{\mathrm{Tod}}\}] \\ &\overset{(12.2)}{=} \mathrm{P}[X_x^{\mathrm{Tod}} < \min\{x + 1, X_x^{\mathrm{St}}\}] + \mathrm{P}[X_x^{\mathrm{St}} < \min\{x + 1, X_x^{\mathrm{Tod}}\}] \\ &= q_x + w_x. \end{aligned}$$

(b) Es ist plausibel anzunehmen, dass

$$\mathrm{P}[X_x \geq x + k \mid X_x \geq x + 1] = \mathrm{P}[X_{x+1} \geq x + k - 1].$$

[24] Es gilt $\mathrm{P}[A \cup B] = \mathrm{P}[A] + \mathrm{P}[B]$ für disjunkte Ereignisse A, B.

Das heißt unter der Bedingung, dass ein x-Jähriger mindestens ein Jahr verbleibt, ist die Wahrscheinlichkeit, k Jahre zu verbleiben, so groß wie die, ab dem nächsten Jahr (im Alter $x+1$) mindestens $k-1$ Jahre zu verbleiben. Setzt man die Definition der bedingten Wahrscheinlichkeit ein, bedeutet dies

$$\frac{\mathrm{P}[\{X_x \geq x+k\} \cap \{X_x \geq x+1\}]}{\mathrm{P}[X_x \geq x+1]} = \mathrm{P}[X_{x+1} \geq x+k-1].$$

Da

$$\{X_x \geq x+k\} \cap \{X_x \geq x+1\} = \{X_x \geq x+k\}$$

folgt daraus

$$\mathrm{P}[X_x \geq x+k] = \mathrm{P}[X_x \geq x+1] \cdot \mathrm{P}[X_{x+1} \geq x+k-1].$$

(Man beachte, dass dies die Unabhängigkeit der beiden Ereignisse ist, als x-Jähriger mindestens 1 Jahr und als $x+1$-Jähriger mindestens $k-1$ Jahre zu überleben.) Mit dem letzten Faktor dieser Gleichung kann wieder so verfahren werden,

$$\mathrm{P}[X_{x+1} \geq x+k-1] = \mathrm{P}[X_{x+1} \geq x+2] \cdot \mathrm{P}[X_{x+2} \geq x+k-2],$$

so dass schließlich induktiv folgt

$${}_k p_x = \mathrm{P}[X_x \geq x+k] = \prod_{t=0}^{k-1} \mathrm{P}[X_{x+t} \geq x+t+1].$$

Aus (a) folgt dann die Formel.

(c) Dies folgt aus (b), denn

$$\begin{aligned}
{}_k p_x &= \prod_{t=0}^{k-1}(1-q_{x+t}) \\
&= \prod_{t=0}^{m-1}(1-q_{x+t}) \cdot \prod_{t=m}^{k-1}(1-q_{x+t}) \\
&\stackrel{\text{IV}}{=} \prod_{t=0}^{m-1}(1-q_{x+t}) \cdot \prod_{t=0}^{k-m-1}(1-q_{x+m+t}) \\
&= {}_m p_x \cdot {}_{k-m} p_{x+m}.
\end{aligned}$$

Anschaulich bedeutet ein Verbleiben von k Jahren als x-Jähriger also ein Verbleiben von m Jahren und ein weiteres Verbleiben von $m-k$ Jahren als $x+m$-Jähriger. ∎

Bestandsentwicklung

Startet man zum aktuellen Zeitpunkt mit einer Personengesamtheit von l_{21} Personen des Alters 21 eines Geschlechts, ist die Entwicklung der Personenanzahl der kommenden Jahre von Interesse. Dabei wird davon ausgegangen, dass es keine Zugänge in die Personengesamtheit gibt, sondern nur Abgänge durch Tod oder Storno. Wir definieren dazu für $x > 21$ die Zufallsvariable L_x als die Anzahl der noch im Bestand befindlichen Personen der ursprünglichen Gesamtheit im Alter x (also in $x-21$ Jahren). Es soll in Anlehnung an die vorigen Unterabschnitte keine Abhängigkeit vom Kalenderjahr geben.

Ähnlich wie bei der Herleitung der Sterbewahrscheinlichkeiten kann man in der zusammengesetzten Ordnung die Anzahl T_k der in einem Zeitraum der Dauer k ausscheidenden Personen als binomialverteilt annehmen: $T_k \sim B(l_{21}, 1 - {}_k p_{21})$. Da $L_x = l_{21} - T_{x-21}$, folgt

$$l_x := \mathrm{E}[L_x] = l_{21} - l_{21} \cdot (1 - {}_{x-21}p_{21}) = {}_{x-21}p_{21} \cdot l_{21}. \tag{3.14}$$

Die Größen l_x lassen sich aufgrund von Satz 3.4 (a) und (b) rekursiv bestimmen:

$$l_{21} := 100.000, \qquad l_{x+1} := (1 - q_x - w_x) \cdot l_x \quad (x \geq 21). \tag{3.15}$$

Die Werte geben die Größe eines fiktiven Bestandes von versicherten Personen im Laufe der Zeit wider, der sich gemäß der rechnungsmäßigen Sterbe- und Stornowahrscheinlichkeiten entwickelt. Man startet mit 100.000 Personen des Alters 21. Von einem Jahr zum nächsten scheiden $(q_x + w_x) \cdot l_x$ Personen aus. Der Startwert l_{21} ist i. Allg. nicht entscheidend, da es oft nur auf prinzipielle Aspekte ankommt bzw. Quotienten der l_x gebildet werden.

Beispiel 3.3 Auf Basis der Sterbetafel PKV 2016 und der BaFin-Stornotafel 2014 für normale Männer ergeben sich die ersten Werte des fiktiven Bestandes zu

x	q_x	w_x	l_x
21	0,000417	0,1619	100.000
22	0,000426	0,1242	83.768
23	0,000415	0,1041	73.329
24	0,000398	0,1009	65.665
25	0,00038	0,1077	59.013
26	0,000359	0,1158	52.635
27	0,000333	0,1159	46.521
28	0,000311	0,1077	41.114
29	0,000296	0,0956	36.673
30	0,000288	0,0845	33.156

Zum Beispiel ist $83.768 = 100.000 \cdot (1 - 0{,}000417 - 0{,}1619)$, wobei die Nachkommastellen weggelassen werden. Man erkennt nochmals deutlich, dass in jungen Altern

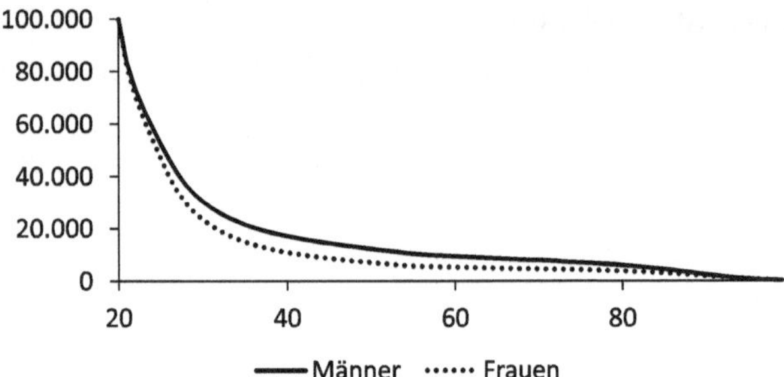

Abb. 3.20 Rechnungsmäßige Bestandsentwicklung für normale Versicherte mit BaFin-Storno 2014 und PKV-Sterbetafel 2016

das Storno erheblich überwiegt und die Sterblichkeit keinen signifikanten Einfluss auf die Bestandsentwicklung hat. Das bewirkt auch die starke Abnahme des Bestandes in den ersten Jahren. Die Abb. 3.20 zeigt die komplette rechnungsmäßige Bestandsentwicklung für normale Versicherte. ▲

Aus der rekursiven Definition der l_x folgt für $x \in A$ und $k > 0$ sofort

$$l_{x+k} = \prod_{t=0}^{k-1} (1 - q_{x+t} - w_{x+t}) \cdot l_x,$$

so dass man den Zusammenhang

$$_k p_x = \frac{l_{x+k}}{l_x} \tag{3.16}$$

erhält, der später noch häufiger verwendet wird. Als direkte Anwendung sei für ein $x_0 \geq 21$ eine Bestandsgröße n_{x_0} von x_0-jährigen Versicherten gegeben. Soll die zusammengesetzte Ausscheideordnung $\{q_x\}_{x \in A}$ und $\{w_x\}_{x \in A}$ für diesen Bestand gelten, dann lässt sich Zufallsvariable N_x der im künftigen Alter $x > x_0$ noch im Bestand befindlichen Personen in der Form

$$N_x = \frac{n_{x_0}}{l_{x_0}} \cdot L_x$$

schreiben mit L_x und l_x wie oben. Daher ist

$$n_x := \mathrm{E}[N_x] = \frac{n_{x_0}}{l_{x_0}} \cdot l_x = n_{x_0} \cdot {}_{x-x_0}p_{x_0}. \tag{3.17}$$

3.3.4 Übertrittswahrscheinlichkeiten

Neben dem allgemeinen Storno muss ein besonderes Storno berücksichtigt werden, das den Übergang eines Versicherungsnehmers von einem privaten Krankenversicherungsun-

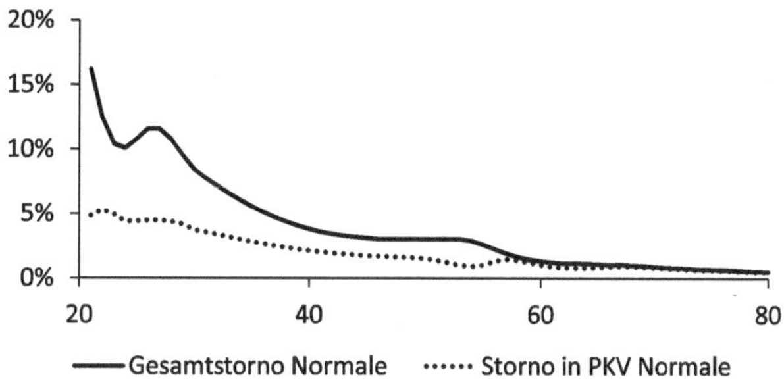

Abb. 3.21 Stornowahrscheinlichkeiten Gesamt und in die PKV für normale Männer in Prozent

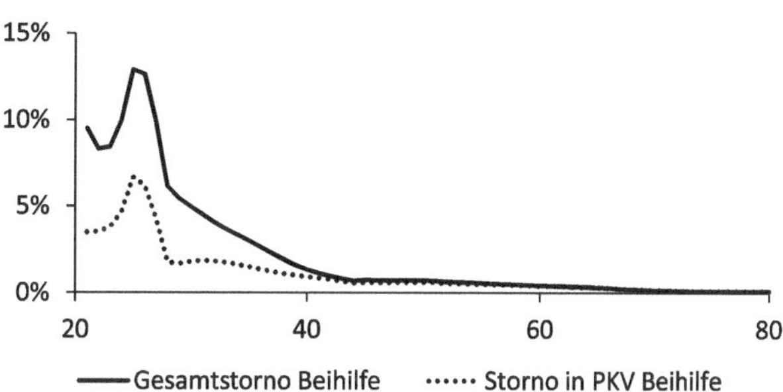

Abb. 3.22 Stornowahrscheinlichkeiten Gesamt und in die PKV für beihilfeberechtigte Männer in Prozent

ternehmen zu einem anderen angibt. Bei einem solchen Wechsel wird der sog. Übertragungswert berechnet und dem Versicherungsnehmer bei seinem neuen Anbieter gutgeschrieben. Diese Wechselwahrscheinlichkeiten werden mit w_x^{PKV} bezeichnet. Allerdings benötigen wir explizit auch die Stornowahrscheinlichkeiten in die GKV, welche mit w_x^{GKV} eine eigene Bezeichnung erhalten sollen. Es gilt dann $w_x^{\text{PKV}} + w_x^{\text{GKV}} = w_x$.

Die BaFin stellt Tafeln für die w_x^{GKV} zur Verfügung. In den Abb. 3.21 und 3.22 sind die Werte der w_x im Vergleich zu den w_x^{PKV} aus den Tafeln 2014 für Männer zu sehen. Für Frauen sind die Verläufe sehr ähnlich. Bei Krankentagegeld storniert der Großteil in die PKV.

Wir werden dieser Rechnungsgrundlage in den Abschn. 6.4 und 9.3 wieder begegnen.

3.4 Weitere Zuschläge

Sicherheitszuschlag

Dieser Zuschlag wird bei der Berechnung der Bruttoprämie eine Rolle spielen. Er wird mit Hilfe einer Prozentzahl σ angewandt auf die Brutto-Jahresprämie bestimmt.

§ 7 KVAV

In die Prämie ist ein Sicherheitszuschlag von mindestens fünf Prozent der Bruttoprämie einzurechnen, der nicht bereits in anderen Rechnungsgrundlagen enthalten sein darf.

Zu den Sicherheiten, die im Rechnungszins, den Kopfschäden sowie den Ausscheidewahrscheinlichkeiten eingerechnet sind, ist dieser Sicherheitszuschlag also zusätzlich zu erheben, bevor die Prämie ihre endgültige Gestalt besitzt. Er soll das Risiko auffangen, dass sich die übrigen Rechnungsgrundlagen nicht als ausreichend erweisen. Dies kann aus unterschiedlichen Gründen eintreten, neben den üblichen statistischen Schwankungen kann etwa eine fehlerhafte Prognose ursächlich sein. Insbesondere anhaltende Abweichungen gewisser Rechnungsgrundlagen können problematisch werden. Dies spielt darauf an, dass nur eine dauerhafte und ausreichend große Abweichung der Kopfschäden oder Sterbewahrscheinlichkeiten eine Beitragsanpassung auslösen kann (siehe Kap. 8). Im Rahmen einer solchen kann dann zwar auch jede andere Rechnungsgrundlage angepasst werden. Sollten aber Kopfschäden und Sterbewahrscheinlichkeiten längere Zeit wesentlich unverändert bleiben, dann kann etwa ein längerfristig fallender Zins nicht angepasst werden. Hier soll der Sicherheitszuschlag eingesetzt werden.

Der Wert von σ ist altersunabhängig (bis auf eine mögliche Senkung ab Alter 65). Es gibt zwar keine Begrenzung nach oben, aber da mit σ auch die Prämie steigt, wird er schon aus Wettbewerbsgründen nicht beliebig hoch sein. Praktisch sind Werte bis zu 15 % anzutreffen.

Sonstige Zuschläge

Sie sind in § 8 KVAV detailliert beschrieben und spielen ebenfalls eine Rolle bei der Bruttoprämienberechnung.

§ 8 (1) KVAV

Die sonstigen Zuschläge umfassen

1. *die unmittelbaren Abschlusskosten,*
2. *die mittelbaren Abschlusskosten,*
3. *die Schadenregulierungskosten,*
4. *die sonstigen Verwaltungskosten,*
5. *den Zuschlag für eine erfolgsunabhängige Beitragsrückerstattung,*
6. *bei substitutiven Krankenversicherungen den Zuschlag zur Umlage der Begrenzung der Beitragshöhe im Basistarif [. . .],*
7. *für den Basistarif zusätzlich den Zuschlag zur Umlage der Mehraufwendungen durch Vorerkrankungen,*
8. *den Zuschlag für den Standardtarif.*

Eine eingehende Beschreibung dieser Zuschläge wird auf Abschn. 5.3 verschoben.

3.5 Aufgaben

A. 3.1

Für die Extrapolation der Grundkopfschäden zur Festlegung eines rechnungsmäßigen Grundkopfschadens des Folgejahres soll in dieser Aufgabe ein *log-lineares Modell* betrachtet werden. Die Bezeichnungen stammen aus Abschn. 3.2.4.

Legen die beobachteten Grundkopfschäden $G^{(b)}(t)$ eine Regression mit einer Exponentialfunktion als Regressionsfunktion nahe, ist die Größe

$$\sum_{j=0}^{n} \left(G^{(b)}(t_0 - j) - a \cdot e^{b \cdot (t_0 - j)}\right)^2$$

in Abhängigkeit der reellen Parameter a und b zu minimieren. Anders als bei polynomiellen Regressionsfunktionen führt die Bestimmung der Nullstellen der partiellen Ableitungen zu einem nichtlinearen Gleichungssystem, das i. Allg. nur mit Hilfe einer geeigneten Software gelöst werden kann. Im log-linearen Modell dagegen wird für die Datenpunkte $(t_0 - j, \ln(G^{(b)}(t_0 - j)))$ der logarithmierten Grundkopfschäden eine Regression mit einer linearen Regressionsfunktion durchgeführt, basierend auf dem Zusammenhang $\ln(a \cdot e^{b \cdot (t_0 - j)}) = \ln(a) + b \cdot (t_0 - j)$. Die Schätzer $\widehat{\ln(a)}$ und $\widehat{b}$ für die gesuchten Parameter lassen sich daher mit Hilfe der bekannten Formeln einer solchen Regression bestimmen (siehe Anhang). Als Regressionsfunktion liefert dieser Ansatz dann nach der Rücktransformation die sog. log-lineare Regressionsfunktion

$$e^{\widehat{\ln(a)}} \cdot e^{\widehat{b} \cdot (t_0 - j)}.$$

Tatsächlich liefern die beiden Methoden (Lösen der nichtlinearen Gleichungen und der linearen Gleichungen des log-linearen Modells) nicht dieselben Schätzer, aber die Unterschiede sind für die Praxis marginal.

(a) Bestimmen Sie aus den Werten der folgenden Tabelle sowohl die lineare als auch die log-lineare Regressionsfunktion.

t	$t_0 - 2$	$t_0 - 1$	t_0
$G^{(b)}(t)$	100	103	110

(b) Wie lautet der in den Zeitpunkt $t_0 + 2$ extrapolierte Grundkopfschaden, berechnet mit den beiden Methoden?

A. 3.2

Es sei die Zufallsvariable Y_x der Erstattungsbeträge ohne Selbstbehalt für eine x-jährige Person gegeben. Die bedingte Zufallsvariable Y_x unter der Bedingung $Y_x > 0$ – wir nennen sie Y_x^+ – habe die folgende Dichte:

$$f(t) = \begin{cases} \lambda^2 \cdot t \cdot e^{-\lambda \cdot t}, & \text{falls } t \geq 0 \\ 0, & \text{falls } t < 0. \end{cases}$$

mit einem Parameter $\lambda > 0$ (es handelt sich um eine Gammaverteilung).

(a) Berechnen Sie $\mathrm{E}[Y_x^+]$.
(b) Sei X eine Zufallsvariable mit Verteilungsfunktion F. Zeigen Sie, dass die Zufallsvariable $\max\{X - a, 0\}$ die Verteilungsfunktion

$$F_a(t) = \begin{cases} F(t + a), & \text{falls } t \geq 0 \\ 0, & \text{falls } t < 0 \end{cases}$$

hat.
(c) Bestimmen Sie $\mathrm{E}[\max\{Y_x^+ - a, 0\}]$ für $a > 0$.
(d) Die Wahrscheinlichkeit der Schadenfreiheit sei $q = \mathrm{P}[Y_x = 0]$. Bestimmen Sie $K_x = \mathrm{E}[Y_x]$ und $K_x^a = \mathrm{E}[\max\{Y_x - a, 0\}]$ für $a > 0$.
(e) Vergleichen Sie K_x und K_x^a für $q = 0{,}1$, $\lambda = 0{,}02$ und $a = 50$ €.

Hinweis: Für Erwartungswerte von Zufallsvariablen mit Mischverteilung siehe den Anhang.

A. 3.3

Zeigen Sie die Aussage (c) in Abschn. 3.2.2, wonach die Profile bei einer Kostensteigerung abflachen. Welche zusätzlichen Voraussetzungen sind dafür nötig und wie plausibel sind diese? Verwenden Sie dafür Aussage (b) derselben Stelle.

A. 3.4

Zeigen Sie, dass die gleichgerichteten Kopfschäden aus dem Verfahren von Bahr (siehe Abschn. 3.2.4) über alle Tarife $s \in S$ genau dann übereinstimmen, wenn die Profile der Tarife $s \in S$ übereinstimmen.

A. 3.5

Führen Sie in Beispiel 3.2 den statistischen Ausgleich der $\overline{K_{\overline{x}}}$ anhand einer gewichteten Regression mit quadratischer Regressionsfunktion gemäß den Gleichungen (12.4) des Anhangs durch. Wie lautet der beobachtete Grundkopfschaden nach dem Ausgleich?

A. 3.6

Leiten Sie die Rekursionsformel (3.7) für die restliche Lebenserwartung e_x her.

Hinweise: (i) Analog zur Verbleibewahrscheinlichkeit definiert man die k-jährige Überlebenswahrscheinlichkeit durch

$${}_k\widetilde{p}_x := 1 - \mathrm{P}[X_x^{\mathrm{Tod}} < \min\{x + k, X_x^{\mathrm{St}}\}].$$

Für diese Größe gelten die Aussagen aus Satz 3.4 (b) und (c) entsprechend.

(ii) Da die Sterbetafel nur Wahrscheinlichkeiten für die ganzzahligen Alter enthält, wählen Sie den Ansatz

$$e_x = \sum_{k=0}^{103-x} (k + \tfrac{1}{2}) \cdot {}_k\widetilde{p}_x \cdot q_{x+k}.$$

Dabei wird der Zeitpunkt des Ausscheidens durch Tod in der Jahresmitte des Todesjahres angesetzt.

A. 3.7

Weisen Sie die Korrektheit von (3.12) nach.

A. 3.8

Für diese Aufgabe benötigen Sie eine geeignete Software (z. B. ein Tabellenkalkulationsprogramm). Gegeben seien fünf rohe Sterbewahrscheinlichkeiten (in Promille)

$$\widehat{q}_{\overline{28}} = 1{,}2763, \quad \widehat{q}_{\overline{33}} = 1{,}3842, \quad \widehat{q}_{\overline{38}} = 1{,}0758, \quad \widehat{q}_{\overline{43}} = 1{,}1744, \quad \widehat{q}_{\overline{48}} = 1{,}5646$$

für Altersgruppen $\overline{x} = \{x-2, \ldots, x+2\}$.

(a) Berechnen Sie die k-ten Differenzen $\Delta^k \widehat{q}_{\overline{x}}$ für $k = 2$.

(b) Wir betrachten für die Glättung der rohen Werte der Einfachheit wegen nur Matrizen der Form

$$A = \begin{pmatrix} a_2 & a_3 & 0 & 0 & 0 \\ a_1 & a_2 & a_3 & 0 & 0 \\ 0 & a_1 & a_2 & a_3 & 0 \\ 0 & 0 & a_1 & a_2 & a_3 \\ 0 & 0 & 0 & a_1 & a_2 \end{pmatrix}$$

mit $a_1, a_2, a_3 \in \mathbb{R}$. Bestimmen Sie diese drei Zahlen so, dass

$$\sum_{\overline{x}=\overline{28}}^{\overline{38}} (\Delta^2 q^a_{\overline{x}})^2 + \sum_{\overline{x}=\overline{28}}^{\overline{48}} (q^a_{\overline{x}} - q_{\overline{x}})^2$$

minimal wird, wobei $q^a = A \cdot \widehat{q}$ ist (für Details vergleiche mit den Ausführungen zum Whittacker-Henderson-Verfahren in Abschn. 3.3.1).

A. 3.9

Besorgen Sie sich auf der Webseite der BaFin die PKV-Sterbetafel 2016 sowie die Wahrscheinlichkeitstafeln 2014 der PKV, welche die Kopfschadenreihen und Stornotafeln enthalten (die Sterbetafel ist leider nur als pdf-Datei abgelegt, man muss sie erst übertragen). Bestimmen Sie damit die Bestandsentwicklungen $\{l_x\}_{x \in A}$ für Männer und Frauen sowohl für normale Versicherte als auch Beihilfeberechtigte und Krankentagegeldversicherte.

A. 3.10 (DAV 2009/2)

Ein Aktuar möchte aus beobachteten Kopfschäden ein Profil für die Männer eines neuen Tarifs N ermitteln. Das Profil soll auf das Alter 40 normiert werden.

Die bestehenden Tarife A, B, C haben eine ähnliche Leistungsstruktur wie Tarif N. Der Aktuar geht daher davon aus, dass er das Profil von N aus den beobachteten Kopfschäden der Tarife A, B, C ermitteln kann. Die Bestände der einzelnen Tarife sind jedoch dafür zu klein. Die Profilermittlung für Tarif N soll daher auf der Gesamtheit der drei Tarife A, B, C beruhen.

Zur Vereinfachung der Aufgabenstellung sei angenommen, dass das Profil nur für die drei Alter 39, 40, 41 ermittelt werden muss und dass eine Glättung der ermittelten Werte nicht erforderlich ist. Der Aktuar erwartet, dass im Bestand zum neuen Tarif die drei Alter gleich stark vertreten sein werden.

Folgende Daten sind gegeben:

	Anzahl der Versicherten				**Beob. Kopfschäden in €**		
Alter	Tarif A	Tarif B	Tarif C	Gesamt	Tarif A	Tarif B	Tarif C
39	500	2000	500	3000	1080,00	756,00	349,74
40	450	1000	510	1960	1200,00	720,00	402,00
41	640	320	640	1600	1296,00	770,40	361,80
Gesamt	1590	3320	1650	6560	–	–	–

Der Aktuar rechnet wie folgt:

- Tarif A: 1080 / 1200 = 0,9 und 1296 / 1200 = 1,08
- Tarif B: 756 / 720 = 1,05, und 770,40 / 720 = 1,07
- Tarif C: 349,74 / 402 = 0,87 und 361,80 / 402 = 0,9

Normierter Kopfschaden für Tarif N:

- Alter 39: $(0{,}9 \cdot 500 + 1{,}05 \cdot 2000 + 0{,}87 \cdot 500)/3000 = 0{,}9950$
- Alter 40: 1,0000
- Alter 41: $(1{,}08 \cdot 640 + 1{,}07 \cdot 320 + 0{,}9 \cdot 640)/1600 = 1{,}0060$

(a) Beweisen Sie durch entsprechende Berechnungen, dass bei dieser Art des Verfahrens die anschließend festzulegenden rechnungsmäßigen Kopfschäden vom gewählten Normierungsalter abhängen werden.

(b) Ermitteln Sie das Profil zum Normierungsalter 40 für Tarif N auf einem anderen Rechenweg und zeigen Sie, dass bei diesem Rechenweg die rechnungsmäßigen Kopfschäden nicht vom gewählten Normierungsalter abhängen werden.

Runden Sie dabei Profilwerte jeweils auf vier Nachkommastellen.

A. 3.11 (DAV 2012/1)

Für den Leistungsbarwert A_x einer nach Art der Lebensversicherung betriebenen Krankenversicherung (ohne Übertragungswert) soll gezeigt werden:

$$A_x = \sum_{t=0}^{\omega-x} {}_{t|}q_x \cdot A_{x,t} \qquad \text{(G)}$$

Dabei sei ${}_{t|}q_x$ die Wahrscheinlichkeit, dass jemand, der im Alter x eingetreten ist, im Alter $x + t$ aus dem Bestand ausscheidet (durch Tod oder Storno).

Beweisen Sie dies in folgenden Schritten:

(a) Geben Sie eine Formel für die Werte ${}_{t|}q_x$ an.

(b) Wenn Sie in (a) die richtige Formel gefunden haben, muss

$$\sum_{t=0}^{\omega-x} {}_{t|}q_x = 1$$

sein. Beweisen Sie, dass diese Gleichung für die von Ihnen definierten Werte ${}_{t|}q_x$ gilt.

(c) Geben Sie eine Formel für die Werte $A_{x,t}$ an.
Tipp: Überlegen Sie, welchen Leistungsbarwert ein Versicherter finanzieren muss, der im Alter $x + t$ ausscheidet.

(d) Beweisen Sie Gleichung (G).

Literatur

1. Aigner, M.: Diskrete Mathematik. Vieweg, Wiesbaden (2004)
2. Becker, T., Herrmann, R., Sandor, V., Schäfer, D., Wellisch, U.: Stochastische Risikomodellierung und statistische Methoden. Springer Spektrum (2016)
3. Bleckmann, N., Mnich, J.: Erstellung der Sterbetafel PKV 1995 für die Private Krankenversicherung. Blätter der DGVFM, Band XXII, Heft 3, S. 591–621
4. Behne, J.: Anmerkungen zu Tarifen mit absolutem Selbstbehalt in der Privaten Krankenversicherung. Blätter der DGVFM, Band XVII, Heft 3, S. 269–277
5. Brünjes, C.: Spezifische Rechnungsgrundlagen der Krankentagegeldversicherung. Blätter der DGVFM, Band XVII, Heft 2, S.179–195
6. DAV-Ausschuss Kranken: Der aktuarielle Unternehmenszins in der privaten Krankenversicherung (AUZ). Fachgrundsatz der DAV (2012)
7. DAV-Ausschuss Kranken: Erstellung und Inhalte Technischer Berechnungsgrundlagen in der privaten Krankenversicherung. Fachgrundsatz der DAV (2016)
8. DAV-Ausschuss Kranken: Aktuarielle Festlegung eines angemessenen Rechnungszinses für eine Beobachtungseinheit. Fachgrundsatz der DAV (2016)
9. Dinkel, R.H., Görtler, E.: Die Sterblichkeit nach Krankenkassenzugehörigkeit. Versicherungsmedizin 46 (1994), Heft 1, S. 17–20

10. Gartmann, A.: Aktualisierung der Sterbetafel für die deutsche private Krankenversicherung. Blätter der DGVFM, Band XXVI, Heft 3, S. 483–500
11. Milbrodt, H.: Aktuarielle Methoden der deutschen Privaten Krankenversicherung. Schriftenreihe Angewandte Versicherungsmathematik Heft 34. VVW, Karlsruhe (2005)
12. Verband der Privaten Krankenversicherung: Zahlenbericht der Privaten Krankenversicherung 2014 (2014)

Versicherungsmathematische Bewertung

4

Ein Kennzeichen der Kalkulation in der Personenversicherung ist die Betrachtung von Zahlungsströmen und deren Bewertung. Dabei werden Konzepte der elementaren Finanzmathematik mit denen der Wahrscheinlichkeitstheorie verknüpft, um so dem zufälligen Charakter der Zahlungen, die einem Versicherungsvertrag zugrunde liegen, Rechnung zu tragen. Die derart ermittelten versicherungsmathematischen Werte von Zahlungsströmen sind die Basis aller nachfolgenden Prämien- und Rückstellungsberechnungen. Neben der reinen Bestimmung dieser Werte ist auch deren Abhängigkeit von den eingehenden Parametern von Bedeutung.

4.1 Finanzmathematische Bewertung

Das Konzept des Zahlungsstromes und seines Barwertes ist schon aus der klassischen Finanzmathematik bekannt. Sind Zeitpunkte $t_0 < t_1 < \ldots < t_n$ vorgegeben (die hier immer in Jahreseinheiten gemessen werden), an denen jeweils Zahlungen der Höhe $Z_0, Z_1, \ldots, Z_n$ stattfinden, sprechen wir von einem Zahlungsstrom und schreiben

$$\mathcal{Z} = \{(t_0, Z_0), (t_1, Z_1), \ldots, (t_n, Z_n)\}.$$

Der **finanzmathematische Wert** dieses Zahlungsstroms zu einem beliebigen Bewertungszeitpunkt t^* wird mit Hilfe eines Diskontierungsfaktors $v = \frac{1}{1+i}$ und der Verwendung exponentieller Verzinsung (siehe auch Anhang) definiert als

$$W_{t^*}(\mathcal{Z}) := \sum_{j=0}^{n} v^{t_j - t^*} \cdot Z_j .$$

Die absoluten Zeitpunkte sind nicht von Bedeutung, wichtig sind die relativen. Daher wird einer der Zeitpunkte, der in der betrachteten Situation besonders wichtig ist, als $t = 0$ festgelegt. Ein häufig verwendeter Bewertungszeitpunkt ist $t^* = t_0$. Ist sogar $t_0 = 0$,

T. Becker, *Mathematik der privaten Krankenversicherung*,
Studienbücher Wirtschaftsmathematik, https://doi.org/10.1007/978-3-658-16666-3_4

nennt man den Wert auch den (finanzmathematischen) **Barwert** von $\mathcal{Z}$. Da den Zahlungen (konkret den Zahlungshöhen und -zeitpunkten) hier noch keine Unsicherheit zugebilligt wird, spricht man auch von einem **deterministischen Zahlungsstrom**.

Beispiel 4.1 Gegeben sei der Zahlungsstrom

$$\mathcal{Z} = \{(0,\ 100\,€), (2,\ 200\,€), (3{,}5,\ -50\,€)\}.$$

Dann lautet der finanzmathematische Barwert bei einem Rechnungszins von $i = 10\,\%$

$$W_0 = \frac{1}{1{,}1^0} \cdot 100 + \frac{1}{1{,}1^2} \cdot 200 + \frac{1}{1{,}1^{3{,}5}} \cdot (-50) = 229{,}47\,€,$$

während der Wert in $t^* = 2$ berechnet wird zu

$$W_2 = 1{,}1^2 \cdot 100 + 200 + \frac{1}{1{,}1^{1{,}5}} \cdot (-50) = 277{,}66\,€.$$

Liegen wie im zweiten Fall Zahlungszeitpunkte in der Vergangenheit des Bewertungszeitpunktes, werden diese Zahlungen nicht diskontiert, sondern aufgezinst; der Exponent von v ist dann negativ. ▲

4.2 Versicherungsmathematische Barwerte

Versicherungsmathematische Zahlungsströme bestehen aus einer ganzen Menge verschiedener deterministischer Zahlungsströme: Die einem Versicherungsvertrag zugrunde liegenden Zahlungsverpflichtungen sind zufällig. Sie hängen davon ab, ob, wann und in welchem Ausmaß die eine Zahlung auslösenden Ereignisse stattfinden. Wir sprechen auch von einem **unsicheren Zahlungsstrom**. Auf diese Weise ist einem Versicherungsvertrag eine im Prinzip unendliche Menge möglicher deterministischer Zahlungsströme zugeordnet; praktisch werden wir es aber immer nur mit endlich vielen zu tun haben. Unter gewissen Vorgaben kann den Barwerten dieser einzelnen deterministischen Zahlungsströme eine Wahrscheinlichkeitsverteilung zugeordnet werden, abhängig vom betrachteten Tarif und den äußeren Parametern. Der Barwert des unsicheren Zahlungsstromes wird somit zu einer Zufallsvariablen W_{t^*} mit den endlich vielen Realisierungen $W_{t^*}^{(1)}, \dots, W_{t^*}^{(m)}$ und deren Eintrittswahrscheinlichkeiten $p_1, \dots, p_m$.

Bei Versicherungsverträgen ist $t_0 = 0$ häufig der Zeitpunkt des Vertragsbeginns, zu dem auch die ersten Zahlungen stattfinden. Wir werden zunächst nur den Bewertungszeitpunkt $t^* = 0$ betrachten. Dann liegen alle Zahlungszeitpunkte vom Bewertungszeitpunkt aus betrachtet in der Zukunft.

Beispiel 4.2 Es gebe in diesem Beispiel nur eine Zahlung zum Zeitpunkt $t = 1$, welche die Rechnungsbeträge des gesamten Jahres einer versicherten Person abdecken soll. Als

Jahressummen kommen nur die Werte 0 €, 100 € und 300 € vor, und zwar mit den Wahrscheinlichkeiten P[0 €] = 0,4, P[100 €] = 0,5 und P[300 €] = 0,1. Der Rechnungszins sei $i = 10\,\%$ und damit $v \approx 0{,}91$. Die Zufallsvariable W_0 nimmt daher drei Werte an:

- Den Wert 0 € mit Wahrscheinlichkeit 0,4,
- den Wert 91 € mit Wahrscheinlichkeit 0,5,
- den Wert 273 € mit Wahrscheinlichkeit 0,1. ▲

Da Zufallsvariablen für die Kalkulation unbrauchbar sind, müssen wir daraus einen geeigneten numerischen Wert machen.

Definition 4.1 (Versicherungsmathematischer Barwert)
Der versicherungsmathematische Barwert *eines unsicheren Zahlungsstromes ist der Erwartungswert der Zufallsvariablen* W_0.

Im Sinne der obigen Bezeichnungen lautet der Barwert also

$$\mathrm{E}[W_0] = \sum_{j=1}^{m} p_j \cdot W_0^{(j)}.$$

In dieser Form werden wir den Barwert praktisch allerdings nicht angeben, wie nun erläutert wird.

Zunächst sollen ab jetzt an die folgenden vereinfachenden Voraussetzungen gelten:

- Die möglichen Zahlungszeitpunkte sind die Jahrestage des Vertragsabschlusses, der bei $t_0 = 0$ liegt. Somit ist $t_j = j \in \mathbb{N}_0$ für alle j.
- Der letztmögliche Zeitpunkt ist derjenige, an dem der Versicherungsnehmer das Höchstalter der verwendeten Kopfschaden- und Ausscheidetafeln erreicht hat, also $\omega - x$. Dabei sei $x \in \mathbb{N}$ das genaue Alter des Versicherten bei $t = 0$.
- Es gibt zwei Zahlungsarten, die Prämienzahlungen des Versicherungsnehmers an das Unternehmen sowie die Zahlungen der Erstattungsbeträge des Unternehmens an den Versicherungsnehmer.
- Prämienzahlungen finden einmal jährlich statt, vorschüssig zu Beginn des Jahres (beginnend bei Vertragsabschluss), sofern der Versicherungsnehmer zu diesem Zeitpunkt lebt. Der Zahlbetrag ist die Summe aller in dem Jahr anfallenden echten Prämienzahlungen.
- Erstattungen finden einmal jährlich statt, vorschüssig zu Beginn des Jahres, in dem die entsprechenden Versicherungsfälle eintreten (beginnend bei Vertragsabschluss), sofern der Versicherungsnehmer zu diesem Zeitpunkt lebt. Der Erstattungsbetrag ist die Summe aller in diesem Jahr fälligen echten einzelnen Erstattungen.

Der letzte Punkt mag seltsam erscheinen, da man zu Jahresbeginn die anfallenden Schäden natürlich noch gar nicht kennt[1]. Da wir uns aber letztendlich auf tabellierte Erwartungswerte zurückziehen werden, liegen die benötigten Größen für die Kalkulation doch vor.

Die Zahlungszeitpunkte sind also festgelegt auf $\{0, 1, \ldots, \omega - x\}$ und die Zufälligkeit rührt nur noch von der Höhe der Zahlbeträge und der Tatsache, ob die Person zum Zeitpunkt t_j noch im Bestand ist oder nicht. Der zufällige Zahlbetrag von oder für Person i zu einem künftigen Zeitpunkt $t_j = j$ (dann im Alter $x + j$) werde mit $X_i(j)$ bezeichnet. Die Zufallsvariable W_0 lautet also

$$\sum_{j=0}^{\omega-x} v^j \cdot X_i(j),$$

ihr versicherungsmathematischer Barwert daher

$$\sum_{j=0}^{\omega-x} v^j \cdot \mathrm{E}[X_i(j)].$$

In dieser Form hat der versicherungsmathematische Barwert wieder die Gestalt eines finanzmathematischen Barwertes. Daher kann man dies auch wie folgt interpretieren: Statt alle Ausprägungen der Zufallsvariablen W_0 zu betrachten und deren Erwartungswert zu bestimmen, kann man einen sog. **statistischen Zahlungsstrom** erzeugen: Die Zahlung zum Zeitpunkt $t = j$ besteht aus den **erwarteten** Zahlungen zu diesem Zeitpunkt. Das ergibt den Zahlungsstrom

$$Z^{\text{stat}} = \{(0, \mathrm{E}[X_i(0)]), (1, \mathrm{E}[X_i(1)]), (2, \mathrm{E}[X_i(2)]), \ldots, (\omega - x, \mathrm{E}[X_i(\omega - x)])\}.$$

Der finanzmathematische Barwert dieses Zahlungsstroms ist dann der versicherungsmathematische Barwert des ursprünglichen unsicheren Zahlungsstromes. Dies soll beispielhaft an einem unsicheren Zahlungsstrom gezeigt werden, der von $t = 0$ an einen konstanten Zahlbetrag B des Versicherungsnehmers i mit Alter x pro Zahlungszeitpunkt enthält bis zu einem zufälligen Endzeitpunkt. Danach finden keine weiteren Zahlungen mehr statt. Die Zahlungen können maximal bis zum Zeitpunkt $t = \omega - x$ gehen. In folgendem Tableau sind in den Zeilen die einzelnen Realisierungen des Zahlungsstroms aufgezeigt.

t	0	1	2	$\cdots$	$\omega - x - 1$	$\omega - x$	fin. BW	$\mathrm{P}[Z_j]$
Z_1	B	B	B	$\cdots$	B	B	$W_0^{(1)}$	w_1
Z_2	B	B	B	$\cdots$	B	0	$W_0^{(2)}$	w_2
Z_3	B	B	B	$\cdots$	0	0	$W_0^{(3)}$	w_3
$\vdots$								
$Z_{\omega-x-1}$	B	B	0	$\cdots$	0	0	$W_0^{(\omega-x-1)}$	$w_{\omega-x-1}$
$Z_{\omega-x}$	B	0	0	$\cdots$	0	0	$W_0^{(\omega-x)}$	$w_{\omega-x}$
statist. Zahlung	B	$\mu_1 \cdot B$	$\mu_2 \cdot B$	$\cdots$	$\mu_{\omega-x-1} \cdot B$	$\mu_{\omega-x} \cdot B$	W_0^{stat}	$\mathrm{E}[W_0]$

[1] In der Lebensversicherung werden die Versicherungsleistungen am Ende des Anfalljahres angesetzt.

Liest man das Tableau von links nach rechts, ermittelt man für jede mögliche Realisierung Z_j des Zahlungsstromes den finanzmathematischen Barwert $W_0^{(j)}$ und dessen Eintrittswahrscheinlichkeit w_j. Daraus lässt sich der Erwartungswert $\mathrm{E}[W_0]$ der Zufallsvariablen W_0 bestimmen.

Liest man die Tabelle von oben nach unten, erkennt man pro Zahlungszeitpunkt t die möglichen Zahlungen, woraus sich der Erwartungswert dieser einzelnen Zahlung in der letzten Zeile ergibt, hier geschrieben als $\mu_j \cdot B$ mit einem Faktor $0 \leq \mu_j \leq 1$. Der finanzmathematische Barwert dieses statistischen Zahlungsstroms ist W_0^{stat}.

Trotz dieser unterschiedlichen Betrachtungsweisen gilt

$$W_0^{\text{stat}} = \mathrm{E}[W_0]. \tag{4.1}$$

Speziell für den in Definition 4.4 eingeführten Beitragsbarwert kann der Leser die Details dieser Gleichung als Aufgabe 4.2 durchführen.

Es ist zu beachten, dass der statistische Zahlungsstrom nicht wirklich vorkommt, er stellt nur ein kalkulatorisches Hilfsmittel dar und erlaubt es, Barwerte anschaulich herzuleiten.

4.3 Leistungs- und Beitragsbarwerte

Nun wollen wir die beiden für die Kalkulation wichtigen Fälle definieren, die sich durch die Wahl der $X_i(j)$ unterscheiden.

Da zur Barwertbildung Erwartungswerte bestimmt werden müssen, wollen wir $\mathrm{E}[X_i(j)]$ näher untersuchen. Wir definieren die Zufallsvariable $Z_i(j)$ als *Zustand des Versicherungsnehmers i zum Zeitpunkt $t = j$*, d. h. $Z_i(j)$ nimmt die Werte 1 (falls i in $t = j$ noch im Bestand ist) oder 0 (sonst) an. Nach (3.13) gilt

$$\mathrm{P}[Z_i(j) = 1] = \mathrm{P}[X_x \geq x + j] = {}_j p_x, \qquad \mathrm{P}[Z_i(j) = 0] = 1 - {}_j p_x. \tag{4.2}$$

Ist die Person i in $t = j$ nicht mehr im Bestand, d. h. $Z_i(j) = 0$, dann sind natürlich keine Zahlungen mehr fällig. Unter Verwendung bedingter Erwartungswerte lässt sich das beschreiben als $\mathrm{E}[X_i(j) \mid Z_i(j) = 0] = 0$[2]. Das ergibt

$$\begin{aligned}\mathrm{E}[X_i(j)] &= \mathrm{E}[X_i(j) \mid Z_i(j) = 1] \cdot \mathrm{P}[Z_i(j) = 1] + \mathrm{E}[X_i(j) \mid Z_i(j) = 0] \\ &\quad \cdot \mathrm{P}[Z_i(j) = 0] \\ &= \mathrm{E}[X_i(j) \mid Z_i(j) = 1] \cdot {}_j p_x.\end{aligned}$$

Daher ist der Erwartungswert von $X_i(j)$ auch abhängig vom Bewertungszeitpunkt $t = 0$. Wir wollen dies durch die Wendung *bezogen auf den Zeitpunkt $t = 0$* ausdrücken.

[2] Für bedingte Erwartungswerte und die nachfolgend verwendete Rechenregel siehe auch den Anhang.

Wir definieren nun den Leistungsbarwert, der die Erstattungen des Versicherungsunternehmens beinhaltet.

Definition 4.2 (Leistungsbarwert)
Es sei $X_i(j)$ die Zufallsvariable

> *Summe der Erstattungsbeträge für den Versicherungsnehmer $i \in J_x^*(0)$ im relativen Kalenderjahr j, d. h. zwischen den Zeitpunkten $t = j$ und $t = j + 1$, bezogen auf den Zeitpunkt $t = 0$.*

Der versicherungsmathematische Barwert

$$A_x := \sum_{j=0}^{\omega - x} v^j \cdot \mathrm{E}[X_i(j)]$$

des daraus abgeleiteten Zahlungsstromes heißt der Leistungsbarwert *eines x-jährigen Versicherungsnehmers.*

Da die Verteilung der Erstattungsbeträge für einen konkreten Versicherungsnehmer in $J_x^*(0)$ nur von dessen Alter abhängt (siehe Abschn. 3.2.1), ist der Barwert nur von x abhängig und nicht auch von der Person i; dies macht sich bei der Notation A_x bemerkbar, die nur den Index x verwendet. Dass der Barwert nur für Versicherte in $J_x^*(0)$ definiert ist, stört nicht weiter. Für neu Versicherte, die zwar in $J_x(0)$, aber nicht $J_x^*(0)$ sind, würde sich i. Allg. ein kleinerer Barwert ergeben, so dass A_x diesen Versicherungsnehmer eher überschätzt und daher zur sicheren Seite tendiert.

Die Zufallsvariable $X_i(j)$ unter der Bedingung $Z_i(j) = 1$ ist der Erstattungsbetrag $Y_i(j)$, wie er in Abschn. 3.2 definiert wurde. Daraus folgt

$$\mathrm{E}[X_i(j) \mid Z_i(j) = 1] = K_{x+j}$$

und daher

$$E[X_i(j)] = K_{x+j} \cdot {}_j p_x.$$

Wir haben somit

Satz 4.3 (Formel für A_x)
Für den Leistungsbarwert gilt

$$A_x = \sum_{j=0}^{\omega - x} v^j \cdot {}_j p_x \cdot K_{x+j}.$$

Die Kopfschäden in der Summe machen deutlich, dass es sich bei A_x um einen Euro-Betrag handelt.

Der statistische Zahlungsstrom, der zum Leistungsbarwert führt, lautet

$$Z^{\text{stat}} = \{(0, K_x), (1, p_x \cdot K_{x+1}), (2, {}_2p_x \cdot K_{x+2}), \ldots, (\omega - x, {}_{\omega-x}p_x \cdot K_\omega)\}.$$

Für den zweiten wichtigen Barwert betrachten wir die Prämienzahlungen des Versicherten an das Unternehmen.

Definition 4.4 (Beitragsbarwertfaktor)
Es sei $X_i(j)$ die Zufallsvariable

> *Zahlung einer Geldeinheit durch den Versicherungsnehmer $i \in J_x^*(0)$ zum Zeitpunkt $t = j$, bezogen auf den Zeitpunkt $t = 0$.*

Der versicherungsmathematische Barwert

$$\ddot{a}_x := \sum_{j=0}^{\omega-x} v^j \cdot E[X_i(j)]$$

des daraus abgeleiteten Zahlungsstromes heißt der Beitragsbarwertfaktor *eines x-jährigen Versicherungsnehmers.*

Bei diesem Zahlungsstrom sind die Zahlungshöhen entweder 1 oder 0, zufällig ist nur noch die Bestandszugehörigkeit des Versicherungsnehmers zum Zahlungszeitpunkt. Im Sinne der obigen Notationen ist also $X_i(j) = Z_i(j)$. Technisch gesehen kann man den Beitragsbarwert berechnen wie den Leistungsbarwert, wenn man in der Formel von Satz 4.3 Kopfschäden der Höhe 1 einsetzt:

Satz 4.5 (Formel für $\ddot{a}_x$)
Für den Beitragsbarwertfaktor gilt

$$\ddot{a}_x = \sum_{j=0}^{\omega-x} v^j \cdot {}_jp_x.$$

In Definition 4.4 wurde von der Zahlung einer Geldeinheit gesprochen; $\ddot{a}_x$ ist im Gegensatz zum Leistungsbarwert A_x eine dimensionslose Größe, was auch die Endsilbe -faktor erklärt. Der Versicherungsnehmer zahlt in der Realität natürlich nicht eine Geldeinheit pro Zahlungstermin, sondern einen konstanten Euro-Betrag P. Der diesen Zahlungen zugeordnete Barwert ist der sog. **Beitragsbarwert**. Er lautet aufgrund der Linearität des Erwartungswertes

$$\sum_{j=0}^{\omega-x} v^j \cdot {}_jp_x \cdot P = P \cdot \ddot{a}_x$$

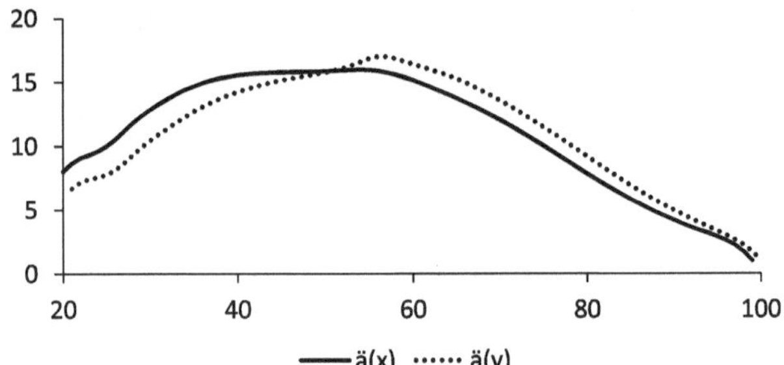

Abb. 4.1 Der Beitragsbarwertfaktor für Männer und Frauen auf Basis der PKV-Sterbetafel 2016 und der BaFin-Stornotafel 2014 für normale Versicherte

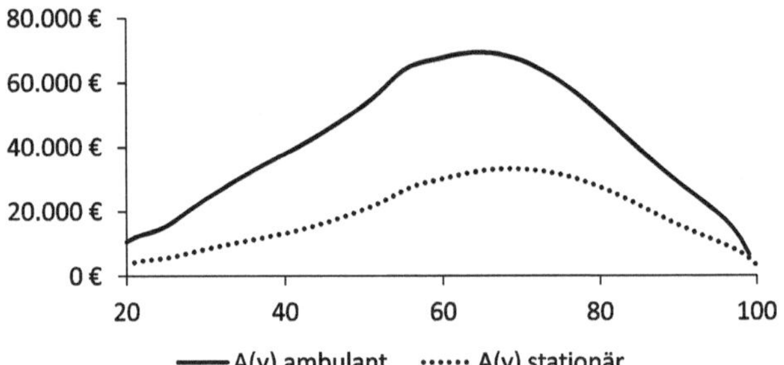

Abb. 4.2 Die Leistungsbarwerte für ambulant und stationär für normale Frauen auf Basis der PKV-Sterbetafel 2016 und der BaFin-Stornotafel 2014 für normale Versicherte

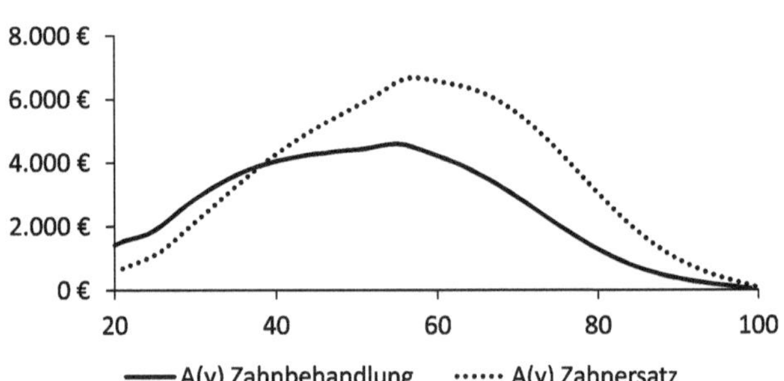

Abb. 4.3 Die Leistungsbarwerte für Zahnbehandlung und Zahnersatz für normale Frauen auf Basis der PKV-Sterbetafel 2016 und der BaFin-Stornotafel 2014 für normale Versicherte

und ist ein Wert in Euro.

Der statistische Zahlungsstrom, der zum Beitragsbarwert führt, lautet

$$Z^{\text{stat}} = \{(0, P), (1, p_x \cdot P), (2, {}_2p_x \cdot P), \ldots, (\omega - x, {}_{\omega-x}p_x \cdot P)\}.$$

Einige Grafiken sollen die Barwerte veranschaulichen. In Abb. 4.1 sind die Verläufe des Beitragsbarwertfaktors dargestellt für die PKV-Sterbetafel 2016 und die BaFin-Stornotafel 2014 für normale Versicherte.

Die Leistungsbarwerte für den Ambulanttarif mit 0–100 € Selbstbehalt und den Stationärtarif Zweibettzimmer der BaFin-Tafel 2014 zeigt die Abb. 4.2, die für Zahnbehandlung und Zahnersatz mit Selbstbehalt 35–50 % für normale Frauen sind in Abb. 4.3 zu sehen.

Rekursionen und Sensitivitäten

Folgende Rekursionen für die Barwerte sind manchmal hilfreich:

Satz 4.6 (Rekursionen für Barwerte)
Es gelten die folgenden Rekursionsformeln:

(a) $A_x = K_x + v \cdot p_x \cdot A_{x+1}$
(b) $\ddot{a}_x = 1 + v \cdot p_x \cdot \ddot{a}_{x+1}$

▷ *Beweis:*

(a) Ausgehend von der Definition der Größe A_x gilt

$$\begin{aligned} A_x &= \sum_{t=0}^{\omega-x} {}_t p_x \cdot v^t \cdot K_{x+t} \\ &= {}_0 p_x \cdot v^0 \cdot K_x + \sum_{t=1}^{\omega-x} {}_t p_x \cdot v^t \cdot K_{x+t} \\ &\overset{\text{IV}}{=} K_x + \sum_{t=0}^{\omega-(x+1)} {}_{t+1} p_x \cdot v^{t+1} \cdot K_{(x+1)+t} \\ &\overset{\text{Satz 3.4(c)}}{=} K_x + \sum_{t=0}^{\omega-(x+1)} {}_1 p_x \cdot {}_t p_{x+1} \cdot v \cdot v^t \cdot K_{(x+1)+t} \\ &= K_x + v \cdot p_x \cdot \sum_{t=0}^{\omega-(x+1)} {}_t p_{x+1} \cdot v^t \cdot K_{(x+1)+t} \\ &= K_x + v \cdot p_x \cdot A_{x+1} \end{aligned}$$

(b) Man erhält $\ddot{a}_x$ aus A_x, wenn man alle $K_x = 1$ setzt. Daher ergibt sich die gesuchte Formel direkt aus (a). ■

Sensitivitäten

Wir wollen nun die Art der Abhängigkeit der Barwerte von den Rechnungsgrundlagen darstellen. Der Beweis der folgenden Aussage ist Inhalt von Aufgabe 4.1.

Satz 4.7 (Sensitivitäten der Barwerte)

(a) *Es seien $A_x(i)$ und $\ddot{a}_x(i)$ die Barwerte eines x-jährigen Versicherungsnehmers in Abhängigkeit vom Rechnungszins i. Dann sind die Abbildungen $i \mapsto A_x(i)$ und $i \mapsto \ddot{a}_x(i)$ streng monoton fallend.*

(b) *Es bezeichne A_z bzw. A'_z den Leistungsbarwert für ein Alter $z \in A$ auf Basis der Sterbewahrscheinlichkeiten $\{q_x\}_{x\in A}$ bzw. $\{q'_x\}_{x\in A}$. Ist $q'_x \geq q_x$ für alle $x \in A$, so ist $A'_z \leq A_z$. Dieselbe Aussage gilt für den Beitragsbarwertfaktor.*

(c) *Bezeichnet* A_z *bzw.* A'_z *den Leistungsbarwert für ein Alter* $z \in A$ *auf Basis der Kopfschadenreihe* $\{K_x\}_{x \in A}$ *bzw.* $\{K'_x\}_{x \in A}$*, dann gilt:*

- *Ist* $K'_x > K_x$ *für alle* $x \in A$*, so ist* $A'_z > A_z$.
- *Ist* $K'_x = \lambda \cdot K_x$ *für alle* $x \in A$ *und ein* $\lambda > 0$*, so ist* $A'_z = \lambda \cdot A_z$.

Es sei angemerkt, dass es keine eindeutige Monotonie der Barwerte in Bezug auf das Alter x gibt, vgl. Abb. 4.2.

Die Sensitivität bezüglich der Ausscheideordnungen soll für spätere Zwecke noch etwas vertieft werden. Wir wollen die Abhängigkeit der Barwerte von einer Änderung einer einzelnen Sterbewahrscheinlichkeit untersuchen. Dazu sei bei einem gegebenen Eintrittsalter $x \in A$ und $t, j \in \{0, \ldots, \omega - x\}$

$$g_{x,t,j}(\lambda) := \begin{cases} (1 - w_{x+j} - \lambda q_{x+j}) \cdot \prod\limits_{k=0, k \neq j}^{t-1} (1 - w_{x+k} - q_{x+k}), & \text{für } j < t \\ {}_t p_x, & \text{für } j \geq t \end{cases} \tag{4.3}$$

für $\lambda > 0$. Es handelt sich nach Satz 3.4(b) also um die t-jährige Verbleibewahrscheinlichkeit eines x-jährigen Versicherungsnehmers, wobei für das Alter $x + j$ die Sterbewahrscheinlichkeit q_{x+j} mit einem Skalierungsfaktor $\lambda > 0$ versehen ist. Speziell ist $g_{x,t,j}(1) = {}_t p_x$. Wir können für $t > j$ wie folgt umformen:

$$\begin{aligned} g_{x,t,j}(\lambda) &= (1 - w_{x+j} - \lambda q_{x+j}) \cdot \prod_{k=0, k \neq j}^{t-1} (1 - w_{x+k} - q_{x+k}) \\ &= \prod_{k=0}^{j-1} (1 - w_{x+k} - q_{x+k}) \cdot (1 - w_{x+j} - \lambda q_{x+j}) \cdot \prod_{k=j+1}^{t-1} (1 - w_{x+k} - q_{x+k}) \\ &\overset{\text{IV}}{=} {}_j p_x \cdot (1 - w_{x+j} - \lambda q_{x+j}) \cdot \prod_{k=0}^{(t-j-1)-1} (1 - w_{x+j+1+k} - q_{x+j+1+k}) \\ &= {}_j p_x \cdot (1 - w_{x+j} - \lambda q_{x+j}) \cdot {}_{t-j-1} p_{x+j+1}. \end{aligned} \tag{4.4}$$

Zudem sieht man leicht

$$\frac{\mathrm{d}}{\mathrm{d}\lambda} g_{x,t,j}(\lambda) = \mu_{x,t,j}(\lambda) \cdot g_{x,t,j}(\lambda)$$

mit

$$\mu_{x,t,j}(\lambda) := \begin{cases} -\dfrac{q_{x+j}}{1 - w_{x+j} - \lambda q_{x+j}}, & \text{für } j < t \\ 0, & \text{für } j \geq t. \end{cases}$$

Satz 4.8 (Sensitivität der Barwerte bzgl. q_{x+j})
Für ein gegebenes $j \in \{0, \dots, \omega - x\}$ bezeichne $A_x(\lambda)$ und $\ddot{a}_x(\lambda)$ die Barwerte in Abhängigkeit vom Parameter λ für die Sterbewahrscheinlichkeit q_{x+j} gemäß (4.3). Dann gilt

$$\frac{\mathrm{d}}{\mathrm{d}\lambda} A_x(\lambda) = -q_{x+j} \cdot {}_j p_x \cdot v^{j+1} \cdot A_{x+j+1}$$

sowie

$$\frac{\mathrm{d}}{\mathrm{d}\lambda} \ddot{a}_x(\lambda) = -q_{x+j} \cdot {}_j p_x \cdot v^{j+1} \cdot \ddot{a}_{x+j+1}.$$

▷ *Beweis:* Wir führen den Beweis für $A_x(\lambda)$. Es ist

$$A_x(\lambda) = \sum_{t=0}^{\omega-x} v^t \cdot K_{x+t} \cdot g_{x,t,j}(\lambda).$$

Daher ist $A_{x+j+1}(\lambda) \equiv A_{x+j+1}(1) = A_{x+j+1}$, denn der Barwert ab dem Alter $x + j + 1$ enthält die gestörte Sterbewahrscheinlichkeit q_{x+j} nicht mehr. Mit $c_j := -\frac{q_{x+j}}{1-w_{x+j}-\lambda q_{x+j}}$ gilt dann:

$$\begin{aligned}
\frac{\mathrm{d}}{\mathrm{d}\lambda} A_x(\lambda) &= \sum_{t=0}^{\omega-x} v^t \cdot K_{x+t} \cdot \frac{\mathrm{d}}{\mathrm{d}\lambda} g_{x,t,j}(\lambda) \\
&= \sum_{t=0}^{\omega-x} v^t \cdot K_{x+t} \cdot \mu_{x,t,j}(\lambda) \cdot g_{x,t,j}(\lambda) \\
&= \sum_{t=j+1}^{\omega-x} v^t \cdot K_{x+t} \cdot c_j \cdot g_{x,t,j}(\lambda) \\
&\overset{(4.4)}{=} c_j \sum_{t=j+1}^{\omega-x} v^t \cdot K_{x+t} \cdot {}_j p_x \cdot (1 - w_{x+j} - \lambda q_{x+j}) \cdot {}_{t-j-1} p_{x+j+1} \\
&\overset{\mathrm{IV}}{=} c_j \cdot {}_j p_x \cdot (1 - w_{x+j} - \lambda q_{x+j}) \cdot \sum_{t=0}^{\omega-(x+j+1)} v^{t+j+1} \cdot K_{x+j+1+t} \cdot {}_t p_{x+j+1} \\
&= -q_{x+j} \cdot {}_j p_x \cdot v^{j+1} \cdot A_{x+j+1}.
\end{aligned}$$

■

4.4 Kollektive Sichtweise

Wir wollen die im vorigen Abschnitt definierten Barwerte noch auf eine andere Art ableiten, die wir wegen ihrer Anschaulichkeit auch in späteren Situationen verwenden wollen. Um dies zu detaillieren, rufen wir uns nochmals das Grundprinzip einer Versicherung ins Gedächtnis (siehe auch Abschn. 2.2). Sie dient dazu, finanzielle Risiken (hier aufgrund medizinischer Behandlungen), die unter Umständen für eine einzelne Person sehr hoch sein können, gleichmäßig auf ein ganzes Kollektiv von Personen zu verteilen. Wir betrachten daher ein solches Kollektiv, das zum Zeitpunkt $t = 0$ aus n_x Personen des Eintrittsalters x in einem gegebenen Tarif besteht. In folgender Tabelle sind die Zahlungen von den und an die Versicherungsnehmer des Kollektivs bis zum letztmöglichen Zeitpunkt $t = \omega - x$ aufgelistet. Diese sind natürlich Zufallsvariablen, bestehend aus den zufälligen Bestandsgrößen N_{x+t} zum Zeitpunkt t (siehe Abschn. 3.3.3), und den zufälligen Erstattungsbeträgen $\sum_{i=1}^{N_{x+t}} Y_i(t)$ (mit i werden die Versicherungsnehmer des Bestands durchnummeriert; zur Notation siehe Abschn. 3.2.1). Der Bestandsentwicklung soll die zusammengesetzte Ausscheideordnung $\{q_x\}_{x\in A}$ und $\{w_x\}_{x\in A}$ zugrunde liegen.

$t =$	Gesamte Zahlungen der VN	Gesamte Zahlungen an die VN
0	$N_x \cdot 1$	$\sum_{i=1}^{N_x} Y_i(0)$
1	$N_{x+1} \cdot 1$	$\sum_{i=1}^{N_{x+1}} Y_i(1)$
2	$N_{x+2} \cdot 1$	$\sum_{i=1}^{N_{x+2}} Y_i(2)$
$\vdots$	$\vdots$	$\vdots$
$\omega - x$	$N_\omega \cdot 1$	$\sum_{i=1}^{N_\omega} Y_i(\omega - x)$

mit $N_x \equiv n_x$ und $Y_i(0) \equiv y_i$ in $t = 0$. Die finanzmathematischen Barwerte der gesamten Zahlungen lauten

$$\sum_{t=0}^{\omega-x} v^t \cdot N_{x+t} \quad \text{sowie} \quad \sum_{t=0}^{\omega-x} v^t \cdot \left(\sum_{i=1}^{N_{x+t}} Y_i(t) \right).$$

Die versicherungsmathematischen Barwerte ergeben sich als Erwartungswerte dieser Größen. Für die Zahlungen der Versicherungsnehmer ergibt sich

$$\mathrm{E}\left[\sum_{t=0}^{\omega-x} v^t \cdot N_{x+t} \right] = \sum_{t=0}^{\omega-x} v^t \cdot \mathrm{E}[N_{x+t}],$$

was wegen (3.17) gleich

$$\sum_{t=0}^{\omega-x} v^t \cdot n_x \cdot {}_t p_x = n_x \cdot \sum_{t=0}^{\omega-x} v^t \cdot {}_t p_x$$

ist.

Der Barwert der Zahlungen an die Versicherungsnehmer ist problematischer, da die Anzahl der Summanden der inneren Summe ebenfalls zufällig ist. Da alle $Y_i(t)$ identisch verteilt und unabhängig voneinander und – das sei zusätzlich angenommen – von N_{x+t} sind, ist die Formel von Wald (siehe Anhang) anwendbar, wonach

$$\mathrm{E}\left[\sum_{i=1}^{N_{x+t}} Y_i(t)\right] = \mathrm{E}[N_{x+t}] \cdot \mathrm{E}[Y_i(t)] = n_x \cdot {}_t p_x \cdot K_{x+t}.$$

Damit ergibt sich wie oben

$$\mathrm{E}\left[\sum_{t=0}^{\omega-x} v^t \cdot \left(\sum_{i=1}^{L_{x+t}} Y_i(t)\right)\right] = n_x \cdot \sum_{t=0}^{\omega-x} v^t \cdot {}_t p_x \cdot K_{x+t}.$$

Teilt man diese kollektiven Barwerte gleichmäßig auf alle Versicherungsnehmer des Ausgangsbestandes auf (mittels einer Division durch n_x), so erhält man pro Versicherungsnehmer für die Barwerte die bereits in den Sätzen 4.3 und 4.5 hergeleiteten Formeln für $\ddot{a}_x$ und A_x.

4.5 Bewertung zu beliebigen Zeitpunkten

Wir wollen die versicherungsmathematische Bewertung abschließend verallgemeinern, da bisher alle Zahlungen in der Zukunft des Bewertungszeitpunktes liegen und die Bewertung zum Zeitpunkt $t = 0$ durchgeführt wird. Bei der Berechnung der Alterungsrückstellung werden wir auch Bewertungen zu anderen Zeitpunkten benötigen, zu denen einige der Zahlungen in der Vergangenheit liegen. Wir wollen klären, was dann unter einem Wert zu verstehen ist, da die Bildung eines Erwartungswertes zunächst nicht sinnvoll erscheint für bereits realisierte Zufallsgrößen.

Es sei eine Zahlung der Höhe Z zum Zeitunkt $t + m$ $(m > 0)$ an den oder vom Versicherungsnehmer fällig, die in t bewertet werden soll. Der Versicherungsnehmer habe in t das Alter x (siehe Abb. 4.4). Nach den bisherigen Überlegungen ergibt sich für den versicherungsmathematischen Wert $\mathrm{E}[W_t]$ dieses einfachen Zahlungsstromes

$$\mathrm{E}[W_t] = v^m \cdot {}_m p_x \cdot Z.$$

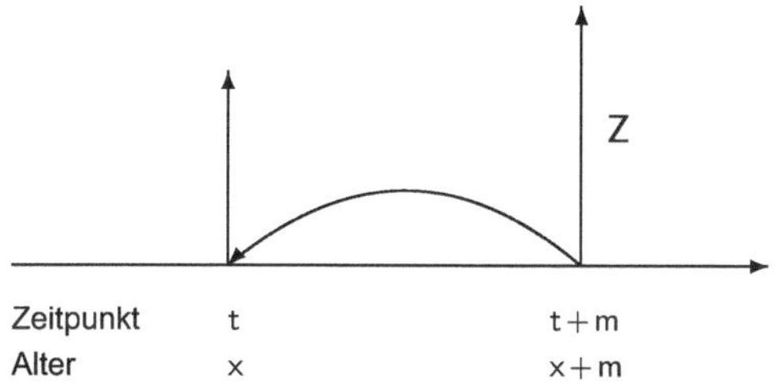

Abb. 4.4 Bewertung einer künftigen Zahlung

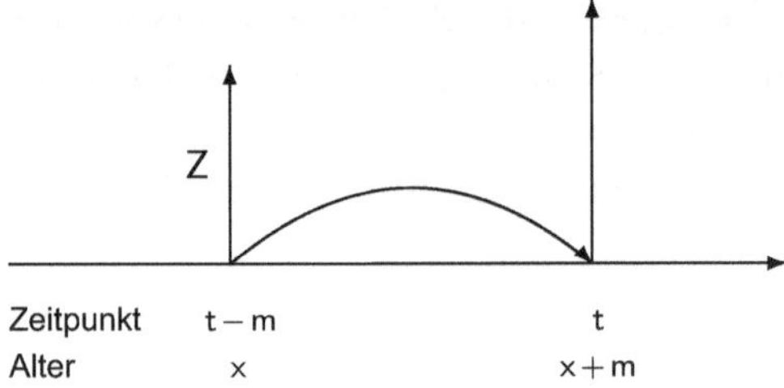

Abb. 4.5 Bewertung einer vergangenen Zahlung

Nun nehmen wir eine gegenteilige Situation an. Die Zahlung finde statt im Zeitpunkt $t - m$, an dem der Versicherungsnehmer das Alter x habe, und soll bewertet werden im zukünftigen Zeitpunkt t (siehe Abb. 4.5). Wir wollen darstellen, warum

$$\frac{1}{v^m \cdot {}_m p_x} \cdot Z \tag{4.5}$$

in diesem Fall eine konsistente Formel für den Wert ist. Betrachte dazu ein homogenes Kollektiv von Versicherungsnehmern, also ein Kollektiv von Personen gleichen Geschlechts und Alters. Zum Zeitpunkt $t - m$ sei die Zahlung Z für n_x Personen fällig, was den Betrag $n_x \cdot Z$ ergibt. Deren finanzmathematischer Wert in t (in diesem Fall eine Aufzinsung) lautet

$$v^{-m} \cdot n_x \cdot Z.$$

Dies muss nun auf die dann n_{x+m} übrig gebliebenen Personen aufgeteilt werden, so dass jeder Person der Betrag

$$v^{-m} \cdot \frac{n_x}{n_{x+m}} \cdot Z = \frac{1}{v^m \cdot \frac{n_{x+m}}{n_x}} \cdot Z = \frac{1}{v^m \cdot {}_m p_x} \cdot Z$$

zukommt, wobei wir wieder annehmen, dass die Bestandsentwicklung der zusammengesetzten Ordnung $\{q_x\}_{x \in A}$ und $\{w_x\}_{x \in A}$ genügt. Diese Formel entspricht aber (4.5).

Liegt der Bewertungszeitpunkt hinter einigen oder allen Zahlungen, dann stehen diese als Realisationen der Zufallsvariablen bereits fest, und man könnte daher auch mit diesen realen Werten rechnen. Es handelt sich aber hier um eine rein statistische Betrachtungsweise. Tatsächlich werden bei der Bestimmung der Prämien und Rückstellungen für einen Versicherungsnehmer die wirklichen, individuellen Zahlungen der Vergangenheit keine direkte Rolle spielen[3], sondern nur die erwarteten. Das unterscheidet die Kalkulation in der PKV von der in den meisten Sparten der Sachversicherung (und zum Teil auch der Lebensversicherung), wo eine Tarifierung unter Berücksichtigung der Schadenerfahrung des einzelnen Risikos üblich ist (Credibility-Tarifierung) und Rückstellungen auch auf tatsächlichen Zahlungen der Vergangenheit beruhen.

[3] Eine Ausnahme wird die Zusatz-Alterungsrückstellung sein.

Indirekt werden die tatsächlichen Schadenzahlungen aber durchaus berücksichtigt: Die allgemeine Entwicklung der Ausgaben eines Versichertenbestandes geht in die Höhe einer evtl. Beitragsanpassung ein (siehe Kap. 8).

4.6 Kommutationswerte

Die Berechnung der Leistungs- und Beitragsbarwerte ist i. Allg. sehr aufwändig, da jeder Summand wieder ein Produkt mit vielen Faktoren ist. In der computergestützten Zeit ist dies im Prinzip nicht von Belang, aber die Kommutationswerte erlauben es, diese aufwändigen Berechnungen in übersichtlichere Teilausdrücke aufzuspalten. Zudem kommen gerade die Werte N_x und D_x an vielen unterschiedlichen Stellen der Kalkulation immer wieder vor und können somit mehrfach eingesetzt werden. In operativen Systemen (und Formelsammlungen) werden sie daher nach wie vor ausgiebig verwendet.

Definition 4.9 (Kommutationswerte)
Die Kommutationswerte *auf Basis der Bestandszahlen* $\{l_x\}_{x\in A}$ *und Kopfschadenprofile* $\{k_x\}_{x\in A}$ *sowie des Diskontierungsfaktors* v *sind definiert als*

- $D_x := v^x \cdot l_x$
- $O_x := D_x \cdot k_x$
- $N_x := D_x + D_{x+1} + \cdots + D_\omega$
- $U_x := O_x + O_{x+1} + \cdots + O_\omega.$

Um eine Vorstellung von den Größenordnungen der Kommutationswerte zu geben, sind in folgender Tabelle einige (ganzzahlig gerundet) für den Ambulanttarif mit 0–100 € Selbstbeteiligung für normale Männer der BaFin-Statistik 2014 und $i = 3{,}5\,\%$ aufgelistet.

x	D_x	N_x	O_x	U_x
21	48.557	389.648	35.126	376.210
22	39.300	341.091	28.237	341.084
23	33.239	301.791	23.693	312.847
24	28.758	268.552	20.326	289.154
25	24.971	239.794	17.510	268.828
⋮	⋮	⋮	⋮	⋮
97	22	58	169	448
98	16	36	124	279
99	11	20	90	155
100	8	8	65	65

Die erste erwähnenswerte Formel wollen wir als Folge von (3.16) festhalten:

$$v^t \cdot {}_tp_x = \frac{v^{t+x}}{v^x} \cdot \frac{l_{x+t}}{l_x} = \frac{D_{x+t}}{D_x}. \tag{4.6}$$

Man nennt dies auch den versicherungsmathematischen Diskontierungsfaktor, da er bei versicherungsmathematischen Barwerten dieselbe Rolle spielt wie v bei den finanzmathematischen Barwerten.

Die Kommutationswerte N_x und U_x lassen sich schnell rekursiv bestimmen über

$$N_\omega = D_\omega \qquad \text{und} \qquad N_x = D_x + N_{x+1}$$

sowie

$$U_\omega = O_\omega \qquad \text{und} \qquad U_x = O_x + U_{x+1}$$

für $x < \omega$. Damit kann man die Barwerte wie folgt einfach berechnen:

Satz 4.10 (Barwerte beschrieben durch KW)
Für Leistungs- und Beitragsbarwert gilt

$$(a) \quad \ddot{a}_x = \frac{N_x}{D_x}, \qquad\qquad (b) \quad A_x = G \cdot \frac{U_x}{D_x}.$$

▷ *Beweis:* Es gilt

$$A_x = \sum_{t=0}^{\omega-x} v^t \cdot {}_tp_x \cdot K_{x+t} \overset{(4.6)}{=} \sum_{t=0}^{\omega-x} \frac{D_{x+t}}{D_x} \cdot G \cdot k_{x+t} = \frac{G}{D_x} \cdot \sum_{t=0}^{\omega-x} O_{x+t} = G \cdot \frac{U_x}{D_x}.$$

Die Formel für $\ddot{a}_x$ ergibt sich analog, wenn man $K_x = 1$ setzt für alle Alter x. ■

Beispiel 4.3 Wir verwenden

- die PKV-Sterbetafel 2016,
- die BaFin-Stornotafel 2014, normale Männer,
- die Kopfschadenreihe 2014 Ambulanttarif mit 0–100 € Selbstbehalt, normale Männer,
- den Rechnungszins $i = 3{,}5\,\%$.

Einige Beispielwerte (auf ganze Zahlen gerundet):

1. Für $x = 30$ berechnet man aus der Sterbe- und Stornotafel nach Beispiel 3.3 $l_{30} = 33.156$.

2. Mit $v = (1 + 0{,}035)^{-1} = 0{,}96618$ ergibt sich
$$D_{30} = 0{,}96618^{30} \cdot 33.156 \approx 11.811.$$
3. Aus der Kopfschadenreihe liest man $k_{30} = 0{,}7072$ ab und somit
$$O_{30} = 11.813 \cdot 0{,}7072 = 8353.$$
4. Auf Grundlage aller Werte für l_x und k_x findet man
$$N_{30} = D_{30} + \cdots + D_{100} = 145.713, \qquad U_{30} = O_{30} + \cdots + O_{100} = 203.206.$$
5. Daraus ergibt sich der Beitragsbarwertfaktor
$$\ddot{a}_{30} = \frac{N_{30}}{D_{30}} = \frac{145.713}{11.811} = 12{,}3371.$$
Mit dem Grundkopfschaden $G = 1001$ € berechnet sich der Leistungsbarwert zu
$$A_{30} = 1001 \cdot \frac{203.206}{11.811} = 17.222\,€.$$ ▲

An dieser Stelle wollen wir einen Blick in die KVAV werfen. In Anlage 1 Abschnitt A (Prämienberechnung des Neuzugangs) findet man die Definition des Kommutationswertes D_x sowie die Formeln

$$a_x = \frac{\sum_{\nu=x}^{\omega} D_\nu}{D_x} \qquad A_x = \frac{\sum_{\nu=x}^{\omega} K_\nu \cdot D_\nu}{D_x},$$

die unseren entsprechen, wobei die Größe a_x (ohne den Doppelpunkt) Rentenbarwert genannt wird. Zudem gibt es keine extra Notation für N_x.

Wir wollen für spätere Zwecke noch die Ableitung der Barwerte nach dem Diskontfaktor mit Hilfe der Kommutationswerte beschreiben. Dazu definieren wir

$$H_x(v) := \sum_{t=0}^{\omega-x} U_{x+t}(v), \qquad S_x(v) := \sum_{t=0}^{\omega-x} N_{x+t}(v),$$

wobei die Betonung der Abhängigkeit von v in Zusammenhang mit folgender Aussage steht.

Satz 4.11 (Ableitung der Barwerte)
Bezeichnen $\ddot{a}_x(v)$ und $A_x(v)$ die Barwerte in Abhängigkeit vom Diskontfaktor v, dann gilt

$$\frac{\mathrm{d}}{\mathrm{d}v}\ddot{a}_x(v) = \frac{1}{v} \cdot \frac{S_{x+1}(v)}{D_x(v)} \qquad \textit{und} \qquad \frac{\mathrm{d}}{\mathrm{d}v}A_x(v) = G \cdot \frac{1}{v} \cdot \frac{H_{x+1}(v)}{D_x(v)}.$$

▷ *Beweis:* Es gilt

$$
\begin{aligned}
&\frac{\mathrm{d}}{\mathrm{d}v} A_x(v) \\
&= \sum_{t=0}^{\omega-x} t \cdot v^{t-1} \cdot {}_t p_x \cdot K_{x+t} \\
&\overset{\text{IV}}{=} \sum_{t=0}^{\omega-(x+1)} (t+1) \cdot v^t \cdot {}_{t+1} p_x \cdot K_{(x+1)+t} \\
&\overset{\text{S. 3.4(c)}}{=} \sum_{t=0}^{\omega-(x+1)} (t+1) \cdot v^t \cdot p_x \cdot {}_t p_{x+1} \cdot K_{(x+1)+t} \\
&= p_x \cdot \left[\sum_{t=0}^{\omega-(x+1)} v^t \cdot {}_t p_{x+1} \cdot K_{(x+1)+t} + \sum_{t=1}^{\omega-(x+1)} \dots + \dots + \sum_{t=\omega-(x+1)}^{\omega-(x+1)} \dots \right] \\
&= p_x \cdot \sum_{j=0}^{\omega-(x+1)} \left[\sum_{t=j}^{\omega-(x+1)} v^t \cdot {}_t p_{x+1} \cdot K_{(x+1)+t} \right] \\
&\overset{\text{IV}}{=} p_x \cdot \sum_{j=0}^{\omega-(x+1)} \left[\sum_{t=0}^{\omega-(x+1+j)} v^{t+j} \cdot {}_{t+j} p_{x+1} \cdot K_{(x+1+j)+t} \right] \\
&\overset{\text{S. 3.4(c)}}{=} p_x \cdot \sum_{j=0}^{\omega-(x+1)} v^j \cdot {}_j p_{x+1} \cdot \sum_{t=0}^{\omega-(x+1+j)} v^t \cdot {}_t p_{x+1+j} \cdot K_{(x+1+j)+t} \\
&= p_x \cdot \sum_{j=0}^{\omega-(x+1)} v^j \cdot {}_j p_{x+1} \cdot A_{x+1+j}(v).
\end{aligned}
$$

Mit (4.6) sowie Satz 4.10 und den obigen Definitionen ergibt sich

$$
\frac{\mathrm{d}}{\mathrm{d}v} A_x(v) = p_x \cdot \sum_{j=0}^{\omega-(x+1)} \frac{D_{x+1+j}}{D_{x+1}} \cdot G \cdot \frac{U_{x+1+j}}{D_{x+1+j}} = \frac{G \cdot p_x}{D_{x+1}} \cdot H_{x+1}(v).
$$

Da $p_x = \frac{1}{v} \cdot \frac{D_{x+1}}{D_x}$ nach (4.6), folgt damit die erste Behauptung. Die andere Formel ergibt sich entsprechend. ■

4.7 Aufgaben

A. 4.1
Begründen Sie die Aussagen von Satz 4.7.

A. 4.2
Beweisen Sie (4.1), wonach der finanzmathematische Barwert des statistischen Zahlungsstromes gleich dem Erwartungswert der Zufallsvariable W ist, für den Spezialfall des Beitragsbarwertes. Gehen Sie dabei wie folgt vor:

(a) Im Folgenden sehen Sie das Tableau vom Ende des Abschn. 4.2 für den Fall des Beitragsbarwertes. In den Zeilen sind die Realisierungen des Zahlungsstroms der Prämien für eine in $t = 0$ x-jährige Person aufgezeigt.

t	0	1	2	$\cdots$	$\omega - x - 1$	$\omega - x$	fin. BW	$\mathrm{P}[z_j]$
z_1	P_x	P_x	P_x	$\cdots$	P_x	P_x	$W_0^{(1)}$	w_1
z_2	P_x	P_x	P_x	$\cdots$	P_x	0	$W_0^{(2)}$	w_2
z_3	P_x	P_x	P_x	$\cdots$	0	0	$W_0^{(3)}$	w_3
$\vdots$								
$z_{\omega-x-1}$	P_x	P_x	0	$\cdots$	0	0	$W_0^{(\omega-x-1)}$	$w_{\omega-x-1}$
$z_{\omega-x}$	P_x	0	0	$\cdots$	0	0	$W_0^{(\omega-x)}$	$w_{\omega-x}$
stat. Zahlung	P_x	$\mu_1 \cdot P_x$	$\mu_2 \cdot P_x$	$\cdots$	$\mu_{\omega-x-1} \cdot P_x$	$\mu_{\omega-x} \cdot P_x$	W_0^{stat}	$\mathrm{E}[W_0]$

Zur Bestimmung der Werte $W_0^{(j)}$ benötigen Sie den finanzmathematischen Barwert $\ddot{a}_{\overline{n}|}$ des Zahlungsstromes $\{(0, 1), (1, 1), \ldots, (n - 1, 1)\}$. Zeigen Sie, dass dieser $\frac{1-v^n}{1-v}$ lautet.

(b) Überlegen Sie sich, dass die Eintrittswahrscheinlichkeit w_j des Zahlungsstroms $W_0^{(j)}$ den Wert ${}_j p_x \cdot (q_{x+j} + w_{x+j})$ hat.

(c) Weisen Sie nach, dass $\mu_j = {}_j p_x$ ist.

A. 4.3
Betrachtet werde der zufällige Zahlungsstrom für eine zum Zeitpunkt $t = 0$ x-jährige Person, der jährlich ab $t = 0$ eine Geldeinheit zahlt solange die Person im Bestand ist, höchstens aber n-mal. Die maximal mögliche Zahlungsreihe lautet also

$$\{(0, 1), (1, 1), \ldots, (n - 1, 1)\}.$$

Der versicherungsmathematische Barwert dieses Zahlungsstroms wird mit $\ddot{a}_{x,\overline{n}|}$ bezeichnet. Es handelt sich also um eine **abgekürzte** Variante des normalen Beitragsbarwertfaktors $\ddot{a}_x$.

Leiten Sie eine Formel für $\ddot{a}_{x,\overline{n}|}$ her, die

(a) nur aus Ausscheide- und Verbleibewahrscheinlichkeiten,
(b) aus Kommutationswerten analog zu Satz 4.10

aufgebaut ist, wobei $n < \omega - x$ sei. Welche Beziehung besteht zwischen $\ddot{a}_x$, $\ddot{a}_{x,\overline{n}|}$ und $\ddot{a}_{x+n}$?

Hinweis: Der Barwertfaktor einer bis zum Ausscheiden, aber höchstens n Jahre lang zahlbaren Prämie der Höhe eins wird in Kap. 5 mehrfach Anwendung finden.

A. 4.4

Bei der Bestimmung des Leistungsbarwertes wurde angenommen, dass die Erstattungsbeträge zu Beginn des Anfalljahres zu zahlen sind. Wie muss die Barwertformel für A_x bzw. der Kommutationswert O_x geändert werden, wenn man annimmt, dass die Leistungen zur Jahresmitte fällig werden? Verwenden Sie allgemeine exponentielle Verzinsung und die mittleren Bestandszahlen $\frac{1}{2}(l_x + l_{x+1})$.

5 Prämienkalkulation für das Neugeschäft

Die Bestimmung von Prämien ist ein zentraler Teil aller aktuariellen Arbeit. Die Prämie (oder auch Beitrag) ist der Betrag, den der Versicherungsnehmer zahlen muss, um in den Genuss der Versicherungsleistungen zu kommen. Da die PKV eine individuelle Versicherung ist, sind auch die Prämien individuell auf den einzelnen Versicherungsnehmer zugeschnitten. Sie hängen z. B. ab von dem gewählten Tarif, einem evtl. Selbstbehalt, dem Einstiegsalter, der Vertragshistorie des Versicherungsnehmers und dem Ergebnis der Risikoprüfung, die vor Vertragsbeginn durchgeführt wird. Für den Versicherungsnehmer ist letztlich nur sein zu zahlender Beitrag von Interesse (der Zahlbeitrag), technisch unterscheidet man aber noch weitere Arten wie Netto- und Bruttoprämie oder Zillmerprämie.

Die Kalkulation der Prämien unterliegt bei der privaten Krankenversicherung nach Art der Lebensversicherung gewissen Grundsätzen. So müssen zu Beginn die Rechnungsgrundlagen festgelegt und die Prämien risikogerecht aus dem Äquivalenzprinzip hergeleitet werden.

Ein entscheidender Unterschied besteht zwischen der Bestimmung der Prämie eines Neukunden und der eines Bestandskunden, dessen Prämie aufgrund von Tarifänderungen oder Beitragsanpassungen neu berechnet werden muss. Beide basieren auf dem Äquivalenzprinzip, die Ausgangssituationen sind aber verschieden, was zu unterschiedlichen Formeln führt. In diesem Kapitel wird zunächst das Neugeschäft betrachtet, die Prämienberechnung für Bestandskunden wird in den Kap. 7 und 8 behandelt.

Grundsätzlich sind alle Formeln unabhängig vom Geschlecht. Wir werden in den Beispielen Rechnungsgrundlagen für Männer und Frauen gemischt verwenden. Für altersabhängige Symbole wird das Alterssymbol x verwendet, ohne dass damit wie sonst üblich das Geschlecht männlich gemeint ist.

Es soll betont werden, dass diesem und dem Kapitel über Rückstellungen zwei unrealistische Bedingungen zugrunde liegen. Es wird angenommen, dass

- alle Vertragsbedingungen und Parameter von Beginn an unverändert bleiben bis zum Ende der kalkulatorischen Versicherungsdauer;

T. Becker, *Mathematik der privaten Krankenversicherung*,
Studienbücher Wirtschaftsmathematik, https://doi.org/10.1007/978-3-658-16666-3_5

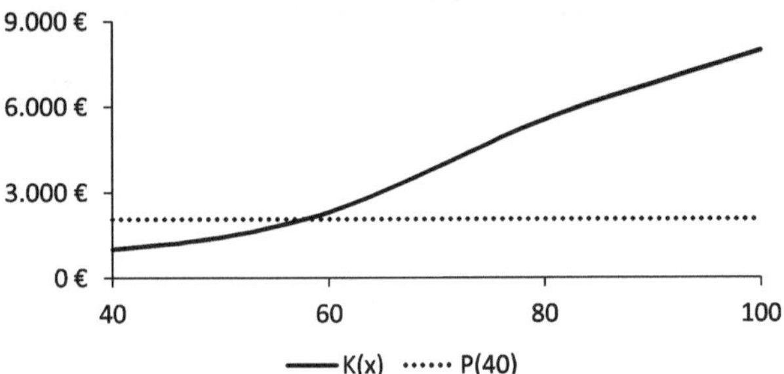

Abb. 5.1 Vergleich der natürlichen Prämie und der konstanten Nettoprämie

- dem Versicherungsnehmer bei einem Storno keine Zahlungen zustehen, also insbesondere keine Auszahlung von bis dahin angesammelten Rückstellungen.

Diese Annahmen werden in späteren Kapiteln aufgegeben, vereinfachen aber zunächst die Herleitung und das Verständnis der Zusammenhänge.

5.1 Nettoprämien für das Neugeschäft

Die einfachste Form einer Prämie ist die sog. **natürliche** oder **Risikoprämie**. Hierbei zahlt der Versicherungsnehmer zu Beginn eines Jahres genau die für ihn in diesem Jahr und dem betrachteten Tarif bzw. Leistungsbereich erwarteten Erstattungsbeträge, also den Kopfschaden seines Alters. Eine solche Prämie wächst im Laufe der Zeit extrem stark an. Wie die Beispiele in Abschn. 3.2.3 zeigen, werden in hohen Altern dann Jahresprämien von einigen Tausend Euro fällig, was die finanzielle Leistungsfähigkeit der meisten Rentnerinnen und Rentner übersteigen dürfte.

Eine über die Versicherungsdauer gleichbleibende Prämie ist nicht nur aus diesem Grunde wünschenswert, sie wird auch gesetzlich vorgeschrieben:

§ 10 (4) KVAV

Planmäßig steigende Prämien dürfen für Versicherte kalkuliert werden, die das 21. Lebensjahr noch nicht vollendet haben [...] Für die Prämienberechnung des Neuzuganges sind die Formeln des Abschnitts A der Anlage 1 oder andere geeignete Formeln, die den anerkannten Regeln der Versicherungsmathematik entsprechen, zu verwenden.

Nur für die Gruppe der Kinder und Jugendlichen wird also die Risikoprämie verwendet.

Die angesprochenen Formeln werden nun hergeleitet. Sie bewirken eine gleichbleibende Prämie, sofern es keine Änderungen im Tarif oder den Rechnungsgrundlagen gibt. Von ihrer Konstruktion her müssen die konstanten Prämien so liegen, dass sie die Kopfschäden anfangs übersteigen, ab einem gewissen Alter aber darunter liegen. Abb. 5.1 zeigt die natürliche Prämie und die zugehörige Netto-Jahresprämie für einen im Alter 40 eingetretenen Versicherungsnehmer.

Die Nettoprämie beinhaltet wie die Risikoprämie nur das versicherungstechnische Risiko der Erstattungsbeträge, aber keine Zuschläge wie Verwaltungskosten. Daher gehen als Rechnungsgrundlagen nur Zins, Kopfschäden und Ausscheidetafeln ein. Diese und alle weiteren Prämienberechnungen basieren auf dem

Äquivalenzprinzip der Versicherungsmathematik:
Ein Versicherungsvertrag ist fair, falls zum Zeitpunkt des Vertragsbeginns der Leistungsbarwert gleich dem Beitragsbarwert ist.

Das versicherungstechnische Alter eines Neukunden bei Vertragsbeginn nennen wir das **Eintrittsalter**. Für einen Versicherungsnehmer mit Eintrittsalter x ergibt sich aus dem Äquivalenzprinzip für die konstante Nettoprämie P die Gleichung

$$A_x = P \cdot \ddot{a}_x. \tag{5.1}$$

Der Wert A_x ist eindeutig bestimmt durch den betrachteten Tarif bzw. Tarifbaustein. Daraus lässt sich die im Beitragsbarwert noch unbekannte Größe P, die sog. Netto-Jahresprämie oder kurz Nettoprämie, berechnen:

Definition 5.1 (Nettoprämie)
Die Nettoprämie *für einen Versicherungsnehmer mit Eintrittsalter x ist definiert als*

$$P_x = \frac{A_x}{\ddot{a}_x}.$$

Man beachte, dass der Betrag P_x nach den Voraussetzungen aus Abschn. 4.2 der jährlich vorschüssig zu zahlende Beitrag ist, insbesondere also ein Beitrag konstanter Höhe. Der Index x bei P_x kennzeichnet nur das Eintrittsalter des Versicherungsnehmers. Ein im Alter 30 eingetretener Versicherungsnehmer zahlt bei unveränderten Rahmenbedingungen immer den Jahresbeitrag P_{30}, und nicht etwa in dem Jahr, in dem er 40 Jahre alt ist, den Betrag P_{40}. (Faktisch ändern sich die Rahmenbedingungen allerdings relativ häufig, wie schon mehrfach angedeutet wurde.)

Die Formel für P_x findet man in dieser Form auch in Anlage 1 Abschnitt A der KVAV. Konkrete Beispiele sehen wir am Ende des Abschnitts.

Aus der Darstellung der Barwerte in Satz 4.10 folgt sofort

$$P_x = G \cdot \frac{U_x}{N_x}.$$

Beispiel 5.1 Wir führen Beispiel 4.3 fort. Dort wurden die Barwerte für das Eintrittsalter $x = 30$ berechnet zu

$$\ddot{a}_{30} = 12{,}3371 \qquad \text{und} \qquad A_{30} = 17.222\,€,$$

während die Kommutationswerte

$$N_{30} = 145.713 \qquad \text{und} \qquad U_{30} = 203.206$$

lauteten. Mit $G = 1001$ € ergibt sich die Nettoprämie eines 30-jährigen Neukunden zu

$$P_{30} = 1001 \cdot \frac{203.206}{145.713} = 1396 \text{ €} = \frac{17.222}{12{,}3371}. \qquad \blacktriangle$$

Krankentagegeld
Der Bestimmung des Leistungsbarwertes und damit der Prämie liegt die Kopfschadenreihe des betrachteten Tarifs bzw. Leistungsbereiches zugrunde, der Beitragsbarwert ist davon unberührt (abgesehen vom Unterschied zwischen normalen bzw. beihilfeberechtigten Versicherten beim Storno). Für den Leistungsbereich Krankentagegeld muss die linke Seite der Äquivalenzgleichung aber angepasst werden, denn dieser endet planmäßig mit dem Alter 65:

$$P_x \cdot \ddot{a}_{x,\overline{65-x}|} = A_x.$$

Der Beitragsbarwert wird daher mit dem Barwert eines höchstens bis Alter 65 laufenden Zahlungsstromes gebildet (für $\ddot{a}_{x,\overline{n}|}$ siehe Aufgabe 4.3). Wir werden auf diesen besonderen Umstand der Prämienberechnung bei Krankentagegeld künftig – etwa bei der Bestimmung der Bruttoprämie – nicht mehr explizit eingehen.

5.2 Sensitivitäten der Nettoprämie

Wir untersuchen nun die Nettoprämie in Bezug auf die Parameter, die in ihre Berechnung eingehen. Konkret wollen wir die Abhängigkeit vom Rechnungszins, dem Eintrittsalter, den Kopfschäden und den Ausscheideordnungen erfassen[1].

Abhängigkeit von den Kopfschäden
Aus Satz 4.7(c) folgt direkt

Satz 5.2 (Monotonie der Nettoprämien bez. der Kopfschäden)
Bezeichnet P_z bzw. P'_z die Nettoprämie für ein Eintrittsalter $z \in A$ auf Basis der Kopfschadenreihe $\{K_x\}_{x \in A}$ bzw. $\{K'_x\}_{x \in A}$, dann gilt:

[1] Eine der wesentlichen Voraussetzungen fast aller Sensitivitäten der Prämie ist eine monoton wachsende Kopfschadenreihe. Wie bereits in Abschn. 3.2.3 gesehen trifft das aber nicht auf alle Leistungsbereiche zu. Lösungsansätze für dieses Problem findet der Leser z. B. in [2]. Siehe auch Aufgabe 5.3.

(a) Ist $K'_x > K_x$ *für alle* $x \in A$*, so ist* $P'_z > P_z$*.*
(b) Ist $K'_x = \lambda \cdot K_x$ *für alle* $x \in A$ *und ein* $\lambda > 0$*, so ist* $P'_z = \lambda \cdot P_z$*.*

Die Voraussetzung von Teil (b) ist nicht so speziell, wie sie zunächst aussieht. Wie wir in Abschn. 8.2 sehen werden, ändert sich häufig nur der Grundkopfschaden einer Kopfschadenreihe von G zu G', während das Profil $\{k_x\}_{x\in A}$ unverändert bleibt. Daraus folgt dann $K'_x = \lambda \cdot K_x$ für alle $x \in A$ mit $\lambda = G'/G$.

Abhängigkeit vom Eintrittsalter
Betrachtet man die Folge $\{P_x\}_{x\in A}$ der Nettoprämien für Eintrittsalter von 21 bis ω, so ist es für gewisse Zwecke wichtig zu wissen, ob diese monoton wachsend ist (die Monotonie garantiert z. B. nach Satz 6.4(a) nicht negative Alterungsrückstellungen). Dies beantwortet unter einer für die Praxis ausreichenden Bedingung die folgende Aussage.

Satz 5.3 (Monotonie der Nettoprämien bez. des Alters)
Ist die Kopfschadenreihe $\{K_x\}_{x\in A}$ *monoton wachsend, so auch die zugehörigen Nettoprämien* $\{P_x\}_{x\in A}$*.*

▷ *Beweis:* Wir formen die Ungleichung $P_x \leq P_{x+1}$ um und verwenden dabei die Rekursionen aus Satz 4.6:

$$\begin{aligned} P_x \leq P_{x+1} &\Leftrightarrow \frac{A_x}{\ddot{a}_x} \leq \frac{A_{x+1}}{\ddot{a}_{x+1}} \\ &\Leftrightarrow A_x \cdot \ddot{a}_{x+1} \leq A_{x+1} \cdot \ddot{a}_x \\ &\Leftrightarrow (K_x + v \cdot p_x \cdot A_{x+1}) \cdot \ddot{a}_{x+1} \leq A_{x+1} \cdot (1 + v \cdot p_x \cdot \ddot{a}_{x+1}) \\ &\Leftrightarrow K_x \cdot \ddot{a}_{x+1} \leq A_{x+1}. \end{aligned}$$

Die letzte Ungleichung ist aber korrekt: Da nach Voraussetzung $K_x \leq K_{x+1+t}$ für alle $t \geq 0$, folgt

$$\begin{aligned} K_x \cdot \ddot{a}_{x+1} &= K_x \cdot \sum_{t=0}^{\omega-x-1} {}_t p_{x+1} \cdot v^t \\ &= \sum_{t=0}^{\omega-x-1} {}_t p_{x+1} \cdot v^t \cdot K_x \\ &\leq \sum_{t=0}^{\omega-(x+1)} {}_t p_{x+1} \cdot v^t \cdot K_{(x+1)+t} \\ &= A_{x+1}. \end{aligned}$$

Somit ist die Aussage bewiesen. ■

Sind die Profile nicht monoton, kann es auch zu nicht monotonen Neugeschäftsprämien kommen. Am Ende des Abschnitts folgt dazu ein Beispiel.

Abhängigkeit vom Rechnungszins
Es folgt die Abhängigkeit der Netto-Jahresprämien vom Zins. Das folgende Hilfsresultat dient der Vorbereitung.

Satz 5.4 (Hilfsresultat)
Es seien a_k, b_k $(k = 1, \ldots, n)$ positive reelle Zahlen, die der Bedingung

$$\frac{a_j}{a_k} > \frac{b_j}{b_k} \quad \textit{für alle } j > k \tag{*}$$

genügen. Dann ist die Funktion

$$f(v) = \frac{\sum_{k=0}^{n} v^k \cdot a_k}{\sum_{k=0}^{n} v^k \cdot b_k} \quad (v > 0)$$

streng monoton wachsend.

▷ *Beweis:* Wir beginnen mit folgender Beobachtung: Es seien

(a) $d_0, \ldots, d_n$ reelle Zahlen mit $d_0 < d_1 < \ldots < d_n$,
(b) $c_0, \ldots, c_n$ reelle Zahlen mit $c_k = -c_{n-k}$ für alle $k = 0, \ldots, n$ sowie $c_k > 0$ für alle $k > n/2$.

Dann ist $\sum_{k=0}^{n} d_k \cdot c_k > 0$.

Denn aus $c_k = -c_{n-k}$ folgt zunächst $c_{n/2} = 0$, falls n gerade ist, ansonsten existiert der Index $n/2$ nicht. Damit gilt

$$\begin{aligned}
\sum_{k=0}^{n} d_k \cdot c_k &= \sum_{k<n/2} d_k \cdot c_k + \sum_{k>n/2} d_k \cdot c_k \\
&\overset{\text{IV}}{=} \sum_{k>n/2} d_{n-k} \cdot c_{n-k} + \sum_{k>n/2} d_k \cdot c_k \\
&\overset{\text{(b)}}{=} -\sum_{k>n/2} d_{n-k} \cdot c_k + \sum_{k>n/2} d_k \cdot c_k \\
&= \sum_{k>n/2} (d_k - d_{n-k}) \cdot c_k .
\end{aligned}$$

Hierin läuft bei $\sum_{k<n/2}$ der Index k ab 0, bei $\sum_{k>n/2}$ bis n.

Für $k > n/2$ ist $k > n - k$. Wegen Bedingung (a) ist für solche k dann $d_k - d_{n-k} > 0$, wegen (b) ist auch $c_k > 0$, und die Beobachtung bewiesen.

Nun zur eigentlichen Aussage. Es soll dazu an die folgende Formel für das Produkt zweier Summen mit gleich vielen Summanden erinnert werden[2]:

$$\sum_{k=0}^{n} a_k \cdot \sum_{k=0}^{n} b_k = \sum_{k=0}^{n} \sum_{j=0}^{k} a_j b_{k-j}. \qquad (**)$$

Aus

$$\frac{\mathrm{d}}{\mathrm{d}v} \sum_{k=0}^{n} v^k a_k = \sum_{k=0}^{n} k v^{k-1} a_k,$$

folgt mit der Quotientenregel

$$\frac{\mathrm{d}}{\mathrm{d}v} f(v) = \frac{\sum_{k=0}^{n} k v^{k-1} a_k \cdot \sum_{k=0}^{n} v^k b_k - \sum_{k=0}^{n} k v^{k-1} b_k \cdot \sum_{k=0}^{n} v^k a_k}{(\sum_{k=0}^{n} v^k b_k)^2}.$$

Der Zähler lässt sich wegen $(**)$ umschreiben:

$$\begin{aligned}
&\sum_{k=0}^{n} k v^{k-1} a_k \cdot \sum_{k=0}^{n} v^k b_k - \sum_{k=0}^{n} k v^{k-1} b_k \cdot \sum_{k=0}^{n} v^k a_k \\
&= \sum_{k=0}^{n} \sum_{j=0}^{k} j v^{k-1} a_j b_{k-j} - \sum_{k=0}^{n} \sum_{j=0}^{k} j v^{k-1} b_j a_{k-j} \\
&= \sum_{k=0}^{n} v^{k-1} \sum_{j=0}^{k} j \cdot (a_j b_{k-j} - b_j a_{k-j}).
\end{aligned}$$

Für ein festes k sei $c_j := a_j b_{k-j} - b_j a_{k-j}$. Zwei Tatsachen über c_j sind

- $c_{k-j} = -c_j$ für alle $0 \leq j \leq k$,
- $c_j > 0$ für $j > k - j$ (dies folgt aus $(*)$).

Aus der Vorüberlegung (mit $d_j = j$) folgt nun

$$\sum_{j=0}^{k} d_j \cdot c_j = \sum_{j=0}^{k} j \cdot (a_j b_{k-j} - b_j a_{k-j}) > 0.$$

Da dies für jedes k gilt, ist der Zähler von $\frac{\mathrm{d}}{\mathrm{d}v} f(v)$ positiv. ■

Nun kann die Abhängigkeit der Prämie vom Zins untersucht und somit auch die Bedeutung der Obergrenze für den Rechnungszins aus § 4 KVAV endlich fundiert werden.

---

[2] Anschaulich handelt es sich um das Aufsummieren der als Quadrat angeordneten paarweisen Produkte $a_i b_j$ auf den Diagonalen, auch unter dem Stichwort Cauchy-Produkt bekannt.

Satz 5.5 (Monotonie der Nettoprämien bez. des Zinses)
Es sei $P_x(i)$ die Nettoprämie eines x-jährigen Neukunden in Abhängigkeit vom Rechnungszins i. Ist die Kopfschadenreihe $\{K_s\}_{s\in A}$ streng monoton wachsend, dann ist die Abbildung $i \mapsto P_x(i)$ streng monoton fallend.

Anders ausgedrückt gilt bei steigenden Kopfschadenreihen: **Steigt der Rechnungszins, so fällt die Nettoprämie und umgekehrt**.

▷ *Beweis:* Wir untersuchen zunächst die Prämie in Abhängigkeit vom Dikontierungsfaktor v. Nach Definition 5.1 ist

$$P_x(v) = \frac{\sum_{t=0}^{\omega-x} v^t \cdot {}_tp_x \cdot K_{x+t}}{\sum_{t=0}^{\omega-x} v^t \cdot {}_tp_x}.$$

Mit $a_k = {}_kp_x \cdot K_{x+k}$ und $b_k = {}_kp_x$ gilt wegen der strengen Monotonie der Kopfschäden für $j > k$

$$\frac{a_j}{a_k} = \frac{{}_jp_x \cdot K_{x+j}}{{}_kp_x \cdot K_{x+k}} > \frac{{}_jp_x}{{}_kp_x} = \frac{b_j}{b_k}$$

und somit ist die Abbildung $v \mapsto P_x(v)$ nach dem Hilfsresultat streng monoton wachsend. Da aber $v = (1+i)^{-1}$ in i streng monoton fällt, folgt schließlich die Behauptung über $P_x(i)$. ■

Abhängigkeit von den Ausscheideordnungen
Die Abhängigkeit von den Ausscheidewahrscheinlichkeiten ist komplizierter; wir wollen sie exemplarisch für die Sterbewahrscheinlichkeiten durchführen und verweisen auf die vor Satz 4.8 eingeführten Bezeichnungen $g_{x,t,j}$ und $\mu_{x,t,j}$. Die folgende Aussage gilt analog auch für die Stornowahrscheinlichkeiten.

Satz 5.6 (Monotonie der Nettoprämien bez. der Sterblichkeit)
Für ein gegebenes $j \in \{0,\ldots,\omega-x\}$ sei $P_x(\lambda)$ die Nettoprämie in Abhängigkeit vom Skalierungsfaktor $\lambda > 0$ für die Sterbewahrscheinlichkeit q_{x+j}. Ist die Kopfschadenreihe $\{K_s\}_{s\in A}$ streng monoton wachsend, dann ist die Abbildung $\lambda \mapsto P_x(\lambda)$ streng monoton fallend.

Anders ausgedrückt gilt bei steigenden Kopfschadenreihen: Sinkt eine der Sterbewahrscheinlichkeiten q_{x+j}, so steigt die Nettoprämie. Dies lässt sich nun auf mehrere j ausdehnen, indem man die Aussage nacheinander auf jedes Alter, bei dem die Sterbewahrscheinlichkeit sinkt, anwendet. Es folgt also: **Sinken einige oder alle Sterbewahrscheinlichkeiten, so steigt die Nettoprämie**. Steigen die Wahrscheinlichkeiten, so kehrt sich die Aussage um.

▷ *Beweis:* Es ist

$$P_x(\lambda) = \frac{A_x(\lambda)}{\ddot{a}_x(\lambda)}$$

mit den in Satz 4.8 eingeführten Barwerten $A_x(\lambda)$ und $\ddot{a}_x(\lambda)$; insbesondere sind $A_{x+j+1}(\lambda) \equiv A_{x+j+1}$, $\ddot{a}_{x+j+1}(\lambda) \equiv \ddot{a}_{x+j+1}$ und damit $P_{x+j+1}(\lambda) \equiv P_{x+j+1}$ nicht mehr von λ abhängig. Aus der Quotientenregel und dem genannten Satz folgt

$$\frac{\mathrm{d}}{\mathrm{d}\lambda} P_x(\lambda) = \frac{c_{x,j} \cdot A_{x+j+1} \cdot \ddot{a}_x(\lambda) - c_{x,j} \cdot A_x(\lambda) \cdot \ddot{a}_{x+j+1}}{\ddot{a}_x(\lambda)^2}$$

mit

$$c_{x,j} := -q_{x+j} \cdot {}_j p_x \cdot v^{j+1} < 0.$$

Wir ermitteln das Vorzeichen des Ausdrucks $A_{x+j+1} \cdot \ddot{a}_x(\lambda) - A_x(\lambda) \cdot \ddot{a}_{x+j+1}$. Aus $A_x = P_x \cdot \ddot{a}_x$ für alle x folgt

$$\begin{aligned} & A_{x+j+1} \cdot \ddot{a}_x(\lambda) - A_x(\lambda) \cdot \ddot{a}_{x+j+1} \\ & = P_{x+j+1} \cdot \ddot{a}_{x+j+1} \cdot \ddot{a}_x(\lambda) - P_x(\lambda) \cdot \ddot{a}_x(\lambda) \cdot \ddot{a}_{x+j+1} \\ & = \ddot{a}_{x+j+1} \cdot \ddot{a}_x(\lambda) \cdot [P_{x+j+1} - P_x(\lambda)]. \end{aligned}$$

Für streng monoton wachsende Kopfschadenreihen ist der Klammerterm aber positiv nach Satz 5.3. Daraus folgt $\frac{\mathrm{d}}{\mathrm{d}\lambda} P_x(\lambda) < 0$, was zu zeigen war. ■

Wir schließen den Abschnitt ab mit einigen Beispielen und Grafiken, die die Abhängigkeiten aufzeigen sollen.

Beispiel 5.2 Wir verwenden

- die PKV-Sterbetafel 2016,
- die BaFin-Stornotafel 2014, normale Männer,
- den Rechnungszins $i = 3{,}5\,\%$.

Die folgenden Grafiken zeigen die Neugeschäftsprämien bzw. deren relative Änderung im Altersbereich A für verschiedene Kopfschadenreihen für Männer und geänderte Rechnungsgrundlagen.

1. Abb. 5.2 zeigt den Prämienverlauf für den Ambulanttarif mit 0–100 € Selbstbehalt und den stationären Tarif mit Zweibettzimmer, Abb. 5.3 den für Zahnbehandlung und Zahnersatz mit 20–30 % Selbstbehalt (alles für normale Versicherte). Man erkennt, dass die Prämien bei den Zahntarifen in hohen Altern wieder fallen, was auf die entsprechende Eigenschaft der Kopfschadenreihen zurückzuführen ist. In Satz 5.3 ist die Monotonie der Kopfschäden also wesentlich.

8.000 €
6.000 €
4.000 €
2.000 €
0 €
20
40
60
80
100
Ambulant 0-100 € SB
Stationär Zweibett

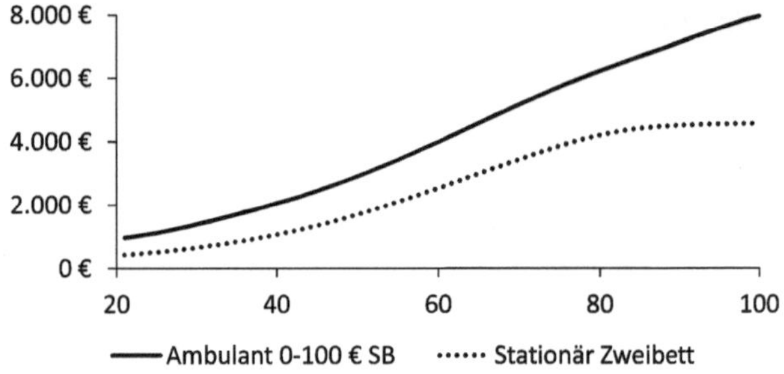

Abb. 5.2 Nettoprämien in Abhängigkeit vom Eintrittalter für einen ambulanten und stationären Tarif

600 €
400 €
200 €
0 €
20
40
60
80
100
Zahnbehandlung
Zahnersatz 20-30% SB

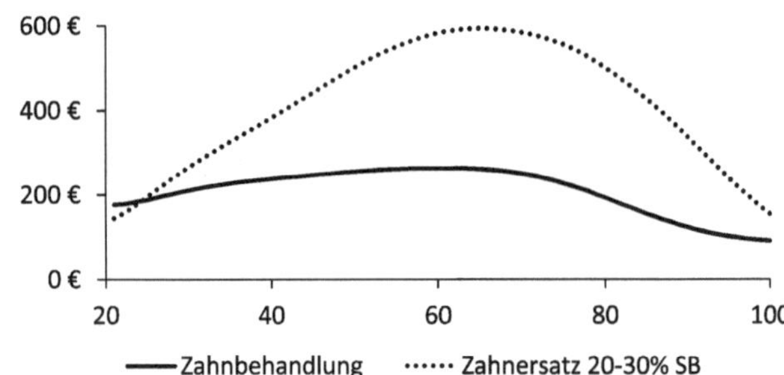

Abb. 5.3 Nettoprämien in Abhängigkeit vom Eintrittalter für Zahnbehandlung und Zahnersatz

30%
20%
10%
0%
20
40
60
80
100
2,5% zu 3,5%
1,5% zu 3,5%

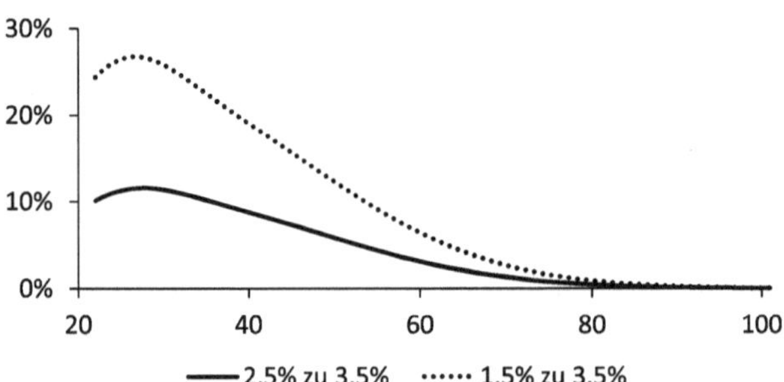

Abb. 5.4 Relative Steigerung der Nettoprämien bei Änderung des Rechnungszinses

2. In Abb. 5.4 ist die Steigerung der Nettoprämie beim Ambulanttarif mit 0–100 € Selbstbehalt in Abhängigkeit vom Eintrittsalter zu sehen, wenn der Zins von 3,5 % auf 2,5 % bzw. 1,5 % gesenkt wird.
3. Schließlich vergleichen wir die Nettoprämien beim Ambulanttarif mit 0–100 € Selbstbehalt in Abhängigkeit vom Eintrittsalter, einmal mit der PKV-Sterbetafel 2011 berechnet und einmal mit der Tafel aus 2016. In der Tafel 2016 sind einige Sterbewahrscheinlichkeiten im Altersbereich 30–60 und ab 70 um mehr als 10 % geringer gegenüber den Werten aus 2011. Die prozentuale Steigerung der Nettoprämie beim Übergang von 2011 auf 2016 ist in Abb. 5.5 zu sehen. Die absolute Auswirkung ist nicht so stark wie bei einer gleichartigen Änderung der anderen Rechnungsgrundlagen. ▲

Abb. 5.5 Relative Änderung der Nettoprämien bei Wechsel der Sterbetafel von PKV 2011 auf PKV 2016

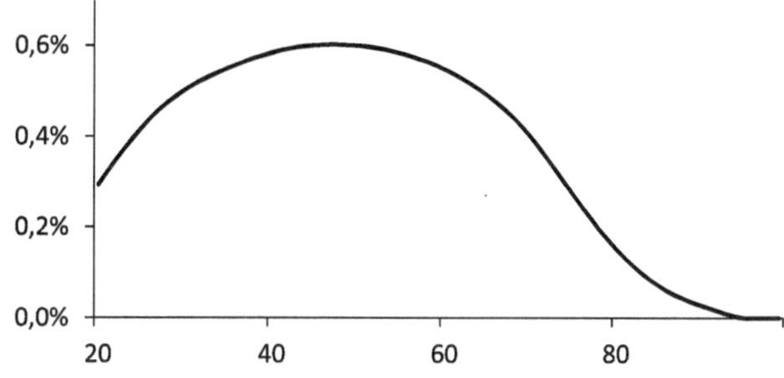

5.3 Bruttoprämien für das Neugeschäft

Die Nettoprämie berücksichtigt nur die Erstattungsbeträge. Nun werden noch der Sicherheitszuschlag und die sog. sonstigen Zuschläge aus § 8 Abs. 1 KVAV berücksichtigt, also

1. die unmittelbaren Abschlusskosten,
2. die mittelbaren Abschlusskosten,
3. die Schadenregulierungskosten,
4. die sonstigen Verwaltungskosten,
5. der Zuschlag für eine erfolgsunabhängige Beitragsrückerstattung,
6. bei substitutiven Krankenversicherungen der Zuschlag zur Umlage der Begrenzung der Beitragshöhe im Basistarif,
7. für den Basistarif der Zuschlag zur Umlage der Mehraufwendungen durch Vorerkrankungen,
8. der Zuschlag für den Standardtarif.

Man gelangt dann zur Brutto-Jahresprämie B_x eines Versicherungsnehmers mit Eintrittsalter x. Dazu wird die bisherige Äquivalenzgleichung (5.1) auf der Leistungsseite erweitert um den Barwert der Zuschläge, während auf der Prämienseite natürlich der Barwert der Brutto-Jahresprämien zu bilden ist:

$$B_x \cdot \ddot{a}_x = A_x + \text{Barwert der Zuschläge.} \tag{5.2}$$

Kalkulatorisch muss festgelegt werden, in welcher Höhe jeder einzelne Zuschlag eingeht und zu welchen Zeitpunkten. Bezüglich der Zeitpunkte gibt es

- die einmalig zu Vertragsbeginn $t = 0$ anfallenden sog. **Zillmerkosten**, die Teil der unmittelbaren Abschlusskosten sind;
- die jährlich vorschüssig anfallenden Zuschläge, auch **laufende Zuschläge** genannt (alle anderen).

Bezüglich der Höhe unterscheidet man

- zur Bruttoprämie proportionale Zuschläge; diese werden in der Form $f \cdot B_x$ mit einem Faktor f berücksichtigt;
- alters- und beitragsunabhängige Zuschläge (sog. **Stückkosten**), die als fixer Eurobetrag eingehen.

Die jährlich anfallenden Zuschläge ergeben einen Zahlungsstrom mit gleichbleibenden Zahlungen zu den Zeitpunkten $t = 0, 1, \ldots, \omega - x$. Für diesen wird wie bei A_x und $\ddot{a}_x$ ein Barwert berechnet. Die in $t = 0$ anfallenden Zillmerkosten sind schon gleich ihrem Barwert.

Welche der sonstigen Zuschläge proportional und welche absolut sind, wird in der KVAV festgelegt:

§ 8 (4) KVAV

In die Prämien dürfen mit Ausnahme der Zillmerung und der Zuschläge gemäß Absatz 1 Nummer 6 und 8 nur altersunabhängige absolute Kostenzuschläge eingerechnet werden [. . .] Satz 1 gilt nicht für die Prämienberechnung für Kinder und Jugendliche, für [. . .] Krankenhaustagegeld-, Krankentagegeld- [. . .] tarife.

Daraus ergibt sich folgende Einteilung, sofern es sich nicht um Kinder und Jugendliche oder Tagegeldtarife handelt (für diese werden auch die hier als Stückkosten ausgewiesenen Zuschläge als proportionale Zuschläge angesetzt; für Kinder und Jugendliche entfällt zudem die Zillmerung)[3]:

	laufend	**einmalig**
proportional	Zuschlag Basistarif Prämienbegrenzung	Zillmerkosten
	Zuschlag Standardtarif	
Stückkosten	Abschlusskosten	
	Verwaltungskosten	
	Schadenregulierungskosten	
	Zuschlag RfeuB	
	Zuschlag Basistarif Vorerkrankungen	

Die Zahlenwerte der Zuschläge sind oft tarifübergreifend. Unterschiede gibt es bei der Einordnung als Einzel- oder Gruppenversicherung oder bei verschiedenen Leistungsbereichen wie ambulant, stationär usw.

Stückkosten wurden eingeführt, um ältere Versicherungsnehmer zu entlasten. Da deren Prämien aufgrund der Beitragsanpassungen ohnehin immer weiter zunehmen, werden die

[3] Die KVAV lässt auch beitragsproportionale Zuschläge für alle Parameter zu. Voraussetzung ist, dass sich die prozentualen Zuschläge immer nur auf die zum Eintrittsalter gehörende Prämie des aktuellen Tarifs (d. h. unter Berücksichtigung von Beitragsanpassungen) beziehen (siehe § 8 Abs. 4 KVAV). Wir werden diese Möglichkeit aber nicht weiter verfolgen.

Versicherten bei beitragsproportionalen Kosten in gewisser Weise zweimal getroffen. Die Umlage der Zuschläge auf alle Alter durch einen altersunabhängigen Zuschlag soll diesen Effekt dämpfen.

Bevor wir die endgültige Äquivalenzgleichung für B_x notieren, sollen die einzelnen Zuschläge noch genauer besprochen werden.

Unmittelbare Abschlusskosten

In § 43 der RechVersV wird detailliert beschrieben, was unter den verschiedenen Kostenarten zu verstehen ist, die hier subsumiert sind. Unter unmittelbare Abschlusskosten fallen hiernach

- die Abschlussprovisionen und Zusatzprovisionen für die Policenausfertigung,
- die Courtagen an die Versicherungsmakler,
- die Aufwendungen für die Anlegung der Versicherungsakte, für die Aufnahme des Versicherungsvertrags in den Versicherungsbestand und für die ärztlichen Untersuchungen im Zusammenhang mit dem Abschluss von Versicherungsverträgen.

Den Großteil bilden Zahlungen für die Vermittlung. Dabei darf ein Krankenversicherungsunternehmen nicht beliebig hohe Provisionen gewähren, obere Begrenzungen pro Einzelabschluss, pro Vermittler und pro Geschäftsjahr sind in § 50 VAG festgelegt. Danach sind für eine substitutive Krankenversicherung höchstens 75 % einer Brutto-Jahresprämie als Abschlussprovision zulässig.

Die unmittelbaren Abschlusskosten werden vom Versicherungsnehmer über Teile seiner Prämie beglichen (und nicht z. B. über eine extra Zahlung bei Versicherungsbeginn). Damit tritt das Krankenversicherungsunternehmen in Vorleistung, während der Versicherungsnehmer die Kosten über längere Zeit tilgt. Man spricht auch von einer nachgelagerten Finanzierung der Abschlusskosten. Diese Finanzierung wird auf dreierlei Art bewerkstelligt:

- Einerseits durch die **Zillmerung**, welche durch einen altersabhängigen Faktor α_x^Z festgelegt wird, den man den **Zillmersatz** nennt. Durch die Zillmerung wird der Betrag

  $$\text{(Barwert der) Zillmerkosten } = \alpha_x^Z \cdot B_x.$$

  abgedeckt. Die KVAV setzt in § 8 Abs. 3 eine obere Grenze für α_x^Z fest (da für diese Festlegung die Alterungsrückstellung benötigt wird, verschieben wir die Details dazu auf Abschn. 6.2). Untere Grenzen lassen sich aus beobachteten Werten für unmittelbare Abschlusskosten und Prognosen für das Neugeschäft gewinnen. Üblicherweise liegt α_x^Z nicht über 60–70 % von B_x. Aufgrund dieser Begrenzung und der obigen Bemerkung zu den Vermittlerprovisionen reichen die Zillmerkosten meist nicht aus, um die unmittelbaren Abschlusskosten vollständig zu decken.

- Der Rest wird in Form laufender Stückkosten angesetzt, wofür das Symbol α_u gebräuchlich ist:

$$\text{Barwert der unmittelbaren Abschlusskosten } = \alpha_u \cdot \ddot{a}_x.$$

 Dabei kann α_u für das erste Versicherungsjahr höher sein als für alle weiteren Jahre. Diese Differenz wird dann in gleicher Höhe vom Sicherheitszuschlag abgezweigt (aber nur so weit, dass dieser immer noch mindestens 5 % beträgt). Wir werden die Details hier nicht weiter berücksichtigen.
- Altersabhängige Wartezeit- und Selektionsersparnisse entstehen dadurch, dass die Erstattungsbeträge in den ersten Versicherungsjahren geringer ausfallen als die Kopfschäden, mit denen kalkuliert wird (siehe Abschn. 3.2.1). Diese Ersparnisse werden zur Finanzierung von unmittelbaren Abschlusskosten eingesetzt. Es handelt sich um eine Umverteilung vorhandener Mittel, so dass dies keinen gesonderten Zuschlag in der Tarifierung bewirkt.

Die Zillmerung erlaubt es dem Versicherer, einen Teil der zu Beginn angefallenen Kosten möglichst schnell zu tilgen. Dies macht sich bei der Prämienberechnung noch nicht bemerkbar, da es egal ist, ob man in der Äquivalenzgleichung (5.2) den gesamten Wert in $t = 0$ ansetzt oder diesen wie bei Stückkosten auf die ganze Versicherungsdauer streckt; der Barwert ist der gleiche. Erst bei der Bestimmung der Alterungsrückstellung und davon abhängiger Größen macht sich der Zillmereffekt bemerkbar.

Auf die Altersabhängigkeit von α_x^Z gehen wir in Abschn. 5.7 ein.

Ein weiteres Detail zu α_u wird in § 8 Abs. 3 KVAV geregelt:

§ 8 (3) KVAV

[...] Werden die unmittelbaren Abschlusskosten von Versicherungsverträgen teilweise durch einen laufenden Zuschlag gedeckt, darf dieser betragsmäßig während der Versicherungsdauer nur dann erhöht werden, wenn er nach Vollendung des 65. Lebensjahres entfällt.

Dies steht im Zusammenhang mit der Möglichkeit von Beitragsanpassungen. Findet eine solche statt, darf man alle Rechnungsgrundlagen des Tarifs auf Auskömmlichkeit überprüfen und bei Bedarf anpassen. Durch eine Anpassung von α_u z. B. nach oben würde man erhöhte Abschlusskosten neuer Kunden auf Bestandskunden überwälzen. Für langjährige Versicherungsnehmer (was in diesem Zusammenhang – nicht ganz korrekt – durch das Alter kodiert wird) kann dies aber als unangebracht angesehen werden, weshalb entweder α_u in dem Tarif für immer gleich bleibt oder aber variabel ist und dafür ab Alter 65 ganz entfällt[4].

[4] Allerdings profitieren Bestandskunden auch vom Neugeschäft, wenn man an die Umverteilung von Fixkosten oder die Ausgleichseffekte durch das Kollektiv denkt; gerade für ältere Versicherungsnehmer ist es wichtig, wenn der Bestand genügend jüngere und gesündere Personen enthält.

Wir verwenden in allen Beispielen die zweite Variante. Das bedeutet nicht nur, dass α_u ab Eintrittsalter 65 nicht mehr für die Neugeschäftsprämie angesetzt wird, sondern dass es auch für Bestandskunden ab Alter 65 entfällt. Dies steht natürlich im Widerspruch zum Ansatz $\alpha_u \cdot \ddot{a}_x$ einer lebenslangen Tilgung in der Äquivalenzgleichung. Dies wird in Zusammenhang mit Formel (5.5) wieder aufgegriffen.

Es sei schließlich noch auf die Stornohaftung hingewiesen:

§ 49 (1) VAG

Die Versicherungsunternehmen müssen sicherstellen, dass [...] im Fall der Kündigung eines Vertrags durch den Versicherungsnehmer [...] in den ersten fünf Jahren nach Vertragsschluss der Versicherungsvermittler die für die Vermittlung eines Vertrags der substitutiven Krankenversicherung [...] angefallene Provision nur bis zur Höhe des Betrags einbehält, der bei gleichmäßiger Verteilung der Provision über die ersten fünf Jahre seit Vertragsschluss bis zum Zeitpunkt der Beendigung [...] angefallen wäre. [...]

Demnach wird vom Vermittler bei frühzeitiger Kündigung eines von ihm vermittelten Vertrages ein auf 5 Versicherungsjahre bezogener Anteil der Provision zurückgefordert.

Mittelbare Abschlusskosten
Darunter versteht man insbesondere

- allgemeine Aufwendungen für Werbung,
- Sachaufwendungen, die im Zusammenhang mit der Antragsbearbeitung und Policierung anfallen,
- allgemeine Kosten des Vertriebes, von Software und Schulungen.

Diese Kosten stehen nicht mit einem konkreten Vertragsabschluss, aber mit Abschlüssen an sich in Verbindung. Sie gehen als Stückkosten in die Tarifierung ein, das Symbol ist α_m.

$$\text{Barwert der mittelbaren Abschlusskosten} = \alpha_m \cdot \ddot{a}_x.$$

Schadenregulierungskosten
Das sind alle Kosten, die im Zusammenhang mit der Regulierung von Schäden auftreten. Dazu gehört die konkrete Fallbearbeitung wie z. B. die Leistungsprüfung oder Kosten für Gutachter. Sie gehen als Stückkosten ρ in die Kalkulation ein.

$$\text{Barwert der Schadenregulierungskosten} = \rho \cdot \ddot{a}_x.$$

Sonstige Verwaltungskosten
Hierunter fallen nach § 43 Abs. 3 RechVersV z. B. Aufwendungen für Beitragseinzug und Bestandsverwaltung oder Schadenverhütung und -bekämpfung, allgemein also Personal-

und Sachkosten für den Versicherungsbetrieb. Sie werden als Stückkosten β angesetzt:

$$\text{Barwert der Verwaltungskosten } = \beta \cdot \ddot{a}_x.$$

Zuschlag für eine erfolgsunabhängige Beitragsrückerstattung

Einige Tarife garantieren eine Beitragsrückerstattung bei Leistungsfreiheit. Dann erhält ein Versicherungsnehmer eine festgelegte Anzahl von Brutto-Monatsprämien (meist drei) zurück, falls dieser für ein gegebenes Kalenderjahr keine Rechnungen einreicht. Die Höhe des Zuschlages wird aufgrund der Rückerstattungen vorangegangener Jahre und der aktuellen Bestandszusammensetzung ermittelt. Ein Bestand mit vielen jungen Versicherungsnehmern wird einen höheren Zuschlag zahlen, da diese Rückerstattung hauptsächlich für jüngere Personen anfällt. Zuweilen wird der Zuschlag auch direkt in die Kopfschäden eingerechnet. Wir werden ihn nicht weiter betrachten.

Der Begriff *erfolgsunabhängig* bezieht sich darauf, dass sich diese Rückerstattung nicht aufgrund des Geschäftserfolgs des Unternehmens ergibt; solche gibt es auch (und heißen entsprechend *erfolgsabhängig*) und werden in Kap. 11 besprochen.

Gesamte Stückkosten

Alle hier genannten Stückkosten werden addiert zum Betrag γ. Dieser ist im Prinzip für jedes Eintrittsalter x gleich, mit Ausnahme des Wegfalls von α_u ab Alter 65:

$$\gamma_x := \begin{cases} \alpha_u + \alpha_m + \beta + \rho, & \text{falls } x < 65 \\ \alpha_m + \beta + \rho, & \text{falls } x \geq 65. \end{cases} \tag{5.3}$$

Die genannten Stückkosten fallen jährlich an, ab Beginn des Versicherungsvertrages für den Versicherungsnehmer mit Eintrittsalter x bis zum Ende der Zahlungsreihe (Zeitpunkt $\omega - x$). Für den Barwert gilt

$$\text{Barwert der Stückkosten } = \gamma_x \cdot \ddot{a}_x.$$

Zuschlag zur Umlage der Begrenzung der Beitragshöhe im Basistarif

Da im Basistarif die Prämien nach oben so begrenzt sind, dass i. Allg. keine Deckung der Ausgaben erreicht wird, muss der Mehraufwand von allen Versicherungsnehmern getragen werden, die Anspruch auf einen Wechsel in den Basistarif haben (also die mit einer substitutiven Versicherung und Beginn ab 2009; siehe Abschn. 1.3).

§ 154 (1) VAG

Die Versicherungsunternehmen, die einen Basistarif anbieten, müssen sich zur dauerhaften Erfüllbarkeit der Verpflichtungen aus den Versicherungen am Ausgleich der Versicherungsrisiken im Basistarif beteiligen [...] Mehraufwendungen, die zur Gewährleistung der [...] Begrenzungen entstehen, sind auf alle beteiligten Versicherungsunternehmen so zu verteilen, dass eine gleichmäßige Belastung dieser Unternehmen bewirkt wird.

Er ist beitragsproportional mit Faktor Ω^{Ba}, so dass gilt

$$\text{Barwert Zuschlag Begrenzung Basistarif } = (\Omega^{\mathrm{Ba}} \cdot B_x) \cdot \ddot{a}_x.$$

Insbesondere ist Ω^{Ba} für alle PKV-Unternehmen gleich; er wird durch den PKV-Verband ermittelt[5] und beträgt im Jahr 2016 $\Omega^{\mathrm{Ba}} = 1{,}2\,\%$.

Zuschlag zur Umlage der Mehraufwendungen durch Vorerkrankungen für den Basistarif

Dieser Zuschlag betrifft nur den Basistarif. Da hier keine Vorerkrankungen in der Kalkulation berücksichtigt werden dürfen (siehe Abschn. 1.3), werden die unvermeidlich auftretenden Mehraufwendungen in diesem Tarif durch erhöhte Kopfschäden ausgeglichen. Diese Erhöhung ist der (altersunabhängige) Zuschlag, oft τ genannt. Wir werden ihn im Weiteren nicht mehr explizit beachten.

Zuschlag für den Standardtarif

Wie beim Basistarif ist der Standardtarif nicht auskömmlich kalkuliert, da es auch hier eine Obergrenze für die Prämie gibt. Für diese Beitragsgarantie muss in ähnlicher Weise ein Zuschlag erhoben werden (nur für Verträge mit Beginn vor 2009). Er ist beitragsproportional mit Faktor Ω^{St} (der 2016 den Wert 0,1 % hat) und wird nur bis zum Alter 65 erhoben:

§ 8 (5) KVAV

Soweit vereinbart, muss in die Prämien der Tarife, die zum Wechsel in den Standardtarif [...] berechtigen, ein gesonderter Zuschlag zur Gewährleistung der Beitragsgarantie im Standardtarif [...] eingerechnet werden. Dieser Zuschlag entfällt für die Versicherten, die das 65. Lebensjahr vollendet haben.

Es ergibt sich

$$\Omega_x^{\mathrm{St}} := \begin{cases} \Omega^{\mathrm{St}}, & \text{falls } x < 65 \\ 0, & \text{falls } x \geq 65 \end{cases}$$

und damit

$$\text{Barwert Zuschlag Standardtarif } = (\Omega_x^{\mathrm{St}} \cdot B_x) \cdot \ddot{a}_x.$$

Wir werden nur noch die Wechselmöglichkeit in den Basistarif berücksichtigen, so dass Ω^{St} hier keine Rolle mehr spielt.

[5] Tatsächlich ist es kaum möglich, diese Mehraufwendungen – wie auch die durch Vorerkrankungen – hinreichend genau abzuschätzen.

Gesamte proportionale Zuschläge
Zusammen mit dem ebenfalls beitragsproportionalen Sicherheitszuschlag σ (siehe Abschn. 3.4) ergibt sich der gesamte Faktor für beitragsproportionale Zuschläge zu

$$\Delta := \sigma + \Omega^{\text{Ba}}.$$

Der Barwert der proportionalen Zuschläge lautet dann

$$\text{Barwert der beitragsproportionalen Kosten } = (\Delta \cdot B_x) \cdot \ddot{a}_x.$$

Nun kann die Äquivalenzgleichung für die Brutto-Jahresprämie B_x für einen x-jährigen Neukunden aufgestellt werden:

$$B_x \cdot \ddot{a}_x = A_x + \gamma_x \cdot \ddot{a}_x + (\Delta \cdot B_x) \cdot \ddot{a}_x + \alpha_x^Z \cdot B_x. \tag{5.4}$$

Daraus lässt sich B_x bestimmen:

$$B_x = \frac{P_x + \gamma_x}{1 - \Delta - \frac{\alpha_x^Z}{\ddot{a}_x}}. \tag{5.5}$$

In dieser Form findet man die Brutto-Jahresprämie auch in Anlage 1 Abschnitt A der KVAV.

Wie bereits erwähnt, entfällt der Zuschlag α_u ab Alter 65. Trotzdem wird in Formel (5.4) die Zahlung auch dieses Zuschlags lebenslang angesetzt. Ein korrekter Ansatz für den Barwert der Stückkosten wäre

$$(\alpha_m + \beta + \rho) \cdot \ddot{a}_x + \alpha_u \cdot \ddot{a}_{x,\overline{65-x}|}, \tag{5.6}$$

wobei $\ddot{a}_{x,\overline{n}|}$ den Beitragsbarwertfaktor eines Zahlungsstroms mit Zahlungen der Höhe Eins bezeichnet, die nicht lebenslang, sondern höchstens n Jahre lang gezahlt werden (siehe auch Aufgabe 4.3). Dies führt allerdings zu Problemen im Zusammenhang mit einer gesetzlich geforderten Monotonie von Bruttoprämien. Wir kommen darauf in Abschn. 5.7 zurück.

In konkreten Berechnungen wird – anders als bei der Nettoprämie – oft die Brutto-**Monats**prämie B_x^{mon} verwendet, denn diese entspricht auch dem natürlichen Zahlungsrhythmus der Versicherungsnehmer. Für eine monatlich vorschüssig zahlbare Bruttoprämie konstanter Höhe sind allerdings monatliche Verzinsung und monatliche Ausscheidetafeln nötig, die Formeln bleiben mit den entsprechenden Modifikationen gleich. Dieser Aufwand wird in der Praxis nicht betrieben, vielmehr verwendet man eine sog. **unechte Monatsprämie**

$$b_x := \frac{1}{12} \cdot B_x.$$

Tatsächlich ist $B_x^{\mathrm{mon}} \neq b_x$, aber die marginalen Abweichungen werden zugunsten einer einfacheren Kalkulation toleriert.

Man begegnet der Monatsprämie schon bei der Zillmerung, denn in der Praxis werden die Zillmerkosten oft nicht proportional zu B_x, sondern zu b_x angegeben. Die Äquivalenzgleichung nimmt dann die Form

$$B_x \cdot \ddot{a}_x = A_x + \gamma_x \cdot \ddot{a}_x + (\Delta \cdot B_x) \cdot \ddot{a}_x + \alpha_x \cdot \frac{B_x}{12}$$

an mit dem auf den Monatsbeitrag bezogenen Zillmersatz $\alpha_x := 12 \cdot \alpha_x^Z$, was zu

$$B_x = \frac{P_x + \gamma_x}{1 - \Delta - \frac{\alpha_x}{12 \cdot \ddot{a}_x}} \tag{5.7}$$

führt. Wir werden in diesem Buch die Brutto-Jahresprämie in dieser letzten Form verwenden. Die Definition der Brutto-Monatsprämie lautet dann

Definition 5.7 (Brutto-Monatsprämie)
Die Brutto-Monatsprämie *für einen Versicherungsnehmer mit Eintrittsalter x ist definiert als*

$$b_x = \frac{P_x + \gamma_x}{12(1 - \Delta) - \frac{\alpha_x}{\ddot{a}_x}}.$$

Wegen $P_x \cdot \ddot{a}_x = A_x$ wollen wir als alternative Darstellung notieren

$$b_x = \frac{A_x + \gamma_x \cdot \ddot{a}_x}{12(1 - \Delta) \cdot \ddot{a}_x - \alpha_x}. \tag{5.8}$$

Es sei erwähnt, dass für die in der Praxis üblichen Werte der Parameter Δ und α_x der Nenner $12(1 - \Delta) - \frac{\alpha_x}{\ddot{a}_x}$ immer positiv ist. Wir werden dies später mehrfach kommentarlos verwenden.

Beispiel 5.3 Wir betrachten den Ambulanttarif mit Selbstbehalt 0–100 € mit Kopfschadenreihe und BaFin-Storno 2014 für normale Männer, PKV-Sterbetafel 2016 sowie den Parametern $\Delta = 6{,}2\,\%$, $\gamma = 500$ €, $\alpha_u = 200$ € und Zillmersätzen, die bis Alter 60 konstant 7 sind und dann linear auf Null fallen bis zum Alter 70. In Abb. 5.6 sind die zugehörigen Brutto- und Netto-Jahresprämien miteinander verglichen. Der Wegfall der Stückkosten α_u bewirkt einen sichtbaren Absatz von 64 nach 65. ▲

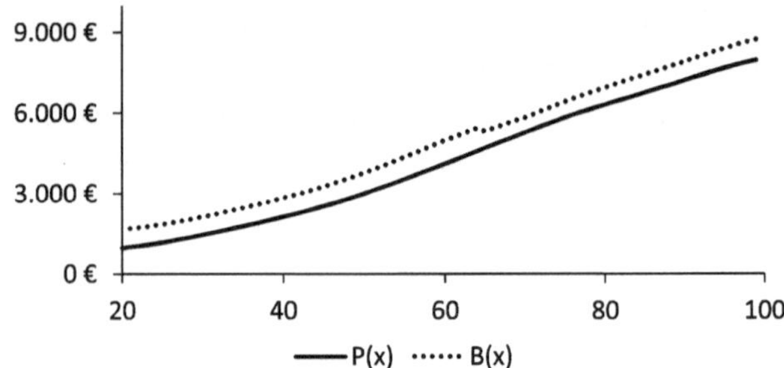

Abb. 5.6 Vergleich von Netto- und Brutto-Jahresprämie in Abhängigkeit vom Eintrittalter im Ambulanttarif mit 0–100 € Selbstbehalt

Wir werden zuweilen noch folgende Unterscheidung benötigen:

Definition 5.8 (Gezillmerte Brutto-Monatsprämie)
Man nennt die Prämie gemäß Definition 5.7 auch die gezillmerte Brutto-Monatsprämie *und schreibt zur Betonung des Zillmersatzes zuweilen auch* ${}^{(\alpha_x)}b_x$*. Ist* $\alpha_x = 0$*, so spricht man von der* ungezillmerten *Brutto-Monatsprämie und schreibt* ${}^{(0)}b_x$*.*

Die Adjektive werden nur bei Bedarf zur Verdeutlichung verwendet, ansonsten ist bei Bruttoprämie immer von der gezillmerten Bruttoprämie die Rede.

5.4 Zillmerprämien für das Neugeschäft

Eine weitere Art von Prämie ist die Zillmerprämie P_x^Z für einen x-jährigen Neukunden. Um sie zu bestimmen, werden auf der Leistungsseite der Äquivalenzgleichung nur die Zillmerkosten als Zuschlag beachtet, und zwar, wie bei der Bruttoprämie, als Einmalbetrag zum Zeitpunkt $t = 0$:

$$P_x^Z \cdot \ddot{a}_x = A_x + \alpha_x \cdot b_x.$$

Sie ist von der Berechnung her eine Jahresprämie. Man nennt wie bereits erwähnt $ZK_x := \alpha_x \cdot b_x$ die Zillmerkosten.

Definition 5.9 (Zillmerprämie)
Die Zillmerprämie *für einen Versicherungsnehmer mit Eintrittsalter* x *ist definiert als*

$$P_x^Z := P_x + \frac{\alpha_x \cdot b_x}{\ddot{a}_x}.$$

Es gilt offensichtlich $P_x < P_x^Z < B_x$. Per Definition ist die Zillmerprämie eine Jahresprämie.

Die Zillmerprämie hat folgende Bedeutung: Während die Stückkosten und beitragsproportionalen Zuschläge rechnerisch jedes Jahr direkt nach Zahlungseingang für die entsprechenden Aufwendungen verwendet werden, klafft zwischen dem Auftreten der Zillmerkosten (im Zeitpunkt $t = 0$) und deren Tilgung durch einen gleichbleibenden Betrag der Höhe $ZK_x/\ddot{a}_x$ für alle $t \geq 0$ (die annuisierten Zillmerkosten) eine zeitliche Lücke von zum Teil mehreren Jahrzehnten. Um diese Tatsache wirtschaftlich korrekt in der Bilanz abzubilden, wird bei der Bildung von gewissen Rückstellungen die Zillmerprämie verwendet. Dabei wird der Versicherungsnehmer direkt zu Beginn mit den vollen Zillmerkosten belastet (siehe Abschn. 6.2).

Den ursprünglichen Gedankengang des deutschen Mathematikers August Zillmer[6] bei der Begründung des Zillmervorgangs (der tatsächlich nichts mit der Bilanzierung, sondern nur mit den Prämienzahlungen zu tun hatte) kann der Leser z. B. in [1], Abschn. 5.3.1.3, oder [4], Abschn. 6.4 nachvollziehen.

Wir beenden die Darstellung der verschiedenen Prämien mit der Fortführung von Beispiel 5.1:

Beispiel 5.4 Wir verwenden dieselben Kopfschäden und Ausscheidetafeln wie in Beispiel 5.1 sowie

- $\Delta = 6{,}2\,\%$,
- $\gamma_{30} = 500\,€$,
- $\alpha_{30} = 5$.

Für Eintrittsalter $x = 30$ berechneten wir $P_{30} = 1396\,€$ und $\ddot{a}_{30} = 12{,}3$.

1. Die Brutto-Jahresprämie lautet

$$B_{30} = \frac{1396 + 500}{1 - 0{,}062 - \frac{5}{12 \cdot 12{,}3}} = 2097\,€,$$

   die Brutto-Monatsprämie daher $b_{30} = 174{,}75\,€$.
2. Die Zillmerkosten betragen

$$ZK_{30} = 5 \cdot 174{,}75 = 873{,}75\,€.$$

3. Die Zillmerprämie berechnet sich zu

$$P_{30}^{Z} = 1396 + \frac{873{,}75}{12{,}3} = 1467\,€.$$

▲

[6] 1831–1893, Direktor verschiedener Lebensversicherungsgesellschaften

5.5 Zahlprämien

Der endgültige monatliche Zahlbetrag basiert auf der Brutto-Monatsprämie, beinhaltet aber noch weitere Punkte:

1. Nach § 149 VAG gilt

   § 149 VAG

   In der substitutiven Krankheitskostenversicherung ist spätestens mit Beginn des Kalenderjahres, das auf die Vollendung des 21. Lebensjahres des Versicherten folgt und endend in dem Kalenderjahr, in dem die versicherte Person das 60. Lebensjahr vollendet, für die Versicherten ein Zuschlag von 10 Prozent der jährlichen gezillmerten Bruttoprämie zu erheben [...]

   Dieser Zuschlag dient der Prämienermäßigung im Alter[7]. In Kap. 11 wird dies im Detail besprochen.
2. Die Zuschläge Ω^{St} für den Standardtarif (sofern vorhanden) sowie α_u für die unmittelbaren Abschlusskosten entfallen ab dem Alter 65. Daher muss die Bruttoprämie erneut berechnet werden, wenn der Versicherungsnehmer dieses Alter erreicht hat.
3. Wie bereits angedeutet, werden Vorerkrankungen und sonstige, die erwarteten Schäden beeinflussende Risiken, über Risikozuschläge berücksichtigt (falls es keine Ausschlüsse gibt). Diese werden als individueller prozentualer Anteil RZ (der Risikozuschlagsfaktor) der Bruttoprämie ermittelt. Die Brutto-Monatsprämie erhöht sich damit um den Betrag $\mathrm{RZ} \cdot b_x$. Daneben sind auch additive Risikozuschläge möglich.
4. Neben den angesprochenen Punkten gibt es noch weitere Rabatte. Am Wichtigsten sind dabei zeitlich befristete oder unbefristete Rabatte aufgrund von Überschussbeteiligung (auch Limitierungen genannt, siehe Abschn. 8.4), die v. a. der Dämpfung der Beitragssteigerungen im Alter dienen sollen. Diese Rabatte sind individuell und hängen zum Teil vom konkreten Versicherungsvertrag und der Vertragshistorie ab. Sie sind durchaus substantiell, wir werden sie aber nicht weiter berücksichtigen. Daneben gibt es z. B. auch Rabatte für Gruppenversicherungen.

Der Zahlbetrag $Z_{x,m}$ im Alter $x + m$ hängt nun sowohl vom Eintrittsalter x sowie der bisher vergangenen Versicherungsdauer m wie folgt ab:

$$Z_{x,m} = \begin{cases} (1 + 0{,}1 + \mathrm{RZ}) \cdot b_x, & \text{falls } x + m < 60 \\ (1 + \mathrm{RZ}) \cdot b_x, & \text{falls } 60 \leq x + m < 65 \\ (1 + \mathrm{RZ}) \cdot b_x(\alpha_u = 0), & \text{falls } x + m \geq 65. \end{cases}$$

Dabei bedeutet $b_x(\alpha_u = 0)$, dass der Bruttobeitrag b_x ab dem Alter $x + m = 65$ neu bestimmt wird mit $\alpha_u = 0$, aber dem ursprünglichen Eintrittsalter x.

[7] Er wird aber (unter anderem) nicht erhoben für die Krankentagegeld-Versicherung, die ja mit 65 endet; siehe die weiteren Aussagen von § 149 VAG.

Weiterhin sei angemerkt, dass diese Rechnung bei Tarifen, die aus mehreren Bausteinen zusammengesetzt sind (Modultarife), für jeden Baustein extra durchgeführt wird und alle Werte am Ende zur Gesamtprämie addiert werden.

Prämien von Kindern und Jugendlichen
Bereits zu Beginn von Abschn. 5.1 wurde aus § 10 Abs. 4 KVAV zitiert, wonach für Personen unter 21 Jahren planmäßig steigende Prämien kalkuliert werden dürfen. Daher zahlen Kinder und Jugendliche i. Allg. als Nettoprämie den Kopfschaden ihres entsprechenden Lebensalters. Bei der Berechnung der Bruttoprämie werden alle Zuschläge in beitragsproportionaler Form angesetzt, es gibt also keine Stückkosten. Zudem entfällt der Zuschlag für den Basistarif sowie die Zillmerung. Wird ein Kind direkt nach der Geburt privat versichert, entfällt i. Allg. auch die Risikoprüfung und damit ein Risikozuschlag bzw. Leistungsausschlüsse.

5.6 Sensitivitäten der Bruttoprämie

Wie bereits bei der Nettoprämie wollen wir auch für die Bruttoprämien die Abhängigkeiten von den Rechnungsgrundlagen untersuchen. Wir beginnen mit den Kopfschäden und Ausscheidewahrscheinlichkeiten. Der Leser siehe dazu und den Bezeichnungen aus Teil (b) auch die Sätze 5.2 und 5.6.

Satz 5.10 (Sensitivitäten der Bruttoprämie I)

(a) *Es bezeichne b_z bzw. b'_z die Brutto-Monatsprämie für ein Eintrittsalter $z \in A$ auf Basis der Kopfschadenreihe $\{K_x\}_{x\in A}$ bzw. $\{K'_x\}_{x\in A}$. Falls $K'_x > K_x$ für alle $x \in A$, so ist $b'_z > b_z$.*
(b) *Es seien $j \in \{0,\ldots,\omega - x\}$ und $b_x(\lambda)$ bzw. $P^Z_x(\lambda)$ die Brutto-Monatsprämie bzw. Zillmer-Prämie in Abhängigkeit vom Skalierungsfaktor $\lambda > 0$ für die Sterbewahrscheinlichkeit q_{x+j}. Dann ist die Abbildung $b_x(\lambda)$ streng monoton fallend, falls $P_{x+j+1} - P^Z_x(\lambda) > 0$.*

▷ *Beweis:* Teil (a) folgt direkt aus der entsprechenden Eigenschaft für die Nettoprämie P_z sowie Definition 5.7.

Teil (b) erfordert eine detailliertere Betrachtung, da sowohl Zähler als auch Nenner in λ monoton fallend sind. Abhängig von λ sind die Nettoprämie P_x sowie $\ddot{a}_x$. Wir wollen daher das Monotonieverhalten der Abbildung

$$b_x(\lambda) = \frac{P_x(\lambda) + \gamma_x}{12(1-\Delta) - \frac{\alpha_x}{\ddot{a}_x(\lambda)}}$$

untersuchen. Um es übersichtlicher zu gestalten schreiben wir

$$b_x(\lambda) = \frac{P_x(\lambda) + \gamma}{\delta - \frac{\alpha}{\ddot{a}_x(\lambda)}}.$$

Es gilt

$$\frac{\mathrm{d}}{\mathrm{d}\lambda} b_x(\lambda) = \frac{\frac{\mathrm{d}}{\mathrm{d}\lambda} P_x(\lambda) \cdot \left(\delta - \frac{\alpha}{\ddot{a}_x(\lambda)}\right) - (P_x(\lambda) + \gamma) \cdot \frac{\alpha \cdot \frac{\mathrm{d}}{\mathrm{d}\lambda} \ddot{a}_x(\lambda)}{\ddot{a}_x(\lambda)^2}}{\left(\delta - \frac{\alpha}{\ddot{a}_x(\lambda)}\right)^2}.$$

Wir betrachten im Weiteren nur den Zähler. Im Beweis von Satz 5.6 wurde bereits gezeigt, dass

$$\frac{\mathrm{d}}{\mathrm{d}\lambda} P_x(\lambda) = \frac{c_{x,j} \cdot A_{x+j+1} \cdot \ddot{a}_x(\lambda) - A_x(\lambda) \cdot c_{x,j} \cdot \ddot{a}_{x+j+1}}{\ddot{a}_x(\lambda)^2}$$

mit $c_{x,j} = -q_{x+j} \cdot {}_j p_x \cdot v^{j+1} < 0$. Es sei daran erinnert, dass alle Werte mit Index $x + j + 1$ nicht mehr von λ abhängen. Es ergibt sich

$$\begin{aligned}
&\frac{\mathrm{d}}{\mathrm{d}\lambda} P_x(\lambda) \cdot \left(\delta - \frac{\alpha}{\ddot{a}_x(\lambda)}\right) - (P_x(\lambda) + \gamma) \cdot \frac{\alpha \cdot \frac{\mathrm{d}}{\mathrm{d}\lambda} \ddot{a}_x(\lambda)}{\ddot{a}_x(\lambda)^2} \\
&= c_{x,j} \cdot \frac{A_{x+j+1} \cdot \ddot{a}_x(\lambda) - A_x(\lambda) \cdot \ddot{a}_{x+j+1}}{\ddot{a}_x(\lambda)^2} \cdot \left(\delta - \frac{\alpha}{\ddot{a}_x(\lambda)}\right) \\
&\quad -(P_x(\lambda) + \gamma) \cdot \frac{\alpha \cdot c_{x,j} \cdot \ddot{a}_{x+j+1}}{\ddot{a}_x(\lambda)^2} \\
&= \frac{c_{x,j} \cdot \ddot{a}_{x+j+1}}{\ddot{a}_x(\lambda)^2} \cdot \left([P_{x+j+1} \cdot \ddot{a}_x(\lambda) - A_x(\lambda)] \cdot \left(\delta - \frac{\alpha}{\ddot{a}_x(\lambda)}\right) - \alpha \cdot (P_x(\lambda) + \gamma) \right) \\
&= \frac{c_{x,j} \cdot \ddot{a}_{x+j+1}}{\ddot{a}_x(\lambda)^2} \cdot \left(\delta - \frac{\alpha}{\ddot{a}_x(\lambda)}\right) \cdot \left([P_{x+j+1} - P_x(\lambda)] \cdot \ddot{a}_x(\lambda) - \alpha \cdot \frac{P_x(\lambda) + \gamma}{\delta - \frac{\alpha}{\ddot{a}_x(\lambda)}} \right) \\
&= \frac{c_{x,j} \cdot \ddot{a}_{x+j+1}}{\ddot{a}_x(\lambda)^2} \cdot \left(\delta - \frac{\alpha}{\ddot{a}_x(\lambda)}\right) \cdot \left(P_{x+j+1} \cdot \ddot{a}_x(\lambda) - P_x(\lambda) \cdot \ddot{a}_x(\lambda) - \alpha \cdot b_x(\lambda)\right) \\
&\overset{\text{Def. 5.9}}{=} \frac{c_{x,j} \cdot \ddot{a}_{x+j+1}}{\ddot{a}_x(\lambda)^2} \cdot \left(\delta - \frac{\alpha}{\ddot{a}_x(\lambda)}\right) \cdot \left(P_{x+j+1} \cdot \ddot{a}_x(\lambda) - P_x^Z(\lambda) \cdot \ddot{a}_x(\lambda)\right) \\
&= \frac{c_{x,j} \cdot \ddot{a}_{x+j+1}}{\ddot{a}_x(\lambda)} \cdot \left(\delta - \frac{\alpha}{\ddot{a}_x(\lambda)}\right) \cdot \left(P_{x+j+1} - P_x^Z(\lambda)\right).
\end{aligned}$$

Da $c_{x,j} < 0$ folgt die Behauptung. ∎

Es gilt $P_{x+j+1}(\lambda) \equiv P_{x+j+1}$, da q_{x+j} gar nicht vorkommt in P_{x+j+1}, so dass man die Bedingung aus Teil (b) auch als $P_{x+j+1}(\lambda) - P_x^Z(\lambda) > 0$ schreiben kann.

Diese Bedingung ist z. B. erfüllt, wenn die Kopfschadenreihe streng monoton wachsend ist und einige Alter ausgenommen werden. Da ab einem Alter x_0 keine Zillmerkosten mehr anfallen (siehe Abschn. 5.7), ist für größere x bereits $P_x^Z(\lambda) = P_x(\lambda)$; bei wachsenden Kopfschadenreihen ist dann nach Satz 5.3 für jedes j bereits $P_{x+j+1} - P_x^Z(\lambda) > 0$. Ist $x < x_0$, dann kann die Ungleichung $P_{x+j+1} - P_x^Z(\lambda) > 0$ für kleine j durchaus verletzt sein, wie folgendes Beispiel zeigt.

Beispiel 5.5 Wir verwenden dieselben Kopfschadenreihen und Ausscheidetafeln wie in Beispiel 5.1, zusätzlich sei

- $\Delta = 6{,}2\,\%$,
- $\gamma = 500$ €, $\alpha_u = 200$ €,
- $\alpha_x = 7$ für alle $x \leq 50$, $\alpha_x = 0$ für alle $x \geq 60$, mit linear fallenden Werten dazwischen.

Für alle Alter $x = 21, \ldots, 59$ wird das kleinste j gesucht (und j^* genannt), so dass $P_{x+j+1} - P_x^Z(\lambda) > 0$ ist, wenn $\lambda = 1$. Es ergibt sich folgende Tabelle:

x	21	22–26	27–52	53–59
j^*	3	2	1	0

Änderungen der q_{x+j} wirken sich nur gering auf die absoluten Werte der Prämien aus. Die Brutto-Jahresprämie B_{50} eines $x = 50$-jährigen Neukunden auf Basis der Parameter dieses Beispiels lautet 3780,69 €.

- Ersetzt man $q_{50} = 0{,}001455$ durch den Wert 0 (d. h. $j = 0$ und $\lambda = 0$), ergibt sich $B_{50} = 3780{,}63$ €, also eine minimal kleinere Prämie.
- Ersetzt man $q_{70} = 0{,}010079$ durch den Wert 0 (d. h. $j = 20$ und $\lambda = 0$), ergibt sich $B_{50} = 3786{,}53$ €, also eine ca. 0,15 % höhere Prämie.
- Ersetzt man beide Wahrscheinlichkeiten durch Null, so ist $B_{50} = 3786{,}47$ €, so dass die Wirkung von $j = 20$ die von $j = 0$ übertrifft.
- Werden alle q_x mit dem Faktor 0,95 versehen, so ergibt sich $B_{50} = 3795{,}23$ €, also eine Steigerung um 0,38 %. ▲

Für kleinere x oder kleinere Zillmersätze sind die Effekte noch geringer. Aufgrund dieser eher marginalen Auswirkungen wird das Verhalten von $P_{x+j+1} - P_x^Z(\lambda)$ auch für Werte von $\lambda \neq 1$ dem oben aufgeführten sehr ähnlich sein.

Werden neue Sterbetafeln eingesetzt, ändern sich i. Allg. viele der Sterbewahrscheinlichkeiten gleichzeitig, so dass das Verhalten der Bruttoprämie b_x insgesamt durch die größeren Werte von j bestimmt wird und weniger durch die nahe Null. Daher gilt für die praktisch wichtigen Fälle, dass **die Bruttoprämie mit fallenden Sterbewahrscheinlichkeiten steigt.**

In Satz 5.5 wurde gezeigt, dass die Nettoprämie in Abhängigkeit vom Rechnungszins streng monoton fällt. Für die Bruttoprämie ist dies in voller Allgemeinheit nicht korrekt, man benötigt eine Vorgabe an den Zillmersatz.

Satz 5.11 (Sensitivitäten der Bruttoprämie II)
Die Kopfschadenreihe $\{K_x\}_{x\in A}$ *sei streng monoton wachsend. Dann existiert für jedes Alter* $x \in A$ *ein* $C_x > 0$, *so dass die Abbildung* $i \mapsto {}^{(\alpha_x)}b_x(i)$ *der gezillmerten Brutto-Monatsprämie in Abhängigkeit vom Rechnungszins streng monoton fallend ist, falls* $\alpha_x < C_x$.

▷ *Beweis:* Wir zeigen die gleichbedeutende Aussage: Es existiert $C_x > 0$, so dass die vom Diskontfaktor $v = 1/(1+i)$ abhängige Brutto-Monatsprämie ${}^{(\alpha_x)}b_x(v)$ streng monoton wachsend ist für $\alpha_x < C_x$. Es gilt (wieder mit $\delta := 12(1-\Delta)$)

$$\frac{\mathrm{d}}{\mathrm{d}v}\,{}^{(\alpha_x)}b_x(v) = \frac{\frac{\mathrm{d}}{\mathrm{d}v}\,P_x(v)\cdot\left(\delta-\frac{\alpha_x}{\ddot{a}_x(v)}\right)-(P_x(v)+\gamma)\cdot\alpha_x\cdot\frac{\frac{\mathrm{d}}{\mathrm{d}v}\ddot{a}_x(v)}{\ddot{a}_x(v)^2}}{\left(\delta-\frac{\alpha_x}{\ddot{a}_x(v)}\right)^2}.$$

Wir betrachten nur den Zähler Z dieses Ausdrucks. Da

$$\frac{\mathrm{d}}{\mathrm{d}v}\,P_x(v) = \frac{\frac{\mathrm{d}}{\mathrm{d}v}\,A_x(v)\cdot\ddot{a}_x(v)-A_x(v)\cdot\frac{\mathrm{d}}{\mathrm{d}v}\,\ddot{a}_x(v)}{\ddot{a}_x(v)^2},$$

ergibt sich für diesen nach Multiplikation mit $\ddot{a}_x(v)^2$

$$\begin{aligned}Z\cdot\ddot{a}_x(v)^2 &= \left(\frac{\mathrm{d}}{\mathrm{d}v}\,A_x(v)\cdot\ddot{a}_x(v)-A_x(v)\cdot\frac{\mathrm{d}}{\mathrm{d}v}\,\ddot{a}_x(v)\right)\cdot\left(\delta-\frac{\alpha_x}{\ddot{a}_x(v)}\right)\\&\quad-(P_x(v)+\gamma)\cdot\alpha_x\cdot\frac{\mathrm{d}}{\mathrm{d}v}\,\ddot{a}_x(v)\\&= \frac{\mathrm{d}}{\mathrm{d}v}\,A_x(v)\cdot(\delta\cdot\ddot{a}_x(v)-\alpha_x)-\frac{\mathrm{d}}{\mathrm{d}v}\,\ddot{a}_x(v)\cdot(\delta\cdot A_x(v)+\gamma\cdot\alpha).\end{aligned}$$

Daher ist ${}^{(\alpha_x)}b_x(v)$ streng monoton wachsend, wenn dieser Ausdruck positiv ist. Durch Umformen erhält man

$$\frac{\mathrm{d}}{\mathrm{d}v}\,{}^{(\alpha_x)}b_x(v)>0 \quad\Leftrightarrow\quad \alpha_x\cdot\frac{\mathrm{d}}{\mathrm{d}v}\,(A_x(v)+\gamma\cdot\ddot{a}_x(v)) < \delta\cdot\ddot{a}_x(v)^2\cdot\frac{\mathrm{d}}{\mathrm{d}v}\,P_x(v).$$

Die Voraussetzung über die Kopfschäden in Verbindung mit Satz 5.5 impliziert, dass die $P_x(v)$ streng monoton wachsend sind, die rechte Seite der letzten Ungleichung also positiv ist. Zudem ist

$$\frac{\mathrm{d}}{\mathrm{d}v}\,(A_x(v)+\gamma\cdot\ddot{a}_x(v)) = \sum_{t=1}^{\omega-x} t\cdot v^{t-1}\cdot{}_tp_x\cdot(K_{x+t}+\gamma)>0,$$

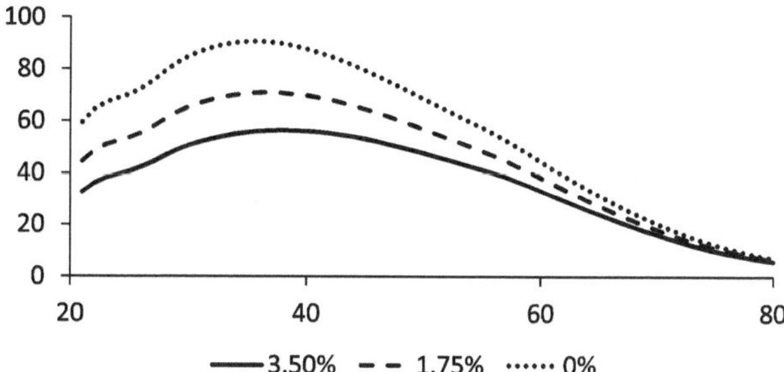

Abb. 5.7 Maximalwert $C_x(v)$ für α_x für die Rechnungszinssätze $i = 3{,}5\,\%, 1{,}75\,\%, 0\,\%$

daher muss α_x die Ungleichung

$$\alpha_x < \frac{\delta \cdot \ddot{a}_x(v)^2 \cdot \frac{\mathrm{d}}{\mathrm{d}v} P_x(v)}{\frac{\mathrm{d}}{\mathrm{d}v} (A_x(v) + \gamma \cdot \ddot{a}_x(v))} =: C_x(v)$$

erfüllen.

Da v üblicherweise im Bereich $I = [\frac{1}{1{,}035}, 1]$ liegt, kann man

$$C_x := \min\{C_x(v) : v \in I\}$$

setzen. ■

Als eine wichtige Folgerung des Satzes sei notiert, dass ungezillmerte Bruttoprämien immer monoton fallend in i sind.

Die im Beweis genannte Formel für C_x lässt sich aufgrund der Vielzahl der eingehenden Parameter nicht in allgemeiner Form abschätzen, so dass nicht klar ist, welche Größenordnung C_x hat. Im Prinzip könnte C_x sehr viel kleiner sein als der Wert, der auf Grundlage von § 8 Abs. 3 KVAV ermittelt wird. Wir wollen anhand eines Beispiels den Wert der C_x bestimmen.

Beispiel 5.6 Wir verwenden die Vorgaben aus Beispiel 5.5. Um C_x zu bestimmen, verwenden wir Satz 4.11. Dieser erlaubt die Bestimmung der Ableitungen mit Hilfe tabellierter Größen. Es gilt (Details der Rechnung seien dem Leser überlassen)

$$C_x(v) = \frac{\delta \cdot \ddot{a}_x(v)^2 \cdot \frac{\mathrm{d}}{\mathrm{d}v} P_x(v)}{\frac{\mathrm{d}}{\mathrm{d}v} (A_x(v) + \gamma \cdot \ddot{a}_x(v))} = \delta \cdot \frac{G \cdot \ddot{a}_x(v) \cdot H_{x+1}(v) - A_x(v) \cdot S_{x+1}(v)}{G \cdot H_{x+1}(v) + \gamma \cdot S_{x+1}(v)}.$$

Abb. 5.7 zeigt den Verlauf der $C_x(v)$ für die gegebenen Parameter. Man erkennt, dass $C_x(v)$ minimal ist bei $v = 1/1{,}035$ (also $i = 3{,}5\,\%$) und weit größer als die üblichen Werte für α_x (die meist nicht größer als 10 sind). Daher ist die Bruttoprämie in Abhängigkeit vom Zins für alle Alter streng monoton fallend.

Beispielhaft nehmen wir nun an, dass die Zillmersätze ab Alter 50 linear von 7 auf Null ab Alter 60 fallen. Dann ergeben sich die folgenden Brutto-Monatsprämien (in €) zu den angegebenen Zinssätzen:

$x \setminus i$	3,5 %	2,5 %	1,5 %
30	177,38	190,71	207,57
50	315,06	328,34	343,06
70	485,82	491,16	496,78
90	659,80	660,44	661,11

▲

5.7 Monotonie der Bruttoprämien und Zillmersätze

Die Monotonie der Bruttoprämie in Abhängigkeit vom Eintrittsalter ist gesetzlich vorgeschrieben:

§ 146 (2) VAG

[...] Die Prämien für das Neugeschäft dürfen nicht niedriger sein als die Prämien, die sich im Altbestand für gleichaltrige Versicherte ohne Berücksichtigung ihrer Alterungsrückstellung ergeben würden. [...]

Daraus folgt insbesondere, dass ${}^{(\alpha_{x+1})}b_{x+1} \geq {}^{(\alpha_x)}b_x$ sein muss für alle Alter x. Die Altersabhängigkeit von α_u sowie die des Zillmersatzes α_x muss daher in besonderer Weise beachtet werden.

Bei der Herleitung der Formel für B_x wurde in (5.6) bereits angedeutet, wie eine korrekte Berücksichtigung des ab 65 entfallenden Terms α_u in der Äquivalenzgleichung aussehen müsste:

$$B'_x \cdot \ddot{a}_x = A_x + (\gamma_x - \alpha_u) \cdot \ddot{a}_x + (\Delta \cdot B'_x) \cdot \ddot{a}_x + \alpha_x \cdot \frac{B'_x}{12} + \alpha_u \cdot \ddot{a}_{x,\overline{65-x}|},$$

mit dem Barwertfaktor $\ddot{a}_{x,\overline{n}|}$ einer auf n Jahre abgekürzten Rente. Nun ist aber leicht zu sehen, dass damit die Monotonieeigenschaft nicht erfüllt ist:

Beispiel 5.7 Wir verwenden die Parameter aus Beispiel 5.5, wobei aber der Einfachheit halber $\alpha_x = 0$ sein soll. Verwenden wir den obige Äquivalenzansatz und bezeichnen die zugehörigen Prämien wie dort mit einem Apostroph, dann gilt insbesondere

$$b'_{64} = \frac{P_{64} + (\gamma_{64} - \alpha_u) + \frac{\alpha_u}{\ddot{a}_{64}}}{12(1-\Delta)} = 439{,}63\,€$$

(da $\ddot{a}_{64,\overline{1}|} = 1$) und

$$b'_{65} = \frac{P_{65} + \gamma_{65}}{12(1-\Delta)} = 433{,}81\,€,$$

so dass $b'_{64} > b'_{65}$. ▲

Die Ungleichung $b_{64} \leq b_{65}$ wird dadurch gerettet, dass man für die Neugeschäftsprämien den üblichen Ansatz (5.4) verwendet und dafür bei Bestandsversicherten mit Eintrittsalter $x < 65$ in dem Moment, in dem sie 65 Jahre alt werden, eine automatische Neuberechnung der Bruttoprämie b_x vornimmt, bei der α_u Null gesetzt wird, während alle anderen Rechnungsgrundlagen unverändert bleiben. Auf dieselbe Weise verfährt man bei älteren Verträgen mit Ω^{St}. Ob man durch die Neuberechnung der Prämien ab Alter 65 einen zu b'_x gleichwertigen Zahlungsstrom erzeugt, wird in Aufgabe 5.6 geklärt.

Kommen wir nun zu α_x. Wie bereits bemerkt gibt es eine obere Begrenzung für den Zillmersatz, die daraus abgeleitet wird, dass die gezillmerte Alterungsrückstellung nicht zu lange negativ sein darf (für Details siehe Abschn. 6.2). Am Ende des zulässigen Altersbereichs kann diese Bedingung natürlich nicht erfüllt werden, egal welchen positiven Wert der Zillmersatz hat, da die Zillmerung immer eine negative Alterungsrückstellung zum Startzeitpunkt $t = 0$ bedingt (auch wenn dies nur eine theoretische Überlegung ist, da es keinen 100-jährigen Neukunden gibt). Diese Vorgabe impliziert nun, dass $\alpha_{100} = 0$ sein muss, womit bereits eine Altersabhängigkeit der Zillmersätze begründet ist.

Nun ergibt sich aber dasselbe Problem wie mit dem Zuschlag α_u: Wird der Zillmersatz von einem Eintrittsalter zum nächsten Null gesetzt, kann die Monotonie der Bruttoprämien an dieser Stelle verloren gehen. Nur eine genügend moderate Absenkung des Zillmersatzes von einem Alter zum nächsten lässt die Bruttoprämien weiter wachsen (sofern die Nettoprämien dies tun).

Aufgrund der Vielzahl der eingehenden Parameter lässt sich nur die folgende recht allgemeine Aussage ableiten:

Satz 5.12 (Existenz geeigneter Zillmersätze)
Sind die Netto-Jahresprämien $\{P_x\}_{x\in A}$ streng monoton wachsend, so gibt es eine positive Schranke C, so dass ausgehend von $\alpha_{21} \leq C$ eine nicht konstante monoton fallende Folge von Zillmersätzen $\{\alpha_x\}_{x\in A}$ existiert mit ${}^{(\alpha_x)}b_x \leq {}^{(\alpha_{x+1})}b_{x+1}$ für alle $x \in A$.

▷ *Beweis:* Wir setzen $\delta := 12(1-\Delta)$. Zunächst gilt nach Definition von ${}^{(\alpha_x)}b_x$:

$$\begin{aligned} & {}^{(\alpha_x)}b_x \leq {}^{(\alpha_{x+1})}b_{x+1} \\ \Leftrightarrow \quad & \alpha_{x+1} \geq \frac{\ddot{a}_{x+1}}{P_x + \gamma_x} \cdot \left[(P_x + \gamma_x) \cdot \delta - (P_{x+1} + \gamma_{x+1}) \cdot \left(\delta - \frac{\alpha_x}{\ddot{a}_x} \right) \right]. \end{aligned}$$

Nun suchen wir eine Bedingung, unter der α_x größer als die rechte Seite dieser Ungleichung ist:

$$\alpha_x > \frac{\ddot{a}_{x+1}}{P_x + \gamma_x} \cdot \left[(P_x + \gamma_x) \cdot \delta - (P_{x+1} + \gamma_{x+1}) \cdot \left(\delta - \frac{\alpha_x}{\ddot{a}_x} \right) \right]$$

$$\Leftrightarrow \; \alpha_x \cdot \frac{(P_{x+1} + \gamma_{x+1}) \cdot \ddot{a}_{x+1} - (P_x + \gamma_x) \cdot \ddot{a}_x}{\ddot{a}_x} < \ddot{a}_{x+1} \cdot \delta \cdot (P_{x+1} - P_x).$$

Die rechte Seite ist laut Voraussetzung positiv. Ist $(P_{x+1} + \gamma_{x+1}) \cdot \ddot{a}_{x+1} - (P_x + \gamma_x) \cdot \ddot{a}_x < 0$, so ist die Ungleichung also erfüllt, ansonsten muss gelten

$$\alpha_x < \delta \cdot \frac{P_{x+1} - P_x}{\frac{P_{x+1} + \gamma_x}{\ddot{a}_x} - \frac{P_x + \gamma_{x+1}}{\ddot{a}_{x+1}}} =: C_x.$$

Man setze also

$$C := \min\{C_x \, : \, C_x > 0\}.$$

Startet man nun mit $\alpha_{21} = C$ und setzt rekursiv

$$\alpha_{x+1} := \max \left\{ \frac{\ddot{a}_{x+1}}{P_x + \gamma} \cdot \left[(P_x + \gamma_x) \cdot \delta - (P_{x+1} + \gamma_{x+1}) \cdot \left(\delta - \frac{\alpha_x}{\ddot{a}_x} \right) \right], 0 \right\}, \qquad (5.9)$$

dann wird so eine Folge von Zillmersätzen definiert, die zunächst streng monoton fällt, bis sie evtl. den Wert Null erreicht und dort verbleibt. ■

Aus dem Beweis folgt also: Startet man mit einem hinreichend kleinen Wert für α_{21}, dann gilt:

1. Die Brutto-Monatsprämien ${}^{(\alpha_{21})}b_x$ mit konstantem Zillmersatz sind streng monoton wachsend; insbesondere sind ungezillmerten Prämien streng monoton wachsend in x.
2. Es existiert darüberhinaus sogar eine Folge von Zillmersätzen $\{\alpha_x\}_{x \in A}$, die, solange sie größer Null ist, streng monoton fällt, so dass die damit gebildeten Bruttoprämien immer noch monoton wachsen. Laut Konstruktion sind die Prämien ${}^{(\alpha_x)}b_x$ in der Tat solange konstant, bis $\alpha_x = 0$ ist, ab dann steigen sie streng monoton.

Der Satz liefert allerdings keine Hinweise

- auf die Größenordnung der Schranke C; prinzipiell ist es möglich, dass C viel kleiner ist als der Wert, der auf Grundlage von § 8 Abs. 3 KVAV ermittelt wird;
- darauf, ob eine solche Folge von Zillmersätzen den Wert 0 auch wirklich erreicht (möglichst in einem Alter, das ausreichend weit von ω entfernt ist).

Diese Punkte lassen sich auch nicht allgemein beantworten. Wir untersuchen dafür an einem Beispiel die Gültigkeit der genannten Aussagen.

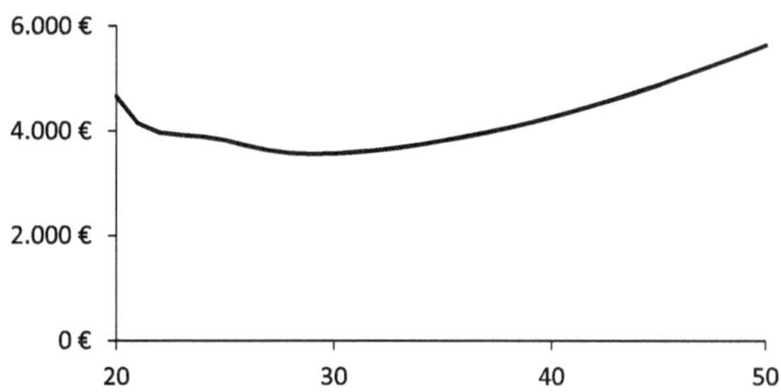

Abb. 5.8 Verlauf der Bruttoprämien bei einem Anfangszillmersatz von 60

Beispiel 5.8 Wir verwenden wieder die Kopfschäden und Ausscheidetafeln aus Beispiel 5.1, zusätzlich seien

- $\Delta = 6{,}2\,\%$ und $\gamma = 500\,€$,
- $\alpha_{21} = 7$.

Dann lauten die Werte aus (5.9)

$$\alpha_{22} \approx 5{,}45 \qquad \alpha_{23} \approx 3{,}34 \qquad \alpha_{24} \approx 0{,}79$$

sowie $\alpha_x = 0$ für alle $x > 24$. Berechnet man damit die Bruttoprämien, so erhält man wie erwartet

$$B_{21} = \ldots = B_{24} = 1694{,}75\,€ \qquad B_{25} = 1729{,}42\,€ \quad \ldots,$$

also konstante Prämien in den Jahren, bis der Zillmersatz Null ist, danach streng wachsende Prämien. Setzt man dagegen $\alpha_{22} = 5$, so ergibt sich ${}^{(5)}B_{22} = 1686{,}51\,€ < {}^{(7)}B_{21}$ und die Monotoniebedingung ist verletzt.

Um selbst bei gleichbleibenden Zillmersätzen eine nicht wachsende Folge von Bruttoprämien zu generieren, muss α_{21} sehr hoch angesetzt werden. In Abb. 5.8 sind die Brutto-Jahresprämien zwischen 21 und 50 dargestellt für $\alpha_x = 60$ für alle x. Die obere Schranke ist hier überschritten, die Prämien sind erst fallend und dann steigend. ▲

Neben der Monotoniebedingung ist man in der Praxis zuweilen auch daran interessiert, nur bestimmte Werte als Zillmersätze zuzulassen, z. B. solche der Form $\frac{n}{2}$ oder n mit $n \in \mathbb{N}$. Diese können rückwärts durch Probieren wie folgt ermittelt werden:

1. Man starte mit $\alpha_\omega = \ldots = \alpha_{x_0} = 0$ für ein ausgesuchtes $x_0 \leq \omega$.
2. Für alle $x \leq x_0 - 1$ setze man $\alpha_x = 1$ und teste, ob sich monoton fallende Bruttoprämien ergeben. Falls dies nicht der Fall ist, ändere man den Wert α_{x_0-1} auf Null und teste nochmal. Auf diese Weise werden so lange nacheinander die Werte α_{x_0-k}, $k = 1, \ldots$ auf Null gesetzt (und bleiben auch Null), bis die Monotoniebedingung erfüllt ist. Ist dies der Fall, so heiße x_1 das größte Alter mit Zillmersatz 1.

3. Nun setzt man $\alpha_x = 2$ für alle $x < x_1$ und prüfe auf Monotonie. Ist dies nicht der Fall gehe man so vor wie in Schritt 2: Ändere α_{x_1-1} auf 1 und prüfe auf Monotonie, dann α_{x_1-2} usw. bis die Monotoniebedingung wieder erfüllt ist. Es ergibt sich schließlich ein größtes Alter $x_2 < x_1$ mit Zillmersatz 2.
4. Auf diese Weise werden die Zillmersätze in Einer-Schritten angehoben, bis man entweder das Alter 21 oder den vorher festgelegten Maximalsatz $\alpha_{\max}$ erreicht.

Eine praktisch vorkommende Folge von Zillmersätzen könnte z. B.

$$\begin{aligned}&\alpha_{21} = \ldots = \alpha_{61} = 5, \quad \alpha_{62} = 4, \quad \alpha_{63} = \alpha_{64} = \alpha_{65} = 3,\\ &\alpha_{66} = \alpha_{67} = 2, \quad \alpha_{68} = \alpha_{69} = 1, \quad \alpha_{70} = 0\end{aligned}$$

mit $x_0 = 70$ sein, aber auch „krumme" Abstufungen wie

$$\alpha_{21} = \ldots = \alpha_{60} = 7, \quad \alpha_{61} = 5{,}7, \quad \alpha_{62} = 4{,}2, \quad \alpha_{63} = 2{,}7, \quad \alpha_{64} = 1{,}4, \quad \alpha_{65} = 0$$

mit $x_0 = 65$ existieren.

5.8 Einmalbeträge

Für spätere Belange wollen wir noch eine Umrechnung zwischen der Brutto-Monatsprämie und Einmalbeträgen vorstellen. Wenn ein Betrag der Höhe E dem Versicherungsnehmer angerechnet wird, so verringert sich bei sonst gleichen Bedingungen die künftig zu zahlende Monatsprämie. Wir wollen die Wirkung des Einmalbetrages E als eine Beitragsgutschrift b_x^E interpretieren, so dass die neue Brutto-Monatsprämie die Gestalt

$$b^n = b^a - b_x^E$$

hat, wobei b^a der bisherige Brutto-Monatsbeitrag ist und x das Alter bei Anrechnung von E. Die Bestimmung von b_x^E geschieht wie folgt: Ein Neukunde des Alters x zahlt eine Brutto-Monatsprämie b_x, die nach (5.8) der Gleichung

$$12 \cdot b_x \cdot \ddot{a}_x = A_x + \Delta \cdot (12 \cdot b_x) \cdot \ddot{a}_x + \gamma \cdot \ddot{a}_x + \alpha_x \cdot b_x \tag{*}$$

genügt. Interpretieren wir den Betrag E als einen zusätzlichen Beitragsteil zum Zeitpunkt $t = 0$, ergibt sich dagegen ein neuer Beitrag $\widetilde{b}_x$, dessen Barwert zusammen mit E die bisherigen Leistungen ergeben muss:

$$12 \cdot \widetilde{b}_x \cdot \ddot{a}_x + E = A_x + \Delta \cdot (12 \cdot \widetilde{b}_x) \cdot \ddot{a}_x + \gamma \cdot \ddot{a}_x + \alpha_x \cdot \widetilde{b}_x. \tag{**}$$

Subtrahiert man $(**)$ von $(*)$, so folgt

$$b_x^E = b_x - \widetilde{b}_x = \frac{E}{12(1 - \Delta) \cdot \ddot{a}_x - \alpha_x}.$$

Dieser Ausdruck ist tatsächlich auch dann korrekt, wenn es sich nicht um Neugeschäftsprämien, sondern Bestandsprämien handelt. In den Situationen, in denen ein solcher Einmalbetrag berücksichtigt wird, handelt es sich normalerweise um eine Tarifänderung oder Beitragsanpassung (siehe Abschn. 8.4), so dass i. Allg. keine Abschlusskosten eingepreist werden und $\alpha_x = 0$ ist. Die Wirkung von E zum Alter x ergibt dann eine Gutschrift in Höhe von

$$b_x^E = \frac{E}{12(1-\Delta)\cdot \ddot{a}_x}. \tag{5.10}$$

Man spricht auch vom Bruttowert der Gutschrift, in ihr werden die proportionalen Kosten nur für den neuen Beitrag berücksichtigt.

Man kann natürlich den Betrag E auch als Barwert auf die bis zum Lebensende anstehenden Jahre aufteilen, was eine Jahresgutschrift von $E/\ddot{a}_x$ ergibt und damit die sog. Netto-Monatsgutschrift von

$$b_x^{E,\text{netto}} = \frac{E}{12\cdot \ddot{a}_x}.$$

Im Gegensatz zum Bruttowert werden hier die proportionalen Kosten auf Basis des bisherigen (höheren) Beitrags b_x bestimmt, die Ersparnis fällt daher geringer aus.

5.9 Ermittlung von Stückkosten

Es soll noch kurz auf die Herleitung der Stückkosten α_u und γ aus den entsprechenden proportionalen Parametern eingegangen werden. Alle Aussagen beziehen sich auf eine Beobachtungseinheit, für die Stückkosten ermittelt werden sollen. Diese Einheiten sind auf die möglichen Leistungsbereiche des Versicherers zugeschnitten. Weitere Segmentierung nach gewissen Tarifen oder Tarifgruppen sind möglich.

1. Schritt: Proportionale Parameter

Da es sehr schwierig ist, die entsprechenden Aufwendungen für die Kosten (die meist nur unternehmensübergreifend vorliegen) verursachungsgerecht auf die Beobachtungseinheiten aufzuteilen, wird diese Zuordnung nach festgelegten Schlüsseln durchgeführt, womit die laufenden Zuschläge zunächst als beitragsproportionale Zuschläge auftauchen. Wir nennen sie $\widetilde{\alpha}_u$, $\widetilde{\alpha}_m$, $\widetilde{\beta}$ und $\widetilde{\rho}$. Berechnet man alle Brutto-Jahresprämien auf der Grundlage dieser beitragsproportionalen Zuschläge, ergibt sich für die Neugeschäftsprämie bei Eintrittsalter $x < 65$

$$\widetilde{B}_x \cdot \ddot{a}_x = A_x + (\widetilde{\alpha}_u + \widetilde{\alpha}_m + \widetilde{\beta} + \widetilde{\rho} + \Delta)\cdot \widetilde{B}_x \cdot \ddot{a}_x + \frac{\alpha_x}{12}\cdot \widetilde{B}_x$$

bzw.

$$\widetilde{B}_x = \frac{P_x}{(1 - (\widetilde{\alpha}_u + \widetilde{\alpha}_m + \widetilde{\beta} + \widetilde{\rho} + \Delta)) - \frac{\alpha_x}{12 \cdot \ddot{a}_x}}.$$

Ist das Eintrittsalter oder das aktuelle Alter größer als 64, ergibt sich analog (siehe Abschn. 5.5)

$$\widetilde{B}_x = \frac{P_x}{(1 - (\widetilde{\alpha}_m + \widetilde{\beta} + \widetilde{\rho} + \Delta)) - \frac{\alpha_x}{12 \cdot \ddot{a}_x}}.$$

Im folgenden Schritt werden die Bruttoprämien der Versicherten auf Basis dieses Ansatzes kalkuliert (aufgrund von Beitragsanpassungen sind das meist keine Neugeschäftsprämien mehr).

2. Schritt: Umrechnung in Stückkosten

Die Umrechnung hängt wesentlich von der Bestandszusammensetzung der Beobachtungseinheit ab, sie soll ja die gesamten Kosten altersunabhängig auf alle Versicherten umlegen. Sei dazu n_x die mittlere Anzahl der x-jährigen Versicherungsnehmer darin und $\overline{B}^x$ die durchschnittliche Brutto-Jahresprämie aller x-jährigen Versicherungsnehmer in der Beobachtungseinheit im Sinne des ersten Schrittes. Wie in (5.3) unterscheiden wir zwei Werte für γ und bezeichnen sie mit $\gamma_{<65}$ und $\gamma_{\geq 65}$. Es gilt $\gamma_{<65} = \gamma_{\geq 65} + \alpha_u$.

Für die beiden gesuchten γ-Werte benötigen wir zwei Gleichungen. Zunächst folgt aus dem Ansatz

Summe aller gezahlten Stückkosten = Summe aller tatsächlichen Kosten

die Gleichung

$$\begin{aligned} &\gamma_{<65} \cdot \sum_{x<65} n_x + \gamma_{\geq 65} \cdot \sum_{x \geq 65} n_x \\ &= (\widetilde{\alpha}_u + \widetilde{\alpha}_m + \widetilde{\beta} + \widetilde{\rho}) \cdot \sum_{x<65} n_x \cdot \overline{B}^x + (\widetilde{\alpha}_m + \widetilde{\beta} + \widetilde{\rho}) \cdot \sum_{x \geq 65} n_x \cdot \overline{B}^x. \end{aligned}$$

Da die α_u-Kosten nur für die unter 65-Jährigen relevant sind, lautet die zweite Bestimmungsgleichung

$$(\gamma_{<65} - \gamma_{\geq 65}) \cdot \sum_{x<65} n_x = \widetilde{\alpha}_u \cdot \sum_{x<65} n_x \cdot \overline{B}^x.$$

Die beiden Gleichungen haben die Lösungen

$$\gamma_{\geq 65} = \frac{(\widetilde{\alpha}_m + \widetilde{\beta} + \widetilde{\rho}) \cdot \sum_{x \in A} n_x \cdot \overline{B}^x}{\sum_{x \in A} n_x} \qquad (*)$$

und

$$\gamma_{<65} = \frac{\widetilde{\alpha}_u \cdot \sum_{x<65} n_x \cdot \overline{B}^x}{\sum_{x<65} n_x} + \gamma_{\geq 65}.$$

Eine weitere Aufteilung von γ in die Teile α_m, β und ρ soll hier nicht weiter besprochen werden.

3. Schritt:
Verwendet man kleine Beobachtungseinheiten, wird deren Altersverteilung unter Umständen von der des Gesamtbestandes (also alle Versicherten des Unternehmens) stark abweichen. Die Bestimmung der Stückkosten nach obigem Verfahren würde Einheiten mit hohem Durchschnittsalter (z. B. geschlossene Tarife) benachteiligen, da die hohen Beiträge $\overline{B}^x$ älterer Versicherter stärker in den Zähler von (∗) eingehen. In diesem Fall gilt:

> **§ 8 (4) KVAV**
>
> *[...] Soweit in Tarifen die altersmäßige Bestandsverteilung vom Gesamtbestand des Unternehmens erheblich abweicht, sind zur Ermittlung der Stückkostenzuschläge Modellbestände zu verwenden. Hierdurch entstehende Kostenunterdeckungen sind in den anderen, für den Neuzugang offenen Tarifen zu berücksichtigen. [...]*

Der Modellbestand soll die Altersverteilung des Gesamtbestandes abbilden. Da hierdurch eine Finanzierungslücke entsteht, werden offene Tarife entsprechend stärker belastet. Siehe auch Aufgabe 5.12.

5.10 Aufgaben

A. 5.1

(a) Bestimmen Sie den monatlichen Zahlbeitrag für einen 30-jährigen sowie einen 68-jährigen Neukunden im Ambulanttarif mit folgenden Zuschlägen:

- $\sigma = 5\,\%$,
- $\Omega = 1{,}2\,\%$,
- $\alpha_{30} = 5, \alpha_{68} = 0$,
- $\gamma_{30} = 400\,€$,
- $\alpha_u = 40\,€$.

Als Barwerte sind noch gegeben

$$\ddot{a}_{30} = 12{,}3, \quad \ddot{a}_{68} = 13{,}1, \quad A_{30} = 17.220\,€, \quad A_{68} = 64.729\,€.$$

Beide haben einen Risikozuschlagsfaktor von 40 %.

(b) Welche Beiträge zahlt der Kunde mit Eintrittsalter $x = 30$ im Alter 62 bzw. 70, falls der Vertrag bis dahin unverändert bleibt?

A. 5.2

Entfällt für eine bisher privat versicherte Person aus gewissen Gründen der private Krankenversicherungsschutz für eine bestimmte Zeit (z. B. durch eine gesetzliche Krankenversicherungspflicht bei Arbeitslosigkeit, einen Anspruch auf Familienversicherung oder einen längeren ununterbrochenen Auslandsaufenthalt), kann eine *große Anwartschaftsversicherung* (AV) abgeschlossen werden. Während des Bestehens der AV wird das Krankheitsrisiko nicht aus der PKV gedeckt; die bereits erworbenen Rechte bleiben dagegen erhalten, d. h. die angesammelte Altersrückstellung wird weitergeführt und mit den Beiträgen der AV weiterhin aufgefüllt. Nach Beendigung der AV wird der Versicherte dann gemäß seines ursprünglichen Eintrittsalters (und ohne Berücksichtigung einer etwaigen Verschlechterung seines Gesundheitszustandes während der Dauer der AV) eingestuft; insbesondere hat er die Altersrückstellung, die auch bei regulärer Weiterführung seines Vertrages vorhanden wäre.

Sei x das ursprüngliche Eintrittsalter, $x + m$ das Alter, in dem die AV beginnt, k die Dauer der AV sowie P_x die ursprüngliche Nettoprämie. Zeigen Sie, dass sich die Prämie $P_{x,m,k}$ der AV berechnet gemäß

$$P_{x,m,k} = P_x - G \cdot \frac{U_{x+m} - U_{x+m+k}}{N_{x+m} - N_{x+m+k}}.$$

Dabei sind U_x und N_x die zum ursprünglichen Tarif gehörenden Kommutationswerte und G der Grundkopfschaden[8].

A. 5.3

Gegeben sei ein Tarifmodul, dessen Kopfschadenprofil nicht monoton wachsend ist, sondern zunächst wachsend und ab einem Alter x^* wieder fallend (z. B. Zahnersatz). Um für monoton wachsende Prämien zu sorgen, kann man wie folgt vorgehen: Man definiert neue Profilwerte

$$\widetilde{k}_x := \begin{cases} k_x, & \text{falls } x \leq x^* \\ k_{x^*}, & \text{falls } x > x^* \end{cases}$$

und mit diesen die Brutto-Jahresprämien $\widetilde{B}_x$. Diese sind monoton wachsend, aber natürlich nicht mehr risikogerecht. Als Ausgleich erhält der Versicherungsnehmer mit Eintrittsalter x_e jährlich einen altersabhängigen Rabatt der Höhe r_{x_e+m} auf seine Prämie. Zeigen Sie, dass im ungezillmerten Fall (also $\alpha = 0$) mit

$$r_{x_e+m} = \frac{(\widetilde{k}_{x_e+m} - k_{x_e+m}) \cdot G}{1 - \Delta}$$

[8] Mehr zum Thema der Kalkulation von Anwartschaften findet man in [3].

(G der Grundkopfschaden) ein risikogerechter Rabatt gegeben ist, d. h. der zum Zeitpunkt m reduzierte Zahlbeitrag

$$\widetilde{B}_{x_e} - r_{x_e+m}$$

deckt die wahren Leistungen und Zuschläge im Barwert genau ab.

A. 5.4
Aus der Äquivalenzgleichung für die Brutto-Jahresprämie

$$B_x = P_x + \gamma_x + \Delta_x \cdot B_x + \alpha \cdot \frac{B_x}{12 \cdot \ddot{a}_x}$$

folgt, dass der Teil der Brutto-Jahresprämie, der für die proportionalen bzw. Stückkosten direkt abgeführt wird, gleich $\Delta_x \cdot B_x$ bzw. γ_x beträgt.

(a) Wie lautet der neue Brutto-Jahresbeitrag, wenn die Stückkosten von γ_x auf $\gamma_x + c$ geändert werden?
(b) Wie lautet der neue Brutto-Jahresbeitrag, wenn der Faktor der proportionalen Zuschläge von Δ_x auf $\Delta_x + d$ geändert wird?

Was fällt Ihnen auf?

A. 5.5
Zeigen Sie, dass die folgenden Umrechnungsformeln gelten:

(a) Nettoprämie aus Brutto-Monatsprämie:

$$P_x = 12(1 - \Delta_x) \cdot {}^{(\alpha_x)}b_x - \gamma_x - \frac{\alpha_x}{\ddot{a}_x}.$$

(b) Zillmerprämie aus Brutto-Monatsprämie:

$$P_x^Z = 12(1 - \Delta_x) \cdot {}^{(\alpha_x)}b_x - \gamma_x.$$

A. 5.6
In Abschn. 5.7 wurden bei der Diskussion der korrekten Einbindung der nur bis Alter 65 zahlbaren Abschlusskosten α_u die beiden Zahlungsströme

$$\{(0, b_x), \ldots, (64 - x, b_x), (65 - x, b_x^*), (66 - x, b_x^*), \ldots, (\omega - x, b_x^*)\}$$

und

$$\{(0, b_x'), (1, b_x'), \ldots, (\omega - x, b_x')\}$$

betrachtet, wobei

$$b_x^* = \frac{P_x + \gamma_x - \alpha_u}{12(1-\Delta) - \frac{\alpha_x}{\ddot{a}_x}}$$

die Brutto-Monatsprämie des Neugeschäfts zum Eintrittsalter x ist, aber mit um α_u reduzierten Stückkosten (bei älteren Verträgen ist dabei auch Δ reduziert um den Wert Ω^{St}) und

$$b_x' = \frac{P_x + \gamma_x - \alpha_u + \frac{\alpha_u \cdot \ddot{a}_{x,\overline{65-x}|}}{\ddot{a}_x}}{12(1-\Delta) - \frac{\alpha_x}{\ddot{a}_x}}.$$

Ermitteln Sie, wie sich die versicherungsmathematischen Barwerte dieser Zahlungsströme zueinander verhalten.

A. 5.7
Am Ende von Abschn. 3.2.1 wurde die Möglichkeit dynamischer Kopfschadenreihen angesprochen. Ausgehend vom aktuellen Grundkopfschaden $G(0)$ sei dazu eine geometrische Steigerung $s > 0$ pro Kalenderjahr eingebaut ist, d. h. der Grundkopfschaden $G(t)$ im künftigen Jahr t wird als $G(t) = (1+s)^t \cdot G(0)$ angesetzt. Finden Sie eine einfache Formel für den sich daraus ergebenden Leistungsbarwert $A_x(s)$. Welche Folgerungen können Sie für die Nettoprämie ziehen?

A. 5.8 (DAV 2002/2)
In einem Krankheitskostentarif wird ab dem Grenzalter x_0 die rechnungsmäßige Leistung und der Beitrag (Netto) auf das c-fache $(0 < c < 1)$ reduziert.

(a) Bestimmen Sie aus einem Äquivalenzansatz heraus für ein Eintrittsalter $x < x_0$ die Formeln für den

- Leistungsbarwert $A_x(c)$,
- Rentenbarwert[9] $\ddot{a}_x(c)$,
- Nettobeitrag $P_x(c)$.

(b) Wie lauten die Formeln für die Nettoprämien, wenn die obige Reduktion durch zwei Tarife realisiert wird, von denen ein Tarif auf das Endalter x_0 kalkuliert wird?[10]

[9] In diesem Buch entspricht das dem Beitragsbarwertfaktor.
[10] Hierfür sind die abgekürzten Barwerte $\ddot{a}_{x,\overline{n}|}$ nötig, siehe auch Aufgabe 4.3.

A. 5.9 (DAV 2003/2)
In der Darstellung einer Beitragskalkulation finden Sie folgende Angaben:

$$\alpha = 3, \qquad \gamma = 20, \qquad \sigma = \text{Mindestwert}.$$

Die gezillmerten Abschlusskosten beziehen sich auf den Bruttomonatsbeitrag.

	Männer		
x	D_x	N_x	A_x
21	82.015	538.579	1150,60
22	66.998	456.564	1222,20
23	54.783	389.566	1306,00
24	44.885	334.783	1405,40

Kinder und Jugendliche zahlen Risikobeiträge. Für Jugendliche (Alter 16–20) gilt der gleiche rechnungsmäßige Kopfschaden wie für 21-jährige.

(a) Geben Sie die Bedeutung aller in dieser Darstellung verwendeten Symbole an.
(b) Bestimmen Sie den Bruttomonatsbeitrag eines 21-jährigen Mannes.
(c) Bestimmen Sie den jährlichen Nettobeitrag für einen 20-jährigen männlichen Jugendlichen.

A. 5.10 (DAV 2009/1)
Man betrachte eine nach Art der Lebensversicherung betriebene Krankenversicherung ohne Übertragungswert[11]. Bei dieser Krankenversicherung sei ein Anstieg der Beiträge um j % jährlich und der Leistungen um k % jährlich von vorne herein berücksichtigt („dynamische Kalkulation"). Dabei sollen die relativen und fixen Zuschläge jährlich wie der Beitrag steigend einkalkuliert, die Zillmerung aber nur auf den Startbeitrag bezogen werden.

(a) Leiten Sie eine Formel für den (gezillmerten) Bruttojahresbeitrag des Neugeschäfts für eine solche dynamische Beitragskalkulation her. Hinweis: Entwickeln Sie das Formelwerk für die dynamische Kalkulation beginnend mit einem modifizierten Diskontierungsfaktor über die Barwerte bis hin zum Bruttojahresbeitrag (analog Anlage I A. der KVAV)[12].
(b) Man betrachte jetzt nur den Nettobeitrag des Neugeschäfts. Ergibt sich dann für $j = k > 0$ in der Praxis ein höherer oder geringerer oder der gleiche Nettobeitrag gegenüber der nicht-dynamischen Beitragskalkulation? Begründen Sie Ihre Antwort (ohne formalen Beweis).

[11] Diesen Begriff können Sie hier ignorieren.
[12] Man vergleiche auch mit Aufgabe 5.7.

A. 5.11 (DAV 2011/4)
Gegeben sei eine Kalkulation für Männer eines neu einzuführenden ungezillmerten Krankheitskostentarifs T nach Art der Lebensversicherung ohne Übertragungswert. Das Profil sei monoton steigend. Für die Werte von T werden die üblichen Bezeichnungen verwendet.

Vor Tarifeinführung werde diese Kalkulation noch einmal wie folgt geändert: Der Rechnungszins wird gesenkt, die übrigen Berechnungsparameter bleiben gleich. Die mit dem gesenkten Rechnungszins ermittelten Werte werden durch einen Querstrich gekennzeichnet. Im Folgenden können Sie (ohne sie zu beweisen) die folgende Hilfsgleichung (G) für alle $x < \omega$ verwenden:

$$\left(\sum_{t=0}^{\omega-x} K_{x+t} \cdot {}_tp_x \cdot \overline{v}^t\right) \cdot \left(\sum_{t=0}^{\omega-x} Z_{x+t} \cdot {}_tp_x \cdot v^t\right) -$$
$$\left(\sum_{t=0}^{\omega-x} K_{x+t} \cdot {}_tp_x \cdot v^t\right) \cdot \left(\sum_{t=0}^{\omega-x} Z_{x+t} \cdot {}_tp_x \cdot \overline{v}^t\right)$$
$$= \sum_{j=1}^{\omega-x} {}_jp_x \cdot \sum_{t=0}^{j-1} {}_tp_x \cdot (K_{x+j} \cdot Z_{x+t} - Z_{x+j} \cdot K_{x+t}) \cdot (\overline{v}^j \cdot v^t - v^j \cdot \overline{v}^t).$$

Dabei sei (Z_x) eine beliebige Zahlenfolge und wie üblich ${}_tp_x = l_{x+t}/l_x$.

(a) Beweisen Sie für alle $x < \omega$: Für die Jahresnettoprämien des Neugeschäfts zum Eintrittsalter x gilt:

$$P_x \leq \overline{P}_x.$$

Ist im Bereich ab Alter x das Profil an mindestens einer Stelle streng monoton steigend, so gilt:

$$P_x < \overline{P}_x.$$

Anleitung: Wenden Sie zum Beweis beider Aussagen (G) an.

(b) Ein Tarif T′ habe andere Kopfschäden K'_x als Tarif T, aber sonst gleiche Rechnungsgrundlagen wie Tarif T. Seine zugehörigen Werte werden durch einen Strich oben rechts gekennzeichnet. Das Profil von T′ sei weniger steil als das von T, also:

$$\frac{K'_{x+1}}{K'_x} < \frac{K_{x+1}}{K_x} \quad \text{für alle } x < \omega.$$

Beweisen Sie: Die Rechnungszinssenkung wirkt sich auf die Jahresnettoprämien des Neugeschäfts von T′ relativ schwächer aus als bei Tarif T, d. h.:

$$\frac{\overline{P}'_x}{P'_x} < \frac{\overline{P}_x}{P_x} \quad \text{für alle } x < \omega.$$

Anleitung: Wenden Sie auch hier (G) an.

A. 5.12 (DAV 2011/5)
Einen Krankheitskostentarif K gebe es sowohl in einer Version mit 250 € Selbstbehalt (Grundkopfschaden der Frauen: 1241,19 €) als auch in einer Version mit 500 € Selbstbehalt (Grundkopfschaden der Frauen: 1024,52 €). Es wird die Einrechnung folgender relativer Zuschlagssätze bezogen auf den Bruttobeitrag für erforderlich gehalten:

Unmittelbare Abschlusskosten	$\alpha = \alpha_u = 0$
Mittelbare Abschlusskosten	$\alpha_m = 6\,\%$
Schadenregulierungskosten	$\rho = 3\,\%$
Sonstige Verwaltungskosten	$\beta = 2{,}5\,\%$
Sicherheitszuschlag	$\sigma = 5\,\%$
Zuschlag für Standard- und Basistarif	$\Omega = 1{,}3\,\%$

Im Tarif K250 seien

- 862 Frauen mit einem monatlichen Durchschnittsbeitrag von 171,98 €,
- 912 Frauen mit einem monatlichen Durchschnittsbeitrag von 201,11 € und
- 799 Frauen mit einem monatlichen Durchschnittsbeitrag von 240,01 €

versichert. Im Tarif K500 seien es

- 1217 Frauen mit einem monatlichen Durchschnittsbeitrag von 185,16 € und
- 977 Frauen mit einem monatlichen Durchschnittsbeitrag von 230,77 €.

(a) Die KVAV schreibt vor, dass bestimmte Zuschläge altersunabhängig zu kalkulieren sind. Leiten Sie die dieser Vorschrift entsprechenden (rohen) altersunabhängigen jährlichen Zuschläge für die Frauen der beiden Tarife her.
(b) Die sich gemäß (a) ergebenden Werte sind geprägt durch unterschiedliche Altersverteilungen in den beiden Tarifen. Daher sollen ausgeglichene altersunabhängige Zuschläge ermittelt werden, die einerseits im Verhältnis der Grundkopfschäden zueinander stehen und andererseits die gleiche Kostendeckung ergeben wie die rohen Werte. Berechnen Sie diese.
(c) Welche Intention verfolgte der Gesetzgeber mit der Verpflichtung zu altersunabhängigen Zuschlägen?

Literatur

1. Bohn, K.: Die Mathematik der deutschen Privaten Krankenversicherung. Schriftenreihe Angewandte Versicherungsmathematik Heft 11. Verlag Versicherungswirtschaft, Karlsruhe (1980)
2. DAV-Ausschuss Kranken: Kalkulation von Tarifen mit fallendem Kopfschadenprofil in der Krankenversicherung. Fachgrundsatz der DAV (2016)

3. DAV-Ausschuss Kranken: Anwartschaften und sonstige Optionen in der Privaten Krankenversicherung. Fachgrundsatz der DAV (2016)
4. Milbrodt, H.: Aktuarielle Methoden der deutschen Privaten Krankenversicherung. Schriftenreihe Angewandte Versicherungsmathematik Heft 34. Verlag Versicherungswirtschaft, Karlsruhe (2005)

6 Alterungsrückstellung

Die Alterungsrückstellung ist ein Grundbaustein einer Kalkulation nach Art der Lebensversicherung. Sie ist letztlich eine Folge des Wunsches, den versicherten Personen eine über alle Alter hinweg konstante Prämie anbieten zu können. Zudem ist sie die Basis für die Bilanzierung der Versicherungsverpflichtungen, die Neuberechnung von Beiträgen nach Tarifänderungen oder Beitragsanpassungen sowie die Bestimmung des Übertragungswertes, der bei einem Unternehmenswechsel zu berechnen ist. Wie auch im vorigen Kapitel soll betont werden, dass sich alle Überlegungen dieses Kapitels auf den Fall beziehen, dass die Vertragsbedingungen und Parameter bis zum kalkulatorischen Vertragsende unverändert bleiben und keine Stornoleistung fällig wird. Diese Voraussetzungen werden dann in den nachfolgenden Kapiteln aufgegeben.

6.1 Netto-Alterungsrückstellung

Die konstante Netto-Jahresprämie P_x ist so berechnet, dass sie statistisch gesehen für die lebenslange Gewährung des Versicherungsschutzes ausreicht, der durch die Folge der Kopfschäden $K_x, K_{x+1}, \ldots, K_\omega$ gegeben ist. Für mit dem Alter wachsende Kopfschäden folgt, dass $P_x \leq K_{x+t}$ ist für die ersten Jahre $t = 0, \ldots, t_0$ und $P_x > K_{x+t}$ für die Jahre $t > t_0$. Von der Nettoprämie bleibt daher – wieder statistisch gesehen – zu Beginn ein Betrag übrig, später reicht sie dagegen nicht aus, um die erwarteten Erstattungsbeträge zu begleichen[1]. Es sammeln sich daher anfangs überschüssige Beträge der Höhe $P_x - K_{x+t}$ an, die später wieder abschmelzen[2].

Nun ist man vielleicht geneigt, hier eher die Werte $P_x - y_i(t)$ zu betrachten mit den wirklich entstandenen Erstattungsbeträgen $y_i(t)$ der Person i im Jahr t. Waren für diese

[1] Vergleiche mit Abb. 5.1.

[2] In Abschn. 5.5 wurde bereits angemerkt, dass Kinder und Jugendliche keine konstante, sondern eine Risikoprämie zahlen. Daher wird für sie auch keine Alterungsrückstellung aufgebaut.

T. Becker, *Mathematik der privaten Krankenversicherung*,
Studienbücher Wirtschaftsmathematik, https://doi.org/10.1007/978-3-658-16666-3_6

Person in einem der vergangenen Jahre sehr hohe Erstattungsbeträge fällig, würde dies einen hohen negativen Betrag ergeben. Wie sollte dieser Betrag interpretiert werden? Ihn als eine Schuld des Versicherungsnehmers gegenüber dem Krankenversicherungsunternehmen zu sehen würde gegen den eigentlichen Grundgedanken eines Versicherungsschutzes stehen, den Ausgleich im Kollektiv (siehe Abschn. 2.2).

Um dies zu detaillieren, gehen wir wie in Abschn. 4.4 auf die kollektive Sichtweise über. Daher spielen reale Zahlungen einzelner Personen bei der Kalkulation keine Rolle, vielmehr sind auf das Kollektiv bezogene Zahlungsströme von Interesse. Wir betrachten zum Zeitpunkt $t = m > 0$ ein Kollektiv, dass in $t = 0$ aus n_x versicherten Personen des Alters x bestand und die zusammengesetzte Ausscheideordnung $\{q_x\}_{x \in A}$ und $\{w_x\}_{x \in A}$ besitzt. In folgender Tabelle sind die Zahlungen von den und an die Versicherungsnehmer des Kollektivs bis zum letzten Zeitpunkt $t = m - 1$ aufgelistet (man beachte also, dass für die Bewertung zum Zeitpunkt $t = m$ nur Zeitpunkte bis inklusive $t = m - 1$ eingehen, Zahlungen des aktuellen Zeitpunktes m zählen nicht zu den vergangenen). Dabei sei vorausgesetzt, dass es in dem betrachteten Zeitraum keine Änderungen der Rechnungsgrundlagen gab. Die tatsächliche Bestandsgröße zum Zeitpunkt t sei n_{x+t} gewesen, die tatsächlichen Erstattungsbeträge $\sum_{i=1}^{n_{x+t}} y_i(t)$.

$t =$	Gesamte Zahlungen der VN	Gesamte Zahlungen an die VN
0	$n_x \cdot P_x$	$\sum_{i=1}^{n_x} y_i(0)$
1	$n_{x+1} \cdot P_x$	$\sum_{i=1}^{n_{x+1}} y_i(1)$
2	$n_{x+2} \cdot P_x$	$\sum_{i=1}^{n_{x+2}} y_i(2)$
$\vdots$	$\vdots$	$\vdots$
$m-1$	$n_{x+m-1} \cdot P_x$	$\sum_{i=1}^{n_{x+m-1}} y_i(m-1)$

Unter der Annahme eines genügend großen Anfangsbestandes folgt aus dem Gesetz der großen Zahlen, dass sich die angegebenen Bestandszahlen und Zahlungen hinreichend gut durch die zugehörigen erwarteten Größen ausdrücken lassen: So ist n_{x+k} eine Realisierung der Zufallsvariablen N_{x+k}, welche angibt, wie viele der in $t = 0$ versicherten n_x Personen in $t = k$ noch im Bestand sind. Man kann schreiben

$$N_{x+k} = \sum_{i=1}^{n_x} Z_i(k),$$

wobei die Zufallsvariable $Z_i(k)$ wie in (4.2) angibt, ob die Person i aus dem Anfangsbestand im Jahr $t = k$ immer noch im Bestand ist (Wert 1) oder nicht (Wert 0). Alle $Z_i(k)$ haben die gleiche Verteilung[3] und können als stochastisch unabhängig angenommen werden. Auf diese (annahmegemäß hinreichend große) Summe lässt sich somit das Gesetz

[3] Da alle i dasselbe Alter haben. Es handelt sich um eine $B(1, {}_k p_x)$-Verteilung.

der großen Zahlen anwenden (siehe Anhang) und es ergibt sich mit Hilfe von (3.16)[4]

$$n_{x+k} = \sum_{i=1}^{n_x} z_i(k) \approx n_x \cdot \mathrm{E}[Z_1(k)] = n_x \cdot {}_k p_x$$

für $0 \le k \le m-1$. Analog findet man

$$\sum_{i=1}^{n_{x+t}} y_i(t) \approx n_{x+t} \cdot \mathrm{E}[Y_1(t)] = n_{x+t} \cdot K_{x+t} \approx n_x \cdot {}_t p_x \cdot K_{x+t}.$$

Dies bereitet den Schritt von den tatsächlichen Werten hin zu den rechnungsmäßigen Werten vor. Die tatsächlichen Zahlungen werden nun ersetzt durch die annähernd gleichen Werte

$t =$	Rechnungsm. Zahlungen der VN	Rechnungsm. Zahlungen an die VN
0	$n_x \cdot P_x$	$n_x \cdot K_x$
1	$n_x \cdot p_x \cdot P_x$	$n_x \cdot p_x \cdot K_{x+1}$
2	$n_x \cdot {}_2 p_x \cdot P_x$	$n_x \cdot {}_2 p_x \cdot K_{x+2}$
$\vdots$	$\vdots$	$\vdots$
$m-1$	$n_x \cdot {}_{m-1} p_x \cdot P_x$	$n_x \cdot {}_{m-1} p_x \cdot K_{x+m-1}$

Wir setzen die anfängliche Überlegung der zu viel gezahlten Prämien für das gesamte Kollektiv auf Basis dieser rechnungsmäßigen Zahlungsströme weiter um. Bis zum Zeitpunkt $t = m$ beträgt der finanzmathematische Wert[5] aller überschüssigen Prämien

$$\sum_{t=0}^{m-1} v^{-(m-t)} \cdot n_x \cdot {}_t p_x \cdot P_x - \sum_{t=0}^{m-1} v^{-(m-t)} \cdot n_x \cdot {}_t p_x \cdot K_{x+t}. \qquad (*)$$

Legt man diesen Betrag auf alle zum Zeitpunkt m noch im Bestand befindlichen $n_{x+m} \approx n_x \cdot {}_m p_x$ Personen um (indem man durch $n_x \cdot {}_m p_x$ dividiert), erhält man

$$\sum_{t=0}^{m-1} v^{-(m-t)} \cdot \frac{n_x}{n_x \cdot {}_m p_x} \cdot {}_t p_x \cdot P_x - \sum_{t=0}^{m-1} v^{-(m-t)} \cdot \frac{n_x}{n_x \cdot {}_m p_x} \cdot {}_t p_x \cdot K_{x+t}.$$

Da nach Satz 3.4(c) ${}_t p_x \cdot {}_{m-t} p_{x+t} = {}_m p_x$ gilt, ergibt sich

[4] Wie üblich bezeichnen große Buchstaben die Zufallsvariable und entsprechende kleine eine ihrer Realisierungen.

[5] Es handelt sich hier um lauter Aufzinsungen, daher hat v negative Exponenten.

Definition 6.1 (Retrospektive Alterungsrückstellung)
Die retrospektive Alterungsrückstellung *zum Zeitpunkt m eines Versicherungsnehmers mit Eintrittsalter x ist definiert als*

$$ {}_mV_x^{\text{retro}} := \sum_{t=0}^{m-1} \frac{1}{{}_{m-t}p_{x+t} \cdot v^{m-t}} \cdot P_x - \sum_{t=0}^{m-1} \frac{1}{{}_{m-t}p_{x+t} \cdot v^{m-t}} \cdot K_{x+t}. \tag{6.1} $$

Ein Vergleich mit (4.5) zeigt, dass es hier um die Differenz der versicherungsmathematischen Werte der vergangenen Prämien und Kopfschäden zum Zeitpunkt $t = m$ handelt.

Diese Herleitung offenbart wichtige Aspekte der Alterungsrückstellung[6]: Sie resultiert aus einer kollektiven Betrachtungsweise der Zahlungsströme und sollte daher auch als ein Guthaben dieses Kollektivs angesehen werden, das der Finanzierung der Erstattungsbeträge dient, wenn die Prämien nicht mehr dazu ausreichen. Die Alterungsrückstellung einer einzelnen Person ist lediglich deren relativer Anteil an der gesamten Alterungsrückstellung $(*)$. Anders als bei Lebensversicherungsverträgen mit Sparanteil kann man sie nicht als Sparguthaben oder auch Rückkaufswert des einzelnen Versicherungsvertrages interpretieren, denn sie ignoriert alle tatsächlich an den Versicherungsnehmer gezahlten Leistungen des Unternehmens der Vergangenheit. Selbst wenn die bisherigen Erstattungsbeträge einer Person deren eingezahlte Prämien bei weitem übersteigen, steht ihr der Betrag ${}_mV_x^{\text{retro}}$ als Alterungsrückstellung zu.

Aus der o. g. Finanzierungsfunktion folgt auch, dass eine negative Alterungsrückstellung auf jeden Fall zu vermeiden ist, denn das würde bedeuten, dass das Krankenversicherungsunternehmen bis zum aktuellen Zeitpunkt die Versicherungsleistungen des Kollektivs zum Teil vorfinanziert hat; dieser Betrag wird erst getilgt sein zu dem Zeitpunkt, an dem die Alterungsrückstellung nicht mehr negativ ist. Jeder Abgang eines Versicherungsnehmers über den bereits (durch die Ausscheideordnungen) eingerechneten Abgängen bedeutet daher den Verlust noch ausstehender Beträge zur Tilgung dieser Vorfinanzierung.

Die Berechnung der Alterungsrückstellung mit der retrospektiven Formel ist nachteilig, wenn in der Historie des Vertrages bereits Änderungen stattfanden. Kam es etwa zum Zeitpunkt $0 < t_0 < m$ zu einer Änderung der Prämien und Kopfschäden zu gestrichenen Versionen, dann lautet die Alterungsrückstellung

$$ \begin{aligned} &\sum_{t=0}^{t_0-1} \frac{1}{{}_{m-t}p_{x+t} \cdot v^{m-t}} \cdot P_x + \sum_{t=t_0}^{m-1} \frac{1}{{}_{m-t}p_{x+t} \cdot v^{m-t}} \cdot P' \\ &- \sum_{t=0}^{t_0-1} \frac{1}{{}_{m-t}p_{x+t} \cdot v^{m-t}} \cdot K_{x+t} - \sum_{t=t_0}^{m-1} \frac{1}{{}_{m-t}p_{x+t} \cdot v^{m-t}} \cdot K'_{x+t}. \end{aligned} $$

Zwar bleibt die Formel (6.1) also prinzipiell erhalten, allerdings müssen all diese Werte der Prämien und Kopfschäden und die Zeitpunkte ihrer Gültigkeit für die Berechnung

[6] Wir lassen die Vorsilbe Netto i. Allg. weg und verstehen unter Alterungsrückstellung dann immer die Netto-Version.

vorliegen. Dies ist vor allem für Verträge mit vielen Änderungen (was auch die Regel ist) kaum praktikabel. Hier wäre ein Verfahren wünschenswert, bei dem nur die **künftigen** Zahlungen – basierend auf dem aktuell gültigen Tarif – eine Rolle spielen. Wir definieren dazu

Definition 6.2 (Prospektive Alterungsrückstellung)
Die prospektive Alterungsrückstellung *zum Zeitpunkt m eines Versicherungsnehmers mit Eintrittsalter x ist definiert als*

$$\begin{aligned} {}_mV_x^{\text{pro}} &:= \sum_{t=0}^{\omega-x-m} v^t \cdot {}_tp_{x+m} \cdot K_{x+m+t} - P_x \cdot \sum_{t=0}^{\omega-x-m} v^t \cdot {}_tp_{x+m} \\ &= A_{x+m} - P_x \cdot \ddot{a}_{x+m}. \end{aligned}$$

Anschaulich handelt es sich um die Differenz der Barwerte der künftigen Versicherungsleistungen und der künftigen Prämien zum Zeitpunkt $t = m$ (wozu auch die Zahlungen zum Bewertungszeitpunkt $t = m$ gehören). Diese Berechnungsmethode ist auch gesetzlich vorgegeben:

§ 341f (1) HGB

Deckungsrückstellungen sind für die Verpflichtungen aus dem Lebensversicherungs- und dem nach Art der Lebensversicherung betriebenen Versicherungsgeschäft in Höhe ihres versicherungsmathematisch errechneten Wertes [...] und nach Abzug des versicherungsmathematisch ermittelten Barwerts der künftigen Beiträge zu bilden (prospektive Methode). Ist eine Ermittlung des Wertes der künftigen Verpflichtungen und der künftigen Beiträge nicht möglich, hat die Berechnung auf Grund der aufgezinsten Einnahmen und Ausgaben der vorangegangenen Geschäftsjahre zu erfolgen (retrospektive Methode).

Die Bemerkung zur Verwendung der retrospektiven Methode wird in Abschn. 6.4 über die Zusatz-Alterungsrückstellung eine Rolle spielen.

Bevor wir in die Details der Berechnung gehen, schauen wir in die KVAV:

§ 3 KVAV

Für die Berechnung der Prämie und der Alterungsrückstellung sind die gleichen Rechnungsgrundlagen zu verwenden.

Dies ist im Lichte der Vorgaben für Produkte der Lebensversicherung zu sehen, wonach Prämien und Rückstellungen nicht zwangsläufig mit denselben Rechnungsgrundlagen kalkuliert werden müssen (im Rahmen des Lebensversicherungs-Reformgesetzes gibt es bei einigen Unternehmen Überlegungen, Prämien und Rückstellungen mit unterschiedlichen Rechnungszinsen zu kalkulieren).

Konkret bedeutet § 3 KVAV, dass die Größen v, $\{K_s\}_{s\in A}$, $\{q_s\}_{s\in A}$ sowie $\{w_s\}_{s\in A}$, die bei der Berechnung von P_x vorkommen, auch bei der von ${}_mV_x^{\text{pro}}$ verwendet werden müssen. Darauf basiert auch der Beweis des folgenden Satzes, der zeigt, dass die prospektive Formel denselben Wert ergibt wie die retrospektive. Dies zeigt, dass es vorteilhaft war, bei der Herleitung der retrospektiven Form der Alterungsrückstellung die tatsächlichen Werte durch die rechnungsmäßigen zu nähern.

Satz 6.3 (pro = retro)
Für alle x und m gilt ${}_mV_x^{\text{retro}} = {}_mV_x^{\text{pro}}$.

▷ *Beweis:* Die Gleichung ${}_mV_x^{\text{retro}} = {}_mV_x^{\text{pro}}$ äquivalent zur Gleichheit von

$$P_x \cdot \sum_{t=0}^{m-1} \frac{1}{v^{m-t} \cdot {}_{m-t}p_{x+t}} + P_x \cdot \sum_{t=0}^{\omega-x-m} v^t \cdot {}_tp_{x+m} \tag{+}$$

und

$$\sum_{t=0}^{\omega-x-m} v^t \cdot {}_tp_{x+m} \cdot K_{x+m+t} + \sum_{t=0}^{m-1} \frac{K_{x+t}}{v^{m-t} \cdot {}_{m-t}p_{x+t}}. \tag{++}$$

Wir schreiben Ausdruck (+) geeignet um. Beachtet man für $t < m$ die Beziehung ${}_mp_x = {}_tp_x \cdot {}_{m-t}p_{x+t}$ (siehe Satz 3.4(c)), so folgt

$$\begin{aligned}
&P_x \cdot \sum_{t=0}^{m-1} \frac{1}{v^{m-t} \cdot {}_{m-t}p_{x+t}} + P_x \cdot \sum_{t=0}^{\omega-x-m} v^t \cdot {}_tp_{x+m} \\
&\overset{\text{IV}}{=} P_x \cdot \sum_{t=0}^{m-1} v^{t-m} \cdot \frac{1}{{}_{m-t}p_{x+t}} + P_x \cdot \sum_{t=m}^{\omega-x} v^{t-m} \cdot {}_{t-m}p_{x+m} \\
&= P_x \cdot v^{-m} \cdot \sum_{t=0}^{m-1} v^t \cdot \frac{{}_tp_x}{{}_mp_x} + P_x \cdot v^{-m} \cdot \sum_{t=m}^{\omega-x} v^t \cdot \frac{{}_tp_x}{{}_mp_x} \\
&= \frac{P_x}{v^m \cdot {}_mp_x} \cdot \sum_{t=0}^{m-1} v^t \cdot {}_tp_x + \frac{P_x}{v^m \cdot {}_mp_x} \cdot \sum_{t=m}^{\omega-x} v^t \cdot {}_tp_x \\
&= \frac{P_x}{v^m \cdot {}_mp_x} \cdot \sum_{t=0}^{\omega-x} v^t \cdot {}_tp_x = P_x \cdot \ddot{a}_x \cdot \frac{1}{v^m \cdot {}_mp_x}.
\end{aligned}$$

Auf dieselbe Weise erhält man

$$\sum_{t=0}^{\omega-x-m} v^t \cdot {}_tp_{x+m} \cdot K_{x+m+t} + \sum_{t=0}^{m-1} \frac{K_{x+t}}{v^{m-t} \cdot {}_{m-t}p_{x+t}} = A_x \cdot \frac{1}{v^m \cdot {}_mp_x}.$$

Es folgt also

$$(+) = (++) \quad \Leftrightarrow \quad P_x \cdot \ddot{a}_x \cdot \frac{1}{v^m \cdot {}_m p_x} = A_x \cdot \frac{1}{v^m \cdot {}_m p_x} \quad \Leftrightarrow \quad P_x \cdot \ddot{a}_x = A_x.$$

Die letzte Gleichung ist aber nach Definition der Nettoprämie P_x korrekt, also ist $(+) = (++)$. ■

Wir verwenden im Folgenden meist nur noch die prospektive Form und bezeichnen diese mit ${}_m V_x$.

Die Werte an den Rändern des Zeitbereiches ($t = 0$ und $t = \omega - x$) lassen sich direkt angeben:

- Für $m = 0$ gilt

$$_0 V_x = A_x - P_x \cdot \ddot{a}_x = 0$$

  nach Definition 5.1 der Nettoprämie.
- Weiterhin ist

$$_{\omega - x} V_x = A_\omega - P_x \cdot \ddot{a}_\omega = K_\omega - P_x.$$

  In dem letzten Jahr der Kalkulation (also im Alter ω) wird die Versicherungsleistung K_ω fällig. Ist diese größer als P_x, so muss der Fehlbetrag $K_\omega - P_x$ aus der Rückstellung kommen.
- Am Ende des letzten Kalkulationsjahres ist die Alterungsrückstellung aufgebraucht und es wird keine weitere Prämie mehr eingezahlt, daher ist

$$_{\omega - x + 1} V_x = 0.$$

Die Definition der retrospektiven Alterungsrückstellung lässt eine weitere Interpretation der Alterungsrückstellung zu, wenn wir sie umschreiben zu

$$_m V_x + P_x \cdot \ddot{a}_{x+m} = A_{x+m}. \tag{6.2}$$

Hier erkennen wir eine erweiterte Form des Äquivalenzprinzips, diesmal zum Zeitpunkt $t = m$: Der Barwert der Leistungen A_{x+m} wird finanziert durch den Barwert der noch eingehenden Prämien $P_x \cdot \ddot{a}_{x+m}$ **und** durch die bis zum Zeitpunkt m angesammelte Alterungsrückstellung ${}_m V_x$. Insbesondere gilt die Gleichheit von Leistungs- und Prämienbarwert nur in $t = 0$, später ist die Alterungsrückstellung als zusätzliche Quelle auf der Prämienseite anzusetzen. Diese Sichtweise wird später noch mehrfach von Nutzen sein.

Alternative Darstellungsformen der Alterungsrückstellung sind in verschiedenen Situationen hilfreich.

Satz 6.4 (Formeln für die Alterungsrückstellung)

(a) *Darstellung auf Basis von Nettoprämien:*

$$_mV_x = (P_{x+m} - P_x) \cdot \ddot{a}_{x+m}.$$

(b) *Darstellung auf Basis der gezillmerten Brutto-Jahresprämie:*

$$_mV_x = A_{x+m} - \left[(1-\Delta) \cdot B_x - \gamma_x - \frac{\alpha_x}{\ddot{a}_x}\right] \cdot \ddot{a}_{x+m}.$$

(c) *Darstellung auf Basis der Kommutationswerte:*

$$_mV_x = G \cdot \frac{N_{x+m}}{D_{x+m}} \cdot \left(\frac{U_{x+m}}{N_{x+m}} - \frac{U_x}{D_x}\right).$$

(d) *Rekursionsformel:*

$$_0V_x = 0, \qquad {}_{m+1}V_x = \frac{1}{v \cdot p_{x+m}}[P_x - K_{x+m} + {}_mV_x].$$

▷ *Beweis:*

(a) Wegen $A_{x+m} = P_{x+m} \cdot \ddot{a}_{x+m}$ folgt dies aus der prospektiven Darstellung.

(b) Aus Aufgabe 5.5(a) folgt

$$P_x = 12(1-\Delta) \cdot b_x - \gamma_x - \frac{\alpha_x}{\ddot{a}_x} = (1-\Delta) \cdot B_x - \gamma_x - \frac{\alpha_x}{\ddot{a}_x},$$

und daraus und der Definition von $_mV_x$ die Behauptung.

(c) Dies folgt direkt aus Satz 4.10.

(d) Dies ist Inhalt der Aufgabe 6.1. ■

Wir wollen eine wichtige Folgerung aus Teil (a) notieren:

Folgerung 6.5 (Positivität der Alterungsrückstellung)
Die Alterungsrückstellung ist genau dann stets nichtnegativ, wenn die Nettoprämien $\{P_x\}_{x \in A}$ mit dem Alter monoton wachsen.

Nach Satz 5.3 ist dies insbesondere bei monoton wachsenden Kopfschäden garantiert. Auf die Bedeutung einer nicht negativen Alterungsrückstellung wurde schon zu Beginn des Kapitels hingewiesen.

Teil (b) zeigt, wie die Alterungsrückstellung bestimmt werden kann, wenn man die ungezillmerte Brutto-Jahresprämie und die Kostenparameter kennt. Diese Darstellung wird im Abschnitt über die Zillmer-Alterungsrückstellung wieder aufgegriffen.

Die Rekursionsformel aus Teil (d) kann wie folgt veranschaulicht werden: Zum Zeitpunkt $t = m$ stehen auf der Haben-Seite des Versicherungsnehmers mit Alter $x + m$ seine gerade eingezahlte Nettoprämie P_x und die ihm zustehende Alterungsrückstellung ${}_mV_x$. Davon muss zum selben Zeitpunkt der erwartete Schaden K_{x+m} finanziert werden. Der Restbetrag ${}_mV_x + P_x - K_{x+m}$ muss die Alterungsrückstellung in einem Jahr ${}_{m+1}V_x$ ergeben. Der versicherungsmathematische Wert von ${}_mV_x + P_x - K_{x+m}$ in $t = m + 1$ (also ein Jahr später) ergibt sich nach Formel (4.5) aber zu $\frac{1}{v \cdot p_{x+m}}[P_x - K_{x+m} + {}_mV_x]$, womit die Rekursionsformel folgt. Aus ihr folgen weitere Zerlegungen und sie ist z. B. auch für eine schnelle Berechnung der Alterungsrückstellung in einem Tabellenkalkulationsprogramm ohne vorherige Ermittlung der Kommutationswerte von Nutzen.

Die nachfolgenden Zerlegungsformeln für die Änderung der Alterungsrückstellung und die Nettoprämie werden z. B. verwendet für eine Herleitung geeigneter Stornowahrscheinlichkeiten (siehe Abschn. 6.5), die Prämienzerlegung speziell ist auch wichtig für die sog. Gewinnzerlegung (siehe Abschn. 11.1) und die interne Rechnungslegung.

Satz 6.6 (Zerlegungsformeln)

(a) Zerlegung der Zuführung zur Alterungsrückstellung:

$$\begin{aligned} &{}_{m+1}V_x - {}_mV_x \\ &= (P_x - K_{x+m}) \cdot (1 + i) + i \cdot {}_mV_x + (q_{x+m} + w_{x+m}) \cdot {}_{m+1}V_x. \end{aligned}$$

(b) Zerlegung der Nettoprämie:

$$P_x = (v \cdot {}_{m+1}V_x - {}_mV_x) + K_{x+m} - v \cdot (q_{x+m} + w_{x+m}) \cdot {}_{m+1}V_x.$$

▷ *Beweis:*

(a) Mit der Rekursionsformel für die Alterungsrückstellung aus Satz 6.4(d) und den Bezeichnungen $q := 1 + i = v^{-1}$ sowie $r_x := q_x + w_x$ gilt

$$\begin{aligned} {}_{m+1}V_x - {}_mV_x &= \frac{1}{v \cdot p_{x+m}} \cdot [P_x - K_{x+m} + {}_mV_x] - {}_mV_x \\ \Leftrightarrow \quad p_{x+m}({}_{m+1}V_x - {}_mV_x) &= q(P_x - K_{x+m}) + q \cdot {}_mV_x - p_{x+m} \cdot {}_mV_x \\ &= q(P_x - K_{x+m}) + q \cdot {}_mV_x - (1 - r_{x+m}) \cdot {}_mV_x \\ &= q(P_x - K_{x+m}) + i \cdot {}_mV_x + r_{x+m} \cdot {}_mV_x \\ \Leftrightarrow (1 - r_{x+m}) \cdot ({}_{m+1}V_x - {}_mV_x) &= q(P_x - K_{x+m}) + i \cdot {}_mV_x + r_{x+m} \cdot {}_mV_x \\ \Leftrightarrow \quad {}_{m+1}V_x - {}_mV_x &= q(P_x - K_{x+m}) + i \cdot {}_mV_x + r_{x+m} \cdot {}_{m+1}V_x. \end{aligned}$$

(b) Teil (b) ergibt sich durch direktes Umstellen der Formel aus (a). ■

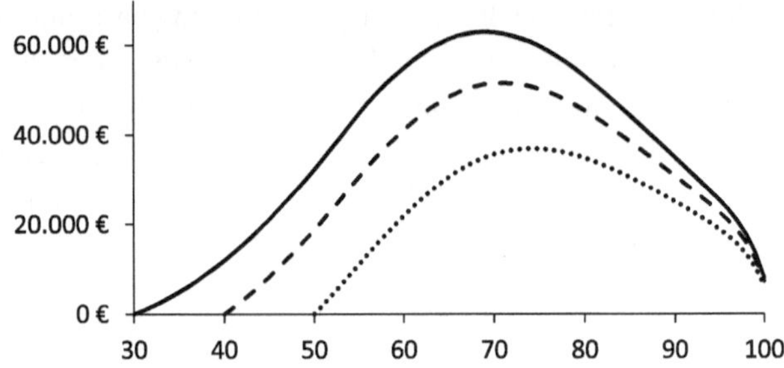

Abb. 6.1 Verlauf der Alterungsrückstellung für Eintrittsalter 30, 40 und 50 für einen ambulanten Leistungsbereich

Die Zerlegungsformel für die Prämie lässt sich wie folgt interpretieren:

- Der Summand $v \cdot {}_{m+1}V_x - {}_mV_x$ heißt **Sparprämie** und wird zur Veränderung (also Erhöhung oder Minderung) der Alterungsrückstellung verwendet (der Faktor v bewirkt, dass der Wert ${}_{m+1}V_x$ auf den Jahresanfang verschoben wird und daher mit ${}_mV_x$ vergleichbar ist).
- Der Summand K_{x+m} (die natürliche Prämie) zeigt an, welcher Teil der Prämie direkt zur Deckung der erwarteten Versicherungsleistungen verwendet wird.
- Der Summand $v \cdot (q_{x+m} + w_{x+m}) \cdot {}_{m+1}V_x$ heißt **Vererbungsprämie**. Sie reduziert die Summe der beiden vorigen Teile und basiert darauf, dass bei Tod oder Storno eines Versicherungsnehmers dessen Alterungsrückstellung auf das verbleibende Kollektiv aufgeteilt wird. Der pro verbleibendem Versicherungsnehmer bestehende Anteil an der vererbten Alterungsrückstellung beträgt $q_{x+m} \cdot {}_{m+1}V_x$ für einen im Laufe des Jahres verstorbenen und $w_{x+m} \cdot {}_{m+1}V_x$ für einen ausgetretenen Versicherungsnehmer.

Man beachte, dass sich die Summanden der Zerlegung in jedem Alter verändern, siehe auch Abb. 6.3.

Beispiel 6.1 Wir verwenden

- die PKV-Sterbetafel 2016,
- die BaFin-Stornotafel 2014, normale Männer,
- die Kopfschadenreihe 2014 Ambulanttarif 0–100 € Selbstbehalt, normale Männer,
- den Rechnungszins $i = 3{,}5\,\%$.

In den Abb. 6.1 und 6.2 sind die Verläufe der Alterungsrückstellungen für diese Rechnungsgrundlagen für die Eintrittsalter 30, 40 und 50 dargestellt. Zugrunde liegt ein ambulanter Leistungsbereich bzw. ein Leistungsbereich für Zahnbehandlung.

Abb. 6.3 zeigt die Zerlegung der Nettoprämie in Abhängigkeit vom Alter gemäß Satz 6.6(b) für Eintrittsalter 40. ▲

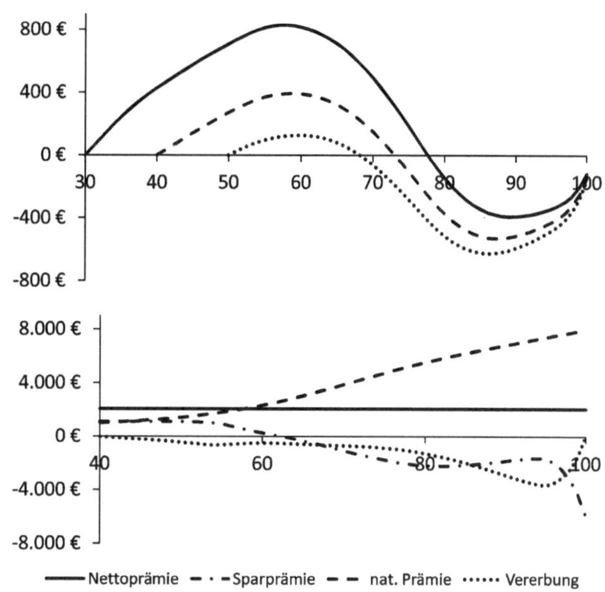

Abb. 6.2 Verlauf der Alterungsrückstellung für Eintrittsalter 30, 40 und 50 für einen Leistungsbereich der Zahnbehandlung

Abb. 6.3 Zerlegung der Nettoprämie P_{40} für einen Ambulanttarif bei Eintrittsalter 40 in Abhängigkeit vom erreichten Alter

6.2 Zillmer-Rückstellung

Die Netto-Alterungsrückstellung berücksichtigt nur das versicherungstechnische Risiko eines Vertrages. Aus ökonomischer und bilanzieller Sicht müssen aber auch die Kosten betrachtet werden. Die laufenden Zuschläge sind in der Äquivalenzgleichung (5.4) für die Bruttoprämie als jährliche Leistungen des Unternehmens angesetzt. Formal fallen die Kosten für diese Leistungen auch jährlich an und können somit in jedem Zahlungszeitpunkt mit der Prämienzahlung direkt verrechnet werden. Dies gilt aber nicht für die Zillmerkosten, hier fallen der Zeitpunkt der Leistungserbringung ($t = 0$) und die Zeitpunkte der Tilgung (alle $t \geq 0$) auseinander. Die Zillmer-Rückstellung bildet diesen Sachverhalt korrekt ab, indem sie den Aufwand der Zillmerung zum Zeitpunkt $t = 0$ ansetzt und dadurch die Rückstellung langsamer wachsen lässt als in der Netto-Version.

Wir erinnern an die Zillmerprämie

$$P_x^Z := P_x + \frac{\alpha_x \cdot b_x}{\ddot{a}_x}$$

aus Definition 5.9, wobei $\alpha_x \cdot b_x$ die Zillmerkosten sind.

Definition 6.7 (Zillmer-Alterungsrückstellung)
Die Zillmer-Alterungsrückstellung *zum Zeitpunkt m eines Versicherungsnehmers mit Eintrittsalter x ist definiert als*

$${}^{(\alpha_x)}_{\ m}V_x^Z = {}_mV_x^Z := A_{x+m} - P_x^Z \cdot \ddot{a}_{x+m}.$$

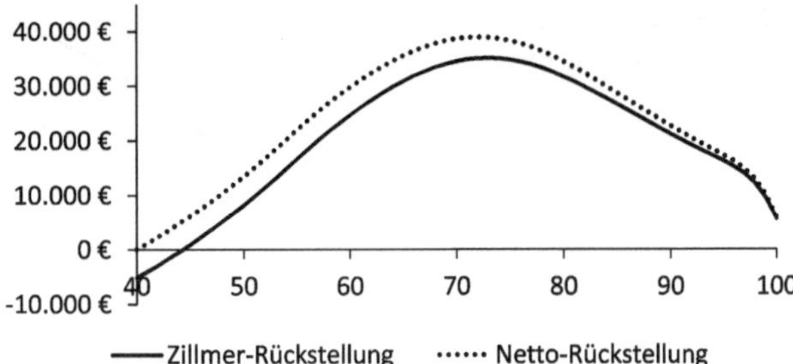

Abb. 6.4 Verlauf der Netto- und Zillmer-Alterungsrückstellung bei Eintrittsalter 40 für den Ambulanttarif mit 0–100 € Selbstbehalt mit einem (für die Zwecke der Abbildung übertriebenen) Zillmersatz von 20

Durch Umformung erhält man

$$\begin{aligned} {}_mV_x^Z &= A_{x+m} - P_x^Z \cdot \ddot{a}_{x+m} \\ &= A_{x+m} - \left(P_x + \frac{\alpha_x \cdot b_x}{\ddot{a}_x} \right) \cdot \ddot{a}_{x+m} \\ &= {}_mV_x - \frac{\alpha_x \cdot b_x}{\ddot{a}_x} \cdot \ddot{a}_{x+m}. \end{aligned} \tag{6.3}$$

Es handelt sich hier also um die Netto-Alterungsrückstellung vermindert um den Barwert des bis zum Zeitpunkt m noch nicht getilgten Anteils der annuisierten Zillmerkosten. Man sieht insbesondere, dass die Zillmer-Alterungsrückstellung immer kleiner als die Netto-Alterungsrückstellung ist. In Abhängigkeit vom Verlauf von $\ddot{a}_x$ nähert sich die Zillmer-Alterungsrückstellung ab einem gewissen Alter der Netto-Alterungsrückstellung immer mehr an und endet in $m = \omega - x + 1$ ebenfalls mit dem Wert 0 (da $\ddot{a}_{\omega+1} = 0$).

Für $m = 0$ ist insbesondere

$${}_0V_x^Z = {}_0V_x - \frac{\alpha_x \cdot b_x}{\ddot{a}_x} \cdot \ddot{a}_x = -\alpha_x \cdot b_x. \tag{6.4}$$

Die gezillmerte Alterungsrückstellung startet also mit dem negativen Betrag der Zillmerkosten. In Abb. 6.4 sind die Netto- und Zillmer-Alterungsrückstellung des Ambulanttarifs mit 0–100 € Selbstbehalt für einen Mann mit Eintrittsalter 40 dargestellt, wobei $\alpha = 20$ ist. Die Zillmer-Alterungsrückstellung startet mit dem Wert −5131 €.

Es soll noch eine weitere Darstellung festgehalten werden, die Satz 6.4(b) entspricht: Aus Aufgabe 5.5(b) und Definition 6.7 folgt die Darstellung der Zillmer-Alterungsrückstellung mit Hilfe der gezillmerten Brutto-Jahresprämie

$${}^{(\alpha_x)}_{m}V_x^Z = A_{x+m} - [(1-\Delta) \cdot {}^{(\alpha_x)}B_x - \gamma_x] \cdot \ddot{a}_{x+m}. \tag{6.5}$$

Wir werden diese Form im nächsten Kapitel wieder aufgreifen und verallgemeinern.

Der folgende Satz enthält Formeln, wie sie analog für die Netto-Alterungsrückstellung in den Sätzen 6.4(b) und 6.6 hergeleitet wurden.

Satz 6.8 (Rekursive und Zerlegungsformeln)

(a) Rekursionsformel:

$$
{}_0V_x^Z = -\alpha_x \cdot b_x, \qquad {}_{m+1}V_x^Z = \frac{1}{v \cdot p_{x+m}}[P_x^Z - K_{x+m} + {}_mV_x^Z].
$$

(b) Zerlegung der Zuführung zur Alterungsrückstellung:

$$
\begin{aligned}
&{}_{m+1}V_x^Z - {}_mV_x^Z \\
&= (P_x^Z - K_{x+m}) \cdot (1+i) + i \cdot {}_mV_x^Z + (q_{x+m} + w_{x+m}) \cdot {}_{m+1}V_x^Z.
\end{aligned}
$$

(c) Zerlegung der Zillmerprämie:

$$
P_x^Z = (v \cdot {}_{m+1}V_x^Z - {}_mV_x^Z) + K_{x+m} - v \cdot (q_{x+m} + w_{x+m}) \cdot {}_{m+1}V_x^Z.
$$

▷ *Beweis:* Siehe Aufgabe 6.2. ■

Nachdem die Zillmer-Alterungsrückstellung eingeführt ist, können wir nun die Bestimmungen zur Festlegung des Zillmersatzes α verstehen:

§ 8 (3) KVAV

Unmittelbare Abschlusskosten dürfen durch Zillmerung nur in einer solchen Höhe in die Prämien eingerechnet werden, dass die Gesamtalterungsrückstellung eines Zugangsjahres im Tarif höchstens vier Jahre und jede Einzelalterungsrückstellung nicht länger als fünfzehn Jahre und nicht länger als die Hälfte der tariflich vorgesehenen künftigen Vertragsdauer negativ ist [...]

Als Formel ausgedrückt: Bezeichnet J den angesprochene Zugangsjahrgang und ist für eine Person $i \in J$

$$
r_i := \min\{16,\ 0{,}5 \cdot \text{tarifliche Versicherungsdauer}\}
$$

die kleinere der beiden Zahlen 16 und halbe tarifliche Versicherungsdauer sowie x_i das Eintrittsalter, dann muss gelten

$$
\alpha \leq \max \left\{ \alpha' : \sum_{i \in J} {}^{(\alpha')}_{\ 5}V_{x_i}^Z > 0 \text{ und } {}^{(\alpha')}_{\ r_i}V_{x_i}^Z > 0 \text{ für alle } i \in J \right\}.
$$

In der Praxis sind die Zillmersätze meist nicht größer als 10.

6.3 Bilanz-Rückstellung

Verwendung findet die Zillmer-Alterungsrückstellung auch bei der Bilanzierung:

§ 25 (1) RechVersV

Bei der Berechnung der Deckungsrückstellung sind für die Berücksichtigung der Risiken aus dem Versicherungsvertrag angemessene Sicherheitszuschläge anzusetzen. Einmalige Abschlußkosten dürfen nach einem angemessenen versicherungsmathematischen Verfahren, insbesondere dem Zillmerungsverfahren, berücksichtigt werden.

Als Bilanzrückstellung kann also die Zillmer-Alterungsrückstellung verwendet werden. Allerdings besteht ein Problem darin, dass der Jahrestag der meisten Verträge nicht mit dem Bilanzstichtag zusammenfällt, so dass zunächst ein unterjähriger Wert der Zillmer-Alterungsrückstellung ermittelt werden müssen. Wie bei den Prämien wird aber auch hier ein vereinfachtes Verfahren verwendet.

§ 18 KVAV

[...] Zur Berechnung der Alterungsrückstellungen [...] ist auch ein Näherungsverfahren zulässig, bei dem das arithmetische Mittel der Einzelalterungsrückstellungen, die sich dadurch ergeben, dass die Versicherungsdauern auf ganze Jahre auf- und abgerundet werden, verwendet wird.

Man geht dabei davon aus, dass die Jahrestage der Verträge über das Jahr gleichverteilt sind, so dass das arithmetische Mittel der Jahreswerte der Zillmer-Alterungsrückstellung vor und nach dem Bilanzstichtag über den gesamten Bestand betrachtet eine ausreichende Approximation des tatsächlichen Wertes darstellt. Es muss nur noch geklärt werden, wie mit negativen Werten der gezillmerten Alterungsrückstellung umzugehen ist:

§ 25 (5) RechVersV

[...] Ergibt sich durch Aufrechnung negativer Alterungsrückstellungen gegen positive Alterungsrückstellungen für die Alterungsrückstellung aller vom Krankenversicherungsunternehmen selbst abgeschlossenen Versicherungen eine negative Alterungsrückstellung, so ist diese in der Bilanz mit Null einzustellen.

Bezeichnet $V^Z_{\text{vor}}(i)$ die Zillmer-Alterungsrückstellung des Versicherungsnehmers i zum Jahrestag des Versicherungsvertrages vor dem Bilanzstichtag und $V^Z_{\text{nach}}(i)$ die zum Jahrestag nach dem Bilanzstichtag, so ist die Bilanzrückstellung gegeben durch

$$V_{\text{Bil}} = \max\left\{\sum_i \tfrac{1}{2}\left(V^Z_{\text{vor}}(i) + V^Z_{\text{nach}}(i)\right), 0\right\}.$$

6.4 Zusatz-Alterungsrückstellung

In Abschn. 5.5 wurde mit Verweis auf § 149 VAG der 10 %-ige Zuschlag auf die Bruttoprämie eingeführt, den der Versicherungsnehmer bis zum Alter 60 zu zahlen hat und der Prämienermäßigung im Alter (genauer ab 65) dient. Er wurde für alle Neuabschlüsse ab dem 1.1.2000 verpflichtend. Zu diesem Zeitpunkt bereits versicherte Personen hatten ein zeitlich befristetes Wahlrecht und konnten entscheiden, ob sie den Zuschlag ebenfalls übernehmen wollen (mit einer Staffelung, um zu große Beitragssprünge zu vermeiden) oder nicht. Der Zuschlag wird für jeden Versicherungsnehmer in der sog. Zusatz-Alterungsrückstellung gesammelt. Im Gegensatz zur normalen Alterungsrückstellung, die ja einen kollektiven Charakter hat, wird die Zusatz-Alterungsrückstellung für jeden Versicherungsnehmer individuell berechnet und zugeteilt. Zur Abgrenzung nennen wir die Alterungsrückstellung aus dem Versicherungsschutz zuweilen auch die **tarifliche** Alterungsrückstellung.

Die Bestimmung der Zusatz-Rückstellung kann nun nicht nach der prospektiven Methode erfolgen, da die künftigen Leistungen (also die Prämienermäßigungen), die damit finanziert werden sollen, weder konkret noch statistisch feststehen, denn sie richten sich nach den Beitragsanpassungen, die den Versicherungsnehmer ab Alter 65 betreffen. Daher ist hier nur die retrospektive Darstellung sinnvoll[7].

In der Definition 6.1 der retrospektiven Alterungsrückstellung ist der finanzierende Beitrag konstant, dies muss aber nicht unbedingt so sein. Im Prinzip kann jede Folge C_{x+m} von Prämien eingesetzt werden. Der finanzierende Beitrag für die Zusatz-Alterungsrückstellung ist gegeben durch (siehe Abschn. 5.5)

$$C_{x+m} = g_{x+m} \cdot B_x \quad \text{mit} \quad g_{x+m} = \begin{cases} 0{,}1, & \text{falls } x+m < 60 \\ 0, & \text{falls } x+m \geq 60. \end{cases}$$

Bevor wir die retrospektive Form damit niederschreiben, muss aber noch ein weiterer Punkt geklärt werden. Sei dafür zunächst $x + m < 65$. Notieren wir die Entwicklung der Zusatz-Alterungsrückstellung ${}_mV_x^{\mathrm{GZ}}$ mit Hilfe der Zerlegungsformel aus Satz 6.6(a), ergibt sich

$$\begin{aligned} &{}_{m+1}V_x^{\mathrm{GZ}} - {}_mV_x^{\mathrm{GZ}} \\ &= (g_{x+m} \cdot B_x - 0) \cdot (1+i) + i \cdot {}_mV_x^{\mathrm{GZ}} + (q_{x+m} + w_{x+m}) \cdot {}_{m+1}V_x^{\mathrm{GZ}}. \end{aligned} \tag{6.6}$$

Hier soll der Abzugsterm 0 im ersten Summanden auf der rechten Seite verdeutlichen, dass bis zum Zeitpunkt m noch keine Leistungen aus der Zusatz-Alterungsrückstellung finanziert wurden. Nun muss die **Portabilität** der Zusatz-Alterungsrückstellung beachtet werden. Bei Wechsel eines Versicherungsnehmers zu einem anderen privaten Krankenversicherungsunternehmen wird diesem – wie in Kap. 9 dargelegt – der Übertragungswert

[7] Vergleiche mit § 341f Abs. 1 HGB.

mitgegeben. Nach § 14 Abs. 1 KVAV besteht dieser insbesondere aus der kompletten Zusatz-Alterungsrückstellung, was diese somit zu einer individuellen Rückstellung macht. Nur bei einem Wechsel in die GKV und bei Tod fällt sie dem Kollektiv zu.

Der letzte Summand $(q_{x+m} + w_{x+m}) \cdot {}_{m+1}V_x^{\mathrm{GZ}}$ in (6.6) gibt aber den vererbten Anteil der Zusatz-Alterungsrückstellung an, der bei Ausscheiden durch Tod oder Storno an das Kollektiv übergeht. Nach den obigen Anmerkungen können die Stornowahrscheinlichkeiten w_{x+m} daher nicht die sein, die für die tarifliche Alterungsrückstellung verwendet werden. Vielmehr sind hier die niedrigeren Werte w_{x+m}^{GKV} einzusetzen, die das Storno in die GKV angeben (siehe Abschn. 3.3.4), denn nur in diesem Fall wird vererbt. Die korrigierte Zerlegungsformel lautet also

$$\begin{aligned} &{}_{m+1}V_x^{\mathrm{GZ}} - {}_mV_x^{\mathrm{GZ}} \\ &= (g_{x+m} \cdot B_x - 0) \cdot (1+i) + i \cdot {}_mV_x^{\mathrm{GZ}} + (q_{x+m} + w_{x+m}^{GKV}) \cdot {}_{m+1}V_x^{\mathrm{GZ}}. \end{aligned} \tag{6.7}$$

Beachtet man nun noch, dass für $x + m < 65$ noch keine Leistungen aus dieser Rückstellung geflossen ist und in (6.1) daher der Abzugsterm entfällt, ergibt sich für die retrospektive Form im Fall $x + m < 65$

$${}_mV_x^{\mathrm{GZ}} = \sum_{t=0}^{m-1} \frac{1}{{}_{m-t}p_{x+t}^{GKV} \cdot v^{m-t}} \cdot g_{x+t} \cdot B_x$$

mit

$${}_tp_x^{GKV} = \prod_{k=0}^{t-1} (1 - q_{x+k} - w_{x+k}^{GKV}).$$

Man beachte, dass ab Alter 60 zwar kein Beitrag mehr in diese Rückstellung fließt, sie aber dennoch steigt aufgrund von Verzinsung und Vererbung (die letzten beiden Summanden in (6.7)).

Kommt es nun zum Zeitpunkt $t = m$ mit $x + m \geq 65$ zu einer ersten Auszahlung der Höhe E zwecks Prämienminderung, so folgt die Zerlegung

$${}_{m+1}V_x^{\mathrm{GZ}} - {}_mV_x^{\mathrm{GZ}} = (0 - E) \cdot (1+i) + i \cdot {}_mV_x^{\mathrm{GZ}} + (q_{x+m} + w_{x+m}^{GKV}) \cdot {}_{m+1}V_x^{\mathrm{GZ}},$$

wobei die 0 verdeutlichen soll, dass kein finanzierender Beitrag mehr eingeht. Für die Zusatz-Alterungsrückstellung ein Jahr später ergibt sich damit

$${}_{m+1}V_x^{\mathrm{GZ}} = \sum_{t=0}^{m} \frac{1}{{}_{m+1-t}p_{x+t}^{GKV} \cdot v^{m+1-t}} \cdot g_{x+t} \cdot B_x - \frac{1}{v \cdot p_{x+m}^{GKV}} \cdot E.$$

Vergleicht man dies mit der Darstellung (6.1), erkennt man die dortige Formel wieder, wobei die abzuziehende Summe hier nur aus einem Summanden besteht.

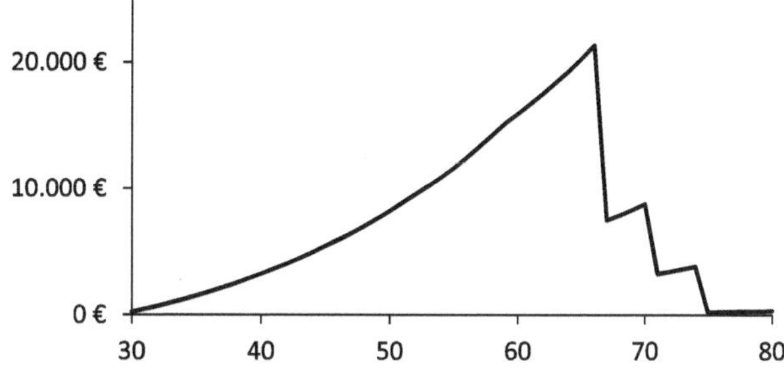

Abb. 6.5 Verlauf der Zusatz-Alterungsrückstellung für einen Versicherungsnehmer mit Eintrittsalter 30 und drei Entnahmen im Alter

Bezeichnen wir allgemein die Auszahlungsbeträge zum Zeitpunkt t mit E_t (wobei $E_t = 0$ für $x + t < 65$), so erhält man die endgültige retrospektive Form der Zusatz-Alterungsrückstellung als

$$_mV_x^{\text{GZ}} = \sum_{t=0}^{m-1} \frac{1}{_{m-t}p_{x+t}^{GKV} \cdot v^{m-t}} \cdot (g_{x+t} \cdot B_x - E_t).$$

Für eine praktikablere Darstellung mit Hilfe von Kommutationswerten siehe Aufgabe 6.5.

Aus der letzten Darstellung wird nochmals die Individualität dieser Alterungsrückstellung deutlich, da anders als bei der tariflichen Alterungsrückstellung tatsächlich geflossene Beiträge und Auszahlungen die Höhe der Rückstellung bestimmen.

Beispiel 6.2 In Abb. 6.5 ist der Verlauf der Zusatz-Alterungsrückstellung zu sehen für einen Versicherungsnehmer mit Eintrittsalter $x = 30$ im Ambulanttarif mit 0–100 € Selbstbehalt. Zugrunde liegen die PKV-Sterbetafel 2016 und die BaFin-Stornotafel 2014 für normale Männer, die sonstigen Parameter seien $\gamma = 500$ €, $\Delta = 6{,}2\,\%$ und $\alpha = 7$. Dann berechnet sich die Brutto-Jahresprämie zu $B_{30} = 2128{,}58$ €.

Man erkennt einen leichten Knick im Verlauf bei Alter 60, da hier die Einzahlungen aus dem Zuschlag enden. Weiterhin gibt es Auszahlungen im Alter 67 und 71 und eine vollständige Auszahlung im Alter 75. Ab Alter 80 werden alle Gelder direkt für eine Prämienermäßigung verwendet, daher endet die Grafik dort. ▲

6.5 Ermittlung angemessener Stornowahrscheinlichkeiten

Wir können nun das Thema der Ermittlung angemessener Stornowahrscheinlichkeiten verfolgen, das bereits in Abschn. 3.3.2 angesprochen wurde. Wie dort bereits erwähnt, ist die Abhängigkeit des Stornos von der bisherigen Versicherungsdauer entscheidend und kann nicht einfach ignoriert werden. Vor allem ist eine Eliminierung der Beginnjahre wie bei der Ermittlung der Kopfschäden nicht sinnvoll, da gerade dann die wesentlichen Stornoeffekte auftreten. Aus risikotheoretischer Sicht sollte die Kalkulation daher durchgängig mit zweidimensionalen Größen $w_{x,m}$ mit der ganzzahligen Versicherungsdauer m durchgeführt werden. Definiert man analog zu Abschn. 3.3.2 die Zufallsvariable $X^{\text{St}}_{x,m}$ als *Alter bei Storno eines x-jährigen Versicherungsnehmers mit bisheriger Versicherungsdauer m*, dann setzt man

$$w_{x,m} := \mathrm{P}[X^{\text{St}}_{x,m} < \min\{x+1, X^{\text{Tod}}_x\}],$$

also die Wahrscheinlichkeit, dass ein Versicherungsnehmer des Alters x und der Versicherungsdauer m innerhalb des folgenden Jahres wegen Storno ausscheidet.

Abgesehen davon, dass sich dadurch ein neues Kalkulationsmodell ergeben würde, hat dieser Ansatz einen weiteren Nachteil: Bei Verwendung zweidimensionaler Stornotafeln ist es auch bei monoton wachsenden Kopfschäden möglich, dass die Nettoprämien nicht mit dem Eintrittsalter monoton wachsen. Diese Monotonie ist aber entscheidend, wie bereits in Abschn. 5.7 besprochen wurde, da die Monotonie der Bruttoprämien in § 146 Abs. 2 VAG gefordert wird (und nicht monotone Nettoprämien auch nicht monotone Bruttoprämien induzieren). Trotzdem sollte die Abhängigkeit von m berücksichtigt werden.

Im Prinzip werden Stornotafeln in ähnlichen Schritten erstellt wie Sterbetafeln. Es beginnt mit der Ermittlung roher (dauerabhängiger) Stornowahrscheinlichkeiten. Wir wollen uns nur auf diesen Punkt konzentrieren. Der offensichtliche Ansatz für rohe zweidimensionale Werte ist

$$\widehat{w}_{x,m}(t) := \frac{|J^{st}_{x,m}(t)|}{|J_{x,m}(t)|},$$

wobei $J^{st}_{x,m}(t)$ die Menge der Versicherungsnehmer aus $J_{x,m}(t)$ ist, die im Laufe des Jahres t stornieren (für die Bezeichnungen siehe Abschn. 3.2.1). Die Abhängigkeit vom Kalenderjahr t wird im Folgenden unterdrückt. Problematisch wird hier die eventuell zu kleine Gruppengröße $|J^{st}_{x,m}|$ sein, die kaum statistisch belastbare Werte zulässt. Im Folgenden versuchen wir, aus den $\widehat{w}_{x,m}$ auf geeignete Weise eindimensionale Stornowahrscheinlichkeiten abzuleiten.

Der Ansatz für eindimensionale Werte ohne direkten Rückgriff auf dauerabhängige Daten lautet

$$\widehat{w}_x := \frac{|J^{st}_x|}{|J_x|},$$

wobei $J^{st}_x = \bigcup_m J^{st}_{x,m}$ die Menge der Versicherungsnehmer aus J_x ist, die im Laufe des Jahres stornieren. Das statistische Problem zu kleiner Personengruppen wird damit i. Allg. umgangen. Es gilt nun

$$\widehat{w}_x = \frac{|J^{st}_x|}{|J_x|} = \frac{\sum_{m=0}^{x-21} |J^{st}_{x,m}|}{|J_x|} = \sum_{m=0}^{x-21} \widehat{w}_{x,m} \cdot \frac{|J_{x,m}|}{|J_x|}, \tag{6.8}$$

da eine x-jährige (erwachsene) Person höchstens $x - 21$ Versicherungsjahre haben kann. An dieser Darstellung erkennt man bereits eine inhärente Problematik der Größe $\widehat{w}_x$. Wenn alle Gewichte der Summe in (6.8) etwa gleich groß sind, d. h. $\widehat{w}_{x,m} \approx c$, dann ist die Abhängigkeit von m nur gering und dann gilt auch $\widehat{w}_x \approx c$. Aus $\widehat{w}_x \approx \widehat{w}_{x,m}$ für alle x und m folgt aber

$$\frac{|J_{x,m}|}{|J_x|} \approx \frac{|J^{st}_{x,m}|}{|J^{st}_x|},$$

d. h. die Verteilung der stornierenden Versicherungsnehmer bzgl. m entspricht etwa der Verteilung aller Versicherungsnehmer bzgl. m. Tatsächlich sind diese Quotienten aber nicht gleich, vielmehr liegt das Gewicht der Verteilung bei den stornierenden Versicherungsnehmern stark auf kleinen Werten von m. Als erster alternativer Ansatz zu (6.8) bietet sich also an

$$\check{w}_x := \sum_{m=0}^{x-21} \widehat{w}_{x,m} \cdot \frac{|J^{st}_{x,m}|}{|J^{st}_x|}.$$

Aber auch dieser birgt ein Problem, das jedoch weniger offensichtlich ist. Wir wollen die Erläuterung zum besseren Verständnis zunächst auf reiner Netto-Ebene geben und danach auf den allgemeinen Fall ausdehnen.

Ungezillmerte Situation

Es sei an die Zerlegung der Netto-Jahresprämie aus Satz 6.6(b) erinnert:

$$P_x = (v \cdot {}_{m+1}V_x - {}_mV_x) + K_{x+m} - v \cdot (q_{x+m} + w_{x+m}) \cdot {}_{m+1}V_x.$$

Der hier interessante Teil ist $w_{x+m} \cdot {}_{m+1}V_x$. Jeder stornierende Versicherungsnehmer hinterlässt seine bis zum Jahresende angesammelte Alterungsrückstellung dem Kollektiv und sorgt damit für eine Reduktion der Nettoprämie. Wenn das rechnungsmäßige Storno zu hoch angesetzt wird, so ist die tatsächliche Vererbung nicht so hoch wie geplant und damit die Prämie nicht ausreichend, was zu einer Finanzierungslücke führt. Es muss also bei der Bestimmung der w_x darauf geachtet werden, dass dieser Fall nicht auftritt. Statt des Quotienten $|J^{st}_{x,m}|/|J^{st}_x|$ sollte also eher die nach m Jahren angesammelte Netto-Alterungsrückstellung Eingang finden. Ein möglicher Ansatz lautet daher: Bestimme Größen $\widetilde{w}_x$ so, dass die damit kalkulierte Vererbung gleich der tatsächlichen, mit $\widehat{w}_{x,m}$ berechneten ist.

Für ein gegebenes Alter $x \geq 21$ sind Versicherungsdauern $m \in \{0, \ldots, x - 21\}$ möglich, das entspricht also Eintrittsaltern in der Menge $\{21, \ldots, x\} = \{x - m : m = 0, \ldots, x - 21\}$. Die kalkulierte Vererbung des Bestandes der x-Jährigen ist damit

$$\sum_{m=0}^{x-21} \widetilde{w}_x \cdot |J_{x,m}| \cdot {}_{m+1}V_{x-m},$$

die tatsächliche lautet

$$\sum_{m=0}^{x-21} |J_{x,m}^{st}| \cdot {}_{m+1}V_{x-m} = \sum_{m=0}^{x-21} \widehat{w}_{x,m} \cdot |J_{x,m}| \cdot {}_{m+1}V_{x-m}.$$

Setzt man beide gleich, erhält man als Definition geeigneter Stornowahrscheinlichkeiten

$$\widetilde{w}_x := \frac{\sum_{m=0}^{x-21} |J_{x,m}^{st}| \cdot {}_{m+1}V_{x-m}}{\sum_{m=0}^{x-21} |J_{x,m}| \cdot {}_{m+1}V_{x-m}}. \tag{6.9}$$

Es wird also das Verhältnis der vererbten Alterungsrückstellung zur insgesamt vorhandenen Alterungsrückstellung gebildet. Schreibt man dies um zu

$$\widetilde{w}_x = \sum_{m=0}^{x-21} \widehat{w}_{x,m} \cdot \frac{|J_{x,m}| \cdot {}_{m+1}V_{x-m}}{\sum_{t=0}^{x-21} |J_{x,t}| \cdot {}_{t+1}V_{x-t}},$$

so erkennt man, dass hier weniger die Verteilung der stornierenden Versicherungsnehmer bzgl. m entscheidend ist (wie bei $\check{w}_x$), sondern vielmehr der bez. m vorhandene Anteil der Alterungsrückstellung im Bestand der x-Jährigen. Und dieser Anteil ist gerade für kleine m besonders gering, da noch nicht viel angesammelt wurde. i. Allg. wird also für kleine Werte von m (für die $\widehat{w}_{x,m}$ groß ist) gelten

$$\frac{|J_{x,m}| \cdot {}_{m+1}V_{x-m}}{\sum_{t=0}^{x-21} |J_{x,t}| \cdot {}_{t+1}V_{x-t}} \leq \frac{|J_{x,m}|}{|J_x|} \leq \frac{|J_{x,m}^{st}|}{|J_x^{st}|},$$

während sich die Ungleichungen für größere x und m nahe $x - 21$ umkehren. Demnach ist in jüngeren Altern $\widetilde{w}_x$ kleiner als die Werte der anderen Ansätze und die Vererbung wird nicht überschätzt. Zusammenfassend gilt, dass zu hoch angesetzte Stornowerte die Vererbung überschätzen und daher zu vermeiden sind. Ein später noch einzubauender Sicherheitspuffer müsste also ein Abschlag sein.

Berücksichtigung der Zillmerung

Die letzten Anmerkungen werden sich im gezillmerten Fall als nicht immer korrekt erweisen, was die Situation komplizierter macht. Tatsächlich wird nicht die Netto- sondern die gezillmerte Rückstellung vererbt. Laut Beitragszerlegung für die Zillmer-Prämie (siehe Satz 6.8(c))

$$P_x^Z = (v \cdot {}_{m+1}V_x^Z - {}_mV_x^Z) + K_{x+m} - v \cdot (q_{x+m} + w_{x+m}) \cdot {}_{m+1}V_x^Z$$

wird daher durch Storno der Betrag $w_{x+m} \cdot {}_{m+1}V_x^Z$ vererbt, der aber nicht immer positiv ist, wodurch sich die oben genannten Effekte umkehren können. Man kann dann nicht mehr durch einseitige Abschläge eine möglich Fehlkalkulation verhindern oder abmildern.

Zwar kann bei frühem Storno vom Vermittler ein Anteil der Provision zurückverlangt werden (Stornohaftung, siehe Abschn. 5.3), aber damit können nicht alle Verluste ausgeglichen werden, die bei Storno eines Vertrages mit negativer Zillmer-Alterungsrückstellung entstehen (so greift die Stornohaftung nur in den ersten 5 Jahren, aber die Rückstellung kann durchaus länger negativ sein; zudem können die Aufwendungen von Risikoprüfung, ärztlicher Voruntersuchung oder Verwaltungsaufwendungen bei Vertragsabschluss nicht rückgängig gemacht werden). Wird die Stornorate in dieser Situation noch zusätzlich unterschätzt, so auch diese zusätzlichen Stornoverluste. Vor allem für neu eröffnete Tarife mit hohen Zillmersätzen kann das drastische Konsequenzen besitzen. Die dort auflaufenden Verluste durch unterschätztes Storno würden nicht von den Prämien getragen, sondern müssten von allen Versicherungsnehmern mitgetragen werden.

Wir wollen versuchen, den durch die Zillmerung zusätzlich hervorgerufenen Effekt im Vergleich zur Netto-Betrachtung zu quantifizieren. Ausgangspunkt ist die Zerlegung der Zuführung zur Netto-Alterungsrückstellung (siehe Satz 6.6(a))

$$_{m+1}V_x - {}_mV_x = (P_x - K_{x+m}) \cdot (1+i) + i \cdot {}_mV_x + (q_{x+m} + w_{x+m}) \cdot {}_{m+1}V_x$$

sowie zur Zillmer-Alterungsrückstellung (gemäß Satz 6.8(b))

$$_{m+1}V_x^Z - {}_mV_x^Z = (P_x^Z - K_{x+m}) \cdot (1+i) + i \cdot {}_mV_x^Z + (q_{x+m} + w_{x+m}) \cdot {}_{m+1}V_x^Z.$$

Unter Verwendung von Definition 5.9

$$P_x^Z = P_x + \frac{\alpha_x \cdot b_x}{\ddot{a}_x} =: P_x + Z_x'$$

sowie der Gleichung (6.3)

$$_mV_x^Z = {}_mV_x - Z_x' \cdot \ddot{a}_{x+m}$$

gelangt man durch einen Vergleich der beiden Zerlegungsformeln zu

$$\begin{aligned} &_{m+1}V_x^Z - {}_mV_x^Z \\ &= ({}_{m+1}V_x - {}_mV_x) + Z_x' \cdot (1+i) - i \cdot Z_x' \cdot \ddot{a}_{x+m} - (q_{x+m} + w_{x+m}) \cdot Z_x' \cdot \ddot{a}_{x+m+1}. \end{aligned}$$

Die ungezillmerte Betrachtung steuert aus dem Summanden $_{m+1}V_x - {}_mV_x$ den bereits bekannten Term $w_{x+m} \cdot {}_{m+1}V_x$ (und somit $\widetilde{w}_x$) bei, die Zillmerung zusätzlich $-w_{x+m} \cdot Z_x' \cdot \ddot{a}_{x+m+1}$ (man beachte das Minus-Zeichen). Wir wollen diesen Term den Tilgungsverlust nennen.

Hier machen wir einen Ansatz analog zu dem, der zu $\widetilde{w}_x$ in (6.9) führte, indem der kalkulierte, mit einem w_x' berechnete Tilgungsverlust gleich dem tatsächlichen gesetzt wird:

$$\sum_{m=0}^{x-21} w'_x \cdot |J_{x,m}| \cdot Z'_{x-m} \cdot \ddot{a}_{x+1} = \sum_{m=0}^{x-21} \widehat{w}_{x,m} \cdot |J_{x,m}| \cdot Z'_{x-m} \cdot \ddot{a}_{x+1},$$

woraus

$$w'_x = \sum_{m=0}^{x-21} \widehat{w}_{x,m} \cdot \frac{|J_{x,m}| \cdot Z'_{x-m}}{\sum_{t=0}^{x-21} |J_{x,t}| \cdot Z'_{x-t}}$$

folgt. Anders als bei $\widetilde{w}_x$ sollte w'_x nun eher überschätzt werden.

Offensichtlich lassen sich die beiden Definitionen $\widetilde{w}_x$ und w'_x nicht vereinen, und es hängt wesentlich von der Bestandszusammensetzung ab, Stornowahrscheinlichkeiten so anzusetzen, dass über den ganzen Bestand hinweg keine Verluste durch vorzeitigen Abgang entstehen. Für einzelne Verträge werden sich diese mit keinem Ansatz immer vermeiden lassen. Mehr zu diesem Thema findet der Leser z. B. in [1].

Verfahren in der Praxis
Praktisch wird meist eine Mischung der letzten beiden Verfahren angewandt, indem man w_x über

$$\sum_{m=0}^{x-21} w_x \cdot |J_{x,m}| \cdot \max\{{}_{m+1}V^Z_{x-m}, 0\} = \sum_{m=0}^{x-21} \widehat{w}_{x,m} \cdot |J_{x,m}| \cdot \max\{{}_{m+1}V^Z_{x-m}, 0\}$$

ansetzt, also die Vererbung nur mit dem positiven Teil der gezillmerten Alterungsrückstellung berücksichtigt. Damit werden die im dritten Ansatz beschriebenen Effekte der Tilgungsverluste zum Teil noch berücksichtigt. Als Ausgleich bauen die meisten Unternehmen eine **Stornorückstellung** auf, die ca. 10–15 % der Summe der negativen gezillmerten Rückstellungen beträgt. Ein Sicherheitspuffer ist analog den Überlegungen des zweiten Ansatzes ein Abschlag.

Die Daten werden meist für drei oder mehr Beobachtungsjahre $t_1, \ldots, t_n$ erhoben und die zugehörigen Werte $w_x(t_j)$ wie beschrieben ermittelt. Das Ausgleichsverfahren bezieht sich auf die Werte $\min\{w_x(t_j) : j = 1, \ldots, n\}$, wodurch bereits ein Sicherheitspuffer berücksichtigt wird.

6.6 Aufgaben

A. 6.1
Beweisen Sie die Rekursionsformel für die Alterungsrückstellung aus Satz 6.4(d).

A. 6.2
Beweisen Sie Satz 6.8.

A. 6.3

Eine 27-jährige Frau schließt eine Krankheitsvollkostenversicherung ab. Bestimmen Sie die Netto-Alterungsrückstellung sowie die Zillmer-Alterungsrückstellung nach einem Jahr unter Verwendung der Werte

$$A_{27} = 16.978\,€ \qquad \text{und} \qquad \ddot{a}_{27} = 8{,}7$$

sowie

$$K_{27} = 1508\,€, \quad q_{27} = 0{,}194\,‰, \quad w_{27} = 14{,}4\,\%, \quad \alpha = 5, \quad b_{27} = 221\,€.$$

A. 6.4

Ein 40-jähriger Mann zahlt für seinen ungezillmerten Kompakttarif eine monatliche Prämie von 211,83 €. Darin ist der gesetzliche Zuschlag enthalten, aber keine Risikozuschläge. Berechnen Sie die Höhe der Alterungsrückstellung unter Verwendung der folgenden Tarifdaten:

$$b_{40} = 245{,}68\,€, \quad \ddot{a}_{40} = 12{,}9, \quad \Delta = 10\,\%, \quad \gamma = 300\,€.$$

Hinweis: Leiten Sie zur Lösung eine geeignete Formel für die Alterungsrückstellung her. Vergleichen Sie auch mit Aufgabe 5.5.

A. 6.5

Leiten Sie die folgende Formel für die Zusatz-Alterungsrückstellung her, wobei D_x^{GKV} der Kommutationswert D_x unter Verwendung der Stornowahrscheinlichkeiten w_x^{GKV} sei (die weiteren Notationen entnehmen Sie Abschn. 6.4):

$${}_mV_x^{\text{GZ}} = \frac{1}{D_{x+m}^{\text{GKV}}} \cdot \sum_{t=0}^{m-1} D_{x+t}^{\text{GKV}} \cdot (g_{x+t} \cdot B_x - E_t).$$

A. 6.6

In Abb. 5.1 wurde die natürliche Prämie gegen die konstante Nettoprämie aufgetragen. Beide Kurven schneiden sich bei einem gewissen Alter x_1. Ab x_1 reichen die Nettoprämien nicht mehr zur Finanzierung der Kopfschäden aus. In Abb. 6.1 erkennt man, dass die Alterungsrückstellung bis zu einem Alter x_2 ansteigt und dann wieder fällt. Gilt bei gleichen Bedingungen $x_1 = x_2$?

A. 6.7
(DAV 2006/2)

(a) Leiten Sie aus der üblichen Formel für die Alterungsrückstellung einer $x + m$-jährigen versicherten Person mit Eintrittsalter x eine Formel her, mit der sich Teilaufgabe (b) lösen lässt. Unterstellen Sie dabei, dass der Tarif nicht gezillmert ist.

(b) Die versicherte Person hat im Alter von 30 Jahren einen nach Art der Lebensversicherung betriebenen Tarif abgeschlossen, der nicht gezillmert wird. Bestimmen Sie aufgrund der Angaben in der folgenden Tabelle die tarifliche Alterungsrückstellung zum Alter von 36 Jahren. Die jährliche Nettoprämie beträgt 1200 €. Seit Vertragsbeginn hat keinerlei Vertrags- oder Beitragsänderung stattgefunden.

x	D_x	K_x
30	162.530	913,00
31	150.649	931,00
32	139.765	948,00
33	129.789	965,00
34	120.636	980,00
35	112.231	991,00
36	104.507	999,00

(c) Leiten Sie die (a) entsprechende Formel her, wenn der Beitrag mit dem Betrag ZK_x gezillmert ist.

A. 6.8 (DAV Okt. 2007/2)
Ein Aktuar beobachtet die Entwicklung eines Versicherungsbestandes von Männern eines Tarifs in seinem Unternehmen A über ein Jahr. Es handelt sich um eine nach Art der Lebensversicherung betriebene Ergänzungsversicherung zur gesetzlichen Krankenversicherung.

(a) Der Aktuar möchte aus den Beobachtungen einen Ansatz für die Festlegung der rechnungsmäßigen Stornowahrscheinlichkeiten gewinnen. Stellen Sie drei verschiedene Möglichkeiten dafür dar. Geben Sie dabei jeweils den Grundgedanken und die entsprechenden Formeln an.
(b) Es sind viele Verträge mit Eintrittsalter 30 nach 2 Jahren Laufzeit gekündigt worden. Die tatsächliche Stornoquote liegt daher hier über der im Beobachtungsjahr rechnungsmäßig angesetzten Stornowahrscheinlichkeit. Wie wirkt sich dies auf den Unternehmensgewinn im Beobachtungsjahr aus?
(c) Ein anderes Unternehmen B hat einen Tarif mit gleichen Leistungen. Auch die Bestandszusammensetzung (versicherungstechnisch und soziologisch) sowie die Qualität der Betreuung und Beratung der Versicherten vor und nach Vertragsabschluss sind die gleichen wie in A. Trotzdem werden in dem Tarif im Unternehmen B (anders als in den Vorjahren) generell höhere Stornoquoten als im Unternehmen A festgestellt. Welcher Grund kommt dafür in Frage?

A. 6.9 (DAV 2010/1)
Gegeben sei eine Kalkulation für Männer eines neu einzuführenden ungezillmerten Tarifs nach Art der Lebensversicherung ohne Übertragungswert[8].

Vor Tarifeinführung werde diese Kalkulation noch einmal wie folgt geändert: Alle Kopfschäden werden erhöht, die übrigen Berechnungsparameter bleiben gleich.

Beweisen Sie:

(a) Wenn bei der Kalkulationsänderung alle Kopfschäden um den gleichen absoluten Betrag erhöht werden, bleiben alle Alterungsrückstellungen ${}_mV_x$ unverändert.
(b) Wenn bei der Kalkulationsänderung alle Alterungsrückstellungen ${}_{\omega-x}V_x$ unverändert bleiben, wurden alle Kopfschäden um den gleichen absoluten Betrag erhöht.

Anleitung: Verwenden Sie für die ursprüngliche Kalkulation die üblichen Bezeichnungen. Kennzeichnen Sie die Werte der geänderten Kalkulation durch den Index n.

A. 6.10 (DAV 2014/4)
Für im Bestand geführte private Krankenversicherungen mit gezillmerter Nettoprämie P^Z bezeichne $V_{x+m}(P^Z)$ die prospektiv dargestellte Alterungsrückstellung zum erreichten Alter $x+m$.

(a) Geben Sie einen **nicht iterativen** Beweis dafür an, dass $V_{x+m}(P^Z)$ mit der retrospektiv dargestellten Alterungsrückstellung übereinstimmt, d. h. dass

$$V_{x+m}(P^Z) = \frac{D_x}{D_{x+m}} \cdot V_x(P^Z) + \frac{1}{D_{x+m}} \cdot \sum_{t=0}^{m-1} D_{x+t} \cdot (P^Z - K_{x+t})$$

ist.

Tipp: Stellen Sie die rechte Seite der Gleichung mit Hilfe von N_x und U_x dar. $(U_x := \sum_{t=0}^{\omega-x} D_{x+t} \cdot K_{x+t})$

(b) Eine Versicherung bestehe unverändert seit m Jahren. Welche wirtschaftliche Bedeutung hat dann $V_x(P^Z)$ in der oben angegebenen Gleichung,

   (i) wenn x das tatsächliche Eintrittsalter ist?
   (ii) wenn x das Alter ist, zu dem der letzte Tarifwechsel stattgefunden hat?

(c) Wie nennt man die Werte $P^Z - K_{x+t}$?

Literatur

1. Rudolph, J.: Stornowahrscheinlichkeiten in der privaten Krankenversicherung. Der Aktuar, 11, Heft 3, S. 119-120

[8] Für die Lösung der Aufgabe können Sie den Begriff ignorieren.

7 Tarifänderungen

Unsere bisherigen Überlegungen zur Kalkulation basieren auf der Annahme, dass Art und Umfang der vereinbarten Versicherungsleistungen über die gesamte Vertragsdauer unverändert bleiben. Tatsächlich sind Anpassungen aber die Regel, nicht die Ausnahme. So wollen oder müssen Versicherungsnehmer ihren Versicherungsschutz evtl. geänderten Lebensumständen anpassen. Und selbst wenn dies nicht vorkommen sollte, sorgen die sich regelmäßig ändernden Rechnungsgrundlagen für eine Neuberechnung der Prämie (die schon häufig erwähnten Beitragsanpassungen).

Das Wort Tarifänderung wird hier sehr allgemein verwendet. Nach einer Anpassung z. B. des Grundkopfschadens ist der Tarif technisch gesehen natürlich noch derselbe, im Zusammenhang mit der zu ermittelnden Formel sprechen wir aber der Einfachheit halber ebenfalls von einer Tarifänderung und von altem und neuem Tarif.

Bei den hier behandelten Änderungen wird vorausgesetzt, dass der Versicherungsnehmer bei seinem bisherigen Krankenversicherungsunternehmen verbleibt. Eine Tarifänderung im Rahmen eines Wechsels zu einem anderen Unternehmen wird im Kap. 9 behandelt.

7.1 Arten der Tarifänderung

Die Ursachen für eine Tarifänderung können vielfältig sein:

- Es kann sich um einen echten Tarifwechsel oder eine Umstufung handeln, die meist vom Versicherungsnehmer ausgehen. Beispiele sind
  - Änderung des Versicherungsbedarfes ausgelöst durch den Versicherten (durch einen höheren Versicherungsschutz, eine Änderung des Selbstbehaltes, einen Wechsel in einen günstigeren Tarif usw.);

T. Becker, *Mathematik der privaten Krankenversicherung*,
Studienbücher Wirtschaftsmathematik, https://doi.org/10.1007/978-3-658-16666-3_7

  - Änderung des Versicherungsbedarfes ausgelöst durch äußere Ereignisse (veränderte Karenzzeiten oder Beihilfesätze, Wegfall Krankentagegeld durch Aufgabe der Selbständigkeit usw.);
  - Änderung des Status des Versicherungsnehmers (ein Arbeitnehmer wird Beamter oder ein Selbständiger wird Arbeitnehmer usw.).
- Es kann sich um eine Beitragsanpassung handeln, wobei das Krankenversicherungsunternehmen eine oder mehrere Rechnungsgrundlagen eines Tarifes ändert.
- Es kann sich um eine Senkung der Prämie für ältere Versicherte handeln.

Tarifänderungen sind gesetzlich genau geregelt. Der vom Versicherungsnehmer angestoßene Tarifwechsel findet sich im VVG:

§ 204 (1) VVG

Bei bestehendem Versicherungsverhältnis kann der Versicherungsnehmer vom Versicherer verlangen, dass dieser

1. *Anträge auf Wechsel in andere Tarife mit gleichartigem Versicherungsschutz unter Anrechnung der aus dem Vertrag erworbenen Rechte und der Alterungsrückstellung annimmt [. . .]*

Was gleichartiger Versicherungsschutz ist, wird in der KVAV festgelegt:

§ 12 KVAV

(1) Als Krankenversicherungstarife mit gleichartigem Versicherungsschutz, in die der Versicherte zu wechseln berechtigt ist, sind Tarife anzusehen, die gleiche Leistungsbereiche wie der bisherige Tarif umfassen [. . .] Leistungsbereiche sind insbesondere:

1. *Kostenerstattung für ambulante Heilbehandlung,*
2. *Kostenerstattung für stationäre Heilbehandlung sowie Krankenhaustagegeldversicherungen mit Kostenersatzfunktion,*
3. *Kostenerstattung für Zahnbehandlung und Zahnersatz,*
4. *Krankenhaustagegeld, soweit es nicht zu Nummer 2 gehört,*
5. *Krankentagegeld,*

[. . .]

(3) Keine Gleichartigkeit besteht

1. *zwischen einem gesetzlichen Versicherungsschutz mit Ergänzungsschutz der privaten Krankenversicherung und einer substitutiven Krankenversicherung [. . .]*

Entfällt bei einem Wechsel ein Leistungsbereich ganz oder wird der entsprechende Versicherungsschutz sehr stark reduziert, dann wird das als sog. Teilstorno behandelt. Die

Alterungsrückstellung dieses Teils wird dem Versicherungsnehmer dann nicht mehr im Sinne von § 204 Abs. 1 VVG angerechnet.

Die Anrechnung von Alterungsrückstellungen wird im darauffolgenden Paragrafen konkretisiert:

§ 13 (1) KVAV

Bei einem Wechsel in Tarife mit gleichartigem Versicherungsschutz ist für jeden Leistungsbereich dem Versicherten der ihm kalkulatorisch zugerechnete Anteil der Alterungsrückstellung [...] mit Ausnahme des Teils, der auf die Anwartschaft zur Prämienermäßigung [...] entfällt [...] vollständig prämienmindernd anzurechnen.

Der Teil für die Anwartschaft zur Prämienermäßigung ist die in Abschn. 6.4 eingeführte Zusatz-Alterungsrückstellung. Vollständig angerechnet wird also die gezillmerte Alterungsrückstellung des Tarifs (bzw. die Summe dieser Rückstellungen für die Leistungsbereiche, die zum gleichartigen Versicherungsschutz im neuen Tarif gehören) zum Zeitpunkt des Wechsels.

Das Thema Beitragsanpassung wird im nächsten Kapitel im Detail behandelt und beruht auf § 155 VAG. Es soll hier aber bereits betont werden, dass neue Prämien aufgrund von Beitragsanpassung und Tarifwechsel grundsätzlich mit denselben Formeln behandelt werden, die wir im nächsten Abschnitt herleiten.

Die Prämiensenkung als dritte Möglichkeit einer Tarifänderung wird in Abschn. 11.4 aufgegriffen und basiert auf § 150 VAG. Man kalkuliert sie mit den Überlegungen aus Abschn. 5.8.

7.2 Alterungsrückstellung bei beliebiger Bruttoprämie

Wir wollen die Definition der prospektiven Alterungsrückstellung für dieses und das nächste Kapitel erweitern und schauen dazu auf die bisherige Notation. Die klassische Bezeichnung für die Rückstellung eines $x + m$-jährigen Versicherungsnehmers mit Eintrittsalter x lautet ${}_mV_x$. Hier sind das Eintrittsalter x und die bisherige Dauer m als getrennte Parameter ablesbar. Solange man keine Änderungen im Versicherungsvertrag zulässt, ist dies auch ausreichend, denn die benötigten Werte A_{x+m}, $\ddot{a}_{x+m}$ und P_x lassen sich aus diesen Informationen bestimmen.

Die prospektive Form ist nun deshalb von Bedeutung, da zu ihrer Berechnung nur die aktuell zu zahlende Nettoprämie und die Leistungen des gerade gültigen Tarifs benötigt werden. Die Höhe der Nettoprämien ist dabei ein Ergebnis nicht nur der aktuellen Situation, sondern auch der bisherigen Beitragsanpassungen des Vertrages; insbesondere wird diese Nettoprämie meist nichts mehr mit dem ursprünglichen P_x zu Vertragsbeginn zu tun haben. Tatsächlich ist es aber die Bruttoprämie, die im weiteren Verlauf die wesentliche Rolle spielt, auch weil sie direkt in die Zahlprämie übergeht und die Basis der Zillmerung ist. Für die Darstellung der Alterungsrückstellung wird daher v. a. die Angabe des aktuellen Alters und der aktuellen Bruttoprämie relevant sein.

Im Folgenden sei wieder ein Tarif bzw. Leistungsbereich gegeben und mit ihm die Rechnungsgrundlagen und daraus abgeleiteten Größen wie A_x, $\ddot{a}_x$ und die Neugeschäftsprämien P_x, B_x usw. Da das Eintrittsalter nun eine untergeordnete Rolle spielt, wird es bei Bedarf mit x_e bezeichnet, während x **nun für das aktuelle Alter oder das Alter bei Tarifänderung steht**. Über die weiterhin vorkommende aktuelle Brutto-Jahresprämie B des Versicherten werden allerdings keinerlei Voraussetzungen gemacht; ihre Berechnung wird im nächsten Abschnitt behandelt. Zudem seien die aktuell gültigen Kostenparameter mit γ, Δ und α (Zillmersatz) bezeichnet.

Notation: *Wir notieren die* ***allgemeine prospektive Alterungsrückstellung*** *eines Versicherungsnehmers des Alters x mit aktueller Brutto-Jahresprämie $B = 12 \cdot b$ als*

$$V_x(B) \qquad \text{bzw.} \qquad V_x(b),$$

je nachdem, ob in der jeweiligen Formel der Wert B oder b betont bzw. verwendet wird. Für die Netto-Alterungsrückstellung schreibt man bei Bedarf analog $V_x(P)$.

Alte und neue Schreibweise hängen dann wie folgt zusammen:

$${}_mV_x = V_{x+m}(P_x), \qquad {}_mV_x^Z = V_{x+m}(B_x).$$

Analog der verallgemeinerten Äquivalenzgleichung für die Netto-Alterungsrückstellung ${}_mV_x$ in (6.2) gilt unter Verwendung dieser Notation

$$V_x(B) + B \cdot \ddot{a}_x = A_x + \Delta \cdot B \cdot \ddot{a}_x + \gamma \cdot \ddot{a}_x.$$

Auf der Beitragsseite stehen der Barwert der künftigen Prämien der Höhe B für den x-jährigen Versicherungsnehmer sowie dessen bisherige Alterungsrückstellung $V_x(B)$, auf der Leistungsseite werden der Leistungsbarwert sowie die Barwerte der zu B proportionalen und die Stückkosten addiert. Dabei gehen wir davon aus, dass $x > x_e$ und somit auch keine Zillmerkosten mehr anfallen (trotzdem sehen wir gleich, dass es sich auch um eine Verallgemeinerung der Zillmer-Alterungsrückstellung handelt).

Dies führt zur Darstellung

$$V_x(B) = A_x - [(1 - \Delta) \cdot B - \gamma] \cdot \ddot{a}_x, \tag{7.1}$$

die eine Verallgemeinerung von Formel (6.5) ist; für $B = {}^{(\alpha_{x_e})}B_{x_e}$ erhält man die gezillmerte Alterungsrückstellung $V_x(B) = {}_{x-x_e}V_{x_e}^Z$. In Anlehnung an diesen Spezialfall definiert man:

Definition 7.1 (Allgemeine Zillmerprämie)
Die zu einer Brutto-Jahresprämie B gehörende allgemeine Zillmerprämie *ist definiert als*

$$P^Z(B) := (1 - \Delta) \cdot B - \gamma.$$

Man kann also auch in der allgemeinen Form

$$V_x(B) = A_x - P^Z(B) \cdot \ddot{a}_x$$

schreiben.

Für die weiteren Zwecke benötigen wir Formeln bei Änderung eines Beitrags.

Satz 7.2 (Prämiendifferenzformeln)
Es seien B und B' zwei Brutto-Jahresprämien und B_x die Neugeschäftsprämie für einen x-jährigen Versicherungsnehmer bei sonst gleichen Voraussetzungen. Dann gilt

$$\begin{aligned} V_x(B) &= V_x(B') + (B' - B) \cdot (1 - \Delta) \cdot \ddot{a}_x && (7.2)\\ &= (B_x - B) \cdot (1 - \Delta) \cdot \ddot{a}_x - \tfrac{\alpha}{12} \cdot B_x. && (7.3) \end{aligned}$$

▷ *Beweis:* Siehe Aufgabe 7.1. ■

Die meisten der im letzten Kapitel für die Alterungsrückstellung ${}_mV_{x_e}^Z$ notierten Formeln gelten auch in entsprechender Weise für $V_x(B)$:

Satz 7.3 (Rekursive und Zerlegungsformeln)

(a) *Rekursionsformel:*

$$V_{x+1}(B) = \frac{1}{v \cdot p_x}[P^Z(B) - K_x + V_x(B)].$$

(b) *Zerlegung der Zuführung zur Alterungsrückstellung:*

$$\begin{aligned} &V_{x+1}(B) - V_x(B)\\ &= (P^Z(B) - K_x) \cdot (1 + i) + i \cdot V_x(B) + (q_x + w_x) \cdot V_{x+1}(B). \end{aligned}$$

(c) *Zerlegung der Zillmer-Prämie:*

$$P^Z(B) = (v \cdot V_{x+1}(B) - V_x(B)) + K_{x+m} - v \cdot (q_x + w_x) \cdot V_{x+1}(B).$$

▷ *Beweis:* Siehe Aufgabe 7.2. ■

7.3 Prämienformel nach einer Tarifänderung

Im Folgenden betrachten wir einen einzelnen Tarif bzw. Leistungsbereich, bei dem nach einer Änderung weiterhin ein gleichartiger Versicherungsschutz besteht, so dass die bisherige Alterungsrückstellung vollständig angerechnet werden kann. Wir verwenden die folgenden Bezeichnungen und Notationen:

- Der Tarif, der verlassen wird, ist der **alte Tarif**. Sämtliche Größen, die mit diesem in Verbindung stehen, werden mit einem oberen Index a versehen.
- Der Tarif, in den gewechselt wird, ist der **neue Tarif**. Sämtliche Größen, die mit diesem in Verbindung stehen, werden mit einem oberen Index n versehen.
- Beim Wechsel fallen unter Umständen Kosten für die Umtarifierung an. Diese werden wie Zillmerkosten zum Zeitpunkt des Wechsels behandelt und durch Angabe eines Kostensatzes $\widetilde{\alpha}$ in Bezug auf die Prämiendifferenz festgelegt.
- Es ist zu unterscheiden zwischen dem Brutto-Monatsbeitrag, den der Versicherungsnehmer (individuell) zu zahlen hat (und der i. Allg. das Ergebnis vorheriger Tarifänderungen ist) und dem Brutto-Monatsbeitrag, den ein Neukunde gleichen Alters in dem Tarif zahlen müsste. Ersterer wird mit b bezeichnet, letzterer wie üblich mit b_x.

Alle vorkommenden Größen im Überblick:

x, x_e: Alter des Versicherungsnehmers bei Tarifwechsel bzw. bei Eintritt
b^a, b^n: individueller Brutto-Monatsbeitrag des Versicherungsnehmers
b_x^a, b_x^n: Brutto-Monatsbeitrag eines x-jährigen Neukunden
$V_x^a(b), V_x^n(b)$: Zillmer-Rückstellung zum Alter x mit finanzierender Prämie b
A_x^a, A_x^n: Leistungsbarwert eines x-jährigen Versicherungsnehmers
$\ddot{a}_x^a, \ddot{a}_x^n$: Beitragsbarwertfaktor eines x-jährigen Versicherungsnehmers
Δ^a, Δ^n: beitragsproportionale Zuschläge
γ^a, γ^n: Stückkosten pro Jahr
α^a, α^n: Zillmersatz
$\widetilde{\alpha}$: Kostensatz für die Umtarifierung

Wir werden die drei gängigen Formeln für die neue Brutto-Monatsprämie in den folgenden Unterabschnitten herleiten. Als motivierende Vorüberlegung soll zunächst die reine Netto-Ebene betrachtet werden. Die Rechnungsgrundlagen (die sich auch beim Tarifwechsel ändern können) sind dann die Kopfschäden und Ausscheidewahrscheinlichkeiten sowie der Rechnungszins. Die bisherige Netto-Prämie sei P^a, gesucht ist P^n. Das Äquivalenzprinzip bietet den geeigneten Ausgangspunkt für die Berechnung: Der Versicherungsnehmer bringt zum Zeitpunkt des Wechsels seine bisherige Netto-Alterungsrückstellung $V_x^a(P^a)$ aus dem alten Tarif ein sowie den Barwert seiner künftigen Prämienzahlungen $P^n \cdot \ddot{a}_x^n$. Als Gegenleistung erhält er den neuen Leistungsbarwert A_x^n:

$$P^n \cdot \ddot{a}_x^n + V_x^a(P^a) = A_x^n.$$

Daraus lässt sich bereits als Formel für P^n bestimmen

$$P^n = \frac{A_x^n - V_x^a(P^a)}{\ddot{a}_x^n}.$$

Nun gilt

$$V_x^a(P^a) = A_x^a - P^a \cdot \ddot{a}_x^a = (P_x^a - P^a) \cdot \ddot{a}_x^a$$

und damit

$$P^n = \frac{P_x^n \cdot \ddot{a}_x^n - (P_x^a - P^a) \cdot \ddot{a}_x^a}{\ddot{a}_x^n}.$$

Ändern sich z. B. nur die Kopfschäden, während Ausscheidewahrscheinlichkeiten und Zins gleich bleiben, folgt $\ddot{a}_x^a = \ddot{a}_x^n$ und daher

$$P^n = P_x^n - P_x^a + P^a. \tag{7.4}$$

Für den allgemeinen Fall der Bruttoprämien wird eine entsprechende Version des Äquivalenzprinzips verwendet:

$$12 \cdot b^n \cdot \ddot{a}_x^n + V_x^a(b^a) = A_x^n + 12 \cdot \Delta^n \cdot b^n \cdot \ddot{a}_x^n + \gamma^n \cdot \ddot{a}_x^n + \widetilde{\alpha} \cdot \max\{b^n - b^a, 0\}. \tag{7.5}$$

Diese Gleichung drückt aus, dass

- der Versicherungsnehmer den Barwert der künftigen neuen Prämien b^n und seine bisherige gezillmerte Alterungsrückstellung in den neuen Vertrag einbringt (linke Seite);
- das Krankenversicherungsunternehmen dafür den Barwert der künftigen neuen Versicherungsleistungen sowie die Zuschläge und die evtl. anfallenden Umtarifierungskosten finanziert (rechte Seite).

Zu beachten ist, dass die Umtarifierungskosten als Vielfaches des Unterschiedsbetrages $b^n - b^a$ angesetzt werden, aber nur dann, wenn die neue Prämie höher ist als die alte. Dadurch kann b^n nicht ohne Weiteres isoliert werden.

Eine erste Folgerung aus (7.5) soll bereits jetzt notiert werden. Zusammen mit (7.1), formuliert für den neuen Tarif

$$V_x^n(b^n) = A_x^n - [12(1 - \Delta^n) \cdot b^n - \gamma^n] \cdot \ddot{a}_x^n$$

ergibt sich die wichtige Beziehung[1]

$$V_x^a(b^a) = V_x^n(b^n) + \widetilde{\alpha} \cdot \max\{b^n - b^a, 0\} \tag{7.6}$$

zwischen den Prämien und Rückstellungen vor und nach Änderung.

[1] Diese ist nicht zu verwechseln mit (7.2), wo beide Prämien B und B' zum selben Tarif gehören.

7.3.1 KVAV-Verfahren

Dieses Verfahren verwendet explizit die Neugeschäftsprämien und die bisherige individuelle Prämie zur Bestimmung von b^n.

1. Wir sortieren (7.5) um zu

$$\begin{aligned} b^n &= \frac{A_x^n + \gamma^n \cdot \ddot{a}_x^n - V_x^a(b^a)}{12(1-\Delta^n)\cdot \ddot{a}_x^n} + \frac{\widetilde{\alpha}}{12(1-\Delta^n)\cdot \ddot{a}_x^n} \cdot \max\{b^n - b^a, 0\} \\ &= K_1 + K_2 \cdot \max\{b^n - A, 0\} \end{aligned}$$

   mit

$$K_1 := \frac{A_x^n + \gamma^n \cdot \ddot{a}_x^n - V_x^a(b^a)}{12(1-\Delta^n)\cdot \ddot{a}_x^n}, \qquad K_2 := \frac{\widetilde{\alpha}}{12(1-\Delta^n)\cdot \ddot{a}_x^n}, \qquad A := b^a.$$

2. Eine Überschlagsrechnung zeigt, dass $K_2 < 1$ ist: Da $\widetilde{\alpha}$ meist (wie normale Zillmersätze) nicht über 10 liegt und man annehmen kann, dass Δ^n den Wert 0,25 nicht übersteigt, ist schon $\frac{\widetilde{\alpha}}{12(1-\Delta^n)} < 1$, also erst recht $K_2 < 1$. In diesem Fall gilt (siehe Aufgabe 7.4)

$$x = K_1 + K_2 \cdot \max\{x - A, 0\} \qquad \Leftrightarrow \qquad x = \max\left\{K_1, \frac{K_1 - A\cdot K_2}{1-K_2}\right\}. \tag{7.7}$$

3. Wir wollen den Ausdruck $V_x^a(b^a)$ in den Formeln ersetzen. Nach (7.3) notiert für den alten Tarif ist

$$V_x^a(b^a) = 12(b_x^a - b^a)\cdot(1-\Delta^a)\cdot \ddot{a}_x^a - \alpha^a \cdot b_x^a.$$

   Zusammen mit (5.8) folgt

$$\begin{aligned} &A_x^n + \gamma^n \cdot \ddot{a}_x^n - V_x^a(b^a) \\ &= [12(1-\Delta^n)\cdot \ddot{a}_x^n - \alpha^n]\cdot b_x^n - 12(b_x^a - b^a)\cdot(1-\Delta^a)\cdot \ddot{a}_x^a + \alpha^a \cdot b_x^a \\ &= [12(1-\Delta^n)\cdot \ddot{a}_x^n - \alpha^n]\cdot b_x^n - [12(1-\Delta^a)\cdot \ddot{a}_x^a - \alpha^a]\cdot b_x^a + 12(1-\Delta^a)\cdot \ddot{a}_x^a \cdot b^a. \end{aligned}$$

   Setzen wir dies in K_1 ein, so erhalten wir

$$K_1 = \frac{[12(1-\Delta^n)\cdot \ddot{a}_x^n - \alpha^n]\cdot b_x^n - [12(1-\Delta^a)\cdot \ddot{a}_x^a - \alpha^a]\cdot b_x^a + 12(1-\Delta^a)\cdot \ddot{a}_x^a \cdot b^a}{12(1-\Delta^n)\cdot \ddot{a}_x^n}$$

   sowie

$$\begin{aligned} &\frac{K_1 - A\cdot K_2}{1-K_2} = \\ &\frac{[12(1-\Delta^n)\cdot \ddot{a}_x^n - \alpha^n]\cdot b_x^n - [12(1-\Delta^a)\cdot \ddot{a}_x^a - \alpha^a]\cdot b_x^a + [12(1-\Delta^a)\cdot \ddot{a}_x^a - \tilde{\alpha}]\cdot b^a}{12(1-\Delta^n)\cdot \ddot{a}_x^n - \widetilde{\alpha}}. \end{aligned}$$

Bezeichnen wir schließlich für $u \geq 0$

$$b(u) := \frac{[12(1-\Delta^n)\cdot \ddot{a}_x^n - \alpha^n]\cdot b_x^n - [12(1-\Delta^a)\cdot \ddot{a}_x^a - \alpha^a]\cdot b_x^a + [12(1-\Delta^a)\cdot \ddot{a}_x^a - u]\cdot b^a}{12(1-\Delta^n)\cdot \ddot{a}_x^n - u},$$

so gilt

$$K_1 = b(0) \qquad \text{sowie} \qquad \frac{K_1 - A\cdot K_2}{1-K_2} = b(\widetilde{\alpha})$$

und somit nach (7.7)

$$b^n = \max\{b(0), b(\widetilde{\alpha})\}.$$

Die Formel basiert auf unterschiedlichen Prämienwerten und verwendet nur indirekt den Wert der vorhandenen Alterungsrückstellung.

Die endgültige Berechnung der neuen Prämie bedarf noch einiger zusätzlicher Bemerkungen:

1. Bei der Aufstellung der Äquivalenzgleichung (7.5) wird die bisherige gezillmerte Alterungsrückstellung als Teil des Beitrags des Versicherungsnehmers gewertet. Sie kann dabei, sofern sie positiv ist, wie ein Einmalbetrag gewertet werden, der dazu führt, dass die restlichen (künftigen) Prämien entsprechend geringer ausfallen als ohne diesen Betrag (siehe auch Abschn. 5.8). Unter der Bedingung, dass bei sämtlichen Tarifänderungen die gezillmerte Alterungsrückstellung positiv ist, wird die neue Prämie immer kleiner als die entsprechende Neugeschäftsprämie des zugehörigen Alters im neuen Tarif sein, also $b^n < b_x^n$.
   Ist $V_x^a(b^a)$ allerdings negativ, wie es in der frühen Phase des Versicherungsvertrages aufgrund der Zillmerung der Fall ist, würde dieselbe Rechnung zu einem Fehlbetrag auf der Beitragsseite des Versicherungsnehmers führen, die neue Prämie dementsprechend höher ausfallen als der Neugeschäftsbeitrag des gleichen Alters, was natürlich nicht sinnvoll ist. Daher setzt man als Obergrenze

   $$\text{neue Prämie } \leq b_x^n.$$

   Daraus folgt – wenn man es jeweils rückblickend betrachtet – auch

   $$b^a \leq b_x^a. \tag{7.8}$$

   Das Gleichheitszeichen tritt bei der ersten Tarifänderung auf.

2. Eine sehr hohe Alterungsrückstellung kombiniert mit einer starken Reduktion des Versicherungsschutzes kann dazu führen, dass künftig keine oder gar negative Prämien zu zahlen sind. Wir schauen nochmals in § 13 der KVAV:

   § 13 (1) KVAV

   Bei einem Wechsel in Tarife mit gleichartigem Versicherungsschutz ist [...] der ihm kalkulatorisch zugerechnete Anteil der Alterungsrückstellung [...] vollständig prämienmindernd anzurechnen. Die Anrechnung kann so weit begrenzt werden, dass die für diesen Leistungsbereich zu zahlende anteilige Prämie diejenige zum ursprünglichen Eintrittsalter nicht unterschreitet. In diesem Fall ist der nicht gutgebrachte Teil der Alterungsrückstellung der Rückstellung zur Prämienermäßigung im Alter des Versicherten zuzuführen. [...]

   Es wird also immer eine minimale Prämie $b_{\min}$ erhoben, unabhängig vom Ergebnis der Formel (die Anmerkungen zum nicht gutgebrachten Teil der Alterungsrückstellung werden in Aufgabe 7.7 besprochen). Es ergibt sich

$$\text{neue Prämie } \geq b_{\min} \geq b^n_{x_e}.$$

Wir halten als Ergebnis fest:

Satz 7.4 (Bruttoprämie nach Tarifänderung I)
Mit den Bezeichnungen der obigen Herleitung gilt für die Brutto-Monatsprämie $\widehat{b}^n$ nach der Tarifänderung

$$\widehat{b}^n = \max\{\min\{b^n, b^n_x\}, b_{\min}\}$$

mit

$$b^n = \max\{b(0), b(\widetilde{\alpha})\}$$

und

$$b(u) = \frac{[12(1-\Delta^n)\cdot \ddot{a}^n_x - \alpha^n]\cdot b^n_x - [12(1-\Delta^a)\cdot \ddot{a}^a_x - \alpha^a]\cdot b^a_x + [12(1-\Delta^a)\cdot \ddot{a}^a_x - u]\cdot b^a}{12(1-\Delta^n)\cdot \ddot{a}^n_x - u}. \tag{7.9}$$

Die Vorgabe, nur dann Umtarifierungskosten zu erheben, wenn die neue Prämie höher als die bisherige ist, führt bei der Herleitung der Formel für b^n zu einem erhöhten Aufwand und schließlich dazu, dass zwei Werte berechnet und verglichen werden müssen. Handelt es sich um eine Beitragsanpassung, dann wird auch bei einer Erhöhung normalerweise $\widetilde{\alpha} = 0$ gesetzt. Ansonsten wäre es wünschenswert, wenn man auf schnellere Weise entscheiden könnte, welcher Wert der richtige ist. Tatsächlich kann man das Ganze unter Umständen etwas vereinfachen:

Satz 7.5 (Bruttoprämie nach Tarifänderung II)
Mit den bisherigen Bezeichnungen gilt:

$$\begin{array}{llll} (a) & b(0) < b^a & \Leftrightarrow & b(0) > b(\widetilde{\alpha}). \\ (b) & b(\widetilde{\alpha}) > b^a & \Leftrightarrow & b(\widetilde{\alpha}) > b(0). \end{array}$$

▷ *Beweis:* Wir schreiben

$$b(u) = \frac{A + (B - u) \cdot b^a}{C - u}$$

mit

$$A := [12(1 - \Delta^n) \cdot \ddot{a}_x^n - \alpha^n] \cdot b_x^n - [12(1 - \Delta^a) \cdot \ddot{a}_x^a - \alpha^a] \cdot b_x^a$$

sowie

$$B := 12(1 - \Delta^a) \cdot \ddot{a}_x^a \qquad \text{und} \qquad C := 12(1 - \Delta^n) \cdot \ddot{a}_x^n.$$

Für die üblichen Werte der Parameter gilt $C > \widetilde{\alpha} \geq 0$ und es folgt

$$b(0) < b^a \quad \Leftrightarrow \quad \frac{A + B \cdot b^a}{C} < b^a \quad \Leftrightarrow \quad A < (C - B) \cdot b^a.$$

Andererseits ist

$$\begin{array}{rrcl} & b(0) & > & b(\widetilde{\alpha}) \\ \Leftrightarrow & \dfrac{A + B \cdot b^a}{C} & > & \dfrac{A + (B - \widetilde{\alpha}) \cdot b^a}{C - \widetilde{\alpha}} \\ \Leftrightarrow & \widetilde{\alpha} \cdot A + \widetilde{\alpha} \cdot B \cdot b^a & < & \widetilde{\alpha} \cdot C \cdot b^a \\ \Leftrightarrow & A & < & (C - B) \cdot b^a. \end{array}$$

Es folgt

$$b(0) < b^a \quad \Leftrightarrow \quad b(0) > b(\widetilde{\alpha})$$

und das beweist Teil (a). Teil (b) folgt analog. ■

Erwartet man also, dass die Änderungen die Prämie senken, dann bestimmt man $b(0)$, ansonsten $b(\widetilde{\alpha})$, und vergleicht den Wert mit b^a. Bestätigt der Vergleich die Vermutung, hat man nach Satz 7.5 bereits den richtigen Wert für b^n.

Als möglicher Anhaltspunkt dafür, ob man mit einer steigenden oder fallenden Prämie rechnen kann, dient ein Vergleich der Neugeschäftsprämien b_x^a und b_x^n. In einfachen Fällen ist dies tatsächlich ausreichend, wie durch eine detaillierte Prüfung der Formel für b^n aus Satz 7.4 nun erkennbar wird. Es wird je eine der Rechnungsgrundlagen variiert, während alle anderen unverändert bleiben (wobei der Übersichtlichkeit halber für diese dann auch die oberen Indices a und n entfallen).

Für die Analyse ist eine alternative Darstellung hilfreich. Mit Hilfe der Formel (5.8) kann man $b(u)$ auch wie folgt schreiben:

$$b(u) = \frac{(A_x^n + \gamma^n \cdot \ddot{a}_x^n) - (A_x^a + \gamma^a \cdot \ddot{a}_x^a) + [12(1-\Delta^a) \cdot \ddot{a}_x^a - u] \cdot b^a}{12(1-\Delta^n) \cdot \ddot{a}_x^n - u}. \tag{7.10}$$

Für die üblichen Werte von u sowie der beteiligten Parameter gilt $12(1-\Delta) \cdot \ddot{a}_x - u > 0$, was im Weiteren kommentarlos verwendet wird.

Änderung der Kopfschäden

Dies macht sich nur bei den Neugeschäftsprämien bemerkbar; man erhält aus (7.9)

$$\begin{aligned} b(u) &= \frac{[12(1-\Delta) \cdot \ddot{a}_x - \alpha] \cdot b_x^n - [12(1-\Delta) \cdot \ddot{a}_x - \alpha] \cdot b_x^a + [12(1-\Delta) \cdot \ddot{a}_x - u] \cdot b^a}{12(1-\Delta) \cdot \ddot{a}_x - u} \\ &= \frac{12(1-\Delta) \cdot \ddot{a}_x - \alpha}{12(1-\Delta) \cdot \ddot{a}_x - u} \cdot (b_x^n - b_x^a) + b^a. \end{aligned}$$

Ist $b_x^n > b_x^a$, wie es bei steigenden Kopfschäden der Fall ist (siehe Satz 5.10(a)), so ist $b(0) < b(\widetilde{\alpha})$, so dass

$$b^n = b(\widetilde{\alpha}) = \frac{12(1-\Delta) \cdot \ddot{a}_x - \alpha}{12(1-\Delta) \cdot \ddot{a}_x - \widetilde{\alpha}} \cdot (b_x^n - b_x^a) + b^a > b^a.$$

Ist dagegen $b_x^n < b_x^a$, so ist $b(0) > b(\widetilde{\alpha})$ und damit

$$b^n = b(0) = \frac{12(1-\Delta) \cdot \ddot{a}_x - \alpha}{12(1-\Delta) \cdot \ddot{a}_x} \cdot (b_x^n - b_x^a) + b^a < b^a.$$

Änderung der Ausscheidewahrscheinlichkeiten

Dies betrifft direkt die Werte $\ddot{a}_x$ und A_x, indirekt damit auch die Neugeschäftsprämien, wir verwenden (7.9):

$$\begin{aligned} &b(u) \\ &= \frac{\{[12(1-\Delta) \cdot \ddot{a}_x^n - \alpha] \cdot b_x^n - [12(1-\Delta) \cdot \ddot{a}_x^a - \alpha] \cdot b_x^a\} + [12(1-\Delta) \cdot \ddot{a}_x^a - u] \cdot b^a}{12(1-\Delta) \cdot \ddot{a}_x^n - u} \\ &=: \frac{A + (B-u) \cdot b^a}{C-u}. \end{aligned}$$

Es gilt

$$\frac{\mathrm{d}}{\mathrm{d}u} b(u) = \frac{A + (B-C) \cdot b^a}{(C-u)^2}.$$

Wir wollen das Vorzeichen des Zählers von $\frac{\mathrm{d}}{\mathrm{d}u}\, b(u)$ prüfen. Zunächst seien die Ausscheidewahrscheinlichkeiten gefallen. Dann gilt wegen Satz 4.7(b) sowie Satz 5.10(b) und den daran anschließenden Bemerkungen

$$\ddot{a}_x^n > \ddot{a}_x^a \qquad \text{sowie} \qquad b_x^n > b_x^a.$$

Damit ist

$$\begin{aligned} A &= [12(1-\Delta)\cdot\ddot{a}_x^n - \alpha]\cdot b_x^n - [12(1-\Delta)\cdot\ddot{a}_x^a - \alpha]\cdot b_x^a \\ &> [12(1-\Delta)\cdot\ddot{a}_x^n - \alpha]\cdot b_x^a - [12(1-\Delta)\cdot\ddot{a}_x^a - \alpha]\cdot b_x^a \\ &= 12(1-\Delta)\cdot(\ddot{a}_x^n - \ddot{a}_x^a)\cdot b_x^a. \end{aligned}$$

Da wir nach (7.8) auch $b^a \leq b_x^a$ annehmen können, folgt daraus

$$A > 12(1-\Delta)\cdot(\ddot{a}_x^n - \ddot{a}_x^a)\cdot b^a = (C-B)\cdot b^a,$$

und somit ist der Zähler von $\frac{\mathrm{d}}{\mathrm{d}u}\, b(u)$ positiv. Der neue Beitrag lautet

$$\begin{aligned} b^n &= b(\widetilde{\alpha}) \\ &= \frac{[12(1-\Delta)\cdot\ddot{a}_x^n - \alpha]\cdot b_x^n - [12(1-\Delta)\cdot\ddot{a}_x^a - \alpha]\cdot b_x^a + [12(1-\Delta)\cdot\ddot{a}_x^a - \widetilde{\alpha}]\cdot b^a}{12(1-\Delta)\cdot\ddot{a}_x^n - \widetilde{\alpha}}. \end{aligned}$$

Es ist leicht zu sehen, dass $b(\widetilde{\alpha}) > b^a$ (siehe Aufgabe 7.3). Eine völlig analoge Überlegung ergibt im Fall steigender Ausscheidewahrscheinlichkeiten

$$b^n = b(0) = b_x^n - \frac{\ddot{a}_x^a}{\ddot{a}_x^n}\cdot(b_x^a - b^a) + \frac{\alpha\cdot(b_x^a - b_x^n)}{12(1-\Delta)\cdot\ddot{a}_x^n}.$$

Auch hier zeigt man leicht $b(0) < b^a$.

Änderung des Rechnungszinses
Dies lässt sich fast wortwörtlich wie die Änderung der Ausscheidewahrscheinlichkeiten behandeln. Statt der Sätze 4.7(b) sowie 5.10(b) sind allerdings die Sätze 4.7(a) sowie 5.11 zu verwenden.

Änderung der proportionalen Zuschläge
Hier sind der Wert Δ und indirekt die Bruttoprämien betroffen. Wir verwenden Formel (7.10) und erhalten:

$$\begin{aligned} b(u) &= \frac{(A_x + \gamma\cdot\ddot{a}_x) - (A_x + \gamma\cdot\ddot{a}_x) + [12(1-\Delta^a)\cdot\ddot{a}_x - u]\cdot b^a}{12(1-\Delta^n)\cdot\ddot{a}_x - u} \\ &= \frac{12(1-\Delta^a)\cdot\ddot{a}_x - u}{12(1-\Delta^n)\cdot\ddot{a}_x - u}\cdot b^a. \end{aligned}$$

Nun ist

$$\frac{\mathrm{d}}{\mathrm{d}u} b(u) = \frac{12(\Delta^n - \Delta^a) \cdot \ddot{a}_x}{(12(1-\Delta^n) \cdot \ddot{a}_x - u)^2} \cdot b^a.$$

Im Fall $\Delta^n > \Delta^a$ ist also $\frac{\mathrm{d}}{\mathrm{d}u} b(u) > 0$ und $b(u)$ somit streng monoton wachsend. Es folgt

$$b^n = b(\widetilde{\alpha}) = \frac{12(1-\Delta^a) \cdot \ddot{a}_x - \widetilde{\alpha}}{12(1-\Delta^n) \cdot \ddot{a}_x - \widetilde{\alpha}} \cdot b^a > b^a.$$

Im Fall $\Delta^n < \Delta^a$ ist $\frac{\mathrm{d}}{\mathrm{d}u} b(u) < 0$ und $b(u)$ somit streng monoton fallend, daher

$$b^n = b(0) = \frac{1-\Delta^a}{1-\Delta^n} \cdot b^a < b^a.$$

Änderung der Stückkosten
Auch hier ist Formel (7.10) angebracht:

$$\begin{aligned} b(u) &= \frac{(A_x + \gamma^n \cdot \ddot{a}_x) - (A_x + \gamma^a \cdot \ddot{a}_x) + [12(1-\Delta) \cdot \ddot{a}_x - u] \cdot b^a}{12(1-\Delta) \cdot \ddot{a}_x - u} \\ &= \frac{(\gamma^n - \gamma^a) \cdot \ddot{a}_x}{12(1-\Delta) \cdot \ddot{a}_x - u} \cdot b^a + b^a. \end{aligned}$$

Ist $\gamma^n > \gamma^a$, so ist offensichtlich $b(0) < b(\widetilde{\alpha})$, so dass

$$b^n = b(\widetilde{\alpha}) = \frac{(\gamma^n - \gamma^a) \cdot \ddot{a}_x}{12(1-\Delta) \cdot \ddot{a}_x - \widetilde{\alpha}} \cdot b^a + b^a > b^a.$$

Ist dagegen $\gamma^n < \gamma^a$, so ist $b(0) > b(\widetilde{\alpha})$ und somit

$$b^n = b(0) = \frac{\gamma^n - \gamma^a}{12(1-\Delta)} \cdot b^a + b^a < b^a.$$

Ziehen wir ein Fazit, so hat sich in allen vorgestellten Fällen Folgendes ergeben:

- Bewirkt die Tarifänderung eine Erhöhung des Neugeschäftsbeitrags (also $b_x^n > b_x^a$), dann ist $b(\widetilde{\alpha}) > b^a$ und daher nach Satz 7.5 $b^n = b(\widetilde{\alpha})$.
- Bewirkt die Tarifänderung eine Senkung des Neugeschäftsbeitrags (also $b_x^n < b_x^a$), dann ist $b(0) < b^a$ und daher nach Satz 7.5 $b^n = b(0)$.

Allerdings werden bei realen Tarifänderungen bzw. -anpassungen i. Allg. gleich mehrere der Rechnungsgrundlagen zugleich geändert. Dabei müssen diese Zusammenhänge nicht mehr gelten, wie am Ende von Abschn. 7.5 gezeigt wird. In solchen Fällen ist unter Umständen eine zweite Prämienberechnung erforderlich.

Vorgehensweise in der Praxis
In der Praxis werden diese Bedenken häufig übergangen. Als Umtarifierungssatz wird je nach Situation Null oder $\widetilde{\alpha}$ in $b(u)$ eingesetzt und diese Prämie dann ohne weitere Prüfung verwendet. Dies ist tatsächlich ein konsistentes Vorgehen: Startet man statt mit (7.5) gleich mit der vereinfachten Äquivalenzgleichung

$$12 \cdot b^n \cdot \ddot{a}_x^n + V_x^a(b^a) = A_x^n + 12 \cdot \Delta^n \cdot b^n \cdot \ddot{a}_x^n + \gamma^n \cdot \ddot{a}_x^n + \alpha' \cdot (b^n - b^a),$$

wobei α' den verwendeten Umtarifierungssatz bezeichnet, so erhält man immer (siehe Aufgabe 7.5)

$$b^n = b(\alpha').$$

In Anlage 1, Abschnitt B (Prämienberechnung bei Prämienanpassungen und Umstufungen) der KVAV ist dies auch so festgehalten:

Anlage 1, Abschnitt B KVAV

Die Rechnungsgrundlagen, die vor dem Zeitpunkt der Prämienanpassung gegolten haben, werden mit einem hochgestellten „a“ gekennzeichnet.

α_x'' = *einmalige Sanierungs- oder unmittelbare Abschlusskosten, gemessen im Mehrfachen der Differenz zwischen neuer und alter Jahresprämie des bereits Versicherten*
u = *erreichtes Alter zum Zeitpunkt der Prämienanpassung*
B = *bisher gezahlte Prämie*

Jährliche Bruttoprämie eines u-jährigen Versicherten nach der Prämienanpassung:

$$B_u^{a/n} = g_u \cdot [(f_u - \alpha_u) \cdot B_u - (f_u^a - \alpha_u^a) \cdot B_u^a + (f_u^a - \alpha_u'') \cdot B^a]$$

mit

$$\begin{aligned} g_u &= [a_u \cdot (1 - \Delta) - \alpha_u'']^{-1} \\ f_u^a &= a_u^a \cdot (1 - \Delta^a) \\ f_u &= a_u \cdot (1 - \Delta) \end{aligned}$$

Der Ausdruck für $B_u^{a/n}$ ändert sich entsprechend, wenn

- *[...]*
- *die einmaligen Sanierungskosten in anderer Weise eingerechnet werden,*
- *die unmittelbaren Abschlusskosten bei Umstufung in anderer Weise eingerechnet werden [...]*

[...]

Die Umstufungskosten werden hier auch als Sanierungskosten bezeichnet. Die angegebene Formel ist derart, dass der Anwender schon gleich den richtigen Wert für α''_u (entweder Null oder $\widetilde{\alpha}$) einsetzen muss um die korrekte Neuprämie zu erhalten.

7.3.2 Zuschlags-Verfahren

In der Praxis wird meist nicht das KVAV-Verfahren verwendet, sondern das Zu- oder Abschlagsverfahren. Um die Rechnungen übersichtlicher zu halten und weil wir die Problematik bereits im letzten Unterabschnitt detaillierter besprochen haben, wollen wir nun die Umtarifierungskosten in der einfacheren Form $\alpha' \cdot (b^n - b^a)$ berücksichtigen, wobei α' entweder Null oder $\widetilde{\alpha}$ gesetzt wird.

Das Zuschlagsverfahren stellt die neue Prämie dar als die Neugeschäftsprämie zum bisherigen Eintrittsalter x_e plus einem Wert für die Differenz im Aufbau der Alterungsrückstellung bis zum aktuellen Zeitpunkt (ein Zuschlag, wenn die Änderung eine Erhöhung ist), also

$$b^n = b^n_{x_e} + \mathrm{TZ}^n.$$

Die Prämien ergeben sich also durch jeweilige Addition eines **technischen Zuschlags** TZ^n auf die Neugeschäftsprämie $b^n_{x_e}$, der sich formelmäßig aus dem Zuschlag TZ^a der vorhergehenden Tarifänderung ergibt. Pro Versicherungsnehmer sind also jeweils nur die aktuellen technischen Zuschläge zu speichern.

Wir setzen bei (7.6) auf, wonach

$$V^a_x(b^a) = V^n_x(b^n) + \alpha' \cdot (b^n - b^a).$$

Verknüpfen wir diese mit der Prämiendifferenzformel (7.3), formuliert für den neuen Tarif

$$V^n_x(b^n) = V^n_x(b^n_{x_e}) + 12(1 - \Delta^n) \cdot (b^n_{x_e} - b^n) \cdot \ddot{a}^n_x,$$

ergibt sich

$$\begin{aligned} V^a_x(b^a) &= V^n_x(b^n_{x_e}) + 12(1 - \Delta^n) \cdot (b^n_{x_e} - b^n) \cdot \ddot{a}^n_x + \alpha' \cdot (b^n - b^a) \\ &= V^n_x(b^n_{x_e}) + (b^n_{x_e} - b^n) \cdot [12(1 - \Delta^n) \cdot \ddot{a}^n_x - \alpha'] + \alpha' \cdot (b^n_{x_e} - b^a). \end{aligned}$$

Daraus lässt sich b^n eliminieren:

$$b^n = b^n_{x_e} + \frac{V^n_x(b^n_{x_e}) - V^a_x(b^a) + \alpha' \cdot (b^n_{x_e} - b^a)}{12(1 - \Delta^n) \cdot \ddot{a}^n_x - \alpha'}.$$

Nun bauen wir darin die Prämiendifferenzformel (7.3) ein, formuliert für den alten Tarif

$$V^a_x(b^a) = V^a_x(b^a_{x_e}) + 12(1 - \Delta^a) \cdot (b^a_{x_e} - b^a) \cdot \ddot{a}^a_x,$$

und erhalten

$$\begin{aligned} b^n &= b^n_{x_e} + \frac{V^n_x(b^n_{x_e}) - V^a_x(b^a_{x_e}) - 12(1-\Delta^a)\cdot(b^a_{x_e} - b^a)\cdot \ddot{a}^a_x + \alpha'\cdot(b^n_{x_e} - b^a)}{12(1-\Delta^n)\cdot \ddot{a}^n_x - \alpha'} \\ &= b^n_{x_e} + \frac{V^n_x(b^n_{x_e}) - V^a_x(b^a_{x_e}) + \alpha'\cdot(b^n_{x_e} - b^a_{x_e})}{12(1-\Delta^n)\cdot \ddot{a}^n_x - \alpha'} + \frac{12(1-\Delta^a)\cdot \ddot{a}^a_x - \alpha'}{12(1-\Delta^n)\cdot \ddot{a}^n_x - \alpha'}\cdot(b^a - b^a_{x_e}). \end{aligned}$$

Bezeichnet man

$$G_{x_e/x} := \frac{V^n_x(b^n_{x_e}) - V^a_x(b^a_{x_e}) + \alpha'\cdot(b^n_{x_e} - b^a_{x_e})}{12(1-\Delta^n)\cdot \ddot{a}^n_x - \alpha'},$$

dann lässt sich die neue Prämie schreiben als

$$b^n = b^n_{x_e} + G_{x_e/x} + \frac{12(1-\Delta^a)\cdot \ddot{a}^a_x - \alpha'}{12(1-\Delta^n)\cdot \ddot{a}^n_x - \alpha'}\cdot \mathrm{TZ}^a.$$

Neben den allgmeinen Parametern des neuen Tarifs, Neugeschäftsprämien und Altersrückstellungen für Neugeschäftskunden müssen für den einzelnen Versicherungsnehmer nur die technischen Zuschläge bestimmt werden, die sich rekursiv ergeben als

$$\mathrm{TZ}^n = G_{x_e/x} + \frac{12(1-\Delta^a)\cdot \ddot{a}^a_x - \alpha'}{12(1-\Delta^n)\cdot \ddot{a}^n_x - \alpha'}\cdot \mathrm{TZ}^a$$

und dem Startwert $\mathrm{TZ}^{(0)} := 0$ (für die erste Änderung).

7.3.3 Abschlags-Verfahren

Das Abschlagsverfahren stellt die neue Prämie dar als die Neugeschäftsprämie zum Alter bei Wechsel x abzüglich eines Terms für die Differenz im Aufbau der Alterungsrückstellung bis zum aktuellen Zeitpunkt (ein Nachlass, wenn es sich um eine Erhöhung handelt), also

$$b^n = b^n_x - \mathrm{TA}^n.$$

Die Prämien ergeben sich also durch jeweilige Subtraktion eines **technischen Abschlags** TA^n auf die Neugeschäftsprämie b^n_x, der sich formelmäßig aus dem Abschlag TA^a der vorhergehenden Tarifänderung ergibt. Pro Versicherungsnehmer sind also jeweils nur die aktuellen technischen Abschläge zu speichern.

Die Herleitung geschieht analog zum Zuschlags-Verfahren und ist dem Leser als Aufgabe 7.8 überlassen. Definiert man

$$H_{x_e/x} := \frac{V^a_x(b^a_{x_e}) + \alpha^n\cdot b^n_x - \alpha'\cdot(b^n_x - b^a_{x_e})}{12(1-\Delta^n)\cdot \ddot{a}^n_x - \alpha'},$$

dann lässt sich die neue Prämie schreiben als

$$b^n = b_x^n - H_{x_e/x} - \frac{12(1-\Delta^a)\cdot \ddot{a}_x^a - \alpha'}{12(1-\Delta^n)\cdot \ddot{a}_x^n - \alpha'} \cdot \mathrm{TA}^a.$$

Neben den allgmeinen Parametern des neuen Tarifs, Neugeschäftsprämien und Altersrückstellungen für Neugeschäftskunden müssen für den einzelnen Versicherungsnehmer nur die technischen Abschläge bestimmt werden, die sich rekursiv ergeben als

$$\mathrm{TA}^n = H_{x_e/x} + \frac{12(1-\Delta^a)\cdot \ddot{a}_x^a - \alpha'}{12(1-\Delta^n)\cdot \ddot{a}_x^n - \alpha'} \cdot \mathrm{TA}^a$$

und dem Startwert $\mathrm{TA}^{(0)} := 0$ (für die erste Änderung).

7.4 Alterungsrückstellung nach einer Tarifänderung

Alle vorgestellten Prämienformeln liefern als Ergebnis die Brutto-Monatsprämie b^n nach der Änderung. Die Vorteile des Zu- bzw. Abschlagsverfahrens liegen in der weiteren Bestimmung der Alterungsrückstellung nach der Tarifänderung. Diese kann auf Basis der Formel (7.2)

$$V_x(B) = V_x(B') + (B' - B)\cdot(1-\Delta)\cdot \ddot{a}_x$$

für zwei Brutto-Jahresprämien B, B' innerhalb eines Tarifs analog zur Prämienberechnung durchgeführt werden. Im Folgenden sei x das aktuelle Alter, wobei die Änderungen, die zum aktuellen Tarif führten, auch schon länger zurückliegen kann.

- Es seien $B = B^n$ die neue Brutto-Jahresprämie und $B' = B_{x_e}$ die Brutto-Jahresprämie für das Neugeschäft des neuen Tarifs zum ursprünglichen Eintrittsalter des Versicherungsnehmers. Der technische Zuschlag $\mathrm{TZ} = \frac{1}{12}(B - B') = \frac{1}{12}(B^n - B_{x_e})$ wurde beim Zuschlagsverfahren zur Ermittlung von B^n verwendet. Für die neue Alterungsrückstellung ergibt sich daher

$$V_x^n(B^n) = V_x^n(B_{x_e}^n) + 12\cdot \mathrm{TZ}\cdot(1-\Delta^n)\cdot \ddot{a}_x^n.$$

- Nun seien $B = B^n$ die neue Brutto-Jahresprämie und $B' = B_{x_a}^n$ die Brutto-Jahresprämie für das Neugeschäft des neuen Tarifs zum Alter x_a bei Beginn der gerade gültigen Rechnungsgrundlagen des Versicherungsvertrages (also das Alter bei Neuberechnung von B^n). Der technische Abschlag $\mathrm{TA} = \frac{1}{12}(B' - B) = \frac{1}{12}(B_{x_a}^n - B^n)$ wurde beim Abschlagsverfahren zur Ermittlung von B^n verwendet. Für die neue Alterungsrückstellung ergibt sich daher

$$V_x^n(B^n) = V_x^n(B_{x_a}^n) + 12\cdot \mathrm{TA}\cdot(1-\Delta^n)\cdot \ddot{a}_x^n.$$

Diese Formeln haben den datentechnischen Vorteil, dass die Größen TZ bzw. TA, die im entsprechenden Verfahren bereits bei der Prämienberechnung ermittelt werden und zur neuen Prämie führen auch für die Weiterführung der Rückstellungsberechnung Anwendung finden. Neben diesen Größen muss also individuell pro Versicherungsnehmer nur noch das ursprüngliche Eintrittsalter bzw. das Alter bei der letzten Änderung gespeichert werden. Die weiteren Größen der obigen Formeln sind vom Versicherungsnehmer unabhängige allgemeine tarifliche Werte.

7.5 Numerische Beispiele

Es werden verwendet (siehe auch Beispiel 5.4)

- die PKV-Sterbetafel 2016,
- die BaFin-Stornotafel 2014, normale Männer,
- die Kopfschadenreihe 2014 Ambulanttarif mit 0–100 € Selbstbehalt, Männer,
- den Rechnungszins $i = 3{,}5\,\%$,
- die Zuschläge $\Delta^a = 6{,}2\,\%$, $\gamma^a = 500\,€$ sowie $\alpha^a = 5$,
- die Umtarifierungskosten $\widetilde{\alpha} = 4$.

Für einen 30-jährigen Neukunden berechneten wir in Beispiel 5.4 die Brutto-Monatsprämie zu

$$b_{30} = b_{30}^a = b^a = 174{,}75\,€.$$

Desweiteren war

$$P_{30} = 1396\,€, \qquad A_{30} = 17.222\,€, \qquad \ddot{a}_{30} = 12{,}3.$$

1. Nach einer Erhöhung des Grundkopfschadens G um $10\,\%$ zu den angegebenen Altern x ergeben sich die folgenden neuen Brutto-Monatsprämien b^n (in €) und die prozentuale Steigerung $s = (b^n - b^a)/b^a$ gegenüber b^a:

x	40	50	60	70	80	90
b^n	193,45	201,17	211,06	222,02	232,49	243,52
s	10,7 %	15,1 %	20,8 %	27 %	33 %	39,4 %

Die neue Prämie ist deutlich abhängig vom Alter bei Tarifänderung, und zwar steigt sie mit diesem an. Zudem ist die relative Änderung höher als die des Grundkopfschadens. Dieses auch *versicherungsmathematisches Altenproblem* genannte Phänomen werden wir in Abschn. 8.6 nochmals ansprechen. In Abb. 7.1 wird die relative Änderung der Prämie in Abhängigkeit vom Alter bei Tarifänderung grafisch dargestellt, wobei die Steigerung des Grundkopfschadens jeweils $10\,\%$, $20\,\%$ und $30\,\%$ beträgt.

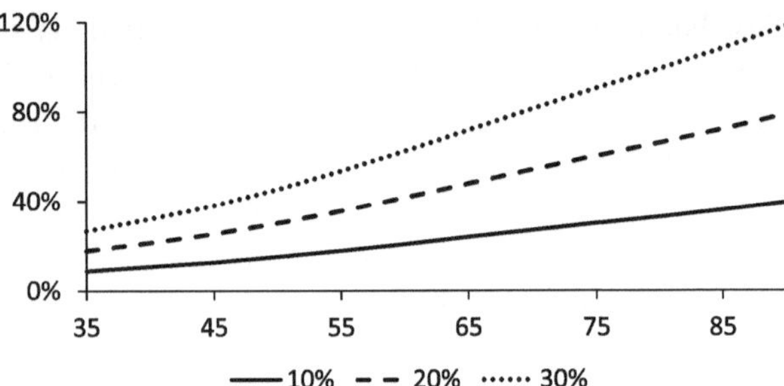

Abb. 7.1 Die Steigerungsrate der neuen Prämie b^n in Abhängigkeit vom Alter bei Anstieg des Grundkopfschadens, für drei Steigerungsfaktoren von G

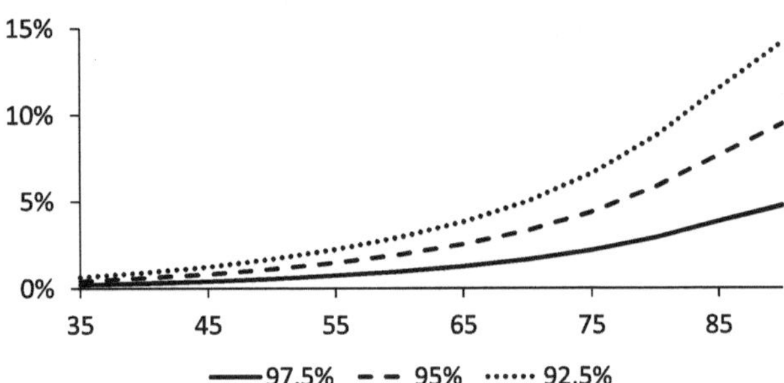

Abb. 7.2 Die Steigerungsrate der neuen Prämie b^n in Abhängigkeit vom Alter bei Absinken der Sterblichkeit, für drei Abminderungsfaktoren

2. Nun werde angenommen, dass die Sterbewahrscheinlichkeiten um 5 % sinken. Der Effekt ist geringer als bei einer Änderung der Kopfschäden:

x	40	50	60	70	80	90
b^n	175,78	176,69	178,13	180,52	184,93	191,30
s	0,6 %	1,1 %	1,9 %	3,3 %	5,8 %	9,5 %

In Abb. 7.2 wird die relative Änderung der Prämie in Abhängigkeit vom Alter bei Änderung dargestellt, wobei die Sterbewahrscheinlichkeiten auf jeweils 97,5, 95 und 92,5 % der ursprünglichen Werte sinken.

3. Eine Änderung der Stückkosten bewirkt nur bei einer Erhöhung eine vom Alter bei Änderung abhängige neue Prämie, wobei diese Altersabhängigkeit sehr gering ist. Hebt man γ auf 600 € an, so ergibt sich

x	40	50	60	70	80	90
b^n	183,84	183,84	183,84	183,90	184,03	184,40
s	5,2 %	5,2 %	5,2 %	5,2 %	5,3 %	5,5 %

4. Auch bei den proportionalen Zuschlägen ist nur bei einer Erhöhung ein Alterseffekt zu beobachten. Wächst Δ auf 10 % an, so ergibt sich

x	40	50	60	70	80	90
b^n	190,55	190,54	190,55	190,65	190,91	191,61
s	9,0 %	9,0 %	9,0 %	9,1 %	9,2 %	9,6 %

5. Wir setzen $x = 45$ sowie

$$\Delta^n = 10{,}2\,\% \qquad \text{und} \qquad A_x^n = 0{,}95 \cdot A_x^a.$$

Letzteres kann etwa durch eine Senkung des Grundkopfschadens auf 95 % des bisherigen Wertes geschehen. Die Steigerung der proportionalen Kosten lässt die Prämie steigen, die Senkung der Kopfschäden aber sinken. Die Neugeschäftsprämien im alten und neuen Tarif lauten

$$b_{45}^a = 269{,}33\,€ \qquad \text{bzw.} \qquad b_{45}^n = 270{,}00\,€,$$

also ist $b_{45}^n > b_{45}^a$. Allerdings ist

$$b(0) = 171{,}18\,€ \qquad \text{und} \qquad b(\widetilde{\alpha}) = 171{,}10\,€,$$

so dass $b^n = b(0)$. An diesem Beispiel erkennt man, dass bei gleichzeitiger Änderung mehrerer Parameter eine höhere Neugeschäftsprämie alleine noch nicht bedeutet, dass auch $b(\widetilde{\alpha}) > b^a$ sein muss bzw. $b^n = b(\widetilde{\alpha})$ ist. Der Effekt ist in diesem Beispiel allerdings sehr gering.

7.6 Aufgaben

A. 7.1
Beweisen Sie die Formeln aus Satz 7.2.

A. 7.2
Beweisen Sie Satz 7.3.

A. 7.3
Zeigen Sie, dass bei fallenden Ausscheidewahrscheinlichkeiten (alle anderen Rechnungsgrundlagen bleiben unverändert) $b(\widetilde{\alpha}) > b^a$ gilt.

A. 7.4
Bestimmen Sie die Lösungsmenge L der Gleichung $x = K_1 + K_2 \cdot [x - A]^+$ für $K_1, K_2, A \in \mathbb{R}$. Führen Sie eine Fallunterscheidung bez. K_2 durch.

A. 7.5
Zeigen Sie: Aus der Äquivalenzgleichung

$$12b^n \cdot \ddot{a}_x^n + V_x^a(b^a) = A_x^n + 12\Delta^n \cdot b^n \cdot \ddot{a}_x^n + \gamma^n \cdot \ddot{a}_x^n + \alpha' \cdot (b^n - b^a),$$

folgt

$$b^n = b(\alpha')$$

mit $b(u)$ wie in (7.9).

A. 7.6
Leiten Sie folgende Darstellung der retrospektiven Form der Alterungsrückstellung her:

$$V_{x+m}(B) = \frac{D_x}{D_{x+m}} \cdot V_x(B) + \frac{1}{D_{x+m}} \cdot \sum_{t=0}^{m-1} D_{x+t} \cdot (P^Z(B) - K_{x+t}).$$

A. 7.7
Der neue Beitrag b^n nach einem Tarifwechsel darf einen gewissen Mindestbeitrag $b_{\min}$ nicht unterschreiten. Wenn die Formel für den neuen Beitrag nach Tarifwechsel einen kleineren Wert als $b_{\min}$ ausgibt, liegt das an einer zu hohen Alterungsrückstellung, so dass diese nicht vollständig angerechnet wird, sondern nur soviel, dass der neue Beitrag gerade $b_{\min}$ beträgt. Der nicht verbrauchte Teil der Alterungsrückstellung wird dann der Zusatz-Alterungsrückstellung zugeführt. Bestimmen Sie diesen Rest.

A. 7.8
Zeigen Sie, dass sich die neue Prämie b^n im Abschlagsverfahren als

$$b^n = b_x^n - H_{x_e/x} - \frac{12(1-\Delta^a) \cdot \ddot{a}_x^a - \widetilde{\alpha}}{12(1-\Delta^n) \cdot \ddot{a}_x^n - \widetilde{\alpha}} \cdot \mathrm{TA}^a.$$

schreiben lässt mit

$$H_{x_e/x} := \frac{V_x^a(b_{x_e}^a) + \alpha^n \cdot b_x^n - \widetilde{\alpha} \cdot (b_x^n - b_{x_e}^a)}{12(1-\Delta^n) \cdot \ddot{a}_x^n - \widetilde{\alpha}}.$$

A. 7.9
Nach einer Beitragsumstellung im Alter x ergebe sich die neue Prämie b^n zu

$$b^n = b_x^n - \frac{1-\Delta^a}{1-\Delta^n} \cdot (b_x^a - b^a).$$

Welche möglichen Änderungen in den Kalkulationsgrundlagen führen zu diesem Ergebnis?

A. 7.10
Wir betrachten den Tarifbaustein Krankentagegeld. Bestimmen Sie eine Formel für die neue Prämie b^n (basierend auf dem bisherigen Beitrag b^a), wenn der Tagegeldsatz von s auf $s + \Delta s$ erhöht wird (und alles andere unverändert bleibt). Es gelte zudem $\widetilde{\alpha} = \alpha^a$.

Hinweis: Bezeichnen Sie mit $\widehat{b}_x$ die Neugeschäftsprämie eines x-Jährigen für einen Tagegeldsatz von 1 €. Dann ist $s \cdot \widehat{b}_x$ die Prämie für den Satz der Höhe s.

A. 7.11 (DAV 2000/2)
Im Alter von 32 Jahren schließt eine Angestellte im öffentlichen Dienst eine private Vollversicherung nach Tarif A ab. 33-jährig wird sie in das Beamtenverhältnis berufen. Sie erhält damit im Krankheitsfall Beihilfe, so dass sich ihr Versicherungsbedarf auf 50 % der Aufwendungen für Heilbehandlungen reduziert. Sie stellt daher in Tarif B um.

(a) Berechnen Sie den Beitrag nach Tarifumstellung in Tarif B. Kosten für die Umstellung werden nicht angesetzt.
(b) Vergleichen Sie den Umstellungsbeitrag nach (a) mit dem Neuzugangsbeitrag des Alters 33 in Tarif B. Welchen Beitrag würden Sie tatsächlich erheben? Wie begründen Sie Ihre Entscheidung?
(c) Weshalb liegt der Umstellungsbeitrag nach Aufgabe (a) über dem Neuzugangsbeitrag im Alter 33?

Zahlenangaben:
Tarif A

x	b_x	$\ddot{a}_x$	α	σ	Ω	γ
32	498,92	10,3841	6	0,05	0,001	1031
33	506,30	10,7851				

Tarif B

x	b_x	$\ddot{a}_x$	α	σ	Ω	γ
32	182,83	18,0718	6	0,05	0	329,5
33	185,39	18,6773				

A. 7.12 (DAV 2003/3)
Bei der Nachkalkulation der Frauenbeiträge in einem Tarif sind neben höheren Kopfschäden auch größere Leibrentenbarwerte[2] anzusetzen, da eine aktuellere Sterbetafel eingerechnet wird. Die übrigen Rechnungsgrundlagen bleiben unverändert.

Zeigen Sie: Innerhalb eines festen erreichten Alters fällt die Beitragsanpassung sowohl relativ gesehen als auch absolut gesehen um so kräftiger aus, je niedriger der bisherige individuelle Beitrag ist. (Hinweis: Es werden keine erneuten einmaligen Kosten bei der Anpassung eingerechnet.)

Tipp: Gehen Sie von einer Gleichung aus, in der der neue individuelle Bruttobeitrag mit Hilfe des alten individuellen Bruttobeitrags und des neuen und alten Neugeschäftsbeitrags zum erreichten Alter dargestellt wird.

[2] Das sind die Werte $\ddot{a}_x$.

A. 7.13 (DAV 2004/3)

Ein 48-jähriger Mann wechselt aus dem Kompakttarif K in die Modultarife A (ambulante Leistungen incl. Zahnleistungen) und S (stationäre Leistungen). Folgende Werte sind bekannt:

Wert \ Tarif	K	A	S
b_{48}	398,80	302,64	94,24
$\ddot{a}_{48}$	15,8231	15,6120	15,8231
Δ in %	5,1	5,1	5,1
α (in Jahresbeiträgen)	0,25	0,25	0,25
b	307,47	?	?

Der Kompakttarif besteht zu 80 % aus ambulanten Leistungen (incl. Zahnleistungen) und zu 20 % aus stationären Leistungen.

(a) Welche Monatsbeiträge ergeben sich für den Versicherten in den Modultarifen, wenn keine erneuten einmaligen Abschlusskosten eingerechnet werden?
(b) Welche Restriktionen der KVAV sind zu beachten, wenn einmalige Abschlusskosten erneut eingerechnet werden sollen?

A. 7.14 (DAV 2005/3)

Die Zwillingsschwestern Eva und Maria möchten innerhalb eines Beihilfetarifs von 30 % Erstattung auf 50 % Erstattung wechseln, da sich ihr Beihilfebemessungssatz entsprechend geändert hat. Während Maria erst seit kurzem versichert ist, ihr Alter noch mit dem beim Eintritt identisch ist und sie daher noch den Neugeschäftsbeitrag zahlt, liegt der individuelle Beitrag von Eva aufgrund einer längeren Versicherungsdauer um 25 % unter dem Neugeschäftsbeitrag.

(a) Um wieviel Prozent erhöht sich der Beitrag für Maria?
(b) Um wieviel Prozent erhöht sich der Beitrag für Eva?
(c) Die Schwestern fühlen sich ungleich behandelt. Wie erläutern Sie ihnen den Sachverhalt?

Hinweise: Umstellungskosten werden in Höhe des Zillmersatzes auf den Mehrbeitrag eingerechnet. Der Tarif ist bezüglich der Leistung linear kalkuliert, d. h. die Neugeschäftsbeiträge verhalten sich zueinander wie die Erstattungsprozentsätze.

A. 7.15 (DAV Okt. 2007/3)

Ein Versicherungsunternehmen bietet sowohl einen Hochleistungstarif H als auch einen Spartarif S an. Der Grundkopfschaden im Tarif S beträgt 60 % des Grundkopfschadens im Tarif H. An relativen Beitragszuschlägen sind 5,1 % im Tarif H und 6,1 % im Tarif S eingerechnet. Die Stückkosten der beiden Tarife verhalten sich wie die Grundkopfschäden zueinander. Ansonsten sind die Rechnungsgrundlagen beider Tarife gleich (insbesondere Profile und Ausscheideordnung).

(a) Die Tarife seien ungezillmert. Ein 55-jähriger Versicherter zahle im Tarif H 280 € Monatsbeitrag gegenüber einem Neugeschäftsbeitrag in Höhe von 520 €. Wie hoch ist der Zahlbeitrag bei Wechsel in den Tarif S? Wie erklärt es sich, dass der Zahlbeitrag relativ gesehen deutlich stärker sinkt als der Neugeschäftsbeitrag?
(b) Die Tarife seien gezillmert. Wie wird die Zillmerung bei einem Wechsel von Tarif H in Tarif S behandelt? Wie wirkt sich das auf den eingerechneten Zillmerbetrag, den neuen Zahlbeitrag und die Alterungsrückstellung nach Tarifwechsel aus?
(c) Gegenüber der vollständigen Anrechnung der Alterungsrückstellung gemäß (a) kann eine Begrenzung erfolgen. Beschreiben Sie diese Alternative.

A. 7.16 (DAV 2008/2)
Gegeben seien die gezillmerten Tarife der substitutiven Krankheitskostenversicherung T70 und T90, die die Kosten für ein bestimmtes Leistungsspektrum zu 70 % bzw. 90 % erstatten und deren Leibrentenbarwerte[3] sowie Zuschläge des Bruttobeitrags (im Verhältnis zum Bruttobeitrag) gleich seien.

Als Auszug aus den Monatsbeitragstabellen (ohne gesetzlichen Zuschlag) ergibt sich

Beiträge für Frauen		
Eintrittsalter	Beitrag T70	Beitrag T90
30	230,45	383,81
31	233,40	388,72
32	236,45	393,80
33	239,64	399,11
34	242,90	404,54

(a) Wie erklärt sich der Beitragsunterschied der beiden Tarife im Vergleich zum Leistungsunterschied?
(b) Eine 34-jährige Versicherte, die vor 4 Jahren als Neugeschäft in den Tarif T70 gekommen ist und für die bisher keine Beitragsanpassung vorgenommen wurde, wechselt nun in den Tarif T90, wobei für den Mehrbeitrag der gleiche Zillmersatz wie in den Tarifen T70 und T90 angesetzt wird. Um wie viel Prozent steigt der gesetzliche Zuschlag gemäß § 149 VAG für die Versicherte?
(c) Welche Verwendung ist für den gesetzlichen Zuschlag vorgesehen?

A. 7.17 (DAV 2012/2)
Eine 51-jährige Frau hat bisher den Tarif A für ambulante Leistungen und den Tarif S für stationäre Leistungen versichert. Sie wechselt in den leistungsschwächeren Tarif K für ambulante und stationäre Leistungen.

[3] Das sind hier die Werte $\ddot{a}_x$.

Folgende Werte sind bekannt:

Wert \ Tarif	A	S	K
$\ddot{a}_{51}$	17,2853	18,1212	17,1398
Δ in %	6,3	6,3	6,3
α (in Jahresbeiträgen)	0,25	0,5	0,25
b_{51}	316,78	114,12	394,17
b	244,13	98,19	?
gesetzlicher Zuschlag	24,41	9,82	?
Risikozuschlag	25,75	8,79	?

(a) Welcher neue Monatsbeitrag ergibt sich?

(b) Wie berechnet sich der neue gesetzliche Zuschlag?

(c) Wie berechnet sich der neue Risikozuschlag, wobei die Vorgehensweise derjenigen bei einer Beitragsanpassung entsprechen soll?

Beitragsanpassung

8

Schon mehrfach war von der Beitragsanpassung die Rede. Diese gibt dem privaten Krankenversicherer die Möglichkeit, Prämien von Bestandskunden den im Laufe der Zeit veränderten Gegebenheiten anzupassen und sich damit von der ursprünglich vereinbarten Prämie bei Vertragsbeginn zu lösen. Durch die Anpassungen steigen die Prämien in der Regel mit der Versicherungsdauer (und damit dem Alter) kontinuierlich an. Es muss an dieser Stelle betont werden, dass Prämien nicht wegen des Alterns an sich steigen. Der Aufbau einer Alterungsrückstellung sorgt im Prinzip gerade dafür, dass dies nicht passiert. Dies funktioniert aber nur bei unveränderlichen Rahmenbedingungen, die so in der Realität nicht gegeben sind.

Wir werden nun Auslöser, Durchführung und Folgen solcher Anpassungen besprechen. Es ist nicht übertrieben zu sagen, dass Beitragsanpassungen zu den kritischsten Punkten der privaten Krankenversicherung gehören. Sie verursachen für viele versicherte Personen im Laufe der Versicherungsdauer teilweise stark steigende finanzielle Belastungen[1]. Seit dem Jahr 2000 sorgen umfangreiche Maßnahmen des Gesetzgebers und des PKV-Verbandes dafür, ältere Versicherte vor zu hohen finanziellen Belastungen zu bewahren.

8.1 Gesetzliche Grundlagen

In der Lebensversicherung ist das Konzept der Beitragsanpassung unbekannt. Wird ein Versicherungsvertrag abgeschlossen, dann sind die zur Kalkulation der Prämie verwendeten Parameter für die gesamte Vertragsdauer festgelegt, insbesondere also die Prämie selbst. In einer Zeit dauerhaft niedriger Zinsen trägt die gesamte Lebensversicherungsbranche sehr schwer an den langlaufenden Garantien, die in diesen fixierten Parametern stecken. Die entstehenden Fehlbeträge können nur zum Teil durch eine abgesenkte Über-

[1] Es gibt Vorschlägen zur sog. Verstetigung der Beiträge, die sprunghafte starke Anstiege der Prämien verhindern sollen. Siehe dazu auch [3].

T. Becker, *Mathematik der privaten Krankenversicherung*,
Studienbücher Wirtschaftsmathematik, https://doi.org/10.1007/978-3-658-16666-3_8

schussbeteiligung ausgeglichen werden, der Rest muss vom Unternehmen selbst finanziert werden. Gerade die Belastungen der Garantieverzinsung sind unter Umständen sehr hoch (und können einige Unternehmen in ernsthafte Gefahr bringen). Sie sind im Prinzip aber auch begrenzt, wenn man als untere Grenze einen Rechnungszins von Null ansieht.

In der PKV liegen die Verhältnisse anders. Grundsätzlich laufen die Versicherungsverträge hier lebenslang. Das Unternehmen hat i. Allg. keine Möglichkeit einen Vertrag zu kündigen, nur weil die Kosten dafür den kalkulierten Rahmen übersteigen. Da sich die Kostenentwicklung im Krankenversicherungssystem kaum oder gar nicht prognostizieren und nach oben begrenzen lässt (vor allem nicht auf Jahrzehnte hinaus), wird jegliche Beitragskalkulation (egal ob mit konstanten oder dynamischen Rechnungsgrundlagen) irgendwann nicht mehr kostendeckend sein. Ohne die Möglichkeit, Prämien an veränderte Realitäten anzupassen, würde jedes Krankenversicherungsunternehmen mittelfristig dem Ruin entgegengehen.

Die rechtlichen Grundlagen der Beitragsanpassung finden sich an mehreren Stellen. Wir zitieren zunächst aus dem VVG und erinnern daran, dass bei der substitutiven Krankenversicherung (und nach drei Jahren auch bei der Krankentagegeldversicherung) das ordentliche Kündigungsrecht des Krankenversicherungsunternehmen ausgeschlossen ist (siehe § 146 Abs. 1 VAG bzw. § 206 Abs. 1 VVG).

§ 203 (2) VVG

Ist bei einer Krankenversicherung das ordentliche Kündigungsrecht des Versicherers gesetzlich oder vertraglich ausgeschlossen, ist der Versicherer bei einer nicht nur als vorübergehend anzusehenden Veränderung einer für die Prämienkalkulation maßgeblichen Rechnungsgrundlage berechtigt, die Prämie entsprechend den berichtigten Rechnungsgrundlagen auch für bestehende Versicherungsverhältnisse neu festzusetzen, sofern ein unabhängiger Treuhänder die technischen Berechnungsgrundlagen überprüft und der Prämienanpassung zugestimmt hat. Dabei dürfen auch ein betragsmäßig festgelegter Selbstbehalt angepasst und ein vereinbarter Risikozuschlag entsprechend geändert werden, soweit dies vereinbart ist. Maßgebliche Rechnungsgrundlagen im Sinn der Sätze 1 und 2 sind die Versicherungsleistungen und die Sterbewahrscheinlichkeiten. [...]

Hier wird bereits festgelegt, welche Gründe eine Beitragsanpassung auslösen, nämlich signifikante Änderungen bei Versicherungsleistungen und Sterblichkeit. Zudem wird festgelegt, **dass bei einer Anpassung auch alle anderen Parameter und Selbstbehalte geändert werden dürfen**.

Auch die Musterbedingungen enthalten eine entsprechende Passage.

§ 8b (1) MB/KK 2009

Im Rahmen der vertraglichen Leistungszusage können sich die Leistungen des Versicherers z. B. wegen steigender Heilbehandlungskosten, einer häufigeren Inanspruchnahme medizinischer Leistungen oder aufgrund steigender Lebenserwartung ändern.

Dementsprechend vergleicht der Versicherer zumindest jährlich für jeden Tarif die erforderlichen mit den in den technischen Berechnungsgrundlagen kalkulierten Versicherungsleistungen und Sterbewahrscheinlichkeiten. Ergibt diese Gegenüberstellung für eine Beobachtungseinheit eines Tarifs eine Abweichung von mehr als dem gesetzlich oder tariflich festgelegten Vomhundertsatz, werden alle Beiträge dieser Beobachtungseinheit vom Versicherer überprüft und, soweit erforderlich, mit Zustimmung des Treuhänders angepasst. [...]

Hier taucht der Begriff des **Treuhänders** auf. Dieser hat in der PKV mehrere wesentliche Aufgaben. Das VAG konkretisiert diese. Speziell für die Beitragsanpassung gilt:

§ 155 (1) VAG

Bei der nach Art der Lebensversicherung betriebenen Krankenversicherung dürfen Prämienänderungen erst in Kraft gesetzt werden, nachdem ein unabhängiger Treuhänder der Prämienänderung zugestimmt hat. Der Treuhänder hat zu prüfen, ob die Berechnung der Prämien mit den dafür bestehenden Rechtsvorschriften in Einklang steht. Dazu sind ihm sämtliche für die Prüfung der Prämienänderungen erforderlichen technischen Berechnungsgrundlagen einschließlich der hierfür benötigten kalkulatorischen Herleitungen und statistischen Nachweise vorzulegen. [...] Die Zustimmung ist zu erteilen, wenn die Voraussetzungen des Satzes 2 erfüllt sind.

Anforderungen an den Treuhänder werden ebenfalls im VAG benannt:

§ 157 (1) VAG

Zum Treuhänder darf nur bestellt werden, wer zuverlässig, fachlich geeignet und von dem Versicherungsunternehmen unabhängig ist, insbesondere keinen Anstellungsvertrag oder sonstigen Dienstvertrag mit dem Versicherungsunternehmen oder einem mit diesem verbundenen Unternehmen abgeschlossen hat oder aus einem solchen Vertrag noch Ansprüche gegen das Unternehmen besitzt. Die fachliche Eignung setzt ausreichende Kenntnisse auf dem Gebiet der Prämienkalkulation in der Krankenversicherung voraus. [...]

Ein Treuhänder darf i. Allg. nicht mehr als 10 Mandate bei PKV-Unternehmen innehaben. Die Aufsichtsbehörde hat ein starkes Mitspracherecht bei der Bestellung des Treuhänders.

Bevor wir in den folgenden Abschnitten die Beitragsanpassung aus versicherungsmathematischer Sicht betrachten, seien noch einige Zahlen des PKV-Verbandes präsentiert, die [5] entnommen sind. Diese geben für verschiedene Tarife bzw. Leistungsbereiche die mittlere Häufigkeit von Beitragsanpassungen in Jahren an. Die Werte sind über alle PKV-Unternehmen aggregiert.

Tarife bzw. Leistungsbereiche	Häufigkeit (in Jahren)
Vollversicherung Kompakttarif Normale	1,89
Vollversicherung Kompakttarif Beihilfe	2,45
Vollversicherung Ambulanttarif Normale	1,82
Vollversicherung Stationärtarif Normale	2,35
Vollversicherung Zahntarif Normale	2,85
Krankentagegeldversicherung	3,14
Krankenhaustagegeldversicherung	3,32

8.2 Der Auslösende Faktor der Schäden

Dieser Auslöser für Beitragsanpassungen hat seinen Ursprung in einer signifikanten Änderung der Erstattungsbeträge. Mögliche Gründe hierfür können sein

- die medizinische Inflation, wonach die Ausgaben im Gesundheitsbereich allgemein mit fortlaufenden Kalenderjahren ansteigen;
- ein verändertes Verhalten der Versicherungsnehmer bei der Inanspruchnahme von Versicherungsleistungen;
- Bestandsverschiebungen, die das Risikoprofil der betrachteten Personengruppen beeinflussen (und daher unternehmensindividuell sind).

Als Messgröße dieser Effekte dient die sog. erforderliche Versicherungsleistung, die im Folgenden hergeleitet wird. Zunächst wird die Bestimmung dieser Größe im VAG gefordert:

§ 155 (3) VAG

Das Versicherungsunternehmen hat für jeden nach Art der Lebensversicherung kalkulierten Tarif zumindest jährlich die erforderlichen mit den kalkulierten Versicherungsleistungen zu vergleichen. [...]

Die Konsequenzen des angesprochene Vergleichs werden in Abschn. 8.4 besprochen. Wir betrachten zunächst nur die Ermittlung der Werte. Erste Einzelheiten enthält die KVAV:

§ 15 KVAV

(1) Die Gegenüberstellung nach § 155 Absatz 3 Satz 1 und 2 des Versicherungsaufsichtsgesetzes ist jährlich und für jede Beobachtungseinheit eines Tarifs getrennt durchzuführen. [...] Die erforderlichen Versicherungsleistungen sind aus den beobachteten abzuleiten. Hierzu sind die Leistungen und die zugehörigen Bestände auf die Beobachtungszeiträume abzugrenzen. Ferner sind Wartezeit- und Selektionsersparnisse sowie erhobene Risikozuschläge zu berücksichtigen.

(2) Die tatsächlichen Grundkopfschäden der letzten drei Beobachtungszeiträume sind nach der Formel des Abschnitts A der Anlage 2 zu ermitteln. Soweit sich im Tarif Leistungsänderungen ergeben haben, sind die tatsächlichen Grundkopfschäden auf das aktuelle Leistungsversprechen umzurechnen.

(3) Die Berechnung der erforderlichen Versicherungsleistungen erfolgt nach der Formel des Abschnitts B der Anlage 2. [...]

Hier taucht der Begriff der Beobachtungseinheit auf, der allgemein bereits in Abschn. 2.3 angeschnitten wurde. Wie dort ausgeführt ist eine Beobachtungseinheit eine Zusammenfassung von Tarifstufen oder Tarifen, die in Bezug auf das betrachtete Problem vergleichbar sind in ihrem Risiko. Der Begriff ist – auch im Zusammenhang der Beitragsanpassungen – nicht im Detail festgelegt. Für Tarife, die nicht geschlechtsunabhängig kalkuliert werden, ist das Geschlecht auf jeden Fall ein Unterscheidungsmerkmal bei der Bildung der Einheiten. Die Zuordnung zu einer Beobachtungseinheit basiert meist auf ähnlichen Leistungsversprechen, vergleichbaren Grundkopfschäden und/oder Selbstbehalten sowie einer vergleichbaren Bestandsstruktur (was im Einzelnen verschieden interpretiert werden kann).

Nun die erwähnte Anlage 2:

Anlage 2 KVAV

A. Tatsächlicher Grundkopfschaden eines Beobachtungsjahres

S = *abgegrenzter Schaden der Beobachtungseinheit im Beobachtungszeitraum abzüglich der Nettorisikozuschläge und einschließlich der geschlechtsunabhängig verteilten Leistungen wegen Schwangerschaft und Mutterschaft*
L_x = *abgegrenzter mittlerer Bestand der Beobachtungseinheit im Beobachtungszeitraum für das Alter x*
k_x = *rechnungsmäßiger Profilwert für das Alter x*

Tatsächlicher Grundkopfschaden: $G = \frac{S}{\sum_x L_x \cdot k_x}$.

B. Verfahren zur Berechnung der erforderlichen Versicherungsleistungen

$t-2, t-1, t$ = *die letzten drei Beobachtungszeiträume*
G_{t-2}, G_{t-1}, G_t = *tatsächliche Grundkopfschäden gemäß Abschnitt A, umgerechnet auf das Leistungsversprechen, das zum Extrapolationszeitpunkt gültig sein wird, und unter Zugrundelegung der aktuellen rechnungsmäßigen Profile*

Extrapolierter Grundkopfschaden: $\overline{G} = \frac{3}{2}(G_t - G_{t-2}) + \frac{1}{3}(G_t + G_{t+1} + G_{t+2})$

Erforderliche Versicherungsleistungen: $S_{erf} = \overline{G} \cdot \sum_x L_x \cdot k_x$ *mit* L_x *und* k_x *gemäß Abschnitt A und Summation über alle Alter x.*

Die erforderlichen Versicherungsleistungen sollen die Schadenzahlungen der Beobachtungseinheit der Vergangenheit widerspiegeln. Die in Absatz 1 und 2 des vorstehenden Paragrafen genannten Vorgaben entsprechen im Prinzip dem Vorgehen zur Bestimmung von $s_x(t)$, $n_x(t)$ sowie den beobachteten (tatsächlichen) Grundkopfschäden $\widetilde{G}(t)$ aus Abschn. 3.2.4 (siehe insbesondere (3.4) und (3.6)) angewandt auf die Beobachtungseinheit. Es gibt aber Abweichungen:

- Zur Berechnung von $s_x(t)$ dürfen Sondereffekte (die Terme $so_x(t)$ in Formel (3.4)) nicht herausgerechnet werden. Erst bei der Überprüfung der Prämien und der Neufestlegung der Kopfschäden darf dies geschehen.
- Es ist die gesamte Beobachtungseinheit einzubeziehen, nicht nur Versicherte mit genügend langer Versicherungsdauer. Daher müssen Effekte aus Selektion und Wartezeit immer explizit durch den Term $sw_x(t)$ berücksichtigt werden.
  Im Unterschied zu (3.4) ist bei der Bestimmung des Auslösenden Faktors demnach
  $$s_x(t) = y_x(t) - r_x(t) \pm le_x(t) \pm za_x(t) + sw_x(t)$$
  zu verwenden.
- Bei der Berechnung der beobachteten Grundkopfschäden $\widetilde{G}(t)$ gemäß (3.6) muss das aktuelle rechnungsmäßige Profil $\{k_x^{\text{rech}}\}_{x \in A}$ verwendet werden.
- Die Anzahl der Beobachtungsjahre ist festgelegt auf drei. In der Notation des Abschn. 3.2.4 sind das also die Jahre $t_0 - 2, t_0 - 1, t_0$.

Wir wollen die Formel für den extrapolierten Grundkopfschaden aus Anlage 2 herleiten. Es handelt sich um eine Extrapolation unter Verwendung einer linearen Regressionsfunktion (siehe Anhang). Der Regression zugrunde liegen die drei Punktepaare

$$(1, \widetilde{G}(1)), \quad (2, \widetilde{G}(2)), \quad (3, \widetilde{G}(3)),$$

wobei wir vereinfachend $t_0 = 3$ setzen. Gesucht wird eine Gerade mit Gleichung $y(t) = \widehat{a} + \widehat{b} \cdot t$, so dass

$$(\widehat{a}, \widehat{b}) = \operatorname{argmin}\left[\sum_{t=1}^{3} \left(\widetilde{G}(t) - (a + b \cdot t)\right)^2 : (a, b) \in \mathbb{R}^2\right].$$

In der Statistik berechnet man die Lösung der dazu gehörenden allgemeinen ungewichteten Regressionsaufgabe

$$(\widehat{a}, \widehat{b}) = \operatorname{argmin}\left[\sum_{k=1}^{n} (y_k - (a + b \cdot t_k))^2 : (a, b) \in \mathbb{R}^2\right]$$

für n Messpunktpaare $(t_1, y_1), \ldots, (t_n, y_n)$ zu

$$\widehat{b} = \frac{\sum_{k=1}^{n}(t_k - \bar{t}\,) \cdot (y_k - \bar{y})}{\sum_{k=1}^{n}(t_k - \bar{t}\,)^2} \qquad \text{und} \qquad \widehat{a} = \overline{y} - \widehat{b} \cdot \bar{t},$$

wobei

$$\bar{t} = \frac{1}{n}\sum_{k=1}^{n} t_k \qquad \text{und} \qquad \overline{y} = \frac{1}{n}\sum_{k=1}^{n} y_k$$

die Mittelwerte der Komponenten der Messreihe bezeichnen (siehe Abschn. 3.7.2.1 in [2]). In unserem speziellen Fall ergibt sich

$$\bar{t} = 2 \quad \text{und} \quad \overline{y} = \frac{1}{3} \cdot \left(\widetilde{G}(1) + \widetilde{G}(2) + \widetilde{G}(3)\right).$$

Die Regressionsgerade hat damit die Form (siehe Aufgabe 8.2)

$$y(t) = \left[\frac{4}{3} \cdot \widetilde{G}(1) + \frac{1}{3} \cdot \widetilde{G}(2) - \frac{2}{3} \cdot \widetilde{G}(3)\right] + \frac{1}{2} \cdot \left[\widetilde{G}(3) - \widetilde{G}(1)\right] \cdot t. \tag{8.1}$$

Der **extrapolierte Grundkopfschaden** für $t_0 + 2$ lautet dann

$$\begin{aligned} G^{\,\text{ext}} := y(t_0 + 2) = y(5) &= -\frac{7}{6} \cdot \widetilde{G}(1) + \frac{1}{3} \cdot \widetilde{G}(2) + \frac{11}{6} \cdot \widetilde{G}(3) \\ &= \frac{3}{2} \cdot \left[\widetilde{G}(3) - \widetilde{G}(1)\right] + \frac{1}{3} \cdot \left[\widetilde{G}(1) + \widetilde{G}(2) + \widetilde{G}(3)\right], \end{aligned} \tag{8.2}$$

was der in der Anlage 2.B angegebenen Formel entspricht.

Die **erforderlichen Versicherungsleistungen** sind die mit dem rechnungsmäßigen Profil $\{k_x^{\text{rech}}\}_{x \in A}$ und dem extrapolierten Grundkopfschaden $G^{\,\text{ext}}$ des Jahres $t_0 + 2$ bestimmten Erstattungsleistungen bezogen auf den aktuellen Bestand mit mittleren Bestandsgrößen $n_x(t_0 + 1)$, die sich zu

$$S^{\,\text{erf}} = \sum_{x \in A} n_x(t_0 + 1) \cdot G^{\,\text{ext}} \cdot k_x^{\,\text{rech}}$$

ergeben.

Nach § 15 Abs. 3 KVAV ist ein gleichwertiges Verfahren zur Ermittlung von $G^{\,\text{ext}}$ zulässig, wenn dessen Gleichwertigkeit bei Einführung des Tarifs der Aufsichtsbehörde unter Angabe der Formeln dargelegt wurde. Häufig wird eine gewichtete Regression durchgeführt, wobei die entsprechenden Bestandsgrößen der Beobachtungsjahre als Gewichte dienen. Aus statistischer Sicht ist dies sicherlich eine sinnvolle Modifikation.

Die **kalkulierten Versicherungsleistungen** dagegen sind die Erstattungsbeträge, die man beim selben Bestand auf Basis des in $t_0 + 1$ verwendeten Grundkopfschadens in

Verbindung mit dem Profil $\{k_x^{\text{rech}}\}_{x \in A}$ erhalten würde. In Anlehnung an die obige Formel also

$$S^{\text{kalk}} = \sum_{x \in A} n_x(t_0 + 1) \cdot G^{\text{rech}} \cdot k_x^{\text{rech}}$$

mit dem in $t_0 + 1$ rechnungsmäßigen Grundkopfschaden G^{rech}.

Diese beiden Größen geben wider, welche Leistungen man einkalkuliert hat (und damit die aktuellen Prämien berechnet) und welche aufgrund der Erfahrungen der letzten Jahre erwartet werden. Ein Vergleich der Werte ergibt ein Maß, inwieweit die Prämien zur Deckung der Leistungsversprechen noch ausreichen. Wir zitieren den weiteren Text des § 155 Abs. 3 VAG (Satz 2):

§ 155 (3) VAG

[...] Ergibt die der Aufsichtsbehörde und dem Treuhänder vorzulegende Gegenüberstellung für einen Tarif eine Abweichung von mehr als 10 Prozent, sofern nicht in den allgemeinen Versicherungsbedingungen ein geringerer Prozentsatz vorgesehen ist, hat das Unternehmen alle Prämien dieses Tarifs zu überprüfen und, wenn die Abweichung als nicht nur vorübergehend anzusehen ist, mit Zustimmung des Treuhänders anzupassen. [...]

Der **Auslösende Faktor der Schäden** ist also zu berechnen als

$$\text{AF}_{\text{Schaden}} := \frac{S^{\text{erf}}}{S^{\text{kalk}}}. \tag{8.3}$$

Die Prämien sind zu überprüfen, falls $|1 - \text{AF}_{\text{Schaden}}| > f$, wobei f entweder 0,1 ist oder ein in den AVB festgelegter Wert kleiner 0,1. Man sagt dann auch, *der Auslösende Faktor für die Schäden springt an.*

Auch die KVAV macht eine Aussage über die Berechnung des Auslösenden Faktors. Wir greifen § 15 Abs. 3 erneut auf:

§ 15 (3) KVAV

[...] Bei der Gegenüberstellung nach § 155 Absatz 3 Satz 2 des Versicherungsaufsichtsgesetzes ist der tatsächliche, auf den 18 Monate nach Ende des letzten Beobachtungszeitraumes liegenden Zeitpunkt extrapolierte Grundkopfschaden mit dem Grundkopfschaden, der für das Ende dieses Zeitraumes rechnungsmäßig festgelegt ist, zu vergleichen. [...]

Dies soll kurz in Zusammenhang mit den bisherigen Aussagen gebracht werden. Die zu den Beobachtungsjahren ermittelten beobachteten Grundkopfschäden sowie der extrapolierte beziehen sich eigentlich auf die Mitte der entsprechenden Jahre. Die Mitte des Jahres $t_0 + 2$ liegt daher genau 18 Monate nach dem Ende des letzten Beobachtungsjahres t_0.

Desweiteren gilt nach den obigen Herleitungen

$$AF_{\text{Schaden}} = \frac{S^{\text{erf}}}{S^{\text{kalk}}} = \frac{\sum_{x\in A} n_x(t_0+1)\cdot G^{\text{ext}}\cdot k_x^{\text{rech}}}{\sum_{x\in A} n_x(t_0+1)\cdot G^{\text{rech}}\cdot k_x^{\text{rech}}} = \frac{G^{\text{ext}}}{G^{\text{rech}}},$$

wodurch tatsächlich nur ein Vergleich der angegebenen Grundkopfschäden durchzuführen ist.

Es soll noch auf den Fall hingewiesen werden, in dem die Anzahl der Versicherten in der Beobachtungseinheit zu klein ist, um statistisch gesicherte Werte zu erhalten. Dazu sagt die KVAV:

§ 15 (4) KVAV

Ist in einer Beobachtungseinheit eines Tarifes die Anzahl der Versicherten nicht ausreichend groß, um die Schadenerwartung statistisch gesichert zu ermitteln, ist die Gegenüberstellung der erforderlichen und der kalkulierten Versicherungsleistungen anhand des Schadenverlaufs der Tarife vorzunehmen, deren Rechnungsgrundlagen zur Erstkalkulation verwendet worden sind. Sind bei der Erstkalkulation die von der Bundesanstalt veröffentlichten Wahrscheinlichkeitstafeln verwendet worden, so sind die erforderlichen Versicherungsleistungen anhand dieser Wahrscheinlichkeitstafeln zu berechnen. Die von der Bundesanstalt veröffentlichten Wahrscheinlichkeitstafeln sind auch dann zu verwenden, wenn das Unternehmen auf die Rechnungsgrundlagen der Erstkalkulation nach Satz 1 nicht zurückgreifen kann. Ist die Erstkalkulation in anderer Weise vorgenommen worden, so sind die erforderlichen Versicherungsleistungen auf Grund vergleichbar aussagefähiger Grundlagen zu ermitteln.

Dies trifft vor allem für junge Tarife zu, die nicht über genügend viele Versicherungsnehmer mit einer ausreichenden Versicherungsdauer verfügen. Die hier angedeuteten externen Datengrundlagen sind die auch in § 6 Abs. 3 KVAV erwähnten Stütztarife. Details für die Verwendung dieser Stütztarife findet der Leser in [6].

8.3 Der Auslösende Faktor der Sterblichkeit

Der zweite mögliche Auslöser für Beitragsanpassungen hat seinen Ursprung in einer signifikanten Änderung der Sterbewahrscheinlichkeiten. Als Messgröße dieses Effektes dient ein bestimmter Leistungsbarwert, der im Folgenden definiert wird. Zunächst wird die Bestimmung dieser Größe im VAG gefordert:

§ 155 (4) VAG

Das Versicherungsunternehmen hat für jeden nach Art der Lebensversicherung kalkulierten Tarif jährlich die erforderlichen mit den kalkulierten Sterbewahrscheinlichkeiten durch Betrachtung von Barwerten zu vergleichen. [...]

Einzelheiten dieser Barwerte enthält die KVAV:

§ 16 (1) KVAV

Die Gegenüberstellung nach § 155 Absatz 4 des Versicherungsaufsichtsgesetzes ist jährlich und für jede Beobachtungseinheit eines Tarifs, bei der Sterbewahrscheinlichkeiten kalkulatorisch berücksichtigt werden, getrennt durchzuführen. Als Barwert der erforderlichen Sterbewahrscheinlichkeiten ist der Leistungsbarwert nach der Formel in Anlage 1 mit Rechnungszins und rechnungsmäßigen Kopfschäden der betrachteten Beobachtungseinheit sowie mit der zuletzt von der Bundesanstalt veröffentlichten Sterbetafel zu bestimmen. Als Barwert der kalkulierten Sterbewahrscheinlichkeiten ist der Leistungsbarwert nach der Formel in Anlage 1 mit Rechnungszins, rechnungsmäßigen Sterbewahrscheinlichkeiten und rechnungsmäßigen Kopfschäden der betrachteten Beobachtungseinheit zu bestimmen. Stornowahrscheinlichkeiten dürfen bei der Berechnung der Barwerte gemäß den Sätzen 2 und 3 nicht berücksichtigt werden. Für die Altersbereiche von 21 bis 45 Jahren, von 46 bis 70 Jahren sowie von 71 bis 95 Jahren ist jeweils das arithmetische Mittel der für die einzelnen Alter ermittelten Quotienten der gemäß Satz 2 bis 4 bestimmten Barwerte zu bilden. Als Ergebnis der Gegenüberstellung ist das Maximum der für die drei Altersbereiche gemäß Satz 5 ermittelten Werte anzusehen.

Der Regelung ist zu entnehmen, dass die Messgrößen der kalkulierten Sterbewahrscheinlichkeiten die Barwerte

$$A_x^{\text{kalk}} := \sum_{t=0}^{\omega-x} v^t \cdot K_{x+t} \cdot \prod_{j=0}^{t-1}(1 - q_{x+j})$$

sind mit den in $t_0 + 1$ gültigen Rechnungsgrundlagen für Zins, Sterbewahrscheinlichkeiten und Kopfschäden. Es handelt sich also um die gewöhnlichen Leistungsbarwerte, bei denen aber als Ausscheideursache nur die Sterblichkeit eingeht. Für die erforderlichen Sterbewahrscheinlichkeiten betrachtet man analog

$$A_x^{\text{erf}} := \sum_{t=0}^{\omega-x} v^t \cdot K_{x+t} \cdot \prod_{j=0}^{t-1}(1 - q_{x+j}^{\text{BaFin}}),$$

wobei die Sterbewahrscheinlichkeiten q_x^{BaFin} aus den im Jahr $t_0 + 1$ aktuellen PKV-Sterbetafeln (veröffentlicht von der BaFin) verwendet werden.

Der **Auslösende Faktor für die Sterblichkeit** ist somit vorgegeben als

$$\text{AF}_{\text{Sterb}} := \max\left\{\frac{1}{25} \cdot \sum_{x=21}^{45} \frac{A_x^{\text{erf}}}{A_x^{\text{kalk}}},\ \frac{1}{25} \cdot \sum_{x=46}^{70} \frac{A_x^{\text{erf}}}{A_x^{\text{kalk}}},\ \frac{1}{25} \cdot \sum_{x=71}^{95} \frac{A_x^{\text{erf}}}{A_x^{\text{kalk}}}\right\}. \tag{8.4}$$

Für Krankentagegeld werden abweichend nur Alter bis 65 betrachtet.

Wir schauen weiter in § 155 Abs. 4 VAG:

§ 155 (4) VAG

[...] Ergibt die der Aufsichtsbehörde und dem Treuhänder vorzulegende Gegenüberstellung für einen Tarif eine Abweichung von mehr als 5 Prozent, hat das Unternehmen alle Prämien dieses Tarifs zu überprüfen und mit Zustimmung des Treuhänders anzupassen. [...]

Die Prämien sind also zu überprüfen, falls $|1 - AF_{\text{Sterb}}| > 0{,}05$ ist. Man sagt auch, *der Auslösende Faktor für die Sterblichkeit springt an.*

Es sei betont, dass im Gegensatz zum Auslösenden Faktor der Schäden hier nur die Grenze von 5 % erlaubt ist, ein in den AVB abweichender Wert ist nicht vorgesehen. Auch wird nicht von einer nur vorübergehenden Abweichung gesprochen, für die eine Prämienanpassung nicht vorgesehen wäre.

8.4 Die Beitragsanpassung

Die in den beiden vorigen Abschnitten vorgestellten Berechnungen müssen jährlich und bis spätestens vier Monate nach Ende des letzten Beobachtungsjahres t_0 durchgeführt werden. Sie sind dem Treuhänder und der Aufsichtsbehörde vorzulegen (§ 17 KVAV).

Wie bereits angedeutet, folgt aus dem Anspringen mindestens eines der Auslösenden Faktoren einer Beobachtungseinheit die Pflicht, alle Prämien dieser Einheit zu überprüfen und, falls angezeigt, mit der Zustimmung des Treuhänders anzupassen. Dies betrifft sowohl die Prämien für das Neugeschäft als auch für bereits im Bestand befindliche Personen (sog. Bestandsprämien). Diese Neukalkulation muss bis Ende des aktuellen Jahres $t_0 + 1$ vorliegen (§ 17 KVAV). Was den Umfang der Anpassung betrifft, besagt das VAG:

§ 155 (3) VAG

[...] Ergibt die der Aufsichtsbehörde und dem Treuhänder vorzulegende Gegenüberstellung für einen Tarif eine Abweichung von mehr als 10 Prozent [...] hat das Unternehmen alle Prämien dieses Tarifs zu überprüfen und [...] anzupassen. Dabei darf auch ein betragsmäßig festgelegter Selbstbehalt angepasst und ein vereinbarter Prämienzuschlag entsprechend geändert werden, soweit der Vertrag dies vorsieht. [...]

Dieser Ausschnitt (und die folgenden aus § 155) bezieht sich auf den Auslösenden Faktor der Schäden, gilt aber – was die Folgen des Vergleichs betrifft – nach Absatz 4 desselben Paragrafen auch für den Auslösenden Faktor der Sterblichkeit.

Findet eine Anpassung statt, dann müssen zur Bestimmung der künftigen Prämien neue Werte für die Rechnungsgrundlagen festgelegt werden. Dabei dürfen nicht nur die Werte geändert werden, die die Anpassung auslösen (Kopfschäden oder Sterbewahrscheinlichkeiten), sondern auch alle übrigen Rechnungsgrundlagen sowie Selbstbehalte und Risikozuschläge, sofern dies notwendig ist (außer dem Sicherheitszuschlag σ, der nur gesenkt werden darf, dürfen dabei im Prinzip beliebige Änderungen vorgenommen werden). Dies bedingt ein regelmäßiges Controlling aller Rechnungsgrundlagen im Unternehmen, um auch die Kostenzuschläge und Stornowahrscheinlichkeiten auf einem aktuellen Niveau zu halten. Die Bestimmung von neuen Kopfschäden wurde bereits ausführlich in Abschn. 3.2.4 besprochen. Als neue Sterbewahrscheinlichkeiten werden i. Allg. die Werte der aktuellen PKV-Tafel verwendet.

Ein wichtiger Punkt ist die Aussage zur ausreichenden Kalkulation bei der Neueinführung des Tarifs bzw. bei einer Beitragsanpassung:

§ 155 (3) VAG

[...] Eine Anpassung erfolgt insoweit nicht, als die Versicherungsleistungen zum Zeitpunkt der Erst- oder einer Neukalkulation unzureichend kalkuliert waren und ein ordentlicher und gewissenhafter Aktuar dies insbesondere anhand der zu diesem Zeitpunkt verfügbaren statistischen Kalkulationsgrundlagen hätte erkennen müssen. [...]

Wird eine unzureichende Kalkulation entdeckt, so darf diese nicht bei einer der folgenden Beitragsanpassungen nachgeholt werden. Vielmehr darf bei einer solchen nur der Betrag angepasst werden, der sich bei ausreichender Kalkulation in allen vorherigen Anpassungen bzw. bei der Neueinführung ergeben würde. Der Fehlbetrag muss vom Krankenversicherungsunternehmen getragen werden. Vertiefte Informationen zu diesem Punkt, der auch häufig im Zentrum juristischer Auseinandersetzungen steht, erhält der Leser z. B. in [4].

Für die Bestimmung der neuen Prämien nach einer Beitragsanpassung gelten die folgenden Vorgaben:

- Es sind grundsätzlich die üblichen Regeln der Versicherungsmathematik anzuwenden, wie sie auch bei der Kalkulation einer Neugeschäftsprämie Anwendung finden:

  § 11 (1) KVAV

  Die Berechnung der Prämien bei Prämienanpassungen hat nach den für die Prämienberechnung geltenden Grundsätzen zu erfolgen. Dabei ist dem Versicherten der ihm kalkulatorisch zugerechnete Anteil der Alterungsrückstellung [...] vollständig prämienmindernd anzurechnen [...]

- Zur Kalkulation verwendet werden die Formeln aus Abschn. 7.3 über den Tarifwechsel, insbesondere Satz 7.4:

  § 11 (2) KVAV

  Für die Prämienberechnung bei Prämienanpassungen sind die Formeln des Abschnitts B der Anlage 1 oder andere geeignete Formeln, die den anerkannten Regeln der Versicherungsmathematik entsprechen, zu verwenden. Eine dabei erforderliche

Absenkung des Rechnungszinses um mehr als 0,4 Prozentpunkte kann stufenweise in Zeiträumen von 12 Monaten ab dem Zeitpunkt der Prämienanpassung erfolgen, wobei sich die Höchstzahl der Stufen aus der gleichmäßigen Verteilung der erforderlichen Absenkung auf Stufen von 0,3 Prozentpunkten ergibt.

Die Aussagen zur Zinsabsenkung sind mit der Einführung der KVAV im Jahr 2016 neu aufgenommen worden und spiegeln die in Abschn. 3.1 angesprochene Sensibilität gegenüber dem anhaltenden Zinstief wider. Wie in Beispiel 5.2 gesehen reagiert die Prämie sehr stark auf eine Änderung des Rechnungszinses. Dies motiviert die angegebene Möglichkeit einer stufenweisen Absenkung dieser Rechnungsgrundlage[2].

- Da eine Beitragsanpassung nicht vom Versicherungsnehmer ausgeht, wird der Satz $\widetilde{\alpha}$ für die Umtarifierung meist Null gesetzt. Es gilt sogar

§ 11 (2) KVAV

[...] In die Prämien der Versicherten, die das 45. Lebensjahr vollendet haben, dürfen keine erneuten einmaligen Kosten eingerechnet werden.

- Prämienerhöhungen können begrenzt werden durch Angabe maximaler absoluter und relativer Steigerungen (sog. Limitierungen):

$$b^{n,\lim} = \min\{\widehat{b}^n,\ b^a + A,\ b^a \cdot (1 + R)\},$$

wobei $\widehat{b}^n$ die neue Brutto-Monatsprämie nach Satz 7.4 bezeichnet, A die maximale absolute Steigerung in Euro und R die maximale relative Steigerung in Prozent. Sollte $\widehat{b}^n$ größer als $b^{n,\lim}$ sein, muss als Ausgleich für die Ermäßigung die Alterungsrückstellung des Versicherten um einen Einmalbetrag E angehoben werden (die Ermäßigung muss finanziert werden[3]). Nach Formel (5.10) beträgt dieser

$$E = 12(\widehat{b}^n - b^{n,\lim}) \cdot (1 - \Delta^n) \cdot \ddot{a}_x^n \tag{8.5}$$

mit den angepassten Größen Δ^n und $\ddot{a}_x^n$, wenn der Versicherungsnehmer zum Zeitpunkt der Anpassung das Alter x hat.

- Die Faktoren der Risikozuschläge bleiben im Normalfall unverändert, der Zuschlag selbst ändert sich damit im Verhältnis der Prämien. Relative Selbstbehalte bleiben i. Allg. ebenfalls unverändert, absolute Selbstbehalte werden nachfolgend besprochen.

Die Beitragsanpassung als Ganzes betrachtet ist ein ideales Beispiel für einen sog. **aktuariellen Kontrollzyklus**, der in Abb. 8.1 grafisch dargestellt ist[4].

[2] Es gibt im Übrigen auch Überlegungen, einen Auslösenden Faktor des Zinses einzuführen.
[3] Die Gelder stammen meist aus der RfeaB, wie in Abschn. 11.4 besprochen wird.
[4] In Anlehnung an Seite 16 der Folien zum DAA-Grundwissen Personenversicherungsmathematik, Einführung in die Krankenversicherungsmathematik, Teil 2, Repetitorium 2015.

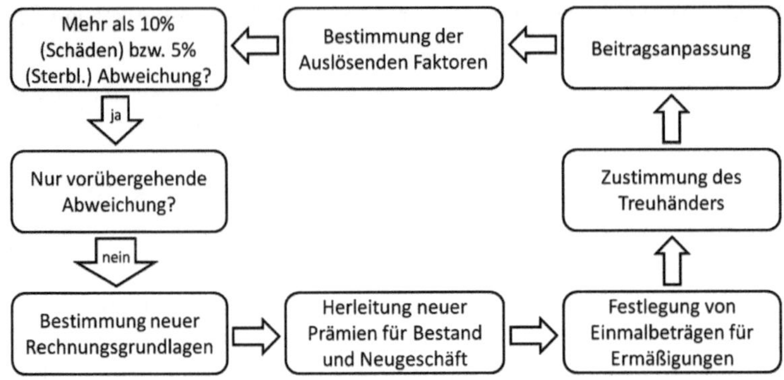

Abb. 8.1 Der aktuarielle Kontrollzyklus der Beitragsanpassung

Wir schließen den Abschnitt mit einem einfachen Rechenbeispiel:

Beispiel 8.1 Für einen Kompakttarif liegen die folgenden Daten der Beobachtungsjahre 2013, 2014 und 2015 für den beobachteten Grundkopfschaden gemäß Anlage 2 der KVAV vor (Werte in €):

$$\widetilde{G}(2013) = 1062, \qquad \widetilde{G}(2014) = 801, \qquad \widetilde{G}(2015) = 891.$$

Wendet man die Formel (8.2) zur Bestimmung des extrapolierten Grundkopfschadens für 2017 an, ergibt sich

$$\begin{aligned} G^{\text{ext}} &= \frac{3}{2} \cdot \left[\widetilde{G}(2015) - \widetilde{G}(2013)\right] + \frac{1}{3} \cdot \left[\widetilde{G}(2013) + \widetilde{G}(2014) + \widetilde{G}(2015)\right] \\ &= 661{,}50\,€. \end{aligned}$$

Lautet der rechnungsmäßige Grundkopfschaden im Jahr 2016 $G^{\text{rech}} = 804\,€$, so ist der auslösende Faktor

$$\text{AF}_{\text{Schaden}} = \frac{G^{\text{ext}}}{G^{\text{rech}}} = \frac{661{,}50}{804} = 0{,}823.$$

Es gilt $|\text{AF}_{\text{Schaden}} - 1| = 0{,}177 > 0{,}1$, so dass laut § 155 Abs. 3 VAG eine Überprüfung aller Prämien des Kompakttarifs stattfinden muss.

Eine genauere Untersuchung ergibt zunächst, dass das Kopfschadenprofil nicht mehr aktuell ist und neu ermittelt werden muss. Auf Basis des neuen Profils und der Berücksichtigung von Sondereffekten (die bei der Bestimmung der beobachteten Grundkopfschäden für den Auslösenden Faktor ja nicht eingehen dürfen), ergibt sich aus Formel (3.6) für die letzten vier Beobachtungsjahre

$$\widetilde{G}(2012) = 790, \quad \widetilde{G}(2013) = 1010, \quad \widetilde{G}(2014) = 816, \quad \widetilde{G}(2015) = 930.$$

Eine Regression der letzten drei Werte auf Basis einer linearen Regressionsfunktion liefert die Gerade $y(t) = -40 \cdot (t - 2012) + 999$[5]. Extrapolation auf das Jahr 2017 ergibt somit für den rechnungsgmäßigen Grundkopfschaden $y(2017) = 799$ €. Dieser Wert ist aber unter Umständen nicht geeignet für die künftige Kalkulation, da er noch unter dem Wert aus 2015 liegt und die drei Jahre 2013–2015 keinen einheitlichen Trend aufweisen.

Eine Regression aller vier Werte auf Basis einer linearen Regressionsfunktion liefert die Gerade $y(t) = 23 \cdot (t - 2011) + 830$. Extrapolation auf das Jahr 2017 ergibt für den rechnungsmäßigen Grundkopfschaden nun $y(2017) = 968$ €. Dieser Wert liegt immerhin über dem des letzten Beobachtungsjahres 2015. Aber aufgrund der starken Schwankungen der Daten ist zu überlegen, ob noch weitere Jahre einbezogen werden sollten. Alternativ ist die Verwendung einer anderen Regressionsfunktion zu erwägen oder auch einer anderen Methode aus der Zeitreihenanalyse, oder Hinzuziehen der Daten eines vergleichbaren Tarifs.

Für einen 40-jährigen Versicherungsnehmer mit bisheriger Brutto-Monatsprämie $b^a = 220$ € ergibt die Beitragsanpassung die neuen Parameter $\Delta^n = 7\,\%$, $\ddot{a}^n_{40} = 16{,}1$ und eine neue Brutto-Monatsprämie von $b^n = 260$ €. Allerdings sollen Prämienerhöhungen laut Versicherungsbedingungen auf $R = 15\,\%$ der ursprünglichen Prämie begrenzt sein, so dass als neue Brutto-Monatsprämie $b^{n,\,\lim} = 1{,}15 \cdot 220 = 253$ € anzusetzen ist. Der jährliche Fehlbetrag von $12 \cdot 7 = 84$ € soll durch einen Einmalbetrag E auf die Alterungsrückstellung gegenfinanziert werden. Seine Höhe lautet nach (8.5)

$$E = 84 \cdot (1 - \Delta^n) \cdot \ddot{a}^n_{40} = 1258\,€. \qquad \blacktriangle$$

8.5 Anpassung absoluter Selbstbehalte

Hat ein Tarif einen absoluten Selbstbehalt der Höhe a, so beruht die Bestimmung neuer Kopfschäden auf Beobachtungsdaten, die aus bei a gekappten Echtwerten bestehen (siehe Abschn. 3.2.2). Insofern beziehen sich die neuen Kopfschäden ebenfalls auf dieses a. Würde man bei einer Erhöhung der Kopfschäden die Grenze a immer unverändert lassen, so nähme der Effekt der gewünschten Beitragsbegrenzung mit der Zeit immer weiter ab.

[5] Der Leser sollte dies nachprüfen, z. B. mit Hilfe einer geeignete Software wie einem Tabellenkalkulationsprogramm.

Daher sollte der Selbstbehalt ebenfalls mitwachsen. Allerdings ist das richtige Ausmaß der Steigerung nicht so einfach zu bestimmen.

Für die weiteren Überlegungen erinnern wir an die Zusammenhänge (a)–(c) aus Abschn. 3.2.2 und bezeichnen die an jener Stelle eingeführten Rechnungsbeträge einer x-jährigen Person mit R_x[6]. Eine Verallgemeinerung von (3.2) für $a \leq a' \leq \lambda \cdot a$ lautet (siehe Aufgabe 8.3)

$$\begin{aligned} &K_x^{a'}(t+1) \qquad (8.6)\\ &= \lambda \cdot K_x^a(t) + \mathrm{E}[\max\{\lambda \cdot R_x(t) - a', 0\} \cdot \mathbf{1}_{\{a' < \lambda \cdot R_x(t) \leq \lambda \cdot a\}}] + (\lambda \cdot a - a') \cdot \mathrm{P}[a < R_x(t)]. \end{aligned}$$

Für $a' = a$ folgt wieder (3.2). Ist dagegen $a' = \lambda \cdot a$, dann erhält man

$$K_x^{\lambda \cdot a}(t+1) = \lambda \cdot K_x^a(t),$$

die Kopfschäden steigen dann wie die Rechnungsbeträge.

Eine Steigerung der Rechnungsbeträge sollte natürlich auch nur höchstens dieselbe Steigerung der Kopfschäden verursachen (abgesehen von Sondereffekten, siehe Ende des Abschn. 3.2.4), so dass ein geeigneter Wert für den neuen Selbstbehalt a' zwischen a und $\lambda \cdot a$ liegen muss.

An dieser Stelle offenbart sich nun das eigentliche Problem: Steigen die Rechnungsbeträge um den Faktor λ, dann steigen die Kopfschäden mit Selbstbehalt um einen Faktor λ' mit $\lambda' > \lambda$ (siehe (b) in Abschn. 3.2.2). Eine geeignete Anpassung des Selbstbehalts erfordert die Kenntnis von λ (da $a' \leq \lambda \cdot a$ sein muss), aus den Beobachtungsdaten lässt sich aber nur λ' ermitteln. Die Ursache liegt darin, dass das Krankenversicherungsunternehmen die nicht eingereichten Rechnungsbeträge nicht kennt, so dass keine umfassende Datenerhebung möglich ist[7].

Eine anerkannte Vorgehensweise zur Ermittlung von a' geht von folgender Gleichung aus:

$$\frac{\sum_{x \in A} n_x \cdot K_x^{a'}(t+1)}{\sum_{x \in A} n_x \cdot K_x^a(t)} = \frac{a'}{a}, \qquad (8.7)$$

d. h. die relative Erhöhung der gesamten Erstattungen der betrachteten Einheit (vor der Anpassung mit a und danach mit a') soll gleich der relativen Erhöhung der Selbstbehaltgrenze sein[8]. Nun gilt folgender Zusammenhang:

[6] Statt wie dort mit R_i; die Beträge hängen natürlich von der konkreten Person i ab, aber die hier interessierenden Verteilungseigenschaften wieder nur von x.

[7] Diese Problematik wird z. B. in [1] detailliert behandelt.

[8] Dabei werden beide Erstattungen symbolisch zum selben Zeitpunkt bestimmt, in dem es im Mittel n_x Versicherte des Alters x in der Beobachtungseinheit gibt.

Satz 8.1 (Geeignete Selbstbehalte bei Kostensteigerung)
Steigen die erwarteten Rechnungsbeträge von Jahr t nach Jahr t + 1 um λ, *dann gilt für* $a' \leq \lambda \cdot a$:

$$\frac{\sum_{x \in A} n_x \cdot K_x^{a'}(t+1)}{\sum_{x \in A} n_x \cdot K_x^a(t)} = \frac{a'}{a} \quad \Rightarrow \quad a' = \lambda \cdot a.$$

▷ *Beweis:* Nach (8.6) gilt mit $S_x := \mathrm{E}[\max\{\lambda \cdot R_x(t) - a', 0\} \cdot \mathbf{1}_{\{a' < \lambda \cdot R_x(t) \leq \lambda \cdot a\}}] > 0$

$$\begin{aligned} \frac{a'}{a} &= \frac{\sum_{x \in A} n_x \cdot K_x^{a'}(t+1)}{\sum_{x \in A} n_x \cdot K_x^a(t)} \\ \Leftrightarrow \frac{a'}{a} \cdot \sum_{x \in A} n_x \cdot K_x^a(t) &= \sum_{x \in A} n_x \cdot [\lambda \cdot K_x^a(t) + (\lambda \cdot a - a') \cdot \mathrm{P}[a < R_x(t)] + S_x] \\ \Leftrightarrow \qquad 0 &= \sum_{x \in A} n_x \cdot [(\lambda - \tfrac{a'}{a}) \cdot K_x^a(t) + (\lambda \cdot a - a') \cdot \mathrm{P}[a < R_x(t)] + S_x]. \end{aligned}$$

Aus $a' \leq \lambda \cdot a$ folgt, dass die drei Summanden in der eckigen Klammmer positiv sind, so dass für jedes $x \in A$ jeder Summand in der eckigen Klammer jeweils Null sein muss. Das bedeutet aber $a' = \lambda \cdot a$. ■

Aus diesem Satz ergibt sich nun folgende praktische Methode zur Bestimmung von a' und λ aus den Beobachtungsdaten: In Abschn. 3.2.4 wurde eine mögliche Herleitung von Kopfschäden für die Tarifierung anhand von Beobachtungsdaten beschrieben. Speziell sei an Formel (3.3) des unberichtigten jährlichen Gesamtschadens der x-Jährigen in Jahr t erinnert:

$$y_x(t) = \sum_{i \in J_x^*(t)} y_i(t).$$

Handelt es sich dabei um Daten eines Tarifs mit Selbstbehalt a, dann wurden alle $y_i(t)$ bereits nach Abzug dieses Selbstbehalts ermittelt. Für $a' > a$ kann man dann auch

$$y_x^{a'}(t) := \sum_{i \in J_x^*(t)} \max\{y_i(t) - (a' - a), 0\}$$

berechnen, also den fiktiven Gesamtschaden, der sich bei Anwendung des Selbstbehalts a' statt a ergeben würde. Die Zusatzeffekte, die zu den modifizierten Schäden $s_x(t)$ aus (3.4) führen, müssen bei dieser Rechnung evtl. ebenfalls an a' angepasst werden. Auf diesem Wege gelangt man zu fiktiven Profilen $\{k_x^{a'}\}_{x \in A}$ und extrapolierten Grundkopfschäden $\widetilde{G}^{a'}$ unter dem Selbstbehalt a'. Als bisherige Kopfschäden $K_x^a(t)$ in Satz 8.1 nimmt man die im Jahr t_0 aktuellen Kopfschäden.

Der Wert a' muss nun solange variiert werden, bis (8.7) erfüllt ist. Dann erhält man den neuen Selbstbehalt (und auch den Wert λ). Dies ist i. Allg. nur näherungsweise möglich, unter anderem auch weil Selbstbehaltgrenzen oft nur ganzzahlige Vielfache tariflich vorgegebener Grundwerte sein sollen. All diese Berechnungen sind insgesamt sehr umfangreich.

8.6 Ältere Versicherte

Es wurde bereits zu Beginn des Kapitels angesprochen, dass gerade ältere Versicherte (bzw. solche mit langer Versicherungsdauer) stärker unter einer Beitragsanpassung zu leiden haben als jüngere (bzw. solche mit geringer Versicherungsdauer). Numerisch wurde dieser Effekt in Abschn. 7.5 des letzten Kapitels beleuchtet. In folgendem Satz wird dieses sog. versicherungsmathematische Altenproblem speziell für Nettoprämien im Fall einmal veränderter Kopfschäden nochmals quantitativ beschrieben.

Satz 8.2 (Versicherungsmathematisches Altenproblem)
Es werde ein Versicherungsnehmer mit Eintrittsalters x_e betrachtet. Findet die erste Tarifänderung im Alter $x > x_e$ statt und besteht diese nur aus einer altersunabhängigen Steigerung der Kopfschäden um den Faktor λ, dann lautet die Netto-Jahresprämie nach der Änderung

$$\begin{aligned} P^n &= (1+\lambda)\cdot P_{x_e} + \lambda\cdot(P_x - P_{x_e}) \\ &= (1+\lambda)\cdot P_{x_e} + \frac{{}_{x-x_e}V^n_{x_e} - {}_{x-x_e}V_{x_e}}{\ddot{a}_x}. \end{aligned} \tag{8.8}$$

▷ *Beweis:* Die erste Gleichung folgt direkt aus (7.4), wenn man beachtet, dass aus den Voraussetzungen

$$P^n_s = (1+\lambda)\cdot P_s$$

folgt für alle $s \in A$. Nach Satz 6.4(a) ist

$$\begin{aligned} {}_{x-x_e}V^n_{x_e} - {}_{x-x_e}V_{x_e} &= (P^n_x - P^n_{x_e})\cdot\ddot{a}_x - (P_x - P_{x_e})\cdot\ddot{a}_x \\ &= ((1+\lambda)\cdot P_x - (1+\lambda)\cdot P_{x_e})\cdot\ddot{a}_x - (P_x - P_{x_e})\cdot\ddot{a}_x \\ &= \lambda\cdot(P_x - P_{x_e})\cdot\ddot{a}_x. \end{aligned}$$

Daher ergibt sich auch

$$P^n = (1+\lambda)\cdot P_{x_e} + \frac{{}_{x-x_e}V^n_{x_e} - {}_{x-x_e}V_{x_e}}{\ddot{a}_x}. \qquad \blacksquare$$

Man erkennt, dass die neue Prämie aus dem $1+\lambda$-fachen der bisherigen Prämie besteht (das bildet die reine Erhöhung der Kopfschäden ab) plus einem Term $P_x - P_{x_e}$, der bei

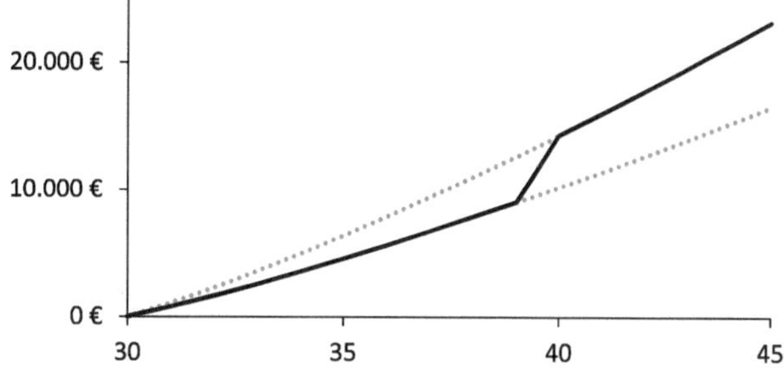

Abb. 8.2 Verlauf einer Alterungsrückstellung vor und nach einer Kopfschadensteigerung im Alter 40

monoton wachsenden Kopfschadenreihen immer positiv ist und auch immer größer wird, je größer die Differenz $x - x_e$, also die Versicherungsdauer, ist (siehe Satz 5.3).

Gleichung (8.8) gibt Auskunft darüber, was diese zusätzliche Differenz genau ist. Der Versicherungsnehmer sammelt über die gesamte bisherige Versicherungsdauer $x - x_e$ Gelder in der Alterungsrückstellung an. Für die erhöhten Kopfschäden gilt wieder nach dem Äquivalenzprinzip bzw. (6.2)

$$(1 + \lambda) \cdot P_{x_e} \cdot \ddot{a}_x + {}_{x-x_e}V^n_{x_e} = A^n_x.$$

Die um λ erhöhte ursprüngliche Prämie ist also nur dann für die Finanzierung von A^n_x ausreichend, wenn auch die zu den erhöhten Leistungen gehörende Alterungsrückstellung ${}_{x-x_e}V^n_{x_e}$ vorhanden ist. Da aber nur ${}_{x-x_e}V_{x_e}$ angesammelt wurde, muss auch die Differenz der Rückstellungen durch die restlichen Prämienzahlungen aufgebracht werden; genau das besagt (8.8). Dieser Fehlbetrag wächst mit jedem Jahr der Versicherungsdauer bis zur Erhöhung. In Abb. 8.2 sind zwei Rückstellungsverläufe eines Ambulanttarifs mit Eintrittsalter 30 zu sehen. Die obere Linie wird im Vergleich zur unteren mit einem um 20 % erhöhten Grundkopfschaden berechnet. Der Versicherungsnehmer startet seinen Vertrag mit der nicht erhöhten Variante. Im Alter 40 findet die Erhöhung statt. Die durchgezogene Linie stellt den Rückstellungsverlauf für diese Person dar, der Sprung ${}_{10}V^n_{30} - {}_{10}V_{30}$ ist deutlich erkennbar. Dieser muss vom Versicherungsnehmer zusätzlich zu den Erhöhungen der künftigen Schäden finanziert werden.

In Kap. 11 werden wir uns mit den Maßnahmen befassen, die der Gesetzgeber ergriffen hat, um diesem Effekt entgegenzuwirken.

8.7 Aufgaben

A. 8.1

In einem ungezillmerten Tarif ist eine Beitragsanpassung durchzuführen. Dabei ändern sich nur die Grundkopfschäden. Berechnen Sie unter Verwendung der unten angegebenen Werte für eine Frau mit dem erreichten Alter $x + m = 55$ und der bisherigen Brutto-Monatsprämie $b^a = 130{,}06$ €

(a) die bisherige Alterungsrückstellung,
(b) die neue Brutto-Monatsprämie b^n,
(c) die neue Brutto-Monatsprämie, wenn die Erhöhung begrenzt wird auf maximal 10 % der bisherigen,
(d) den für (c) erforderlichen Einmalbeitrag.

Benötigte Werte:

- $G^a = 1231\,€, G^n = 1386\,€$,
- $A^a_{55} = 40.080\,€, \ddot{a}_{55} = 16{,}9$,
- $\Delta = 0.07, \gamma = 400\,€$.

A. 8.2

Weisen Sie nach, dass die Regressionsgerade, die durch die beobachteten Grundkopfschäden der letzten drei Beobachtungsjahre bestimmt wird, die Gestalt aus (8.1) besitzt.

A. 8.3

Leiten Sie (8.6) her.

A. 8.4 (DAV 2005/2)

Der Aktuar eines privaten Krankenversicherers hat im April 2004 folgende Werte für Männer eines nach Art der Lebensversicherung betriebenen Krankheitskostentarifs A festgestellt:

Jahr	1999	2000	2001	2002	2003
Tats. Grundkopfschaden	620 €	624 €	670 €	650€	684 €

(a) Bestimmen Sie entsprechend dem im Anhang der KVAV dargestellten Verfahren den extrapolierten Grundkopfschaden, den der Aktuar für die nach dem Ende des Jahres 2003 zu erstellende Gegenüberstellung von erforderlichen und kalkulierten Versicherungsleistungen benötigt.
(b) Wem hat das Unternehmen diese Gegenüberstellung vorzulegen?
(c) Herr Müller ist nach Tarif A versichert. Der Leistungsdatei des Tarifs A sind folgende Daten über Herrn Müller zu entnehmen:

Vorgang Nr.	1	2	3	4
Behandlungsgrund	Beinbruch am 31.12.1999	1. Nachbehandlung Beinbruch vom 31.12.1999	2. Nachbehandlung Beinbruch vom 31.12.1999	3. Nachbehandlung Beinbruch vom 31.12.1999
Behandlungstermin	1.1.–18.1.2000	1.11.–1.12.2000	1.10.–5.10.2001	2.9.2002
Rechnungsdatum	20.1.2000	31.1.2000	7.12.2001	30.9.2002
Re. eingereicht am	25.1.2000	1.5.2001	3.4.2002	15.10.2002
Lst. erstattet am	29.1.2000	28.5.2001	8.4.2002	14.1.2003

Geben Sie für jeden der vier Vorgänge das Jahr an, für das die erstattete Leistung in den oben angegebenen tatsächlichen Grundkopfschaden eingeflossen ist.

(d) Wie ist der Versicherungsfall in den Allgemeinen Versicherungsbedingungen (MB/KK) definiert?

A. 8.5 (DAV Mai 2007/3)
Im März 2007 liegen dem Aktuar für die Beobachtungseinheit Männer eines nach Art der Lebensversicherung betriebenen Krankheitskostentarifs A folgende Werte vor (zur Vereinfachung sind nur wenige Alter besetzt):

x	S_x^{04}	L_x^{04}	S_x^{05}	L_x^{05}	S_x^{06}	L_x^{06}	k_x
38	51.600	120	59.856	135	64.644	151	0,895
39	52.736	103	61.173	118	71.067	124	0,911
40	89.866	98	74.245	99	70.185	100	0,936
41	49.417	95	87.324	96	95.310	105	0,958

Unterstellen Sie im Folgenden, dass der Bestand sich zwischen 2006 und 2008 nicht ändert.

(a) Welche erforderliche Versicherungsleistung ergibt sich für 2008 bei einer Berechnung gemäß Anhang II der KVAV?
(b) Welche kalkulierte Versicherungsleistung ergibt sich für 2008 bei einem aktuellen rechnungsmäßigen Grundkopfschaden in Höhe von 707,16?
(c) Die Gegenüberstellung von erforderlichen und kalkulierten Versicherungsleistungen ergebe im Tarif A eine Abweichung in Höhe von 4,1 % (Männer), 10,0 % (Frauen) und 12,7 % (Kinder/Jugendliche). Für die Überprüfung der Prämien des Tarifs gelte der im Versicherungsaufsichtsgesetz (§ 155 Abs. 3 VAG) genannte Prozentsatz. Unter welchen Bedingungen ist dann für eine im Tarif A versicherte Person eine Beitragsanpassung vorzunehmen?

A. 8.6 (DAV 2013/2)
Man betrachte einen Tarif der substitutiven Krankenversicherung.

(a) Aus welchen vier Quellen kann ein Einmalbeitrag zur Limitierung von Beitragserhöhungen bei Vorliegen der gesetzlichen Voraussetzungen entnommen werden?
(b) In dem Tarif wird eine Beitragsanpassung durchgeführt, die zu Mehrbeiträgen führt. Diese Mehrbeiträge $B^n - B^a$ sollen in Höhe von α' gezillmert werden[9]. Weiter soll eine Limitierung der sich nach dem Äquivalenzprinzip ergebenden Beiträge B^n auf diejenigen Beiträge ${}^{\lim}B^n$, die sich ohne Zillmerung der Mehrbeiträge ergeben hätten, erfolgen.

[9] In dieser Aufgabe bezieht sich α' auf die Brutto-Jahresprämie.

- Beweisen Sie: Bei Versicherten, die das 45. Lebensjahr noch nicht vollendet haben, erfordert die Limitierung einen Einmalbeitrag in Höhe von $E = \alpha' \cdot (B^n - B^a)$.
- Was ist bei der Ermittlung von B^n bei Versicherten, die das 45. Lebensjahr vollendet haben, zu beachten, und was würde sich bezüglich eines Einmalbeitrags ergeben?

A. 8.7 (DAV 2014/5)
In einem Tarif (kein Krankentagegeldtarif), der nach Art der Lebensversicherung kalkuliert ist, soll die Gegenüberstellung der Sterbewahrscheinlichkeiten nach § 155 Abs. 4 VAG vorgenommen werden.

(a) Zeigen Sie: Wenn die erforderlichen (erf) Sterbewahrscheinlichkeiten in allen Altern unter den kalkulierten (kalk) liegen bzw. gleich sind, gilt für die Leistungsbarwerte gemäß § 16 Abs. 1 KVAV:

$$A_x^{\text{erf}} \geq A_x^{\text{kalk}}.$$

(b) Es gelte $A_x^{\text{erf}} = (1{,}1 - \frac{x}{1000}) \cdot A_x^{\text{kalk}}$ für $21 \leq x \leq 95$. Wie lautet das Ergebnis der Gegenüberstellung?

(c) Es gelte $\text{AF}_{\text{Sterb}} = 1{,}07$. Was bedeutet das hinsichtlich einer Beitragsanpassung?

Literatur

1. Behne, J.: Ein Verfahren zur Konstruktion von möglichen Verteilungskurven bei Selbstbehalttarifen. Blätter der DGVFM, Band XIV, Heft 4, S. 695–698
2. Beichelt, F., Montgomery, D.: Teubner-Taschenbuch der Stochastik. Teubner, Wiesbaden (2003)
3. DAV-Ausschuss Kranken: Aktuarielle Methoden zur Beitragsverstetigung. Ergebnisbericht des Ausschusses Krankenversicherung (2014)
4. DAV-Ausschuss Kranken: Sachgerechte Kalkulation gemäß § 12b VAG. Fachgrundsatz der DAV (2015)
5. DAV-Ausschuss Kranken: Aktuarielle Festlegung eines angemessenen Rechnungszinses für eine Beobachtungseinheit. Fachgrundsatz der DAV (2016)
6. Rudolph, J., Weber, R., Förster, D., Maiwald, K. J., Biederbick, A.: Berechnung der auslösenden Faktoren anhand von Stütztarifen. Der Aktuar, 19, Heft 3, S. 132–137

Übertragungswert 9

Die bisherigen Überlegungen basieren auf der Prämisse, dass bei Ausscheiden aufgrund von Storno die bis zu diesem Zeitpunkt angesammelte Alterungsrückstellung dem Kollektiv zufällt, welches die Person verlässt. Dies wird berücksichtigt durch die Stornowahrscheinlichkeiten w_x in der Berechnung der Barwerte.

Das entspricht aber nicht den aktuellen Gegebenheiten. Im Rahmen des GKV-Wettbewerbsstärkungsgesetzes (siehe Abschn. 1.1) wurde für alle substitutiven Versicherungsverträge, die ab dem 1.1.2009 abgeschlossen werden, der Übertragungswert eingeführt. Vorangegangen waren lange Diskussionen über die Frage, wem die Alterungsrückstellung eines Versicherten gehört. Bereits in Abschn. 6.1 wurde erläutert, dass man die Rückstellung eher als eine kollektive Größe ansehen sollte. Die individuelle Alterungsrückstellung ergibt sich dabei durch eine rein technische Aufteilung dieser Kollektivgröße auf die einzelnen Versicherten. Trotzdem wurde diese durch die Prämien der Versicherten finanziert, so dass der Gedanke nachvollziehbar ist, dem Versicherten ein gewisses Anrecht – in welcher Form auch immer – darauf zuzusprechen. Es gibt durchaus gute Gründe sowohl für als auch gegen die Einführung eines Übertragungswertes.

Ob damit der Wettbewerb zwischen den PKV-Unternehmen angekurbelt wird, soll hier nicht bewertet werden. Seit der Einführung des Übertragungswertes ist jedenfalls kein wesentlich erhöhtes Storno innerhalb der PKV festzustellen. Zwar ist ein Wechsel für den Versicherten nun nicht mehr mit denselben finanziellen Verlusten verbunden wie zuvor, trotzdem können diese immer noch so erheblich sein, dass ein Wechsel – aus rein finanzieller Sicht – kaum sinnvoll erscheinen mag. Außerdem, so wird sich zeigen, führt die Existenz einer Stornoleistung automatisch zu höheren Prämien für alle Versicherten. Schließlich muss beim neuen Unternehmen auch eine erneute Gesundheitsprüfung abgelegt werden, so dass anzunehmen ist, dass hauptsächlich gesunde Personen einen solchen Wechsel in Betracht ziehen werden. Allerdings ist auch anzumerken, dass ein Wechselwunsch nicht immer nur finanzielle Gründe haben muss.

T. Becker, *Mathematik der privaten Krankenversicherung*,
Studienbücher Wirtschaftsmathematik, https://doi.org/10.1007/978-3-658-16666-3_9

9.1 Rechtsgrundlagen des Übertragungswertes

Wechselt ein Versicherungsnehmer das PKV-Unternehmen, so sind der alte und der neue Tarif kaum direkt vergleichbar, da die Tarife unternehmensindividuell sind. Um festzulegen, welcher Wert dem Versicherungsnehmer sinnvollerweise beim Wechsel zuzuschreiben ist, hat man daher den Basistarif als brancheneinheitlichen Tarif zur Grundlage gemacht. Wäre der Versicherungsnehmer im Basistarif versichert, hätte er in jedem Unternehmen im Wesentlichen dieselbe Alterungsrückstellung aufgebaut. Würde er also in den Basistarif des neuen Unternehmens wechseln, ergäben sich keine Verluste. Dies greift zunächst das VAG auf:

§ 146 (1) VAG

Soweit die Krankenversicherung ganz oder teilweise den im gesetzlichen Sozialversicherungssystem vorgesehenen Kranken- oder Pflegeversicherungsschutz ersetzen kann (substitutive Krankenversicherung), darf sie im Inland [. . .] nur nach Art der Lebensversicherung betrieben werden, wobei [. . .]

5. *in dem Versicherungsvertrag die Mitgabe des Übertragungswerts desjenigen Teils der Versicherung, dessen Leistungen dem Basistarif [. . .] entsprechen, bei Wechsel des Versicherungsnehmers zu einem anderen privaten Krankenversicherungsunternehmen vorzusehen ist; dies gilt nicht für vor dem 1. Januar 2009 abgeschlossene Verträge [. . .]*

Der Übertragungswert ist also ein Wert, der dem Versicherten nur bei Wechsel in ein anderes PKV-Unternehmen zusteht, nicht bei Übergang in die GKV oder z. B. bei dauerhaftem Wegzug aus Deutschland. Dieser Wert steht bei der Prämienkalkulation im neuen Unternehmen als Einmalbetrag zur Verfügung und senkt den Überlegungen aus Abschn. 5.8 zufolge die neue Prämie. So muss der Wechsler nicht die komplette Neugeschäftsprämie zahlen, die nach seinem aktuellen Alter berechnet wird und entsprechend hoch sein kann. Der Übertragungswert ist meist geringer als die Alterungsrückstellung beim verlassenen Unternehmen, so dass möglicherweise trotzdem ein finanzieller Verlust beim Versicherten verbleibt.

Wechselt ein Versicherungsnehmer von einem alten Tarif ohne Übertragungswert in einen mit Übertragungswert bei einem anderen Unternehmen, so gilt:

§ 14 (4) KVAV

Kündigt ein Versicherter, dessen Vertrag vor dem 1. Januar 2009 geschlossen wurde, seinen Vertrag und schließt gleichzeitig einen neuen Vertrag bei einem anderen Krankenversicherer, der die Mitgabe eines Übertragungswertes vorsieht, beschränkt sich der Übertragungswert [. . .] auf den Betrag, der ab dem Wechsel in einen Tarif mit Übertragungswert aufgebaut wurde [. . .]

Weitere Details aus der KVAV besprechen wir im folgenden Abschnitt.

9.2 Die Definition des Übertragungswertes

Eine genaue Definition des Übertragungswertes gibt das KVAV:

§ 14 (1) KVAV

Der Übertragungswert gemäß § 146 Absatz 1 Nummer 5 des Versicherungsaufsichtsgesetzes für ab dem 1. Januar 2009 abgeschlossene Verträge berechnet sich als Summe aus

1. *der Alterungsrückstellung, die aus dem Beitragszuschlag nach § 149 des Versicherungsaufsichtsgesetzes entstanden ist, und*
2. *der Alterungsrückstellung für die gekündigten Tarife bis zur Höhe der fiktiven Alterungsrückstellung; ergibt sich ein negativer Wert, wird er durch Null ersetzt.*

Die Alterungsrückstellung für die gekündigten Tarife ist [...] mindestens [...] der Betrag der Alterungsrückstellung, der sich bei gleichmäßiger Verteilung der kalkulierten Abschluss- und Vertriebskosten, die mittels Zillmerung finanziert werden, auf die ersten fünf Versicherungsjahre ergibt. Die fiktive Alterungsrückstellung ist die Alterungsrückstellung, die sich ergeben hätte, wenn der Versicherte von Beginn an im Basistarif versichert gewesen wäre. [...]

Hier werden bereits die wesentlichen Punkte bei der Ermittlung des Übertragungswertes genannt[1].

Laut Verordnung ist zunächst eine neue Alterungsrückstellung zu berechnen, bei der der Zillmervorgang gestreckt ist. Die Aufteilung der Zillmerkosten geschieht durch Addition entsprechender Beträge auf die gewöhnliche gezillmerte Alterungsrückstellung, wodurch die Zillmerung zum Teil wieder rückgängig gemacht wird. Nach 5 Jahren ist dieser Effekt beendet. Es gibt keine Vorschrift, wie die Korrekturbeträge genau aussehen sollen. Ein einfacher Ansatz für diese Alterungsrückstellung ist

$$V_{x_e+m}^{\mathrm{AZ}}(B) = \begin{cases} V_{x_e+m}^{Z}(B) + \dfrac{\alpha \cdot B}{12} \cdot \dfrac{5-m}{5}, & \text{falls } m < 5 \\ V_{x_e+m}^{Z}(B), & \text{falls } m \geq 5, \end{cases}$$

wobei AZ für *alternative Zillmerung* steht. Dies ist natürlich nur sinnvoll, falls kalkulatorisch noch 5 Jahre verbleiben, sonst muss die Zahl 5 entsprechend verringert werden.

Laut Definition sowie (6.4) gilt $V_{x_e}^{\mathrm{AZ}}(B) = 0$. Die gezillmerte Alterungsrückstellung kann durchaus länger als 5 Jahre negativ sein, so dass $V_{x_e+m}^{\mathrm{AZ}}(B)$ nicht immer positiv sein muss, auch nicht für $m < 5$. Abb. 9.1 zeigt ein Beispiel für Eintrittsalter 40 und einen Vergleich mit der Netto- und Zillmer-Rückstellung in den ersten 7 Jahren.

[1] In Absatz 2 des Paragrafen wird auch ein Übertragungswert für Verträge mit Beginn vor dem 1.1.2009 formuliert. Dies bezieht sich aber nur auf Wechsel in den Basistarif des neuen Unternehmens unter sehr restriktiven Bedingungen, die in § 204 Abs. 1 Satz 1 des VVG formuliert werden.

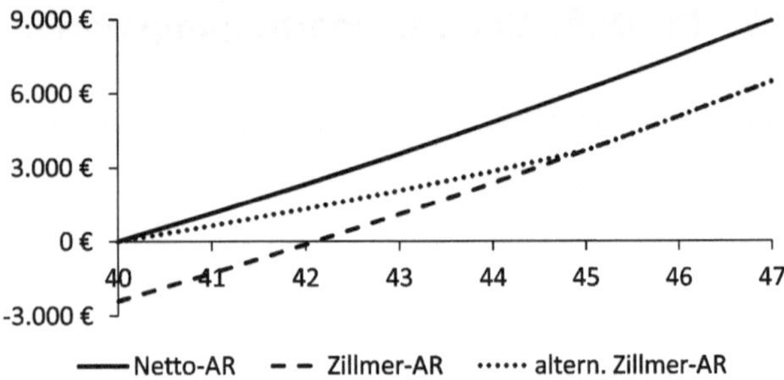

Abb. 9.1 Vergleich der Netto- und Zillmer-Alterungsrückstellung mit der alternativ gezillmerten Alterungsrückstellung für einen Versicherungsnehmer mit Eintrittsalter 40 in den ersten sieben Versicherungsjahren

Daneben muss für den Versicherungsnehmer eine weitere Rückstellung berechnet werden. Sie gehört zu einem fiktiven Vertrag, in dem die Person im Basistarif des Unternehmens versichert ist mit gleichem Eintrittsalter x_e wie beim eigentlichen Tarif. Man nennt diesen fiktiven Vertrag auch den Schattenvertrag. Die zugehörige Alterungsrückstellung sei mit ${}_mV^{\mathrm{BT}}_{x-m}$ bezeichnet[2].

Schließlich benötigt man noch den Wert der Zusatz-Alterungsrückstellung V_x^{GZ} (siehe Abschn. 6.4; die Bezeichnung ist an die allgemeine Form $V_x(B)$ angepasst, wobei das Symbol für die aktuelle Prämie B weggelassen wird, denn sie liefert für retrospektive Rückstellungen wie V_x^{GZ} keine ausreichende Information).

Definition 9.1 (Übertragungswert)
Findet ein Wechsel zu einem anderen privaten Krankenversicherer statt im Alter x bei abgelaufener Vericherungsdauer m und finanzierender Prämie B, so ist der Übertragungswert *definiert als*

$$\text{ÜW}_{x,m} = \max\{0, \min\{V_x^{\mathrm{AZ}}(B), {}_mV^{\mathrm{BT}}_{x-m}\}\} + V_x^{\mathrm{GZ}}.$$

In $V_x^{\mathrm{AZ}}(B)$ sind neben allen Tarifänderungen und Beitragsanpassungen des individuellen Vertrages auch etwaige Einmalbeträge (z. B. aus Limitierungen, siehe Abschn. 8.4) enthalten. Insofern hängt der Übertragungswert nicht nur von x, m oder dem aktuellen Tarif ab, sondern auch der individuellen Historie des Versicherungsvertrages. Die Bezeichnung $\text{ÜW}_{x,m}$ wäre dann nur passend, wenn es sich um einen von Versicherungsbeginn an unveränderten Vertrag handelt. Dies wird im folgenden Abschnitt aufgegriffen.

Die Finanzierung eines Übertragungswertes kann vollständig in die Kalkulation der Barwerte A_x und $\ddot{a}_x$ integriert werden. Daher gelten für Tarife mit Übertragungswert die Formeln für Prämien und Alterungsrückstellungen aus den Kap. 5 und 6. Die notwendigen Modifikationen (der Kopfschäden bzw. Stornowahrscheinlichkeiten) werden nun besprochen. Es gibt zwei Modelle, das interne und das externe Modell.

[2] Wir verwenden hier die Schreibweise ${}_mV_{x_e}$, da der Basistarif brancheneinheitlich ist und für die fiktive Rückstellung nicht auf eine verwickelte Änderungshistorie zurückzugreifen ist. Sie wird wie eine von Versicherungsbeginn laufende unveränderte Versicherung kalkuliert.

9.3 Das interne Modell

Wir erinnern an die Rekursionsformel der Alterungsrückstellung nach Satz 7.3(a), umgeschrieben zu[3]

$$V_{x+1}(B) = \frac{1}{v} \cdot [P^Z(B) - K_x + V_x(B)] + q_x \cdot V_{x+1}(B) + w_x \cdot V_{x+1}(B). \qquad (*)$$

Die finanzierende Prämie B und damit die Alterungsrückstellung $V_x(B)$ werden kalkuliert auf Basis der aktuellen Kopfschadenreihe $\{K_x\}_{x\in A}$ sowie der Ausscheidewahrscheinlichkeiten $\{q_x\}_{x\in A}$ und $\{w_x\}_{x\in A}$. Man erkennt, dass der Wert der Alterungsrückstellung durch die Vererbung $w_x \cdot V_{x+1}(B)$ der stornierenden Versicherungsnehmer erhöht wird. In unserer Situation steht aber nicht mehr der volle Betrag $w_x \cdot V_{x+1}(B)$ für die Vererbung zur Verfügung.

Um eine Idee zu bekommen, wie die Modifikation aussehen sollte, nehmen wir zunächst an, dass bei Storno ein nur vom Alter abhängiges Vielfaches der Alterungsrückstellung ausgezahlt wird. Aufgrund dieser zusätzlichen Auszahlungsbeträge werden sich neue Barwerte, Prämien und Rückstellungen ergeben, die mit einem Strich gekennzeichnet werden. Der Auszahlungsbetrag bei Storno ist also $v \cdot \delta_x \cdot V'_{x+1}(B')$[4] mit $0 < \delta_x < 1$. Der Versicherer erwartet für die Storno-Leistung dann eine Auszahlung der Höhe

$$w_x \cdot v \cdot \delta_x \cdot V'_{x+1}(B'). \qquad (9.1)$$

Dieser Betrag wird zu dem Kopfschaden K_x als zusätzliche Leistung addiert und die Formel etwa für den Leistungsbarwert lautet dann (analog zu Satz 4.3)

$$A'_x = \sum_{t=0}^{\omega-x} v^t \cdot \prod_{j=0}^{t-1}(1 - q_{x+j} - w_{x+j}) \cdot (K_{x+t} + w_{x+t} \cdot v \cdot \delta_{x+t} \cdot V'_{x+t+1}(B')). \qquad (9.2)$$

Dieser Wert kann zunächst nicht berechnet werden, da B' und $V'_{x+t+1}(B')$ noch gar nicht bekannt sind. Die $(*)$ entsprechende Rekursionsformel für die gestrichenen Werte ergibt aber

$$\begin{aligned} &V'_{x+1}(B') \\ &= \frac{1}{v} \cdot [P^Z(B') - (K_x + w_x \cdot v \cdot \delta_x \cdot V'_{x+1}(B')) + V'_x(B')] + (q_x + w_x) \cdot V'_{x+1}(B') \\ &= \frac{1}{v} \cdot [P^Z(B') - K_x + V'_x(B')] + (q_x + (1 - \delta_x) \cdot w_x) \cdot V'_{x+1}(B'). \end{aligned}$$

Dies ist nun eine Rekursionsformel für Rückstellungen, wo die einzigen erwarteten Leistungen die Kopfschäden $\{K_x\}_{x\in A}$ sind und keine Auszahlungen im Stornofall stattfinden,

[3] Unter Verwendung von $p_x = 1 - q_x - w_x$.

[4] Da wir Leistungen immer vorschüssig ansetzen, dient der Faktor v dazu, den erst am Jahresende vorhandenen Wert $\delta_x \cdot V'_{x+1}(B')$ auf den Zeitpunkt der Zahlung K_x am Jahresanfang zu diskontieren.

allerdings mit verminderten Stornowahrscheinlichkeiten $(1 - \delta_x) \cdot w_x$. Die Stornoleistung ist somit durch geänderte Rechnungsgrundlagen abgebildet worden. Das ist der Inhalt des Satzes von Cantelli:

Satz 9.2 (Satz von Cantelli)
Wird bei Storno im Alter x vorschüssig der Betrag $v \cdot \delta_x \cdot V_{x+1}(B)$ ausgezahlt, so werden die Leistungs- und Prämienbarwerte kalkuliert mit den Formeln aus den Sätzen 4.3 und 4.5 (die keine Stornoauszahlung beinhalten), aber den veränderten Verbleibewahrscheinlichkeiten

$$\widetilde{p}_x := 1 - q_x - (1 - \delta_x) \cdot w_x.$$

Der Leistungsbarwert A'_x aus (9.2) kann nun also explizit berechnet werden als

$$A'_x = \sum_{t=0}^{\omega-x} v^t \cdot \prod_{j=0}^{t-1} (1 - q_{x+j} - (1 - \delta_x) \cdot w_{x+j}) \cdot K_{x+t}.$$

Je nach Wert von δ_x erhält man verschiedene Modelle. Ist $\delta_x \equiv 1$, wird bei Storno die gesamte Rückstellung mitgegeben und Stornowahrscheinlichkeiten kommen in der Kalkulation nicht mehr vor; dies entspricht der Situation in der klassischen Lebensversicherung. Ist $\delta_x \equiv 0$, so wird bei Storno alles ans Kollektiv vererbt; dies war die Situation in den bisherigen Kapiteln. Nach Satz 5.10(b), der in dieser Form ja auch für Stornowahrscheinlichkeiten gilt, steigt die Prämie an, sobald δ_x größer wird. In diesem Sinne wird eine Mitgabe von Teilen der Rückstellung bei Storno durch eine erhöhte Prämie finanziert.

Beispiel 9.1 Wir betrachten den Ambulanttarif mit 0–100 € Selbstbehalt für Frauen auf Basis der BaFin-Tafeln 2014 und der PKV Sterbetafel 2016. Es bezeichne $P_x(s)$ die Nettoprämie, wenn die Stornotafel BaFin 2014 normale Frauen zu $100 \cdot s$ % in die Kalkulation eingeht (d. h. $\delta_x \equiv 1 - s$). Uns interessiert die Prämiensteigerung bei Übergang von $s = 1$ zu $s < 1$. In Abb. 9.2 zeigt die Kurve „50 % zu 100 %" die Größe $P_x(0{,}5)/P_x(1)$ in Abhängigkeit von x an, während die Kurve „0 % zu 100 %" die Größe $P_x(0)/P_x(1)$ abbildet. Man erkennt zum Teil deutliche Steigerungsraten in jungen und auch mittleren Altern. ▲

Der Satz von Cantelli weist darauf hin, dass der Übertragungswert bei der Kalkulation über eine Modifikation der Stornowahrscheinlichkeiten berücksichtigt werden kann, genauer über eine geeignete Senkung durch einen Faktor $1 - \kappa_x$ mit $0 < \kappa_x < 1$. Dazu sollte zunächst beachtet werden, dass nur ein Storno innerhalb der PKV eine Rolle spielt. Schreiben wir

$$w_x = w_x^{\text{PKV}} + w_x^{\text{GKV}},$$

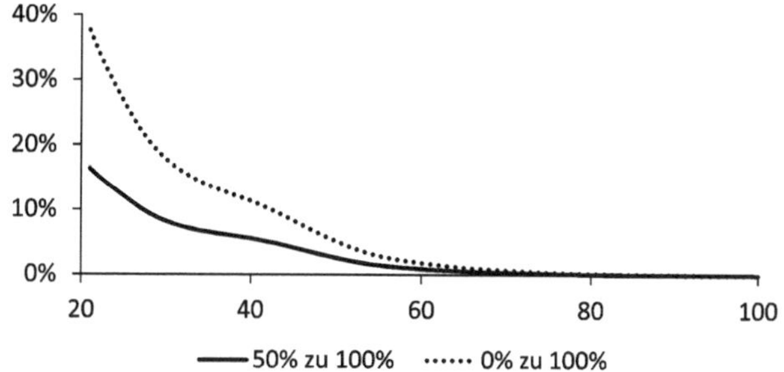

Abb. 9.2 Steigerungsraten der Nettoprämien für einen Ambulanttarif, wenn der Anteil der Stornotafel in der Kalkulation von 100 % auf 50 % bzw. 0 % gesenkt wird

wobei w_x^{PKV} die in § 2 KVAV genannten *Übertrittswahrscheinlichkeiten für die Berechnung des Übertragungswertes* sind (siehe auch Abschn. 3.3.4), so lautet der Ansatz für das geänderte Storno

$$w_x^{\text{Ü}} := (1 - \kappa_x) \cdot w_x^{\text{PKV}} + w_x^{\text{GKV}}.$$

Problematisch ist nun, dass aufgrund der gesetzlichen Vorgaben kein nur von x abhängiger Anteil der Alterungsrückstellung ausgezahlt wird, sondern der Betrag in komplexer Art vom individuellen Versicherten i, insbesondere auch seiner bisherigen Versicherungsdauer, abhängt. Er lautet nach Definition 9.1 in einer Schreibweise analog zu (9.1)

$$w_x^{\text{PKV}} \cdot v \cdot \frac{\max\{0, \min\{V'^{\text{AZ}}_{x+1}(B'_i),\ {}_{m+1}V^{\text{BT}}_{x-m}\}\}}{V'^{\text{AZ}}_{x+1}(B'_i)} \cdot V'^{\text{AZ}}_{x+1}(B'_i), \tag{9.3}$$

wenn die verwendeten Prämien und Rückstellungen in diesem Ausdruck dem Versicherungsnehmer $i \in J_{x,m}$ (und damit Eintrittsalter $x_e = x - m$) zugeordnet sind und der Strich wie oben die Berechnung mit geeignet veränderten w_x anzeigt[5]. Tatsächlich wird aber bei der Kalkulation des Übertragungswertes kein individueller, sondern ein übergreifender Ansatz verfolgt, denn:

§ 10 (2) KVAV

Der Teil der Prämie, der zur Finanzierung des Übertragungswertes [...] erforderlich ist, ist für den Vollversicherungsschutz jeder versicherten Person einheitlich zu kalkulieren.

Wir wollen (9.3) vom individuellen Versicherungsnehmer i entkoppeln: Es sollen nur das Alter x und indirekt die Versicherungsdauer m eine Rolle spielen. Dafür müssen wir die einzelnen Vertragshistorien ausblenden, was dadurch erreicht wird, dass man alle bestehenden Verträge der Beobachtungseinheit so kalkuliert, als ob sie von Beginn an und unverändert zum aktuellen Tarif gehörten (wir wechseln also zu einer rechnungsmäßigen

[5] Man beachte, dass der Basistarif nur mit den unveränderlichen w_x^{GKV} bestimmt wird und daher dort kein Strich nötig ist.

Betrachtungsweise). Da diese aber berechnet werden mit Stornowahrscheinlichkeiten, die durch Anwendung der $\{\kappa_x\}_{x\in A}$ modifiziert wurden, schreiben wir für diese Rückstellungen

$$ {}^{\kappa}_{m}V^{\mathrm{AZ}}_{x-m}. $$

Damit vereinfacht sich der dritte Faktor in (9.3) zunächst zu

$$ \kappa_{x,m} := \frac{\max\{0, \min\{{}^{\kappa}_{m+1}V^{\mathrm{AZ}}_{x-m}, {}_{m+1}V^{\mathrm{BT}}_{x-m}\}\}}{{}^{\kappa}_{m+1}V^{\mathrm{AZ}}_{x-m}}. \tag{9.4} $$

Diese sind immer kleiner gleich Eins, meistens sogar kleiner als Eins (da der Basistarif i. Allg. die kleinere Rückstellung hat). Um die Abhängigkeit von m auszuschalten, werden die $\kappa_{x,m}$ bei festem x gewichtet über die möglichen Dauern m addiert[6]. Dabei spiegeln die Gewichte die möglichen Versicherungsdauern einer x-jährigen Person, gemessen an den Rückstellungen, wider:

$$ \begin{aligned} \kappa_x &:= \sum_{m=0}^{x-21} \kappa_{x,m} \cdot \frac{|J_{x,m}| \cdot {}^{\kappa}_{m+1}V^{\mathrm{AZ}}_{x-m}}{\sum_{k=0}^{x-21} |J_{x,k}| \cdot {}^{\kappa}_{k+1}V^{\mathrm{AZ}}_{x-k}} \\ &= \frac{\sum_{m=0}^{x-21} |J_{x,m}| \cdot \max\{0, \min\{{}^{\kappa}_{m+1}V^{\mathrm{AZ}}_{x-m}, {}_{m+1}V^{\mathrm{BT}}_{x-m}\}\}}{\sum_{m=0}^{x-21} |J_{x,m}| \cdot {}^{\kappa}_{m+1}V^{\mathrm{AZ}}_{x-m}}. \end{aligned} \tag{9.5} $$

Offensichtlich führt dieser Ansatz zu einem Ringschluss: Die Größen κ_x werden benötigt, um die Prämien und die daraus abgeleiteten Alterungsrückstellungen zu berechnen. Diese werden aber wiederum zur Bestimmung von κ_x verwendet.

In allgemeiner Schreibweise hat dieses Problem die Gestalt $\kappa = f(\kappa)$ mit einer stetigen vektorwertigen Funktion $f : [0,1]^{80} \longrightarrow [0,1]^{80}$ und $\kappa = (\kappa_{21}, \ldots, \kappa_{100})^t$, es handelt sich also um ein sog. **Fixpunktproblem**. Unter gewissen Voraussetzungen an f existiert eine (eindeutige) Lösung. Der Fixpunktsatz von Brouwer besagt etwa, dass eine stetige Abbildung $f : M \longrightarrow M$ ($M \subseteq \mathbb{R}^n$ nichtleer) mindestens einen Fixpunkt besitzt, wenn M kompakt und konvex ist[7]. Die Menge $M = [0,1]^{80}$ erfüllt diese Bedingungen. Diese Fixpunkte können i. Allg. aber nicht analytisch gewonnen werden. Vielmehr muss man sich den Lösungen durch ein Iterationsverfahren annähern. Man wählt einen Startpunkt $\kappa^{(1)} \in M$ und setzt

$$ \kappa^{(n+1)} := f(\kappa^{(n)}). $$

[6] Auf diese Art wurde schon bei der Ermittlung der Stornowahrscheinlichkeiten in Abschn. 6.5 die Versicherungsdauer weggemittelt.

[7] Siehe z. B. Abschnitt 228 in [1]. Dort ist der Satz für die abgeschlossene Einheitskugel in $\mathbb{R}^n$ formuliert, er lässt sich aber direkt auf kompakte konvexe Mengen verallgemeinern.

Ob die Folge wirklich konvergiert und welchen Fixpunkt (wenn es mehrere gibt) man damit approximiert, hängt vom Startwert ab. Sollte die Folge $(\kappa^{(n)})_{n\in\mathbb{N}}$ konvergieren, muss der Grenzwert κ' aber auf jeden Fall ein Fixpunkt sein, denn aus der Stetigkeit von f folgt

$$\kappa' = \lim_{n\to\infty} \kappa^{(n+1)} = \lim_{n\to\infty} f(\kappa^{(n)}) = f(\lim_{n\to\infty} \kappa^{(n)}) = f(\kappa').$$

In der Praxis wird die genannte Iteration mit einem gewissen Startwert durchgeführt, und wenn sich eine konvergente Folge ergibt (bzw. wenn die Konvergenz auf Grundlage der nur endlich vielen Glieder hinreichend offensichtlich ist), wird das Verfahren an einer geeigneten Stelle abgebrochen. Der Algorithmus für unser Problem lautet damit wie folgt:

1. Starte mit $\kappa_x^{(1)} := 1$ für alle $x \in A$.
2. Ist $\{\kappa_x^{(n)}\}_{x\in A}$ gegeben für ein $n \in \mathbb{N}$, dann berechne die Prämien und daraus die Rückstellungen ${}^{\kappa^{(n)}}_{\;m}V_x^{\mathrm{AZ}}$ mit den Formeln aus Kap. 5 und 6, wobei für die Stornowahrscheinlichkeiten

$$(1 - \kappa_x^{(n)}) \cdot w_x^{\mathrm{PKV}} + w_x^{\mathrm{GKV}}$$

   verwendet wird. Beachte nochmals, dass der Basistarif nur mit w_x^{GKV} – und damit unabhängig von n – bestimmt wird.
3. Berechne

$$\kappa_x^{(n+1)} := \frac{\sum_{m=0}^{x-21} |J_{x,m}| \cdot \max\{0, \min\{{}^{\kappa^{(n)}}_{m+1}V_{x-m}^{\mathrm{AZ}}, {}_{m+1}V_{x-m}^{\mathrm{BT}}\}\}}{\sum_{m=0}^{x-21} |J_{x,m}| \cdot {}^{\kappa^{(n)}}_{m+1}V_{x-m}^{\mathrm{AZ}}}. \tag{9.6}$$

4. Wiederhole die Schritte 2 und 3 solange, bis eine Abbruchbedingung erfüllt ist, z. B.

$$\max\{|\kappa_x^{(n+1)} - \kappa_x^{(n)}| : x \in A\} < \varepsilon$$

   für ein gegebenes $\varepsilon > 0$. Setze dann für alle $x \in A$

$$\widehat{w}_x^{\mathrm{Ü}} := (1 - \kappa_x^{(n+1)}) \cdot w_x^{\mathrm{PKV}} + w_x^{\mathrm{GKV}}$$

   als Stornowahrscheinlichkeit für die Kalkulation der Tarife mit Übertragungswert nach dem internen Modell an.

In der Praxis kann die Berechnung noch komplizierter werden. Wenn ein Versicherungsnehmer in ein anderes PKV-Unternehmen storniert, kann es vorkommen, dass er beim alten Unternehmen noch Zusatztarife behält oder abschließt. Für diese kann ein gewisser Anteil des eigentlich vererbten Teils der Alterungsrückstellung zur Prämienermäßigung zugeschrieben werden. Dieser muss dann als zusätzlicher Summand im Zähler von (9.6) berücksichtigt werden.

Einige Bemerkungen zu dem geschilderten Verfahren sind angebracht:

- In den meisten Fällen (und vor allem bei längeren Versicherungsdauern) wird die in (9.4) verwendete vereinfachte rechnungsmäßige Alterungsrückstellung größer sein als die des fiktiven Basistarifs, so dass die Minimumbildung in (9.6) den Wert ${}_mV_x^{\mathrm{BT}}$ ergibt. Da die tatsächlichen Vertragsänderungen fast immer mit einer Erhöhung der Prämien und damit auch der Rückstellungen einhergehen und diese dann im Vergleich zu den vereinfachten größer sind, ändert diese Vereinfachung also kaum etwas bei der Minimumbildung.
- Bei geringen Versicherungsdauern kann dagegen auch die vereinfachte Alterungsrückstellung kleiner sein. Allerdings sind dann meist noch keine Tarifänderungen oder Beitragsanpassungen vorgekommen, so dass die Realität durch die Vereinfachung hinreichend gut abgebildet wird.
- Die Werte für κ_x werden höchstens bei Beitragsanpassungen im Haupttarif neu bestimmt, Änderungen im Basistarif bewirken keine direkten Neuberechnungen (denn das würde die gleichzeitige Neukalkulation aller Tarife mit Übertragungswert nach sich ziehen). Um negative Effekte daraus zu vermeiden, werden die κ_x mit einem Sicherheitszuschlag versehen, denn ein höheres κ bedeutet einen höheren Übertragungswert und damit eine Sicherheit.

Welche Werte die κ_x letztlich haben, ist stark vom betrachteten Tarif abhängig. Vergleicht man aber den Leistungsumfang eines hochwertigen Vollkostentarifs mit dem des Basistarifs, können die κ_x durchaus Werte bis oder über 0,5 annehmen. Ein Vergleich mit Abb. 9.2 zeigt daher an, dass die Einführung des Übertragungswertes zu teilweise nicht unerheblichen Prämiensteigerungen beim Neugeschäft geführt hat.

9.4 Das externe Modell

Beim externen Modell wird die Auszahlung des Übertragungswertes als zusätzlicher Tarifbaustein des Tarifs modelliert. Jeder Versicherungsnehmer mit einer substitutiven Versicherung mit Übertragungswert muss diesen Baustein abschließen. Diesem ist eine Prämie $B^{\text{ÜW}}$ und eine Alterungsrückstellung $V_x^{\text{ÜW}}(B^{\text{ÜW}})$ – bzw. wie im vorigen Abschnitt direkt vereinfacht ${}_mV_{x_e}^{\text{ÜW}}$ – zugeordnet. Im Gegensatz zum internen Modell werden in beiden Versicherungen die vollen Stornowahrscheinlichkeiten $\{w_x\}_{x\in A}$ bzw. $\{w_x^{\mathrm{PKV}}\}_{x\in A}$ verwendet. Man beachte, dass der Übertragungswert sich nun auf die Summe von Haupt- und Zusatztarif bezieht, also auf $V_x^{\mathrm{AZ}}(B) + V_x^{\text{ÜW}}(B^{\text{ÜW}})$.

Die Anpassung der Stornowahrscheinlichkeiten im letzten Abschnitt basierte darauf, dass die Leistung bei Auszahlung des Übertragungswertes ein geeignetes Vielfaches (im Wesentlichen κ_x) der Alterungsrückstellung des eigentlichen Tarifs ist. Da wir hier die ursprünglichen w_x verwenden, gehen wir einen anderen Weg; die Leistung wird nun als Vielfaches der Alterungsrückstellung des fiktiven Basistarifs dargestellt. Genauer wird für eine versicherte Person $i \in J_{x,m}$ der Wert

$$w_x^{\text{PKV}} \cdot v \cdot \lambda_{x,m} \cdot {}_{m+1}V_{x-m}^{\text{BT}} \tag{9.7}$$

als Leistung des Zusatz-Bausteins erwartet. Dabei hängt $\lambda_{x,m}$ eigentlich auch von der Vertragshistorie der Person i ab. In der vereinfachten Fassung setzt man analog zu (9.4) des vorigen Abschnitts

$$\lambda_{x,m} := \frac{\max\{0, \min\{{}_{m+1}V_{x-m}^{\text{AZ}} + {}_{m+1}V_{x-m}^{\text{ÜW}}, {}_{m+1}V_{x-m}^{\text{BT}}\}\}}{{}_{m+1}V_{x-m}^{\text{BT}}}.$$

Dieser Wert ist immer kleiner gleich Eins, in den meisten Fällen sogar gleich Eins. Eine Vereinfachung kann bei festem x durch eine gewichtete Summe über alle Versicherungsdauern erreicht werden (vgl. mit (9.5)):

$$\begin{aligned}\lambda_x &:= \sum_{m=0}^{x-21} \lambda_{x,m} \cdot \frac{|J_{x,m}| \cdot {}_{m+1}V_{x-m}^{\text{BT}}}{\sum_{k=0}^{x-21} |J_{x,k}| \cdot {}_{k+1}V_{x-k}^{\text{BT}}} \\ &= \frac{\sum_{m=0}^{x-21} |J_{x,m}| \cdot \max\{0, \min\{{}_{m+1}V_{x-m}^{\text{AZ}} + {}_{m+1}V_{x-m}^{\text{ÜW}}, {}_{m+1}V_{x-m}^{\text{BT}}\}\}}{\sum_{m=0}^{x-21} |J_{x,m}| \cdot {}_{m+1}V_{x-m}^{\text{BT}}}.\end{aligned}$$

Anders als im internen Modell müssen wir damit Prämien und Rückstellungen für den Zusatzbaustein berechnen, d. h. wir benötigen einen Leistungsbarwert. Dieser muss nun auch vom aktuellen Alter x und der Versicherungsdauer m abhängen und lautet unter Berücksichtigung von (9.7)

$$A_{x,m}^{\text{ÜW}} = \sum_{t=0}^{\omega-x} v^{t+1} \cdot {}_tp_x \cdot w_{x+t}^{\text{PKV}} \cdot \lambda_{x+t} \cdot {}_{m+t+1}V_{x-m}^{\text{BT}}.$$

Zur Berechnung von Bruttoprämien sind noch entsprechende Zuschläge festzulegen, insbesondere die Stückkosten sind für diesen Zusatztarif zu ermitteln (Δ und α entsprechen meist denen des Haupttarifs). Z. B. gilt für das Neugeschäft (vgl. mit (5.7))

$$P_x^{\text{ÜW}} = \frac{A_{x,0}^{\text{ÜW}}}{\ddot{a}_x}, \qquad B_x^{\text{ÜW}} = \frac{P_x^{\text{ÜW}} + \gamma_x^{\text{ÜW}}}{1 - \Delta - \frac{\alpha_x}{12 \cdot \ddot{a}_x}}$$

sowie

$${}_mV_x^{\text{ÜW}} = A_{x+m,m}^{\text{ÜW}} - P_x^{\text{ÜW}} \cdot \ddot{a}_{x+m}.$$

Man erkennt nun dieselbe Problematik wie bei den κ_x des letzten Abschnitts, nämlich einen Ringschluss: Die Werte λ_x werden für die ${}_mV_x^{\text{ÜW}}$ benötigt, aber diese wiederum für die Definition der λ_x. In analoger Weise wird dieses Problem durch eine Fixpunktiteration behandelt, die hier aber nicht weiter dargestellt werden soll.

Für Haupt- und Zusatztarif sind dann die entsprechenden Prämien bzw. Alterungsrückstellungen zu einem Gesamtwert zu addieren.

9.5 Aufgaben

A. 9.1 (DAV 2013/1)

Betrachten Sie eine Krankenvollversicherung nach einem ungezillmerten Kompakttarif für Männer mit Übertragungswert. Der Tarif sei nach dem internen Modell kalkuliert.

Im Unterschied zu den üblichen Werten werden alle Werte, die auf den im internen Modell auftretenden reduzierten Stornowahrscheinlichkeiten w'_x beruhen, durch einen Strich gekennzeichnet.

Folgende Werte sind gegeben: $l_{21} = 1\,000$

x	N_x	$U_x = \sum_{j=0}^{\omega-x} K_{x+j} \cdot D_{x+j}$	N'_x	U'_x
21	10.060	9.486.622	12.972	12.901.369
22	9522	9.362.882	12.434	12.777.629
23	9039	9.247.445	11.924	12.655.739
24	8602	9.239.506	11.439	12.535.944
25	8205	9.035.889	10.976	12.415.101
26	7841	8.936.153	10.537	12.294.815
27	7503	8.838.809	10.120	12.174.719
28	7187	8.743.693	9722	12.054.921
29	6889	8.650.121	9342	11.935.601
30	6605	8.555.833	8977	11.814.421
31	6334	8.461.254	8626	11.691.922
32	6074	8.366.094	8288	11.568.214
33	5825	8.270.478	7962	11.443.030
34	5587	8.175.040	7648	11.317.116
35	5358	8.084.356	7345	11.197.128
36	5138	7.998.336	7053	11.082.956
37	4926	7.916.504	6770	10.973.718
38	4722	7.838.780	6497	10.869.705
39	4525	7.764.708	6233	10.770.441
40	4335	7.691.368	5977	10.671.625

(a) Leiten Sie aus den Werten die Höhe des Rechnungszinses her (ein ganzzahliges Vielfaches von 0,25 %).

(b) Für einen Teilbestand von 500 gleichaltrigen Männern, die den Tarif zum gleichen Zeitpunkt im Alter von 25 Jahren abgeschlossen haben, sollen einige Werte ermittelt werden, die für diesen Teilbestand 10 Jahre nach Vertragsabschluss zu erwarten sind:

- Leiten Sie aus den obigen Werten die Höhe der KV-Risikoprämie her, die sich für den Teilbestand im 11. Versicherungsjahr ergibt.

- Leiten Sie aus den obigen Werten die Höhe der Alterungsrückstellung her, die sich für den Teilbestand nach Ablauf von 10 Jahren ergibt.
- Unter welcher Voraussetzung stimmt diese Alterungsrückstellung mit dem Übertragungswert des Teilbestandes überein?

A. 9.2 (DAV 2010/2)
Für Männer in einem ungezillmerten Tarif der substitutiven Krankheitskostenversicherung ohne Übertragungswert (ÜW) seien nachstehende Rechnungsgrundlagen bezüglich des (vorschüssigen) Leibrentenbarwerts $\ddot{a}_x$ gegeben:

x	i	q_x	w_x
20	0,035	0,001	0,120
21	0,035	0,002	0,115
22	0,035	0,002	0,110

Der Tarif soll nun auch in einer Version mit ÜW gemäß dem internen Modell kalkuliert werden, wobei Untersuchungen zeigten, dass die Stornierenden zu 50 % zur GKV und zu 50 % zu einem PKV-Wettbewerber wechseln und die Alterungsrückstellung der Version mit ÜW um 25 % über der des Basistarifs liegt. Es wird erwartet, dass die Quoten für Sterblichkeit und Storno beim Tarif mit Übertragungswert die gleichen sind wie beim Tarif ohne Übertragungswert.

(a) Um wieviel Prozent steigt $\ddot{a}_{20}$ in der Tarifversion mit ÜW gegenüber der Tarifversion ohne ÜW?
Hinweis: Zur Reduzierung der Rechenoperationen wird $\omega = 23$ gesetzt.
(b) Für welche Verträge gilt die Tarifversion mit ÜW?

Literatur

1. Heuser, H.: Analysis 2. Vieweg-Teubner, Wiesbaden (2012)

Unisextarifierung 10

In seinem Urteil vom 1.3.2011 stellte der Europäische Gerichtshof klar, dass die Berücksichtigung des Geschlechts von Versicherten als Risikofaktor in Versicherungsverträgen eine Diskriminierung darstellt. Dies hatte weitreichende Konsequenzen für alle Versicherungssparten, da bis dahin einige der Rechnungsgrundlagen und daraus folgend auch alle Prämien und Rückstellungen geschlechtsabhängig waren. In den bisherigen Kapiteln wurde implizit von geschlechtsabhängigen Kopfschäden, Sterbe-, Storno- und Übertrittswahrscheinlichkeiten sowie sonstigen Zuschlägen ausgegangen; der Zins war geschlechtsneutral. In den Formeln macht sich das nicht bemerkbar, da diese geschlechtsunabhängig sind.

Seit dem Stichtag 21.12.2012 müssen diese Rechnungsgrundlagen geschlechtsunabhängig angesetzt werden, womit sich insbesondere geschlechtsunabhängige Prämien ergeben. Die damit einhergehenden Tarife heißen **Unisex**-Tarife, im Gegensatz zu den vorher gültigen **Bisex**-Tarifen. Die Unisextarifierung ist dabei nur für ab diesem Tag abgeschlossene Verträge obligatorisch, nicht für bereits existierende. Diese verbleiben weiterhin in der Bisex-Welt. Allerdings ist ein Wechsel von der Bisex- in die Unisex-Welt möglich im Rahmen des nach § 204 VVG gegebenen allgemeinen Rechts auf Tarifwechsel. Der umgekehrte Weg ist allerdings nicht möglich:

§ 204 (1) VVG

Bei bestehendem Versicherungsverhältnis kann der Versicherungsnehmer vom Versicherer verlangen, dass dieser

1. *Anträge auf Wechsel in andere Tarife mit gleichartigem Versicherungsschutz unter Anrechnung der aus dem Vertrag erworbenen Rechte und der Alterungsrückstellung annimmt; [...] ein Wechsel aus einem Tarif, bei dem die Prämien geschlechtsunabhängig kalkuliert werden, in einen Tarif, bei dem dies nicht der Fall ist, ist ausgeschlossen [...]*

T. Becker, *Mathematik der privaten Krankenversicherung*,
Studienbücher Wirtschaftsmathematik, https://doi.org/10.1007/978-3-658-16666-3_10

Vertragsänderungen innerhalb eines Bisextarifs sind weiterhin möglich und führen nicht automatisch zu einer Neutarifierung in einem analogen Unisextarif. Wird etwa der existierende Versicherungsumfang angepasst, dann ist diese Änderung nicht wesentlich genug für die Einordnung in einen neuen Unisextarif. Wird aber z. B. ein zusätzlicher Leistungsbereich hinzugefügt (wie sie etwa in § 12 KVAV aufgezählt sind), dann wird dieser ein Unisextarif sein, während der bisherige Versicherungsschutz noch aus der Bisex-Welt stammen kann[1].

Durch die Einführung der Unisex-Tarifierung haben sich die Prämien stark verändert. Da Frauen im Schnitt länger leben als Männer und i. Allg. höhere Kopfschäden haben (siehe Kap. 3), führt die Vereinheitlichung im Prinzip dazu, dass die Prämien der Männer steigen und die der Frauen sinken im Vergleich zu einer geschlechtsabhängigen Kalkulation[2]. Tatsächlich sind beim Übergang Ende 2012 die Prämien beider Geschlechter gestiegen bzw. die der Frauen nur unwesentlich gefallen. Dies lag hauptsächlich daran, dass

- die neuen Tarife mit aktuellen Rechnungsgrundlagen kalkuliert wurden (wie bei jeder Neueinführung eines Tarifs), die allgemein höhere Prämien als in den bisherigen Bisex-Tarifen bewirkten[3];
- verstärkt Tarife mit einem Rechnungszins unter 3,5 % eingeführt wurden, um dem veränderten Marktumfeld gerecht zu werden (siehe dazu auch Abschn. 3.1 und Satz 5.5);
- die neuen Tarife einen erweiterten Leistungsumfang haben (insbesondere bei den Heilmitteln und der ambulanten Psychotherapie);
- bei der geschlechtsneutralen Kalkulation zusätzliche Sicherheiten eingebaut werden müssen, die die Prämien weiter erhöhen (siehe dazu den folgenden Abschnitt).

Auch in der Unisex-Welt werden Kopfschäden und Ausscheidewahrscheinlichkeiten weiterhin geschlechtsabhängig ermittelt. Für die Tarifierung müssen daraus aber geschlechtsunabhängige Werte abgeleitet werden. Da im Jahr 2016 erst knapp vier Jahre Erfahrung mit der Unisextarifierung vorliegen (was für versicherungsmathematische Überlegungen eher kurz ist), hat sich in einigen Punkten noch keine einheitliche Vorgehensweise herausgebildet. Auch der Gesetzgeber hat bis zu diesem Jahr noch keine detaillierteren Vorgaben dazu verabschiedet.

---

[1] Das Merkmal Unisex/Bisex bezieht sich also auf einzelne Tarife und nicht auf versicherte Personen. Auch Anwartschaften treten in der Welt in Kraft, in der sie ursprünglich abgeschlossen wurden.

[2] Dies ist eine sehr allgemeine und pauschalisierte Aussage. Da die Umstellung von Bisex auf Unisex ein sehr komplexer Prozess war und ist und mit einem Wechsel durchaus auch weiterreichende positive wie negative Folgen verbunden sein können – wie z. B. höhere Leistungen oder der Verlust des Wechselrechts in den Standardtarif des Unternehmens – kann daraus keine Empfehlung für den einzelnen Versicherungsnehmer abgeleitet werden.

[3] Wobei die Tarife nicht immer direkt vergleichbar sind. Sog. *gespiegelte Tarife*, die bis auf die Unisex-Forderung identisch zu einem bisherigen Bisex-Tarif sind, sind selten.

Mehr Details zu den folgenden Erläuterungen sowie darüber hinausgehende Aspekte findet der Leser im DAV-Hinweis [1] und den zugehörenden Erläuterungen und Anhängen.

10.1 Ermittlung geschlechtsunabhängiger Rechnungsgrundlagen

Es gibt verschiedene Weg, um zu Unisex-Rechnungsgrundlagen zu gelangen, je nachdem, an welcher Stelle im Prozess der Generierung der Werte (vgl. etwa Abschn. 3.2.4) man ansetzt:

- Bestimmung von geschlechtsunabhängigen Rohdaten,
- geeignete Mittelung der geschlechtsabhängigen Rohdaten,
- geeignete Mittelung der geschlechtsabhängigen Rechnungsgrundlagen,
- maximaler Ansatz der geschlechtsabhängigen Rechnungsgrundlagen,
- geeignete Mittelung der geschlechtsabhängigen Leistungs- und Prämienbarwerte.

Der letzte Punkt erzeugt tatsächlich keine Unisex-Rechnungsgrundlagen im eigentlichen Sinne und bringt auch sonst einige Probleme mit sich. Es werden hier nur der dritte und vierte Punkt genauer betrachtet. Wir beschränken uns zudem auf Kopfschäden und Ausscheidewahrscheinlichkeiten.

Die geschlechtsabhängigen Werte, die für die Unisex-Tarifierung umgewandelt werden sollen, stammen entweder aus bereits vorhandenen vergleichbaren Bisex-Tarifen oder Stütztarifen. Wir kennzeichnen von nun an mit den oberen Indices M und F diese Männer- bzw. Frauenwerte (genauer tun wir dies bei K_x, q_x, w_x und zusätzlich bei den Rückstellungen V_x und den Personenanzahlen n_x) und mit N die daraus abgeleiteten neutralen (also geschlechtsunabhängigen) Werte der Rechnungsgrundlagen[4]. Sind die neutralen Rechnungsgrundlagen festgelegt, dann unterscheiden sich alle weiteren Berechnungen (z. B. für Prämien oder Rückstellungen) nicht von den Formeln, die bisher hergeleitet wurden.

10.1.1 Maximaler Ansatz

Dies ist der vorsichtigste Ansatz bei der Festlegung geschlechtsunabhängiger Werte. Man verwendet von den Rechnungsgrundlagen der Männer und Frauen diejenigen, die die höheren Prämien generieren. Nach den Sätzen 5.2 bzw. 5.6 und der anschließenden Bemerkung ist dies daher das Geschlecht mit den höheren Kopfschäden bzw. den niedrigeren Ausscheidewahrscheinlichkeiten:

[4] Anders als sonst üblich sei in diesem Kapitel das Alter der Frauen auch mit x statt mit y bezeichnet.

- $K_x^N := \max\{K_x^M, K_x^F\}$
- $q_x^N := \min\{q_x^M, q_x^F\}$
- $w_x^N := \min\{w_x^M, w_x^F\}$

Setzt man die neutralen Werte so an, dann gilt $P_x^N \geq \max\{P_x^M, P_x^F\}$, d. h. dieser Ansatz erzeugt Prämien, die höher sind als die größere der geschlechtsabhängig kalkulierten Prämien bei gleichem Leistungsversprechen. Eine derart überhöhte Prämie wirkt sich aber eher nachteilig im Wettbewerb aus und ist daher kaum eine realistische Wahl.

10.1.2 Ansatz durch Mittelung

Hier definiert man

- $K_x^N := M_x^K \cdot K_x^M + (1 - M_x^K) \cdot K_x^F$
- $q_x^N := M_x^q \cdot q_x^M + (1 - M_x^q) \cdot q_x^F$
- $w_x^N := M_x^w \cdot w_x^M + (1 - M_x^w) \cdot w_x^F$

mit noch zu bestimmenden Faktoren M_x^K, M_x^q und M_x^w. Für das Weitere verwenden wir die Bezeichnung n_x^M für die Anzahl der x-jährigen Männer und n_x^F für die der x-jährigen Frauen.

Kopfschäden
Wir beginnen mit der Betrachtung der Kopfschäden. Löst man die Gleichung

$$n_x^M \cdot K_x^M + n_x^F \cdot K_x^F = (n_x^M + n_x^F) \cdot K_x^N, \tag{10.1}$$

bei der die geschlechtsabhängigen Schäden aller x-jährigen Versicherungsnehmer insgesamt denselben Gesamtschaden ergeben wie die neutralen, nach K_x^N auf, so ergibt sich

$$M_x^K = \frac{n_x^M}{n_x^M + n_x^F}. \tag{10.2}$$

Dies ist als Aufhänger für die weitere Vorgehensweise zu sehen. Zunächst sind zwei Punkte zu bemerken:

1. Gerade bei der Einführung neuer Unisex-Tarife gibt es keine oder (noch) nicht ausreichend stark besetzte adäquate Unisex-Bestände für die Bestimmung der Faktoren. Hierauf wird noch eingegangen.

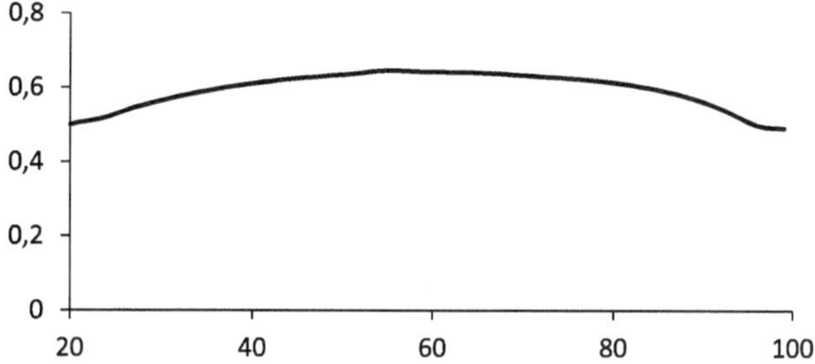

Abb. 10.1 Männeranteil auf Grundlage der rechnungsmäßigen Bestandsentwicklung $\{l_x\}_{x \in A}$ – also $l_x^M/(l_x^M + l_x^F)$ – gemäß (3.15) auf Basis der PKV-Sterbetafel 2016 und der BaFin-Stornotafel 2014 für normale Versicherte

2. Selbst wenn ein vergleichbarer und ausreichend besetzter Tarif existiert, ist zu beachten, dass die geschlechtsspezifische Zusammensetzung des zu kalkulierenden Tarifs dauernden Veränderungen unterliegt. Dies liegt einerseits an den natürlichen Ausscheidevorgängen Tod und Storno, die (wie in Abschn. 3.3 gesehen) je nach Geschlecht unterschiedlich stark sind (siehe Abb. 10.1 und Aufgabe 10.1). Andererseits – und dies ist viel gravierender, da nicht prognostizierbar – findet eine Antiselektion bereits versicherter Personen statt: Wie in den einführenden Absätzen erwähnt, ist es für (vor allem junge) Frauen oft vorteilhaft, aus einem Bisex-Tarif in einen entsprechenden Unisex-Tarif zu wechseln. Ähnliches gilt für ältere Männer. Da die neutralen Rechnungsgrundlagen in diesem Ansatz stark vom Geschlechtermix abhängen, wird erst einige Zeit vergehen müssen, bis die Wechselbewegungen abnehmen und sich stabile Werte für die M_x^* ergeben.

Die Veränderbarkeit der Zusammensetzung bedingt unter Umständen eine Untertarifierung: Wechseln etwa viele junge Frauen in einen Unisex-Tarif, kann sich im Laufe sogar eines Jahres die anfangs gewählte Prämienkalkulation als unzureichend erweisen. Es sind also geeignete Sicherheitspuffer einzubauen, die diesem Effekt entgegenwirken. Dies kann nicht durch die bereits diskutierten Zuschläge in den Kap. 3 und 5 geleistet werden. Eine Möglichkeit besteht darin, in den entsprechenden Formeln (10.2) für die neutralen Rechnungsgrundlagen die Bestandsgröße desjenigen Geschlechts anzuheben, das eine Erhöhung der Prämie verursacht (ähnlich wie im maximalen Ansatz). Man erhält so

$$M_x^K := \begin{cases} \dfrac{n_x^M}{n_x^M + (1+s) \cdot n_x^F}, & \text{falls } K_x^M \leq K_x^F \\ \dfrac{(1+s) \cdot n_x^M}{(1+s) \cdot n_x^M + n_x^F}, & \text{falls } K_x^M > K_x^F \end{cases} \tag{10.3}$$

mit dem evtl. von Alter und Tarif abhängigen Sicherheitszuschlag s.

Beispiel 10.1 Wir betrachten die Kopfschäden des Ambulanttarifs mit Selbstbehalt 0–100 € aus den BaFin-Tafeln 2014 und die zugehörigen Bestandszahlen[5]. Daraus leiten

[5] Die BaFin-Tabellen der Kopfschäden enthalten auch Bestandsgrößen für alle Alter.

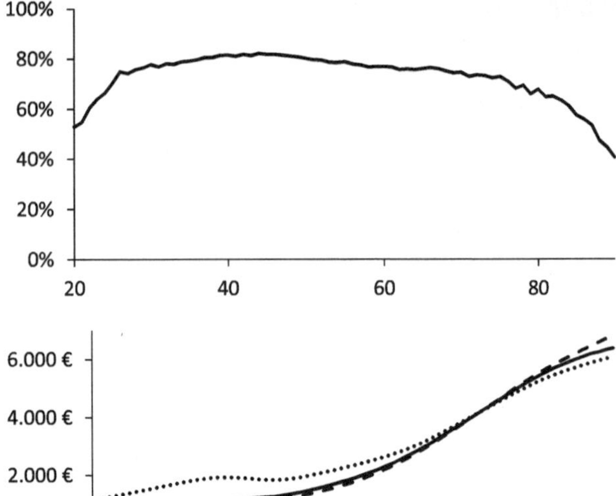

Abb. 10.2 Männeranteil des ambulanten Leistungsbereichs mit 0–100 € Selbstbehalt laut BaFin-Tafel 2014

Abb. 10.3 Kopfschäden des ambulanten Leistungsbereichs mit 0–100 € Selbstbehalt laut BaFin-Tafel 2014 nach dem Ansatz durch Mittelung

wir die Faktoren M_x^K ab (für $s = 0$), die in Abb. 10.2 bis zum Alter 90 dargestellt sind (danach werden die Bestandszahlen zu klein, um verlässlich zu sein). In Abb. 10.3 sind die geschlechtsabhängigen und -unabhängigen Kopfschäden nach der eben besprochenen Methode abgebildet. ▲

Eine Schwierigkeit bei dem bisher geschilderten Vorgehen ist wie in der ersten Bemerkung erwähnt, dass gerade zu Beginn der Umstellung auf Unisex und den ersten Jahren nach einer Neueinführung eines Tarifs keine großen Bestände vorhanden sind. Dann sind n_x^M oder n_x^F klein oder gar Null, so dass der Nenner in (10.2) ein zu kleiner Wert sein kann. In diesem Fall wäre es vorteilhaft, mehrere Tarife zusammenfassen zu können. Das führt zu folgenden Überlegungen, die wir dem Dokument [1] entnehmen. Wir verzichten auf den Index K in M_x^K, um Platz für andere Symbole zu schaffen.

Es sei an die Zerlegung der Kopfschäden in einen Profilwert und einen Grundkopfschaden erinnert (Ansatz von Rusam, siehe Abschn. 3.2.1). Die Darstellung $K_x = G \cdot k_x$ hat den Vorteil, dass dasselbe Profil $\{k_x\}_{x \in A}$ über viele Tarife hinweg verwendet werden kann (für eine ganze Gruppe von Tarifen), während die Spezifika des einzelnen Tarifs, der Tarifstufe oder des Leistungsbereiches im Grundkopfschaden kodiert sind. Analog setzt man hier an

$$M_x^T = M^T \cdot m_x^G,$$

wobei T den betrachteten Tarif bezeichnet und G eine Gruppe von Tarifen, die T enthält. Der Faktor M_x^T lässt sich also schreiben als Produkt eines nur vom Alter abhängigen

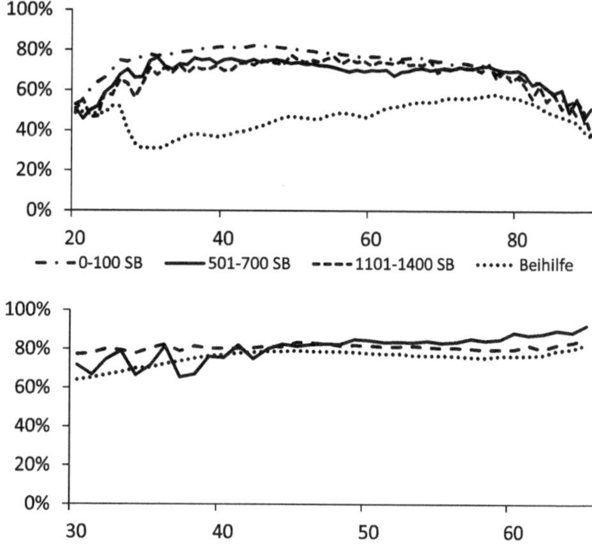

Abb. 10.4 Männeranteil ausgewählter ambulanter Leistungsbereiche laut der BaFin-Kopfschadenreihen 2014

Abb. 10.5 Männeranteil bei Krankentagegeld mit unterschiedlichen Karenztagen laut der BaFin-Kopfschadenreihen 2014

Faktors m_x^G, der aber tarifübergreifend verwendbar ist, und eines nur vom Tarif abhängigen Faktors M^T. Die Gruppe G ist dabei so zu wählen, dass diese Homogenität der Altersabhängigkeit der Geschlechterverteilung plausibilisiert werden kann[6].

Beispiel 10.2 Die Abb. 10.4 zeigt die Größe $\frac{n_x^M}{n_x^M + n_x^F}$ des Männeranteils für $20 \leq x \leq 90$ und verschiedene Leistungsbereiche (d. h. Selbstbehalte und Beihilfe) des Ambulanttarifs auf Basis der BaFin-Kopfschadenreihen 2014. Bis auf den Beihilfetarif ist eine ähnliche Altersstruktur der Männeranteile zu erkennen. Nur beim Beihilfetarif ist der Geschlechtermix erkennbar abweichend, er muss also einer anderen Gruppe zugeordnet werden. Bei anderen Leistungsbereichen sowie den Stationär- und Zahntarifen verhält es sich ähnlich. In Abb. 10.5 ist der Männeranteil für den Krankentagegeldtarif bei drei unterschiedlichen Karenztageintervallen angezeigt.

Die Bedeutung der Zerlegung von M_x^T sei an einem einfachen Zahlenbeispiel erläutert[7]: Gilt etwa $m_{25}^G = 0{,}6$ und $m_{50}^G = 0{,}8$, dann ist in jedem Tarif $T \in G$ der Männeranteil bei den 50-jährigen Personen $0{,}8/0{,}6 \approx 1{,}33$ mal so hoch wie der bei den 30-jährigen Personen. Ermittelt man für einen bestimmten Tarif T den Wert $M^T = 0{,}7$, dann ist der Anteil der 30-jährigen Männer $M_{30}^T = 0{,}7 \cdot 0{,}6 = 0{,}42$, der der 50-jährigen Männer $M_{50}^T = 0{,}7 \cdot 0{,}8 = 0{,}56$. ▲

[6] Es wird vorgeschlagen, bei den Gruppen mindestens eine Unterscheidung nach Krankheitskostenvoll-, Beihilfe-, Krankheitskostenteil-, Krankenhaustagegeld- und Krankentagegeldversicherung zu treffen.

[7] Vergleiche auch mit Beispiel 3.1.

Nun sind die Werte von M^T und $\{m_x^G\}_{x\in A}$ zu bestimmen. Die Produktdarstellung lässt noch gewisse Freiheiten bei der Skalierung zu. Wir nutzen dies und setzen die m_x^G so an, dass der Gesamtschaden eines Alters x über alle Tarife in G berechnet werden kann als

$$\sum_{T\in G}(n_x^{M,T}+n_x^{F,T})\cdot(m_x^G\cdot K_x^{M,T}+(1-m_x^G)\cdot K_x^{F,T}), \tag{10.4}$$

also ohne Verwendung der M^T (die sich bei dieser Wahl herausmitteln). Setzt man dies nun gleich den geschlechtsabhängig ermittelten Schäden

$$\sum_{T\in G} n_x^{M,T}\cdot K_x^{M,T}+\sum_{T\in G} n_x^{F,T}\cdot K_x^{F,T},$$

kann daraus m_x^G für alle x berechnet werden.

Die daraus resultierende Formel kann der Leser in [1] nachlesen[8]. Verwendet man statt dieser den vereinfachten Ansatz

$$m_x^G := \frac{\sum_{T\in G} n_x^{M,T}}{\sum_{T\in G}(n_x^{M,T}+n_x^{F,T})},$$

(also schlichtweg nur der Anteil der Männer in der Gruppe G), ergeben sich aber keine großen Abweichungen zum exakten Wert, wie detaillierte Berechnung in den PKV-Unternehmen zeigten.

Das Problem zu kleiner Bestände in einem einzelnen Tarif ist damit zum Teil umgangen; in hohen Altern kann es trotzdem noch unbesetzte Bereiche geben. Hier ist entweder auf Altersgruppen überzugehen (d. h. Zusammenfassung mehrerer Einzelalter) oder ein anderer Weg zu beschreiten (Stütztarife, geeignete Projektionen oder Modellierung).

Zur Bestimmung von M^T muss jetzt nur noch die Gleichung

$$\begin{aligned}&\sum_{x\in A} n_x^{M,T}\cdot K_x^{M,T}+\sum_{x\in A} n_x^{F,T}\cdot K_x^{F,T}\\&=\sum_{x\in A}(n_x^{M,T}+n_x^{F,T})\cdot(M^T\cdot m_x^G\cdot K_x^{M,T}+(1-M^T\cdot m_x^G)\cdot K_x^{F,T}),\end{aligned}$$

die das Analogon zu (10.1) in Tarif T über alle Alter darstellt, nach M^T aufgelöst werden[9]:

$$M^T=\frac{\sum_{x\in A} n_x^{M,T}\cdot(K_x^{M,T}-K_x^{F,T})}{\sum_{x\in A} m_x^G\cdot(n_x^{M,T}+n_x^{F,T})\cdot(K_x^{M,T}-K_x^{F,T})}.$$

[8] Die Auflösung verlangt noch einige Zusatzüberlegungen.

[9] Sollte bei gegebenen Daten die Bedingung $0\le M^T\cdot m_x^G\le 1$ verletzt sein, könnte z. B. eine Änderung der m_x^G erwogen werden.

Ausscheidewahrscheinlichkeiten

Eine zu (10.1) analoge Überlegung für die Ausscheidewahrscheinlichkeiten führt zu einer Berücksichtigung der Vererbungen (vgl. für das Folgende auch mit Abschn. 6.5). Wir zeigen explizit das Vorgehen für die Sterbewahrscheinlichkeiten.

Wir verwenden mit $M_x^T = M^T \cdot m_x^G$ zwar dieselben Notationen wie bei den Kopfschäden, die Größen beziehen sich nun aber auf die Sterbewahrscheinlichkeiten und deren neutrale Version. Rechnen wir wieder tarifübergreifend in der Gruppe G, gelangt man zu folgender Gleichung für die m_x^G, die analog ist zu (10.4):

$$\begin{aligned}&\sum_{T\in G} V_x^{M,T} \cdot q_x^{M,T} + \sum_{T\in G} V_x^{F,T} \cdot q_x^{F,T}\\&= \sum_{T\in G} (V_x^{M,T} + V_x^{F,T}) \cdot (m_x^G \cdot q_x^{M,T} + (1 - m_x^G) \cdot q_x^{F,T}).\end{aligned} \tag{10.5}$$

Dabei ist $V_x^{M,T}$ die Summe der mit Null maximierten gezillmerten Alterungsrückstellungen aller Männer des Alters x im Tarif T.

Auch hier existiert neben der korrekten Berechnung von m_x^G eine vereinfachte Version, die ähnliche Ergebnisse liefert:

$$m_x^G = \frac{\sum_{T\in G} V_x^{M,T}}{\sum_{T\in G} (V_x^{M,T} + V_x^{F,T})}.$$

Die Bestimmung der M^T läuft nun nach demselben Schema ab wie bei den Kopfschäden: Löse die Gleichung

$$\begin{aligned}&\sum_{x\in A} V_x^{M,T} \cdot q_x^{M,T} + \sum_{x\in A} V_x^{F,T} \cdot q_x^{F,T}\\&= \sum_{x\in A} (V_x^{M,T} + V_x^{F,T}) \cdot (M^T \cdot m_x^G \cdot q_x^{M,T} + (1 - M^T \cdot m_x^G) \cdot q_x^{F,T})\end{aligned}$$

nach M^T auf und erhalte

$$M^T = \frac{\sum_{x\in A} V_x^{M,T} \cdot (q_x^{M,T} - q_x^{F,T})}{\sum_{x\in A} m_x^G \cdot (V_x^{M,T} + V_x^{F,T}) \cdot (q_x^{M,T} - q_x^{F,T})}.$$

Für die Stornowahrscheinlichkeiten geht man vollkommen analog vor.

Beispiel 10.3 Wir führen das Beispiel 10.1 weiter. Der Einfachheit halber werden dafür auch die Ausscheidewahrscheinlichkeiten über die Personenanzahl wie in (10.3) gemittelt. Dann ergeben sich die Bisex- und Unisex-Nettoprämien aus Abb. 10.6. ▲

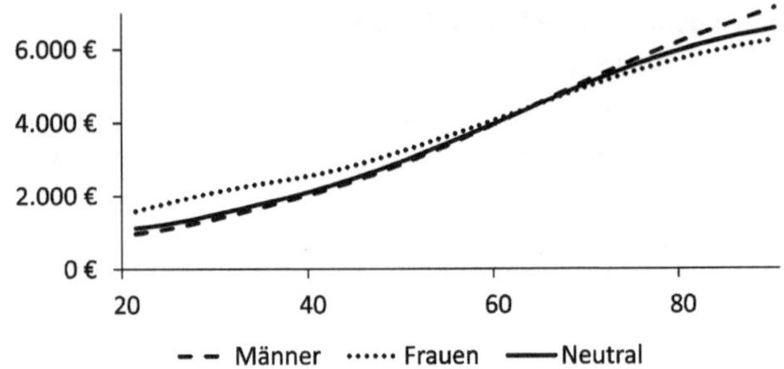

Abb. 10.6 Nettoprämien mit Unisex- und Bisex-Rechnungsgrundlagen für den Ambulanttarif mit 0–100 € Selbstbehalt

10.2 Probleme beim Ansatz durch Mittelung

Wir wollen noch ausgewählte Probleme ansprechen, die sich bei der geschlechtsneutralen Tarifierung mit den oben dargestellten Methoden ergeben.

Die Auslösenden Faktoren
Bei der Bildung der Beobachtungseinheiten in den Unisex-Tarifen entfällt nun das Geschlecht als Risikomerkmal. Es gibt daher nur noch mindestens Erwachsene und Kinder/Jugendliche. Weitere Unterteilungen in kleinere Einheiten, wie sie in Abschn. 8.1 angesprochen wurden, bleiben davon unbenommen.

Die Bemerkung zu dem sich ständig verändernden Geschlechtermix impliziert, dass selbst bei unveränderten geschlechtsabhängigen Rechnungsgrundlagen sich jedes Jahr neue neutrale Rechnungsgrundlagen ergeben können. Desweiteren sind in der Kalkulation die Sicherheiten s aus (10.3) eingebaut. Beides kann beim Auslösenden Faktor für Probleme sorgen:

- Einerseits können die Faktoren schon anspringen alleine aufgrund der genannten Wechselbewegungen;
- andererseits werden die erforderlichen Versicherungsleistungen bzw. Sterblichkeiten (also die Zähler bei der Bestimmung der Auslösenden Faktoren, siehe (8.3) und (8.4)) mit den korrekten, nicht mit Sicherheitspuffern versehenen Bestandszahlen berechnet, die rechnungsmäßigen (also der Nenner) aber aus den mit Sicherheitszuschlägen versehenen Werten der Kalkulation. Die Auslösenden Faktoren könnten somit z. B. ein Absinken des Kostenniveaus anzeigen, das gar nicht wirklich existiert.

Bisher wird trotz dieser ungewollten Effekte an den bis dato gültigen Definitionen der Auslösenden Faktoren festgehalten. Allerdings ist bei einem Anspringen in der Beobachtungseinheit genau zu untersuchen, in welchem Ausmaß der Grund dafür in einer Änderung des Kostenniveaus oder in einem veränderten Geschlechtermix bzw. den eingerechneten Sicherheitszuschlägen liegt. Diese Problematik sollte nach Ablauf einer gewissen Zeit durch die Stabilisierung des Mixes immer weiter an Bedeutung verlieren. Derzeit wird diesem Effekt vor allem dadurch begegnet, dass nicht der tatsächliche Unisex-

Bestand herangezogen wird, sondern der für die Erstkalkulation verwendete Modellbestand bzw. Stütztarif (vgl. auch die Bemerkung am Ende des Abschn. 8.2).

Erstkalkulation

Man könnte versuchen, den künftigen Geschlechtermix zu prognostizieren und diese Prognose für die Kalkulation zu verwenden. Allerdings steht man hier grundsätzlich vor denselben Schwierigkeiten wie bei den Kopfschäden und Ausscheidewahrscheinlichkeiten (siehe die Abschn. 3.2.1 und 3.3.1): Eine adäquate Prognose ist kaum möglich und würde zudem ein neues Kalkulationsmodell generieren, da neben dem Alter auch der entsprechende Zahlungszeitpunkt zu berücksichtigen wäre (es ergäbe sich ein zweidimensionales Modell). Es wird also von stabilen Bestandsmischungen ausgegangen, die für alle weiteren Jahre identisch sind. Künftig eintretende Änderungen des Mixes sind dann im Zuge von Beitragsanpassungen aufzufangen.

Um den vorgenannten Effekt abzumildern, ist eine gründliche Wahl der Faktoren M_x^* bei der Neueinführung eines Unisex-Tarifs T sowie in den ersten Jahren danach wichtig, die die möglichen Wechselbewegungen aus den Bisex-Tarifen berücksichtigen. Eine Idee besteht aus einer Iteration möglicher Bestandszusammensetzungen, die grob wie folgt abläuft:

- Wir gehen aus von einem fiktivem Anfangsbestand für T der Größen $n_x^M(0)$ und $n_x^F(0)$ (abgeleitet aus Stütztarifen o. ä.) und daraus mit Hilfe des Ansatzes durch Mittelung abgeleiteten Rechnunsgrundlagen und damit Prämien.
- Wird nun eine gewisse (augenblickliche) Wechselbewegung aus Bisex-Tarifen heraus in den Tarif T unterstellt, ändern sich die Bestandsgrößen zu $n_x^M(1)$ bzw. $n_x^F(1)$. Dies bewirkt nun nach den Überlegungen des Abschn. 10.1 eine Neubestimmung der neutralen Rechnungsgrundlagen und damit eine entsprechende Änderung der Prämien in T (wie bereits diskutiert meist eine Erhöhung).
- Eine höhere Prämie wirkt aber hemmend für die Wechselbewegung. Die gerade angenommene Wechselbereitschaft würde dadurch (wieder augenblicklich) abnehmen und die Bestandszusammensetzung von T die Werte $n_x^M(2)$ und $n_x^F(2)$ annehmen mit weniger teureren Risiken.
- Das senkt in gleicher Weise die Prämien, es gibt also wieder mehr Wechsler, wir gelangen zu $n_x^M(3)$ und $n_x^F(3)$, die Prämie steigt an usw.

Praktisch muss hier also ein konkreter Wechselprozess simuliert werden (mit einem expliziten Zusammenhang zwischen Prämienhöhe und Wechselbereitschaft) in der Hoffnung, dass man sich dabei einem (oder mehreren) „stabilen Zuständen" nähert (also Häufungswerten der Folgen $(n_x^M(k))_{k\in\mathbb{N}}$ und $(n_x^F(k))_{k\in\mathbb{N}}$). In der Tat ergeben die in der Praxis verwendeten Iterationen meist zwei asymptotische Prämienverteilungen, zwischen denen die einzelnen Iterationsschritte hin und her pendeln. Im Sinne einer vorsichtigen Kalkulation ist dann die Verteilung mit den höheren Prämien zu wählen. Nicht berücksichtigt haben wir hier Prognosen für das künftige Neugeschäft in dem Unisex-Tarif, die ebenfalls eingehen.

Diese Simulationen sind sehr aufwändig und voller zusätzlicher Details, die wir hier nicht darlegen wollen, mehr Informationen findet man in [1] und den zugehörigen Anlagen. Einige Grafiken mit numerischen Resultaten dieser Iterationen enthält der Vortrag [2][10].

Monotonie der Prämien

Durch die unterschiedlichen Zusammensetzungen der Geschlechter in verschiedenen Altersbereichen kann die Monotonie der Prämien, die in § 146 Abs. 2 Satz 2 VAG gefordert wird (siehe auch den Beginn von Abschn. 5.7), verletzt sein, auch wenn alle sonstigen Voraussetzungen dafür (wie sie z. B. in Satz 5.12 genannt werden) erfüllt sind. Dazu sagt das VAG an derselben Stelle:

> **§ 146 (2) VAG**
>
> *[…] Satz 2 gilt nicht für einen Prämienunterschied, der sich daraus ergibt, dass die Prämien für das Neugeschäft geschlechtsunabhängig berechnet wurden.*

In Unisex-Tarifen können Neugeschäftsprämien also auch nicht monoton wachsend sein.

10.3 Aufgaben

A. 10.1

Stellen Sie in Anlehnung an Abb. 10.1 auf Basis des Musterbestandes $\{l_x\}_{x \in A}$ aus (3.14) die Entwicklung des Geschlechtermixes über alle Alter in $x \in A$ dar. Unterscheiden Sie dabei die Stornowahrscheinlichkeiten nach Beihilfe, Sonstige und Krankentagegeld.

Hinweis: Die benötigten Daten für Sterbe- und Stornowahrscheinlichkeiten entnehmen Sie den BaFin-Tafeln für Storno 2014 und der PKV-Sterbetafel 2016 (beide auf der BaFin-Webseite erhältlich). Vergleiche auch mit Aufgabe 3.9.

A. 10.2

Lösen Sie die Gleichungen für m_x^G aus den Ansätzen von (10.4) für die Kopfschäden bzw. (10.5) für die Sterbewahrscheinlichkeiten. Vergleichen Sie mit den Ausführungen in [1].

Literatur

1. DAV-Ausschuss Kranken: Aktuarielle Hinweise zur (Erst)Kalkulation von Unisex-Tarifen in der Privaten Krankenversicherung. Fachgrundsatz der DAV (2014)
2. Richter, H.-W.: Kalkulation von Unisex-Tarifen. Vortrag auf der DAV-Jahrestagung 2012.

[10] Einsehbar im internen Bereich der Webseite der DAV.

Überschussbeteiligung 11

In diesem Buch ist von der Krankenversicherung nach Art der Lebensversicherung die Rede. Diese Art der Kalkulation beinhaltet u. a. auch die Gewährung einer Beteiligung an den Überschüssen des Versicherungsunternehmens. Sie ist eine wichtige Säule bei der Dämpfung der Beitragsbelastung älterer Versicherungsnehmer. Daher ist die Überschussverwendung in der PKV untrennbar mit dem Altenproblem verbunden, wie es in Abschn. 8.6 in seiner einfachsten Form geschildert wurde. Die Rechtsgrundlagen findet man im VAG sowie den hinteren Paragrafen der KVAV. Zunächst müssen einige Begriffe der Rechnungslegung besprochen werden. Es wird vorausgesetzt, dass der Leser die grundlegende Bedeutung der Begriffe Bilanz sowie Gewinn- und Verlustrechnung kennt. Eine detaillierte Einführung in diesen großen Themenbereich findet man etwa in [2].

11.1 Rechnungslegung und Gewinnquellen

Die Rechnungslegung für Versicherungsunternehmen unterscheidet sich in einigen Punkten von der anderer Unternehmungen. Während der allgemeine Aufbau einer Bilanz und Gewinn- und Verlustrechnung (GuV) in den Paragrafen 266 bzw. 275 des HGB zu finden ist, regelt die Verordnung über die Rechnungslegung von Versicherungsunternehmen (RechVersV) die veränderte Form für Versicherungsunternehmen. Demnach müssen alle Versicherungsunternehmen das Formblatt 1 der RechVersV für die Bilanz verwenden, und Krankenversicherungsunternehmen speziell das Formblatt 3 für die GuV[1]. Für die Überschussbeteiligung sind vor allem Werte aus der GuV entscheidend.

Im Folgenden sind die wesentlichen Positionen der GuV eines Krankenversicherungsunternehmens (mit den entsprechenden Vorzeichen) aufgelistet. Der zugrundeliegende

[1] Sucht man Gesetzestexte und Verordnungen im Internt, werden gewisse Anhänge und Formblätter oft nicht angezeigt (an der entsprechenden Stelle steht dann z. B. *nicht darstellbares Formblatt*). Die angegebenen Formblätter der RechVersV findet man z. B. unter www.jurion.de/Gesetze/RechVersV.

T. Becker, *Mathematik der privaten Krankenversicherung*,
Studienbücher Wirtschaftsmathematik, https://doi.org/10.1007/978-3-658-16666-3_11

Zeitraum, auf den sich die Beträge beziehen und der als Wirtschaftsjahr bezeichnet wird, ist meist das Kalenderjahr.

+	Verdiente Beiträge
+	Beiträge aus der RfB
±	Erträge/Aufwendungen aus Veränderung der Alterungsrückstellung
±	Erträge/Aufwendungen aus Kapitalanlagen
–	Aufwendungen für Versicherungsfälle (inkl. Kosten und Schadenrückstellung)
–	Aufwendungen für die RfeuB
–	Aufwendungen für den Versicherungsbetrieb (Abschlusskosten, Verwaltung,...)
=	**versicherungstechnisches Rohergebnis** (= **Rohüberschuss**) *
–	Aufwendungen für die RfeaB
=	**versicherungstechnisches Nettoergebnis**
±	Ergebnis aus normaler Geschäftstätigkeit
–	Steuern
–	abgeführte Gewinne
=	**Bilanzergebnis**

Einige der angegebenen Positionen sollen kurz erläutert werden.

- Das Kürzel RfB steht für **Rückstellung für Beitragsrückerstattung**, eine Bilanzgröße, die in allen deutschen Personenversicherungen existiert. Sie gehört in der Bilanz zu den versicherungstechnischen Rückstellungen, die z. B. auch die Alterungsrückstellung enthalten. In der PKV unterscheidet man zwei Arten der RfB, die **erfolgsabhängige** (RfeaB) und die **erfolgsunabhängige** (RfeuB), von der bereits in Abschn. 5.3 im Rahmen der sonstigen Zuschläge die Rede war.
  In der RfB werden Beträge angesammelt, die aus den Überschüssen stammen. Es gibt Einzahlungen in die RfB, die in der GuV als *Aufwendungen für die RfB* bezeichnet werden, sowie auch Auszahlungen (also Zuweisung von Geldern an die einzelnen Versicherungsnehmer), die man *Beiträge aus der RfB* nennt.
- Die verdienten Beiträge sind im Wesentlichen die Summen aller Prämien, die die Versicherungsnehmer im Laufe des Wirtschaftsjahres eingezahlt haben.
- Die Alterungsrückstellung verändert sich sowohl rein rechnungsmäßig, wie es z. B. in Satz 6.8(a) dargestellt ist, als auch durch die eben genannten Beiträge aus der RfB. Eine Erhöhung der Alterungsrückstellung wird als Aufwendung bezeichnet, eine Senkung als Ertrag.
- Wichtig für die Überschussbeteiligung ist das versicherungstechnische Rohergebnis, auch **Rohüberschuss** genannt. Dieser mit * gekennzeichnete Teil in der obigen Auflistung ist eigentlich kein Teil der GuV, er wird nur intern ermittelt. Aus ihm werden die Aufwendungen für die RfeaB berechnet. Im Prinzip entspricht der Rohüberschuss dem normalen Jahresgewinn/-verlust eines Unternehmens vor Steuern. Allerdings kann das Krankenversicherungsunternehmen nicht über den Rohüberschuss verfügen wie über einen Gewinn. Vielmehr gibt es mehrere Gesetze und Verordnungen, die vorschreiben,

wie dieser Betrag aufzuteilen ist zwischen den Versicherten und dem Unternehmen. Der hauptsächliche Anteil des Rohüberschusses, der den Versicherten zugute kommt, dient der Erhöhung der Position RfeaB. Aber auch Teile der RfeuB gehören zur Überschussbeteiligung.

Die Wirkungsweise der RfB (die es in dieser Form nur auf dem deutschen Markt gibt) kann als ein temporärer bilanzieller Aufbewahrungsort für entstandene Überschüsse beschrieben werden. Entstehen Überschüsse, werden Teile davon anhand vorgegebener Verfahren auf die RfeaB und RfeuB verteilt. Die Gelder in der RfB gehören bereits dem Versichertenkollektiv, also allen Versicherungsnehmern, sind aber noch keinem individuell und konkret zugeordnet. Zeitpunkt und Höhe der Zuordnung geschieht in den Folgejahren wiederum nach gewissen Verfahren. Daneben wird ein Teil der Überschüsse ohne Zeitverzögerung oder Umwege am Ende des Jahres der Entstehung direkt dem Versicherungsnehmer zugewiesen. Dies alles wird Inhalt der folgenden Abschnitte sein.

Aus der Statistik der BaFin zu Erstversicherungsunternehmen[2] für das Jahr 2014 stammen die folgenden Werte ausgewählter GuV-Positionen (in Mio. €), aggregiert über alle PKV-Unternehmen:

Verdiente Bruttobeiträge	36.210
Beiträge aus der RfB	1474
Aufwendungen für die RfeuB	273
Aufwendungen für die RfeaB	4885
Erträge aus Kapitalanlagen	9528
Aufwendungen für Kapitalanlagen	728
Veränderung der Alterungsrückstellung	12.178
Aufwendungen für Versicherungsfälle	24.749
Aufwendungen für den Versicherungsbetrieb	3187

Um die Vorgaben der Überschussbeteiligung zu verstehen, muss zunächst untersucht werden, aus welchen Quellen sich der Rohüberschuss zusammensetzt. Diese **Gewinnquellen** (die natürlich auch Verluste sein können) sind u. a.

- die Kapitalanlage: Insbesondere ist das die Rendite aus der Anlage der Gelder am Kapital- und Immobilienmarkt, die über der Garantieverzinsung liegt; man nennt dies auch das **Zinsergebnis**.
- der Schadenverlauf: Hierunter fallen Gewinne aufgrund der Tatsache, dass die tatsächlichen Leistungen niedriger sind als die durch die Kopfschäden angesetzten.
- die Ausscheideordnungen: Hierunter fallen Gewinne aufgrund der Tatsache, dass die tatsächlichen Sterbe- und Stornowahrscheinlichkeiten anders (die Sterbewahrscheinlichkeiten meist niedriger) sind als die kalkulierten.

[2] Eine Anlage zu [1]. Geben Sie z. B. *Statistik Krankenversicherung 2014* in die Suchmaschine der BaFin ein. Die Daten werden als Excel-Tabelle bereitgestellt.

- die Kosten: Hier entstehen Gewinne oder Verluste aufgrund der Tatsache, dass die tatsächlichen Kosten niedriger bzw. höher waren als angesetzt.
- der Sicherheitszuschlag: Hier entsteht ein Gewinn aus dem nicht vollständig verbrauchten Sicherheitszuschlag σ (siehe Abschn. 3.4).

Der durchaus anspruchsvolle Vorgang, in dem der Rohüberschuss auf die angegebenen Gewinnquellen aufgeteilt wird, heißt **Gewinnzerlegung**. In folgender Tabelle sieht man einige Positionen der Gewinnzerlegungen und den Rohüberschuss der letzten Jahre der deutschen PKV-Unternehmen in Mio. €[3]. Die Daten stammen ebenfalls aus der BaFin-Statistik [1]. Die Quellen *Schadenverlauf* und *Ausscheideordnung* werden dabei unter dem Oberbegriff *Risiko* zusammengefasst.

Quelle \ Jahr	2011	2012	2013	2014
Risiko	922	1164	1344	1337
Kosten	711	863	925	859
Sicherheitszuschlag	2309	2380	2422	2449
Zinsergerbnis	2077	1767	1817	1720
Rohüberschuss	5208	5881	6029	5879

Deutlich erkennbar ist das Übergewicht des Sicherheitszuschlags bei den Quellen.

Da ein Großteil all dieser Gewinne durch die vorgeschriebene vorsichtige Kalkulation nach § 2 Abs. 3 KVAV und damit erhöhten Prämien entsteht, ist eine Rückerstattung an die Versicherungsnehmer ganz natürlich. Wir wenden uns nun den Details der Ermittlung und Verwendung zu[4].

11.2 Überschüsse aus dem Überzins und RfeuB

Wir zitieren aus § 150 VAG:

§ 150 (1) VAG

Das Versicherungsunternehmen hat den Versicherten [. . .] jährlich Zinserträge gutzuschreiben, die auf die Summe der jeweiligen zum Ende des vorherigen Geschäftsjahres vorhandenen positiven Alterungsrückstellung der betroffenen Versicherungen entfal-

[3] Da es nur ausgewählte Positionen der Gewinnquellen sind, ergeben die Werte in den Spalten in Summe nicht den Rohüberschuss.

[4] Der Gesetzgeber legt recht genau fest, wie viel die Versicherungsnehmer mindestens erhalten müssen. Das Unternehmen kann durchaus auch einen höheren Betrag gutschreiben (etwa aus Gründen des Wettbewerbs oder der Kundenzufriedenheit). Allerdings darf der Mindestzuteilungsbetrag nicht beliebig überschritten werden; auch die Gewinnansprüche der Unternehmenseigner sind zu wahren. Man siehe dazu § 139 Abs. 2 VAG, der nach § 151 Abs. 1 sinngemäß auch für die PKV-Unternehmen gilt.

len. Diese Gutschrift beträgt 90 Prozent der durchschnittlichen, über die rechnungsmäßige Verzinsung hinausgehenden Kapitalerträge (Überzins).

Die genaue Definition des Überzinses liefert die KVAV.

§ 19 (1) KVAV

Zur Ermittlung des Überzinses, den ein Versicherungsunternehmen bei der nach Art der Lebensversicherung betriebenen Krankheitskosten[...]versicherung erwirtschaftet, ist der Durchschnittszinssatz heranzuziehen. Der Durchschnittszinssatz errechnet sich aus der Summe der Erträge aus Kapitalanlagen [...] vermindert um die Summe der Aufwendungen für Kapitalanlagen [...] und sodann dividiert durch das arithmetische Mittel des Buchwertes der Kapitalanlagen (Posten C der Aktivseite im Formblatt 1 der Versicherungsunternehmens- Rechnungslegungsverordnung, Betrag am Ende des Vorjahres und am Ende des Geschäftsjahres).

Der Buchwert der Kapitalanlagen ist eine Position auf der Aktivseite der Bilanz[5]. Erträge minus Aufwendungen der Kapitalanlagen nennt man **Kapitalanlageergebnis**. Mit $K(t)$ sei der Buchwert der Kapitalanlagen am Ende des Jahres t bezeichnet.

Definition 11.1 (Netto- und Überzins)

(a) Die Nettoverzinsung $i_N(t)$ *im Jahr* t *eines PKV-Unternehmens ist definiert als*

$$i_N(t) := \frac{\textit{Kapitalanlageergebnis in } t}{\frac{1}{2}(K(t-1) + K(t))}.$$

(b) Der Überzins $i_Z(t)$ *im Jahr* t *für eine Gruppe von Tarifen mit Rechnungszins* i_R[6] *ist gegeben durch*

$$i_Z(t) := 0{,}9 \cdot \max\{i_N(t) - i_R, 0\}. \tag{11.1}$$

Die Nettoverzinsung ist eine unternehmensindividuelle Größe und abhängig von der Kapitalanlagestrategie. Sie ist mittlerweile zu einem wichtigen Instrument des Wettbewerbs geworden. Die Werte von i_N über alle PKV-Unternehmen der letzten Jahre können der folgenden Tabelle entnommen werden (siehe [1]):

t	2011	2012	2013	2014
$i_N(t)$	4,1 %	4,2 %	4,0 %	3,9 %

[5] Der Buchwert einer Aktivposition ist nicht unbedingt der tatsächliche Marktwert. Im HGB wird genau festgelegt, wann welcher Wert bei der Bilanzierung angesetzt werden muss. Wir wollen nicht auf die Einzelheiten eingehen.

[6] Die Betrachtung einheitlicher Zinsgruppen wird in § 19 Abs. 2 KVAV gefordert.

Der Überschuss durch Überzins wird zwar auf Basis der gesamten Alterungsrückstellung eines Versicherungsnehmers ermittelt, dieser Betrag wird aber weder sofort noch vollständig diesem Versicherungsnehmer zugeteilt. Vielmehr geht ein Teil in die RfeuB, und aus dieser wird allen Versicherungsnehmern in noch zu besprechender Weise ein Betrag zugewiesen (in diesem Sinne kann der Weg des einzelnen erwirtschafteten Überschusses eines Jahres nicht im Detail verfolgt werden). Der Rest wird am Ende des Jahres direkt der Alterungsrückstellung des Versicherungsnehmers – also ohne Umweg über die RfB – zugeteilt. Man nennt dies eine **Direktgutschrift**. Wir wollen daher im Folgenden unterscheiden zwischen dem **entstandenen** Überschuss und dem **zugeteilten** Überschuss eines Jahres.

Wir benötigen für das Weitere eine detailliertere Aufteilung der Rückstellungsposition. Bereits kennengelernt haben wir in Kap. 6 die tarifliche und die Zusatz-Alterungsrückstellung. Nun kommen zwei weitere hinzu: Entstehen Überschüsse, so werden diese technisch in weiteren Rückstellungen gesammelt. Das erlaubt die formelmäßige Fortschreibung der tariflichen Komponenten (was wichtig ist für Beitragsanpassungen) und ist zudem notwendig, da die verschiedenen Teile der gesamten Rückstellung bei der Zuweisung der Überschüsse unterschiedlich behandelt werden. Zu den Notationen:

- Die tarifliche Alterungsrückstellung im Sinne der mit Null maximierten gezillmerten Alterungsrückstellung nach Abschn. 6.2 am Ende des Jahres t wird mit $V^{\text{tar}}(t)$ bezeichnet.
- Die Alterungsrückstellung aufgrund des gesetzlichen 10 %-Zuschlages nach Abschn. 6.4 am Ende des Jahres t, welche wie dort mit $V^{\text{GZ}}(t)$ bezeichnet wird.
- Die Überzins-Alterungsrückstellung bestehend aus Teilen des zugeteilten Überschusses aus Überzinsen auf die tarifliche Alterungsrückstellung und auf sich selbst der vergangenen Jahre bis $t-1$, die wir $V^{\text{Üb}}(t)$ nennen.
- Die Überzins-Rückstellung bestehend aus Teilen des zugeteilten Überschusses aus Überzinsen auf die Zusatz-Alterungsrückstellung und auf sich selbst der vergangenen Jahre bis $t-1$, die wir $V^{\text{GZÜb}}(t)$ nennen.

Die Entwicklung der vier Rückstellungen von einem Jahr zum nächsten durch rechnungsmäßige Fortschreibung und Überschussbeteiligung ist auch in Abb. 11.1 dargestellt.

Es sei nochmals betont, dass unter dem Begriff *Überschüsse* in dieser Abbildung der Betrag zu verstehen ist, der aufgrund der nachfolgend erläuterten Regeln jedem einzelnen Versicherungsnehmer als Direktgutschrift zugeteilt wird.

In dieser Form entwickeln sich die Rückstellungen zunächst nur für Alter bis 65. Danach können sich alle Rückstellungen auch zusätzlich dann ändern, wenn zum Zwecke der Beitragsdämpfung Einmalbeträge aus der Zusatz-Alterungsrückstellung und den Überschuss-Rückstellungen in die tarifliche Alterungsrückstellung verschoben werden (siehe Abschn. 11.4).

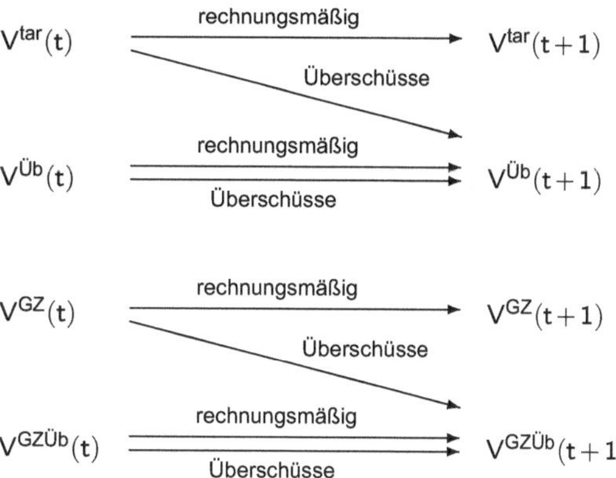

Abb. 11.1 Entwicklung der betrachteten Rückstellungen innerhalb eines Jahres

Aufgrund der einheitlichen Behandlung beim Überzins fassen wir der Übersichtlichkeit wegen noch zusammen

$$V^{\text{GÜ}}(t) := V^{\text{GZ}}(t) + V^{\text{GZÜb}}(t)$$

und verwenden den Begriff Zusatz-Alterungsrückstellung ab jetzt für diese Summe.

Der gesamte entstandene Überschuss aus dem Überzins am Ende des Jahres t beträgt nun

$$i_Z(t) \cdot [V^{\text{tar}}(t-1) + V^{\text{Üb}}(t-1) + V^{\text{GÜ}}(t-1)]. \tag{11.2}$$

Dieser wird auf die Direktgutschrift und die RfeuB auf Basis der gesetzlichen Regelungen wie folgt verteilt:

1. Wir beginnen mit der Zusatz-Alterungsrückstellung und zitieren aus dem VAG:

   § 150 (2) VAG

   Den Versicherten, die den Beitragszuschlag [...] geleistet haben, ist bis zum Ende des Geschäftsjahres, in dem sie das 65. Lebensjahr vollenden, [...] der Anteil, der auf den Teil der Alterungsrückstellung entfällt, der aus diesem Beitragszuschlag entstanden ist, jährlich in voller Höhe direkt gutzuschreiben. [...]

   Das ergibt für unter 65-jährige Versicherungsnehmer am Ende des Jahres t eine Direktgutschrift zur Zusatz-Alterungsrückstellung der Höhe[7]

   $$i_Z(t) \cdot V^{\text{GÜ}}(t-1).$$

[7] Der zitierte Paragraf betrifft eigentlich nur die reine Zusatz-Alterungsrückstellung V^{GZ}. Dass die aus deren vergangenen Zins-Überschüssen bestehende Rückstellung $V^{\text{GZÜb}}$ ebenfalls so behandelt wird, ist der Inhalt von § 20 Abs. 1 KVAV.

2. Für die tarifliche Alterungsrückstellung zitieren wir weiter aus § 150 VAG:

   § 150 (2) VAG

   [...] Der Alterungsrückstellung aller Versicherten ist von dem verbleibenden Betrag jährlich 50 Prozent direkt gutzuschreiben. Der Prozentsatz nach Satz 2 erhöht sich ab dem Geschäftsjahr des Versicherungsunternehmens, das im Jahre 2001 beginnt, jährlich um zwei Prozent, bis er 100 Prozent erreicht hat.

   Das ergibt laut Definition von $V^{\text{Üb}}$ am Ende des Jahres t eine Direktgutschrift zur Überzins-Alterungsrückstellung der Höhe

$$(0{,}5 + x) \cdot i_Z(t) \cdot V^{\text{tar}}(t-1)$$

   mit

$$x = \min\{(t - 2000) \cdot 0{,}02,\ 0{,}5\}.$$

   Daher wird der Überschuss aus Überzins erst ab dem Jahr 2025 der Alterungsrückstellung voll als Direktgutschrift zugeschrieben. Im Jahr 2016 dagegen werden nur

$$0{,}5 + \min\{16 \cdot 0{,}02,\ 0{,}5\} = 82\,\%$$

   des Überschusses der tariflichen Alterungsrückstellung der zugehörigen Überzins-Alterungsrückstellung $V^{\text{Üb}}$ direkt zugeschrieben. Die folgende Tabelle gibt die Prozentsätze bis 2025 wider:

2016	2017	2018	2019	2020	2021	2022	2023	2024	2025
82 %	84 %	86 %	88 %	90 %	92 %	94 %	96 %	98 %	100 %

   In Abschn. 11.4 werden diese Prozentsätze nochmals thematisiert.

3. Daraus folgt auch eine Regel für die Überschüsse aus Überzinsen aus der Zusatz-Alterungsrückstellung für über 65-Jährige. Am Ende des Jahres t wird der Betrag

$$(0{,}5 + x) \cdot i_Z(t) \cdot V^{\text{GÜ}}(t-1)$$

   direkt der Zusatz-Alterungsrückstellung zugeschrieben, wobei x wie oben ist.

4. Auch die Überzins-Alterungsrückstellung erwirtschaftet einen Gewinn, der ihr selbst zugeführt wird. Am Ende des Jahres t gibt es also eine weitere Direktgutschrift zur Überzins-Alterungsrückstellung der Höhe

$$(0{,}5 + x) \cdot i_Z(t) \cdot V^{\text{Üb}}(t-1).$$

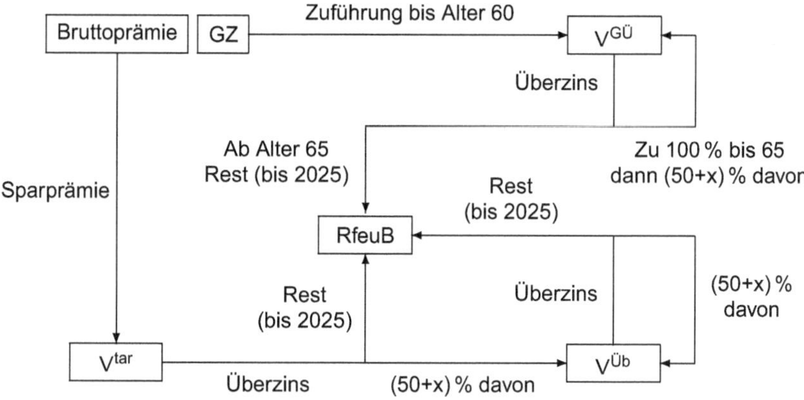

Abb. 11.2 Die Aufteilung des Überschusses aus dem Überzins; GZ ist der gesetzliche 10 %-Zuschlag

5. Der Rest des Überschusses aus Überzinsen[8]

$$(0{,}5 - x) \cdot i_Z(t) \cdot [V^{\text{tar}}(t-1) + V^{\text{Üb}}(t-1) + V^{\text{GÜ}}(t-1) \cdot \mathbf{1}_{\{x \geq 65\}}]$$

wird (bis zum Jahr 2025) der RfeuB zugeteilt.

In Abb. 11.2 wird der gesamte Zuteilungsvorgang als Übersicht dargestellt. GZ bezeichnet den gesetzlichen 10 %-Zuschlag auf die Bruttoprämie. Die Prämien sind in diese Abbildung aufgenommen worden, da sie V^{tar} und $V^{\text{GÜ}}$ finanzieren und die Verwendung der Überschüsse auf die Prämien zurückwirkt (siehe Abschn. 11.4).

Wir wollen abschließend die Entwicklungen der Überschuss-Rückstellungen für einen Versicherungsnehmer, der im Jahr t das Alter x hat, formelmäßig rekursiv darstellen. Dabei sei $f_t := 0{,}5 + \min\{(t - 2000) \cdot 0{,}02,\ 0{,}5\}$ und E ein Einmalbetrag, der am Ende des Jahres t zur Beitragsdämpfung entnommen wird. Es ist $E = 0$ für $x < 65$.

$$V_{x+1}^{\text{Üb}}(t+1) = \frac{1}{v \cdot p_x} \cdot V_x^{\text{Üb}}(t) - E + i_Z(t) \cdot f_t \cdot \max\left\{V_x^{\text{tar}}(t) + V_x^{\text{Üb}}(t),\ 0\right\},$$

$$V_{x+1}^{\text{GZÜb}}(t+1) = \begin{cases} \dfrac{1}{v \cdot p_x} \cdot V_x^{\text{GZÜb}}(t) + i_Z(t) \cdot V_x^{\text{GZÜb}}(t), & \text{für } x < 65 \\ \dfrac{1}{v \cdot p_x} \cdot V_x^{\text{GZÜb}}(t) - E + i_Z(t) \cdot f_t \cdot V_x^{\text{GZÜb}}(t), & \text{für } x \geq 65. \end{cases}$$

Dabei ist der jeweils erste Summand $\frac{1}{v \cdot p_x} \cdot V_x^*(t)$ die rechnungsmäßige Entwicklung von t nach $t+1$ der vorhandenen Rückstellung und der jeweils letzte Summand die Überschusszuteilung des Jahres t.

[8] Zur Erinnerung: $\mathbf{1}_{\{x \geq 65\}}$ ist Eins, falls $x \geq 65$, sonst Null.

11.3 Überschüsse anderer Quellen und RfeaB

Bisher war nur von den Überschüssen aus Kapitalerträgen die Rede, die entweder als Direktgutschrift zugewiesen werden oder in die RfeuB gehen. Insbesondere sind diese Überschüsse aus Überzinsen individuell für jeden einzelnen Versicherungsnehmer berechenbar. Der Rest des Rohüberschusses steht zunächst dem gesamten Kollektiv zu. Er wird zu einem vorgeschriebenen Teil der RfeaB zugewiesen.

Die KVAV regelt eine Mindestzuführung zur RfeaB:

§ 22 (1) KVAV

Zur Sicherstellung einer ausreichenden Mindestzuführung müssen die Versicherungsunternehmen in der nach Art der Lebensversicherung betriebenen Krankenversicherung einen angemessenen Teil des Überschusses, der auf diese Versicherung entfällt, der Rückstellung für erfolgsabhängige Beitragsrückerstattung zuführen. Der Überschuss berechnet sich nach folgender Formel:

[...]

Der Zuführungssatz beträgt 80 Prozent des nach den Sätzen 2 und 3 errechneten Überschusses. Die Mindestzuführung ist um die bereits nach § 150 Absatz 1 des Versicherungsaufsichtsgesetzes gutgeschriebenen Überzinsen zu vermindern.

Wir wollen die hier ausgelassene Formel nicht niederschreiben. Sie besteht aus mehreren Summanden, für deren Bedeutung auf die Versicherungsberichterstattungs-Verordnung (BerVersV) verwiesen wird, speziell den sog. Nachweis 231. Dies ist ein Formblatt über die Zerlegung des Rohüberschusses nach Gewinnquellen, das Versicherungsunternehmen für die Übermittlung an die BaFin verwenden müssen[9]. Im Wesentlichen ergibt die Formel den Rohüberschuss, der im letzten Abschnitt bereits angesprochen wurde.

Es gilt daher

$$\begin{aligned} &\text{Mindestzuführung zur RfeaB} \\ &= \max\{0{,}8 \cdot \text{Rohüberschuss} - \text{entstandene Überschüsse aus Überzins},\ 0\}. \end{aligned} \tag{11.3}$$

Der Wert der entstandenen Überschüsse wurde in (11.2) definiert.

Die KVAV gibt im selben Paragrafen ab Absatz 4 Voraussetzungen an, unter denen die Höhe der Mindestzuführung gesenkt werden kann. Wir gehen hierauf nicht weiter ein.

An dieser Stelle noch ein Wort zu den Bezeichnungen der RfB: Das Wort *Erfolg* in den Begriffen *erfolgsabhängig* und *erfolgsunabhängig* bezieht sich auf den wirtschaftlichen bzw. bilanziellen Erfolg des Versicherungsunternehmens als Ganzes. Erfolgsabhängig sind also Beträge, die den Unternehmensgewinn abbilden. Erfolgsunabhängig sind

[9] Diese Nachweise findet man auf der Internetseite der BaFin; dazu gebe man im Suchfeld die Stichworte *Formblätter Nachweisungen BerVersV* ein. Die Nachweise stehen als Word-Dokumente zur Verfügung.

Beträge, die stattdessen z. B. vom konkreten Schadenverlauf eines Versicherungsnehmers abhängen (etwa wegen nicht eingereichter Rechnungen). Demnach gehören die $(50-x)$ % des Überschusses durch Überzinses also inhaltlich nicht in die RfeuB, werden aber trotzdem dort ausgewiesen.

In der folgenden Tabelle sind die Höhe der RfB und die Zuweisungen der letzten Jahre sowie zum Vergleich die gesamte Alterungsrückstellung der deutschen PKV-Unternehmen (in Mio. €) aufgelistet (siehe Anlage zu [1]):

	2012	2013	2014
RfeaB	10.991	12.428	14.615
RfeuB	1503	1495	1508
Alterungsrückstellung	181.615	194.010	206.190
Zuführung RfeaB	4601	4589	4885
Zuführung RfeuB	344	309	273

11.4 Überschussverwendung

Wir besprechen noch die Verwendung der zugeteilten Überschüsse. Grundsätzlich dienen diese im Wesentlichen der Dämpfung von Beitragssteigerungen bei älteren Versicherten.

Für die Direktgutschriften, die $V^{\text{Üb}}$ und $V^{\text{GÜ}}$ aufbauen, gilt:

§ 150 (3) VAG

Die Beträge [...] sind ab der Vollendung des 65. Lebensjahres des Versicherten zur zeitlich unbefristeten Finanzierung der Mehrprämien aus Prämienerhöhungen oder eines Teils der Mehrprämien zu verwenden, soweit die vorhandenen Mittel für eine vollständige Finanzierung der Mehrprämien nicht ausreichen. Nicht verbrauchte Beträge sind mit der Vollendung des 80. Lebensjahres des Versicherten zur Prämiensenkung einzusetzen. Zuschreibungen nach diesem Zeitpunkt sind zur sofortigen Prämiensenkung einzusetzen.

Wird die Brutto-Monatsprämie b^a eines Versicherungsnehmers, der älter als 64 ist, durch eine Beitragsanpassung um den Betrag Δb auf $b^a + \Delta b$ erhöht, so wird aus den Rückstellungen $V^{\text{Üb}}$ und $V^{\text{GÜ}}$ ein Betrag E in der Höhe entnommen und V^{tar} zugewiesen, so dass die Berechnung der neuen Prämie unter Berücksichtigung dieses Betrages wieder b^a ergibt. Nach (5.10) lautet dieser

$$E = 12(1 - \Delta^n) \cdot \ddot{a}_x^n \cdot \Delta b. \tag{11.4}$$

Ist $V^{\text{Üb}} + V^{\text{GÜ}} < E$, dann wird nicht die gesamte Erhöhung aufgefangen. Im Fall $V^{\text{Üb}} + V^{\text{GÜ}} > E$ verbleibt der Betrag $V^{\text{Üb}} + V^{\text{GÜ}} - E$ in den Rückstellungen bis zur nächsten

Beitragsanpassung (und wird rechnungsmäßig weitergeführt)[10]. Wird der Versicherte 80 Jahre alt, so wird (auch ohne eine anstehende Beitragsanpassung) der gesamte zur Verfügung stehende Betrag $V^{\text{Üb}} + V^{\text{GÜ}}$ eingesetzt für eine effektive Prämiensenkung. Jede künftige Zuteilung von Direktgutschriften wird umgehend in Prämienabschläge verwandelt (beides wieder nach (11.4)).

Nun die Überschüsse aus Überzinsen, die in die RfeuB gehen:

§ 150 (3) VAG

Der Teil der nach Absatz 1 ermittelten Zinserträge, der nach Abzug der nach Absatz 2 verwendeten Beträge verbleibt, ist für die Versicherten, die am Bilanzstichtag das 65. Lebensjahr vollendet haben, für eine erfolgsunabhängige Beitragsrückerstattung festzulegen und innerhalb von drei Jahren zur Vermeidung oder Begrenzung von Prämienerhöhungen oder zur Prämienermäßigung zu verwenden. Die Prämienermäßigung nach Satz 1 kann so weit beschränkt werden, dass die Prämie des Versicherten nicht unter die des ursprünglichen Eintrittsalters sinkt

Die Mittel der RfeuB stehen nur den Versicherten zur Verfügung, die mindestens 65 Jahre alt sind. Bei Beitragsanpassungen werden für diese aus der RfeuB Beträge zur Ermäßigung dieser Anpassung zur Verfügung gestellt[11]. Quantitativ gelten dabei dieselben Formeln wie bei der Direktgutschrift. Wie hoch diese Einmalbeträge sind, die aus der RfeuB kommen, wird vom Versicherungsunternehmen festgelegt.

An dieser Stelle soll der seltsam anmutende Faktor $(50 + x)\,\%$ für die Anteile der Überschüsse aus Überzinsen, die in die RfeuB gehen, erläutert werden. Wie bereits mehrfach geschildert, wird dem versicherungsmathematischen Altenproblem seit Beginn der 2000er Jahre vor allem durch Einführung des gesetzlichen 10 %-Zuschlages Rechnung getragen. Versicherte mit langer Versicherungsdauer hatten naturgemäß keine Gelegenheit, eine ausreichende Zusatz-Alterungsrückstellung aus diesem Zuschlag aufzubauen. Diese Personen (zu denen derzeit noch der größte Teil der über 64-Jährigen gehört) erhalten bei Beitragsanpassungen Unterstützung durch die Versichertengemeinschaft, indem diese Teile ihrer Überschüsse aus Überzins an die RfeuB weitergibt, aus der dann Prämiendämpfungen finanziert werden. Da die Anzahl der Versicherten, die diese Untersützung benötigen, im Laufe der Zeit immer weiter abnehmen wird, hat der Gesetzgeber festgelegt, dass die Abgabe an die RfeuB kontinuierlich gegen Null gefahren wird (in 2 %-Schritten bis 2025).

Was die Mittel der RfeaB betrifft, liegt die genaue Aufteilung auf die Versicherungsnehmer in der Hand des Unternehmensvorstands. Neben Prämienermäßigungen für ältere Versicherte kann daraus z. B. auch eine festgelegte Begrenzung einer Beitragsanpassung für unter 65-jährige Versicherungsnehmer finanziert werden (siehe den Begriff Limitierungen in Abschn. 8.4). Auch für die RfeaB ist eine Dreijahresfrist wie bei der RfeuB zu

[10] Vergleiche auch mit Abb. 6.5.

[11] Insofern ist die Verwendung der RfeuB-Mittel nicht verursachungsgerecht. Dies wird aber in Kauf genommen, um dem mathematischen Altenproblem entgegenzuwirken.

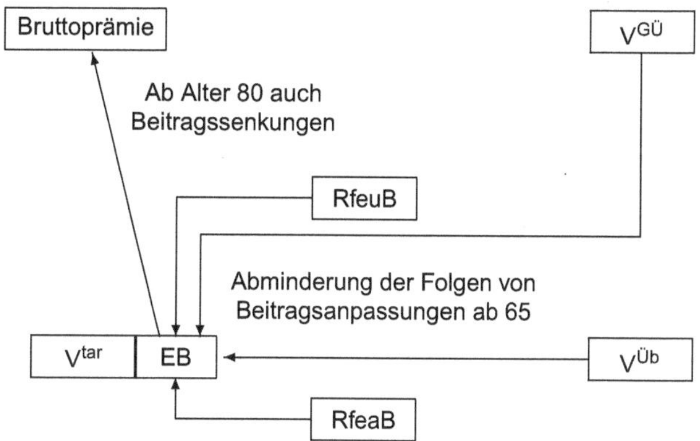

Abb. 11.3 Die Verwendung der Überschüsse zur Prämienermäßigung; EB bezeichnet Einmalbeträge für die tarifliche Alterungsrückstellung

beachten. Anders als diese unterliegt die RfeaB aber (weil sie aus dem Geschäftserfolg des Unternehmens abgeleitet ist) dem Kapitalsteuergesetz, wonach Beträge, die länger als drei Jahre darin liegen, versteuert werden müssen.

Dem Treuhänder kommt bei der Verteilung der Überschüsse eine entscheidende Rolle zu:

§ 155 (2) VAG

Der Zustimmung des Treuhänders bedürfen

1. *der Zeitpunkt und die Höhe der Entnahme sowie die Verwendung von Mitteln aus der Rückstellung für erfolgsunabhängige Beitragsrückerstattung, soweit sie nach § 150 Absatz 4 zu verwenden sind, und*
2. *die Verwendung der Mittel aus der Rückstellung für erfolgsabhängige Beitragsrückerstattung.*

[...] Bei der Verwendung der Mittel zur Begrenzung von Prämienerhöhungen hat er insbesondere auf die Angemessenheit der Verteilung auf die Versichertenbestände mit einem Prämienzuschlag nach § 149 und ohne einen solchen zu achten sowie dem Gesichtspunkt der Zumutbarkeit der prozentualen und absoluten Prämiensteigerungen für die älteren Versicherten ausreichend Rechnung zu tragen.

Abb. 11.3 fasst die geschilderte Überschussverwendung zusammen. Dabei bewirkt die Aufstockung von V^{tar} durch Einmalbeträge EB aus RfeuB, $V^{Üb}$ und $V^{GÜ}$ ab Alter 80 eine effektive Senkung der Bruttoprämie.

Gewinne und Verluste des Unternehmens

Bisher war nur von Gewinnen durch die Überschüsse und deren Verteilung an die Versicherungsnehmer die Rede. Zunächst steht dem Unternehmen nach der Verteilung der

Überzinsen und der Zuführung zur RfeaB der Betrag[12]

$$\text{Rohüberschuss} - \text{Zuführung zur RfeaB}$$

als sog. versicherungstechnisches Nettoergebnis zur Verfügung, der im Prinzip nach Belieben auf Eigenkapital (z. B. Gewinnrücklagen oder Ablösungen) oder Ausschüttungen (z. B. Dividenden) verteilt werden kann.

Was passiert aber bei Verlusten? In (11.1) als auch in (11.3) werden negative Überzinsen bzw. Zuführungen durch die Maximumbildung ausgenullt. In einem solchen Fall trägt das Unternehmen den Verlust vollständig selbst. Die Versicherungsnehmer müssen nicht durch Abzüge den Verlust mitfinanzieren. Sie erhalten dann einfach nur keine Überschüsse. Allerdings kann der Fall eintreten, dass in der RfeaB eingestellte, aber nicht individuell zugeteilte Mittel nicht den Versicherten zugute kommen. Wir schauen in § 140 Abs. 1 des VAG, der zwar für Lebensversicherungsunternehmen formuliert ist, nach § 151 Abs. 1 VAG in dem nun zitierten Umfang auch für PKV-Unternehmen mit einer RfeaB gilt:

§ 140 (1) VAG

Die der Rückstellung für Beitragsrückerstattung zugewiesenen Beträge dürfen nur für die Überschussbeteiligung der Versicherten [. . .] verwendet werden. In Ausnahmefällen kann die Rückstellung für Beitragsrückerstattung, soweit sie nicht auf bereits festgelegte Überschussanteile entfällt, mit Zustimmung der Aufsichtsbehörde im Interesse der Versicherten herangezogen werden, um

1. *einen drohenden Notstand abzuwenden [. . .]*

Insbesondere bei den seit 2016 geltenden Regelungen nach Solvency II darf die RfeaB also zu den sog. **vorhandenen Eigenmitteln** gezählt werden. Es gibt keine genaue Definition von Notstand, die Aufsichtsbehörde muss in einem solchen Fall immer einbezogen werden. Sollten aber aufgrund adverser Umstände alle sonstigen Sicherheitspuffer und Kapitalquellen nicht ausreichen, um einen Ruin des Unternehmens zu vermeiden, können auch Mittel aus der RfeaB herangezogen werden.

11.5 Aufgaben

A. 11.1

Zu Beginn des Jahres 2016 haben die Rückstellungen eines 40-jährigen Versicherungsnehmers die Werte

$$V^{\text{tar}} = 10.000\,€, \qquad V^{\text{Üb}} = 600\,€, \qquad V^{\text{GÜ}} = 1000\,€,$$

[12] Man beachte, dass die Aufteilung der Gewinne aus Kapitalanlagen an Versicherte und Versicherer bereits im Rohüberschuss durchgeführt wurde durch die Positionen *Zuführung zur RfeuB* und *Veränderung der Alterungsrückstellung*.

die Nettoverzinsung des Krankenversicherungsunternehmens in 2016 betrage 4,5 %. Bestimmen Sie die Zuführungen zur RfeuB am Jahresende.

A. 11.2

(a) Die Zusatz-Altersrückstellung aufgrund des gesetzlichen Zuschlages eines 40-jährigen Versicherungsnehmers wachse in einem Jahr t von 1200 auf 1400 €. Sein 10 %-Beitragszuschlag betrage 60 €. Wie hoch ist die Nettoverzinsung des PKVU gewesen?

(b) Die Zusatz-Altersrückstellung aufgrund des gesetzlichen Zuschlages eines 70-jährigen Versicherungsnehmers habe zu Beginn des Jahres 2016 den Wert 12.000 €, die Nettoverzinsung des PKVU sei 4,8 %. Wie hoch ist der Wert der Zusatz-Alterungsrückstellung am Jahresende, wenn es keine Entnahme gab?

Hinweis: Verwenden Sie die Rekursionsformel für die Entwicklung der Alterungsrückstellung. Der Rechnungszins sei $i = 3{,}5\,\%$, die benötigten Werte für die Ausscheidewahrscheinlichkeiten lauten

$$q_{40} = 0{,}456\,‰, \quad w_{40} = 1{,}67\,\%, \quad q_{70} = 10{,}079\,‰, \quad w_{70} = 0{,}08\,\%.$$

A. 11.3

Ein 68-jähriger Versicherter muss aufgrund einer Beitragsanpassung ab sofort monatlich 38 € mehr Beitrag zahlen. Seine zusätzlichen Altersrückstellungen zur Dämpfung von Beitragsanpassungen im Alter betragen zusammen $V = 8140$ €. Weiterhin sei $\ddot{a}_{68} = 13{,}4$ und $\Delta = 0{,}05$ sowie $\widetilde{\alpha} = 0$.

(a) Welcher Einmalbetrag E müsste der Alterungsrückstellung zugeführt werden, um die Beitragsanpassung auszugleichen?

(b) Da $E < V$, würde der ursprüngliche monatliche Beitrag sogar sinken, wenn man den gesamten Betrag V der AR zuführt. Um wie viel würde er sinken?

(c) Was sagen ein Krankenversicherungsaktuar zu dem Vorgehen aus Teil (b)?

A. 11.4 (DAV 2006/3)

Zum 1.7.2006 wird eine Beitragsanpassung im Tarif A vorgenommen. Während sich Grundkopfschäden und Stückkosten ändern, bleiben folgende Rechnungsgrundlagen für Frauen so bestehen, wie sie bei der letzten Beitragsanpassung zum 1.7.2004 festgesetzt wurden (Auszug):

y	i	D_y	$\ddot{a}_y$	k_y	Δ
50	0,035	2828,69	12,8095	1,184	0,101
51	0,035	2545,15	13,1251	1,215	0,101
52	0,035	2300,13	13,4167	1,251	0,101
53	0,035	2087,66	13,6804	1,292	0,101

(a) Für die im Tarif A versicherte Frau Koch, *1954, ergibt sich eine Erhöhung des Monatsbeitrags von 163,17 € auf 192,64 € nach der Beitragsanpassungsgleichung. Es soll jedoch eine Begrenzung des Mehrbeitrags auf 15 % erfolgen. Welcher Einmalbeitrag wird für die Finanzierung der Begrenzung benötigt?
(b) Im Jahr 2005 hat Frau Koch einen Beitragszuschlag gemäß § 149 VAG in Höhe von 195,84 € gezahlt. Zum Bilanzstichtag 31.12.2004 betrug der Anteil der Alterungsrückstellung aus zuvor gezahlten Beitragszuschlägen 1284,17 €. Auf welchen Betrag ist dieser Wert zum 31.12.2005 gestiegen, wenn das Versicherungsunternehmen für das Jahr 2005 eine Nettoverzinsung von 4,5 % ausweist?
(c) Darf die aus den Beitragszuschlägen gemäß § 149 VAG aufgebaute Alterungsrückstellung für die Beitragsbegrenzung von Frau Koch verwendet werden (Begründung!)?

A. 11.5 (DAV 2015/2)
Eine aktuell 50-jährige Versicherte in einem Tarif der substitutiven Krankheitskostenversicherung mit Versicherungsbeginn 1.1.2010 hat aufgrund des durch sie gezahlten 10 %-igen gesetzlichen Zuschlags eine zusätzliche Alterungsrückstellung in Höhe von V_{50}^{GZ} aufgebaut. Die diesbezügliche Ausscheideordnung des Tarifs sei durch die Werte D_x und $\ddot{a}_x$, die prozentualen Zuschläge des Tarifs seien durch Δ gegeben.

(a) Leiten Sie her, welche monatliche Beitragsminderung MB_{65} ab Alter 65 durch V_{50}^{GZ} gewährt werden kann.
(b) Die 50-jährige Versicherte führt eine Umstellung in einen anderen Tarif der substitutiven Krankheitskostenversicherung durch, dessen Ausscheideordnung durch die Werte D'_x und $\ddot{a}'_x$ und dessen prozentualen Zuschläge durch Δ' gegeben seien. Mit welchem Faktor ist MB_{65} zu multiplizieren, um die monatliche Beitragsminderung MB'_{65} im neuen Tarif zu erhalten?
(c) Die 50-jährige Versicherte wechselt zu einem anderen PKV-Unternehmen. Inwieweit wird V_{50}^{GZ} dorthin übertragen?

Literatur

1. BaFin: 2014 Statistik der Bundesanstalt für Finanzdienstleistungsaufsicht – Erstversicherungsunternehmen und Pensionsfonds. (2014)
2. Nguyen, T.: Rechnungslegung von Versicherungsunternehmen. Verlag Versicherungswirtschaft, Karlsruhe (2008)

Anhang Wahrscheinlichkeitstheorie und Statistik 12

Es wird vorausgesetzt, dass der Leser mit den folgenden Begriffen vertraut ist, die in jedem Lehrbuch der Wahrscheinlichkeitstheorie zu finden sind:

- Wahrscheinlichkeitsräume $(\Omega, \mathcal{A}, P)$,
- Zufallsvariablen und deren Verteilung, Erwartungswert und Varianz,
- unabhängige Ereignisse und unabhängige Zufallsvariablen.

Zufallsvariablen werden immer mit großen Buchstaben wie X, Y, Z, oder L bezeichnet, Realisationen mit den entsprechenden kleinen Buchstaben, das Wahrscheinlichkeitsmaß eines Ereignisses A mit $\mathrm{P}[A]$. Desweiteren bezeichnen $\mathrm{E}[X]$ den Erwartungswert und $\mathrm{Var}[X]$ die Varianz einer Zufallsvariablen X. Für ein Ereignis A bezeichnet $\mathbf{1}_A$ die Zufallsvariable, die genau dann 1 ist, wenn das Ereignis eintritt, sonst 0. Es gilt $\mathrm{E}[\mathbf{1}_A] = \mathrm{P}[A]$.

Den zugrunde liegenden Wahrscheinlichkeitsraum Ω werden wir nie explizit angeben.

Ereignisse und Wahrscheinlichkeiten

Für Zufallsvariablen X sind Mengen wie $\{\omega \in \Omega : X(\omega) < t\}$ Ereignisse, die wir kurz als $\{X < t\}$ notieren, deren Wahrscheinlichkeit als $\mathrm{P}[X < t]$. Nur in gewissen Situationen verwendet man die Mengenschreibweise mit den geschweiften Klammern, wie in den folgenden Formeln:

$$\mathrm{P}[\min\{X, Y\} < t] = \mathrm{P}[\{X < t\} \cup \{Y < t\}] \tag{12.1}$$

$$\mathrm{P}[X < \min\{s, t\}] = \mathrm{P}[\{X < s\} \cap \{X < t\}] \tag{12.2}$$

Erwartungswert nicht negativer Zufallsvariablen, bedingter Erwartungswert

Es sei X eine Zufallsvariable mit Verteilungsfunktion F, die nur Werte in $[0, \infty)$ annimmt. Falls der Erwartungswert von X existiert, dann kann man ihn alternativ zur üblichen (de-

T. Becker, *Mathematik der privaten Krankenversicherung*,
Studienbücher Wirtschaftsmathematik, https://doi.org/10.1007/978-3-658-16666-3_12

finierenden) Formel berechnen als[1]

$$\mathrm{E}[X] = \int_0^\infty (1 - F(t))\,\mathrm{d}t.$$

Ist A eine Ereignis mit $\mathrm{P}[A] > 0$, dann ist der bedingte Erwartungswert von X unter A definiert als

$$\mathrm{E}[X \mid A] := \frac{\mathrm{E}[A \cdot \mathbf{1}_A]}{\mathrm{P}[A]}.$$

Ist $\Omega = A_1 \cup \cdots \cup A_n$ eine disjunkte Vereinigung von Ereignissen mit positiver Wahrscheinlichkeit, so gilt

$$\mathrm{E}[X] = \sum_{k=1}^{n} \mathrm{E}[X \mid A_k] \cdot \mathrm{P}[A_k].$$

Verteilungen

In diesem Buch kommen nur zwei konkrete Verteilungen vor:

- Eine Zufallsvariable X mit Wertebereich $\{0, \ldots, n\}$ $(n \in \mathbb{N})$ ist **binomialverteilt** mit den Parametern n und $p \in (0,1)$ (wir schreiben $X \sim B(n, p)$), falls für die Verteilungsfunktion von X gilt

$$\mathrm{P}[X \le t] = \sum_{k=0}^{\lfloor t \rfloor} \binom{n}{k} \cdot p^k \cdot (1 - p)^{n-k} \qquad (0 \le t \le n).$$

  Dabei ist $\lfloor t \rfloor = \max\{n \in \mathbb{Z} : n \le t\}$.
- Eine reellwertige Zufallsvariable X ist **normalverteilt** mit den Parametern $\mu \in \mathbb{R}$ und $\sigma > 0$ (wir schreiben $X \sim N(\mu, \sigma^2)$), falls für die Verteilungsfunktion gilt

$$\mathrm{P}[X \le t] = \frac{1}{\sqrt{2\pi}\sigma} \int_{-\infty}^{t} \exp\left(-\frac{(x - \mu)^2}{2\sigma^2} \right) \mathrm{d}x \qquad (t \in \mathbb{R}).$$

Normalverteilte Zufallsvariablen können standardisiert werden:

$$X \sim N(\mu, \sigma^2) \quad \Leftrightarrow \quad \frac{X - \mu}{\sigma} \sim N(0,1). \tag{12.3}$$

[1] Siehe etwa Kap. 1.5.3 in Beichelt, F., Montgomery, D.: Teubner-Taschenbuch der Stochastik. Teubner, Wiesbaden (2003).

Man nennt $N(0,1)$ auch **Standard-Normalverteilung**. Wahrscheinlichkeiten normalverteilter Zufallsvariablen werden über $\mathrm{P}[X \leq t] = \mathrm{P}[\frac{X-\mu}{\sigma} \leq \frac{t-\mu}{\sigma}]$ in die der Standard-Normalverteilung überführt.

Sind $X_1 \sim N(\mu_1, \sigma_1^2)$ und $X_2 \sim N(\mu_2, \sigma_2^2)$ zwei unabhängige normalverteilte Zufallsvariablen, dann gilt

$$X_1 + X_2 \sim N(\mu_1 + \mu_2, \sigma_1^2 + \sigma_2^2).$$

Der Satz von Moivre-Laplace

Der Satz von Moivre-Laplace besagt, dass sich die Verteilung einer binomialverteilten Zufallsvariablen durch eine Normalverteilung approximieren lässt. Genauer gilt: Ist X eine Zufallsvariable mit einer $B(n, p)$-Verteilung und ist $n \cdot p \cdot (1 - p) > 9$, dann ist X näherungsweise $N(n \cdot p, n \cdot p \cdot (1 - p))$-verteilt. Nach (12.3) gilt daher

$$P\left[\frac{X - np}{\sqrt{np(1-p)}} \leq t\right] \approx \frac{1}{\sqrt{2\pi}} \int_{-\infty}^{t} \exp\left(-\frac{x^2}{2}\right) \mathrm{d}x =: \Phi(t).$$

Die Formel von Wald

Gegeben seien unabhängige und identisch verteilte Zufallsvariablen $X_1, X_2, \ldots$ mit Erwartungswerten $\mathrm{E}[X_1] = \mathrm{E}[X_2] = \ldots$. Zudem sei N eine Zufallsvariable mit Werten in $\mathbb{N}_0$ und Erwartungswert $\mathrm{E}[N]$, die unabhängig von allen X_i ist. Für die damit definierte Zufallsvariable[2]

$$S := \sum_{i=1}^{N} X_i$$

existiert dann ebenfalls der Erwartungswert und es gilt[3]

$$\mathrm{E}[S] = \mathrm{E}[N] \cdot \mathrm{E}[X_1].$$

Das Gesetz der großen Zahlen

Diese zentrale Aussage der Stochastik erlaubt es, das arithmetische Mittel von unabhängigen Zufallsvariablen gleicher Verteilung hinreichend gut durch den Erwartungswert der einzelnen Zufallsvariable zu approximieren. Grundsätzlich wird zwischen dem schwachen und dem starken Gesetz der großen Zahlen unterschieden, und in jeder der beiden Versionen sind wieder mehrere Varianten an Voraussetzungen möglich. Wir benötigen das Gesetz nur in der folgenden informellen Version:

Sind $X_1, X_2, \ldots$ unabhängige Zufallsvariablen mit gleicher Verteilung und endlichen Varianzen, dann existiert zu gegebenem $\varepsilon > 0$ und $p \in (0,1)$ ein $n \in \mathbb{N}$, so dass für alle

[2] Man nennt dies auch das kollektive Modell.

[3] Siehe Abschn. 3.2 in Goelden et.al., Schadenversicherungsmathematik. SpringerSpektrum (2016).

$m \geq n$

$$\left| \frac{1}{m} \cdot \sum_{i=1}^{m} X_i - \mathrm{E}[X_1] \right| < \varepsilon,$$

wobei für jedes dieser m die Ungleichung mit Wahrscheinlichkeit kleiner gleich p falsch ist.

In der Anwendung wird das Gesetz meist in der Art verwendet, dass

$$\sum_{i=1}^{m} x_i \approx m \cdot \mathrm{E}[X_1]$$

ist, wenn die x_i Realisierungen der X_i sind und m hinreichend groß ist. Was *hinreichend groß* genau bedeutet, kann i. Allg. nur schwer quantifiziert werden.

Regression

Zum Ausgleich statistischer Schwankungen wird häufig die Regressionsmethode herangezogen. Sind Daten der Form $(x_1, y_1), \ldots, (x_n, y_n)$ gegeben, so wird eine Funktion f_γ mit einem Parameter(vektor) $\gamma = (\gamma_0, \ldots, \gamma_m) \in \Gamma \subseteq \mathbb{R}^{m+1}$ gesucht, so dass

$$\sum_{i=1}^{n} |y_i - f_\gamma(x_i)|^k$$

minimal wird. Sind die Funktionenklasse f_γ sowie der Exponent $k \in \mathbb{N}$ vorgegeben, so besteht die Aufgabe im Auffinden des entsprechenden Vektors γ, der dieses Minimum liefert. Die geläufigste Wahl ist $k = 2$ sowie $f_\gamma(x) = \sum_{j=0}^{m} \gamma_j \cdot x^j$ ein Polynom.

Aus statistischer Sicht ist die gewichtete Regression als Erweiterung des obigen Konzepts gerade in der Versicherungsmathematik sinnvoll. Die x_i sind z. B. Alter oder Beobachtungsjahre, die y_i häufig Schadenhöhen, basierend auf einer gegebenen Anzahl n_{x_i} versicherter Risiken pro Alter x_i. Es ist offensichtlich, dass der Beobachtungswert y_i umso vertrauenswürdiger ist, je größer n_{x_i} ist. Dem wird in der gewichteten Regression Rechnung getragen, indem man die Größe

$$h(\gamma) := \sum_{i=1}^{n} n_{x_i} \cdot |y_i - f_\gamma(x_i)|^k$$

bez. γ minimiert, d. h.

$$\operatorname{argmin}\left[\sum_{i=1}^{n} n_{x_i} \cdot |y_i - f_\gamma(x_i)|^k : \gamma \in \Gamma \right]$$

sucht.

Für $k = 2$ und Polynome f_γ lässt sich das Minimierungsproblem explizit lösen: Die Gleichungen

$$\frac{\partial h}{\partial \gamma_0}(\gamma) = \ldots = \frac{\partial h}{\partial \gamma_m}(\gamma) = 0$$

bilden nämlich ein lineares Gleichungssystem bez. $\gamma_0, \ldots, \gamma_m$. Speziell für quadratische Polynome $f_{(a,b,c)}(x) = a + b \cdot x + c \cdot x^2$ mit $(a, b, c) \in \mathbb{R}^3 = \Gamma$ lauten diese Gleichungen

$$\begin{aligned} 0 &= \sum_{i=1}^{n} n_{x_i} \cdot (y_i - (a + b \cdot x_i + c \cdot x_i^2)) \\ 0 &= \sum_{i=1}^{n} n_{x_i} \cdot (y_i - (a + b \cdot x_i + c \cdot x_i^2)) \cdot x_i \\ 0 &= \sum_{i=1}^{n} n_{x_i} \cdot (y_i - (a + b \cdot x_i + c \cdot x_i^2)) \cdot x_i^2. \end{aligned} \tag{12.4}$$

Zinsrechnung

Wir verwenden ausschließlich exponentielle Verzinsung und die Zinssätze werden als Werte auf Jahresbasis (p.a.) angegeben. Das bedeutet: Ist i der Zinssatz (in Prozent) und Z ein Geldbetrag, der heute zur Verfügung steht und mit i verzinst werden soll, dann ist der Wert des Geldbetrages in genau einem Jahr gegeben durch $Z \cdot (1 + i)$, und allgemein in t Jahren durch $Z \cdot (1 + i)^t$, wenn $t \in (0, \infty)$. Der umgekehrte Prozess, das **Diskontieren**, berechnet den heutigen Wert eines Geldbetrages, dessen Höhe zu einem künftigen Zeitpunkt t als Z bekannt bzw. vorgegeben ist, zu $Z \cdot (1 + i)^{-t}$.

Diese aus der Zinseszinsrechnung bekannten Zusammenhänge können als ein konkreter Ansparprozess bei einem Geldinstitut interpretiert (und motiviert) werden. In der Versicherungsmathematik werden die Formeln aber in einer abstrakteren Weise verwendet. Der Zinssatz i und die Diskontierung sind hier als Mittel der **Bewertung zu einem gegebenen Zeitpunkt** künftiger Zahlungen bzw. ganzer Zahlungsströme zu verstehen und weniger als realer Renditeprozess. Man nennt $Z \cdot (1 + i)^{-t}$ dann auch **Barwert** von Z. Insofern kommt dieser dann Rechnungszins genannten Größe i eine rein kalkulatorische Bedeutung zu. Nichtsdestotrotz ist die konkrete Rendite (bzw. deren Erwartung) der Kapitalanlagen des Versicherungsunternehmens mit dem Wert von i verbunden, wie bei den Themen Rückstellung und Überschussentstehung deutlich wird.

Indexverschiebung

Endliche Summen sind diesem Buch allgegenwärtig. Die Indextransformation ist eine häufig verwendete Methode bei der Herleitung von Formeln und bei Beweisen. Es gilt

$$\sum_{k=n}^{m} a_k \overset{\text{IV}}{=} \sum_{k=n+s}^{m+s} a_{k-s}$$

für $s \in \mathbb{Z}$. Auch die Umkehr der Summationsrichtung

$$\sum_{k=n}^{m} a_k \overset{\text{IV}}{=} \sum_{k=n}^{m} a_{m+n-k}$$

werden wir als Indexverschiebung mit der Abkürzung IV über dem Gleichheitszeichen markieren.

Erratum zu: Mathematik der privaten Krankenversicherung

Erratum zu:
T. Becker, *Mathematik der privaten Krankenversicherung*,
Studienbücher Wirtschaftsmathematik, https://doi.org/10.1007/978-3-658-16666-3

Während der Produktionsphase des Titels ist versehentlich die Aktualisierung einer Literaturangabe auf Seite VI nicht vollständig vorgenommen worden.

Dies ist die korrekte Literaturangabe:
Milbrodt, H.: *Aktuarielle Methoden der deutschen Privaten Krankenversicherung*. Schriftenreihe Angewandte Versicherungsmathematik Heft 34. Verlag VVW, Karlsruhe, 2005.

Im Dezember 2016 erschien die erweiterte Neuauflage:

Milbrodt, H. und Röhrs, V.: *Aktuarielle Methoden der deutschen Privaten Krankenversicherung*. Aktualisierte Neufassung. Verlag Versicherungswirtschaft (VVW), 2. Auflage 2016.

Die aktualisierte Version des Buchfrontmatters kann hier abgerufen werden:
https://doi.org/10.1007/978-3-658-16666-3

T. Becker, *Mathematik der privaten Krankenversicherung*,
Studienbücher Wirtschaftsmathematik, https://doi.org/10.1007/978-3-658-16666-3_13

Symbolverzeichnis, ausgewählte Lösungen

Abkürzungsverzeichnis

AVB	Allgemeine Versicherungsbedingungen
AUZ	Aktuarieller Unternehmenszins
BaFin	Bundesanstalt für Finanzdienstleistungsaufsicht
BBG	Beitragsbemessungsgrenze
DAV	Deutsche Aktuarvereinigung
GKV	Gesetzliche Krankenversicherung
GKV-WSG	GKV-Wettbewerbsstärkungsgesetz
GOÄ	Gebührenordnung der Ärzte
GOZ	Gebührenordnung der Zahnärzte
GuV	Gewinn- und Verlustrechnung
HGB	Handelsgesetzbuch
KVAV	Krankenversicherungsaufsichtsverordnung
PKV	Private Krankenversicherung
RechVersV	Rechnungslegungsverordnung für Versicherungsunternehmen
RfeaB	Rückstellung für erfolgsabhängige Beitragsrückerstattung
RfeuB	Rückstellung für erfolgsunhabhängige Beitragsrückerstattung
SGB	Sozialgesetzbuch
VAG	Versicherungsaufsichtsgesetz
VN	Versicherungsnehmer
VVG	Versicherungsvertragsgesetz

T. Becker, *Mathematik der privaten Krankenversicherung*,
Studienbücher Wirtschaftsmathematik, https://doi.org/10.1007/978-3-658-16666-3

Symbolverzeichnis

$\equiv$	identisch gleich
A^t, x^t	transponierte Matrix, transponierter Vektor
$\widetilde{\alpha}$	Umtarifierungssatz
α_x	Zillmersatz des Alters x
α_m	mittelbare Abschlusskosten
α_u	unmittelbare Abschlusskosten
β	Verwaltungskosten
γ_x	Stückkosten des Alters x
Δ	Satz für beitragsproportionale Zuschläge
ρ	Schadenregulierungskosten
σ	Sicherheitszuschlag
Ω^{Ba}	Zuschlag für den Basistarif
ω	Endalter der Kopfschadenreihen
A	Altersbereich der Erwachsenen, hier ist $A = \{21, \ldots, \omega\}$
A_x	Leistungsbarwert des Alters x
$\ddot{a}_x$	Beitragsbarwertfaktor des Alters x
$\ddot{a}_{x,\overline{n}\vert}$	abgekürzter Beitragsbarwertfaktor des Alters x
$\operatorname{argmin}\{f(x)\}$	absolute Minimumstelle der Funktion f
B_x, b_x	Brutto-Jahres- bzw. -Monatsprämie des Alters x für Neugeschäft
D_x, N_x, O_x, U_x	Kommutationswerte
$\mathrm{E}[X]$	Erwartungswert der Zufallsvariablen X
G	Grundkopfschaden
$\widetilde{G}(t)$	beobachteter Grundkopfschaden im Jahr t
$GB_{\max}$	maximaler Beitrag der GKV
i	Rechnungszins
IV	Indexverschiebung
k_x	Kopfschadenprofilwert des Alters x
K_x, K_x^a	Kopfschaden ohne bzw. mit absolutem Selbstbehalt a des Alters x
l_x	rechnungsmäßige Anzahl x-jähriger Versicherungsnehmer
$\mathrm{P}[A]$	Wahrscheinlichkeit des Ereignisses A
P_x	Nettoprämie des Alters x für Neugeschäft
P_x^Z	Zillmerprämie des Alters x für Neugeschäft
R_i	Zufallsvariable Rechnungsbetrag für Person i
$\mathrm{ÜW}_{x,m}$	Übertragungswert nach m Jahren bei Eintrittsalter x
v	Diskontierungsfaktor
$\mathrm{vk}(X)$	Variationskoeffizient der Zufallsvariablen X
${}_mV_x$	Netto-Alterungsrückstellung nach m Jahren bei Eintrittsalter x
${}_mV_x^{\mathrm{BT}}$	Alterungsrückstellung des Basistarifs nach m Jahren bei Eintrittsalter x
${}_mV_x^{\mathrm{GZ}}$	Zusatz-Alterungsrückstellung nach m Jahren bei Eintrittsalter x
${}_mV_x^{Z}$	Zillmer-Alterungsrückstellung nach m Jahren bei Eintrittsalter x
$\mathrm{Var}[X]$	Varianz der Zufallsvariablen X
Y_i	Zufallsvariable Erstattungsbetrag für Person i

Ausgewählte Lösungen

A.3.1:	(a) Setzt man $t_0 - 2 = 1$, dann lautet die lineare Regressionsfunktion $y_1(t) = 5 \cdot t + 94{,}33$, die log-lineare Regressionsfunktion $y_2(t) = e^{0{,}047 \cdot t + 4{,}551}$.
	(b) Der extrapolierte Grundkopfschaden lautet $y_1(5) = 119{,}33$ € im linearen Fall und $y_2(5) = 120{,}27$ € im log-linearen Fall.
A.3.2:	(a) $2/\lambda$, (c) $(2 + a \cdot \lambda) \cdot e^{-a \cdot \lambda}/\lambda$
	(d) $K_x = 2(1-q)/\lambda$, $K_x^a = (1-q) \cdot (2 + a \cdot \lambda) \cdot e^{-a \cdot \lambda}/\lambda$
	(e) $K_x = 90$ €, $K_x^{50} = 33{,}44$ €
A.3.5:	$G^{(b)}(t) = 735{,}70$ €
A.3.8:	$a_1 = 0{,}0064$, $a_2 = 0{,}8689$, $a_3 = 0{,}1232$
A.4.2:	$\ddot{a}_{x,\overline{n}\rvert} = \sum_{t=0}^{n-1} v^t \cdot {}_tp_x = \frac{N_x - N_{x+n}}{D_x}$
A.5.2:	(a) $Z_{30,0} = 248{,}85$ €, $Z_{68,0} = 659{,}34$ €
	(b) $Z_{30,32} = 232{,}26$ €, $Z_{30,40} = 227{,}11$ €
A.5.5:	(a) $B_x^{\text{neu}} = B_x + \frac{c}{1 - \Delta - \frac{\alpha}{12 \cdot \ddot{a}_x}}$, (b) $B_x^{\text{neu}} = B_x + \frac{d \cdot B_x}{1 - d - \frac{\alpha}{12 \cdot \ddot{a}_x}}$
A.5.7:	Beide Zahlungsströme haben den gleichen Barwert.
A.5.8:	$\tilde{O}_x = \frac{1}{2} \cdot \frac{v^{1/2} \cdot D_x + v^{-1/2} \cdot D_{x+1}}{D_x}$, $\tilde{A}_x = \sum_{t=0}^{\omega-x} v^{t+1/2} \cdot {}_{t+1/2}p_x \cdot K_{x+t}$
A.5.9:	$A_x(s) = \sum_{t=0}^{\omega-x} {}_tp_x \cdot \tilde{v}^t \cdot K_{x+t}$, wobei $\tilde{v}$ zum Zinssatz $\frac{1}{v \cdot (1+s)} - 1$ gehört.
A.6.3:	${}_1V_{27} = 549$ €, ${}_1V_{27}^Z = -633$ €
A.6.4:	$V_{40} = 4287$ €
A.6.5:	Es gilt immer $x_2 > x_1$.
A.7.4:	Fall $K_2 = 1$: $L = \begin{cases} [A, \infty), & \text{falls } K_1 = A \\ \{K_1\}, & \text{falls } K_1 < A \\ \emptyset, & \text{falls } K_1 > A \end{cases}$
	Fall $K_2 > 1$: $L = \begin{cases} \{K_1\}, & \text{falls } K_1 = A \\ \left\{\frac{K_1 - A \cdot K_2}{1 - K_2}, K_1\right\}, & \text{falls } K_1 < A \\ \emptyset, & \text{falls } K_1 > A \end{cases}$
	Fall $K_2 < 1$: $L = \begin{cases} \{\frac{K_1 - A \cdot K_2}{1 - K_2}\}, & \text{falls } K_1 > A \\ \{K_1\}, & \text{falls } K_1 \leq A \end{cases}$
A.7.7:	Der restliche Betrag lautet $12(b_{\min} - b^n) \cdot (1 - \Delta^n) \cdot \ddot{a}_x^n$.
A.7.9:	Alle Zillmersätze sind Null, Änderungen kann es bei den Kopfschäden, den Stückkosten und den proportionalen Zuschlägen geben.
A.7.10:	$b^n = \Delta s \cdot \widehat{b}_x + b^a$
A.8.1:	(a) $V_x^a(B) = 15.437$ €, (b) $b^n = 156{,}82$ €
	(c) Die tatsächliche neue Prämie lautet 143,07 €
	(d) $E = 2593{,}31$ €
A.11.1:	Es gehen 17,17 € in die RfeuB.
A.11.2:	(a) $i_N = 7{,}06\,\%$, (b) $V^{\text{GZ}}(2017) = 12.672$ €
A.11.3:	(a) $E = 5804{,}88$ €, (b) Die Prämie sinkt um 15,29 €
	(c) Eine Senkung ist nicht zulässig, da die Person noch nicht 80 Jahre alt ist.

Ausgewählte Lösungen

Sachverzeichnis